Fischer/Stephan

Mechanische Schwingungen

Prof. Dr.-Ing. habil. Udo Fischer, Magdeburg
Prof. Dr.-Ing. habil. Wolfgang Stephan, Rostock

Mechanische Schwingungen

3., verbesserte Auflage

Mit 150 Bildern und 10 Tabellen

Fachbuchverlag Leipzig – Köln

Die Deutsche Bibliothek – CIP-Einheitsaufnahme

Fischer, Udo:
Mechanische Schwingungen : mit 10 Tabellen / [Udo Fischer ; Wolfgang Stephan]. - 3., verb. Aufl. - Leipzig ; Köln : Fachbuchverl., 1993
ISBN 3-343-00841-9
NE: Stephan, Wolfgang:; HST

ISBN 3-343-00841-9

Mitglied der TÜV Rheinland Gruppe
Gesamtherstellung: Druckerei „G. W. Leibniz“ GmbH, Gräfenhainichen
Printed in Germany

Vorwort

Dynamische Probleme, insbesondere Schwingungsprobleme, spielen im Maschinen- und Anlagenbau, im Fahrzeug- und Schiffbau sowie in vielen anderen Bereichen der Technik eine ständig wachsende Rolle. Höhere Leistungen bei gleichzeitiger Senkung des Materialaufwandes und steigende Forderungen an die Gebrauchswerteigenschaften technischer Erzeugnisse erfordern eine immer genauere Analyse der Schwingungserscheinungen. Schwingungen können sowohl unerwünschte oder schädigende Einflüsse auf Menschen, Gebäude und technische Einrichtungen ausüben als auch zur Erzeugung gewünschter Arbeitsbewegungen dienen. Zur Lösung der damit im Zusammenhang stehenden Aufgaben muß der Ingenieur in der Lage sein, Schwingungen vorauszuberechnen und die Ursachen von beobachteten Schwingungserscheinungen aufzudecken. Dazu gehören die Aufstellung eines Berechnungsmodells (Modellfindung), die Modellberechnung und die Beurteilung der Ergebnisse anhand von z. T. in Empfehlungen und Normen festgelegten Beurteilungsmaßstäben.
Ohne auf eine genauere Abgrenzung der drei genannten Teilaufgaben einzugehen, kann man sagen, daß sich die Schwingungslehre im wesentlichen mit der Modellberechnung beschäftigt. Jeder in der Praxis tätige Ingenieur, der Schwingungsprobleme zu lösen hat, benötigt deshalb solide Kenntnisse der Schwingungslehre. Aus diesem Grunde werden im Studiengang Maschinenbau an Technischen Hochschulen und Universitäten über den Grundkurs der Technischen Mechanik hinaus weiterführende Vorlesungen zur Schwingungslehre und Maschinendynamik angeboten. Dafür wird ein Lehrbuch benötigt, das an die Grundkenntnisse der Technischen Mechanik anschließt und einen Überblick über die wichtigsten in der Technik auftretenden Schwingungserscheinungen und die Methoden zu ihrer Berechnung gibt.
Das vorliegende Lehrbuch soll diesen Zweck erfüllen. Es wendet sich an die Studierenden des Maschinenbaus und verwandter Studiengänge sowie an die in der Praxis auf diesen Gebieten tätigen Ingenieure. Dementsprechend stehen die Schwingungen mechanischer Systeme im Vordergrund der Betrachtung, was nicht ausschließt, daß viele Darstellungsmittel, Lösungsmethoden und Ergebnisse auch auf nichtmechanische Schwingungen (z. B. Schwingungen in elektrischen Netzen oder elektromechanischen Systemen) angewandt werden können.
Nach der Behandlung der Darstellungsmöglichkeiten von Schwingungen wird auf den Schwinger mit einem Freiheitsgrad eingegangen.
Diese Abschnitte sind aus didaktischen Gründen ausführlich gehalten, weil sich viele Erscheinungen und Lösungsmethoden, die auch für Systeme mit mehreren Freiheitsgraden Bedeutung haben, hier verhältnismäßig einfach erklären lassen. Außerdem

können viele praktische Aufgaben schon mit einem Modell mit einem Freiheitsgrad beschrieben werden. Bei der Behandlung von Systemen mit mehreren Freiheitsgraden wird durchgängig die Matrizendarstellung angewendet, einerseits wegen der übersichtlichen und einfachen Schreibweise, andererseits im Hinblick auf die leichtere Programmierbarkeit. Der Abschnitt zu den Kontinuumsschwingungen ist nur als kurze Einführung zu verstehen. Einerseits war das aus Platzgründen notwendig, andererseits werden kompliziertere Aufgaben heute fast ausschließlich mit Hilfe von Diskretisierungsmethoden (Finite-Element-Methode) auf Systeme mit endlich vielen Freiheitsgraden zurückgeführt. Auch auf Stabilitätsuntersuchungen konnte nur kurz eingegangen werden. Entsprechend der wachsenden Bedeutung von Schwingungen mit Zufallserregung im Maschinenbau wurde diese in den Abschnitten über erzwungene Schwingungen berücksichtigt.

Zum besseren Verständnis werden in den meisten Abschnitten Beispiele vorgeführt, wobei wir uns bemüht haben, den Zusammenhang zwischen dem realen Schwingungssystem und dem Berechnungsmodell deutlich zu machen. Die am Ende jedes Hauptabschnittes gestellten Aufgaben, deren Lösungen im letzten Abschnitt angegeben sind, sollten vom Studierenden selbständig gelöst werden. Wir glauben, daß durch die Beispiele und Aufgaben der Lehrbuchcharakter des Buches unterstrichen und das Selbststudium gefördert wird. Der Inhalt des Buches wurde mit dem ebenfalls im Fachbuchverlag erschienenen „Lehrbuch der Maschinendynamik“ von *F. Holzweißig* und *H. Dresig* abgestimmt. Viele praxisverbundene und vollständig durchgerechnete Übungsaufgaben zu beiden Büchern findet man in dem unter Federführung von *F. Holzweißig* verfaßten „Arbeitsbuch Maschinendynamik/Schwingungslehre“, das im gleichen Verlag erschienen ist.

Das Literaturverzeichnis enthält neben wenigen Standardwerken, auf die wir zurückgegriffen haben, einige neuere, vorwiegend deutschsprachige Bücher, die den Leser dort weiterführen können, wo ihm der vorliegende Text nicht ausreichend ist.

Unser Dank gilt *Prof. Holzweißig, Prof. Dresig* und *Prof. em. Postl* für die kritische Durchsicht des Manuskriptes und die damit verbundenen Anregungen. Wir sind ferner Frau *Ingeborg Kersten*, die die Zeichnungen anfertigte, und Frau *Gisela Ruhstein*, die das Manuskript schrieb, zu Dank verpflichtet.

Die Verfasser

Inhaltsverzeichnis

1. Beschreibung von Schwingungen

Eine zeitlich veränderliche physikalische Größe soll *schwingende Größe* genannt werden, wenn es gerechtfertigt ist, den Vorgang der Veränderung mit der Zeit als *Schwingung* zu bezeichnen. Feste Grenzen lassen sich hier nicht ziehen; es soll aber, wie allgemein üblich, von einem Vorgang, der als Schwingung bezeichnet wird, verlangt werden, daß die schwingende Größe wenigstens einmal vom Steigen zum Fallen übergeht oder umgekehrt — also nicht im gesamten Zeitbereich monoton verläuft. Die schwingenden Größen können also Strecken, Winkel, Kräfte, elektrische Spannungen, magnetische Feldstärken oder andere physikalische Größen sein, die sich zeitlich verändern. Solange keine speziellen physikalischen Größen gemeint sind, soll $y = y(t)$ das Formelzeichen für die schwingende Größe darstellen und ihre Abhängigkeit von der Zeit bezeichnen. Die Darstellung von y als Funktion der Zeit, die sogenannte Darstellung im *Zeitbereich*, ist die naheliegendste. Es wird sich jedoch zeigen, daß auch andere Darstellungsformen ihre Berechtigung haben, auf die später eingegangen wird.

Wie bereits festgestellt, können Schwingungen einen sehr allgemeinen zeitlichen Verlauf aufweisen — häufig erhält man jedoch als Ergebnis von Messungen oder als Resultat von Rechnungen periodische Schwingungen und darunter speziell harmonische. Deshalb ist es zweckmäßig, die Eigenschaften und die Darstellung solcher spezieller Schwingungsvorgänge gesondert zu untersuchen.

1.1. Harmonische Schwingungen

1.1.1. Reelle Darstellung

Die sogenannten *harmonischen* Schwingungen oder *Sinusschwingungen* lassen sich mathematisch durch die Beziehung

$$y(t) = A \sin (\omega t + \varphi) = A \sin \psi(t) \tag{1.1.1}$$

definieren.

Der Wert A in dieser Gl. kann ohne Einschränkung der Allgemeinheit als positiv vorausgesetzt werden. Er heißt *Amplitude* und stellt den größten Betrag dar, den die schwingende Größe $y(t)$ erreicht. Das Argument der Sinusfunktion $\psi = \omega t + \varphi$ heißt *Phasenwinkel* oder auch einfach *Phase*. Bei einer harmonischen Schwingung ist der Phasenwinkel eine lineare Funktion der Zeit. Der Phasenwinkel zur Zeit $t = 0$

ist φ und wird *Nullphasenwinkel* genannt. Die Größe ω ist die *Kreisfrequenz* der harmonischen Schwingung, ihre physikalische Einheit ist rad/s oder s^{-1}.
Aus Gl. (1.1.1) ist ersichtlich, daß sich der Schwingungsverlauf nach einer Zeit T und nach ganzzahligen Vielfachen von T wiederholt, wenn

$$T = 2\pi/\omega \tag{1.1.2}$$

ist. Das kann wie folgt gezeigt werden:

$$\begin{aligned} y(t + T) &= A \sin [\omega(t + T) + \varphi] \\ &= A \sin (\omega t + \varphi + 2\pi) \\ &= A \sin (\omega t + \varphi) \\ &= y(t) \end{aligned}$$

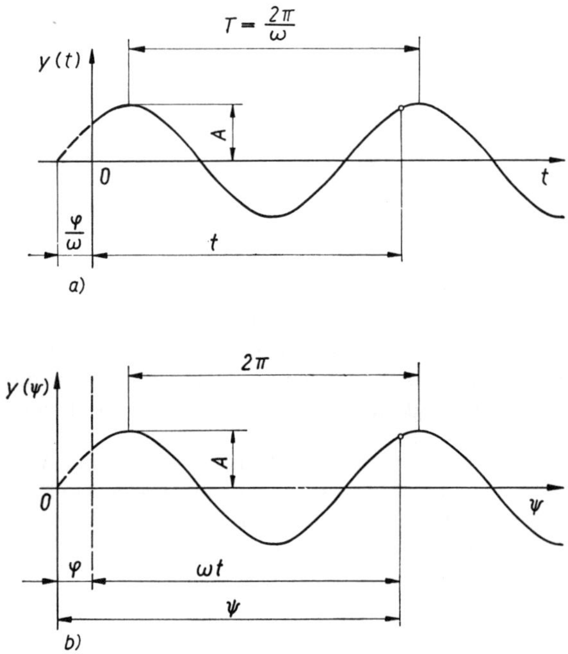

Bild 1.1.1. Sinusschwingung, dargestellt über
a) der Zeit t, b) dem Phasenwinkel

Die Gültigkeit der Beziehung $y(t + T) = y(t)$ für beliebiges t ist ein Kennzeichen der *periodischen Schwingungen.* Harmonische Schwingungen gehören also zu den periodischen Schwingungen. Die Zeit T heißt *Periodendauer* (auch *Schwingungsdauer* genannt), der zugehörige Abschnitt der Schwingung heißt *Periode.* In Bild 1.1.1 ist eine harmonische Schwingung dargestellt, wobei zum Vergleich als Abszisse einmal die Zeit und einmal der Phasenwinkel gewählt wurde.
Der Kehrwert der Schwingungsdauer T ist die *Frequenz*

$$f = 1/T. \tag{1.1.3}$$

Die Maßeinheit der Frequenz ist s^{-1} oder Hz (Hertz).

Sie ist mit der Kreisfrequenz durch die Beziehung

$$\omega = 2\pi f \tag{1.1.4}$$

verbunden.

Wie aus Gl. (1.1.1) ersichtlich, ist eine harmonische Schwingung eindeutig bestimmt durch die Größen A, ω, φ. Sie ist aber auch bestimmt, wenn ω und die *Anfangsbedingungen* bekannt sind. Unter Anfangsbedingungen werden Aussagen über die Werte der schwingenden Größe und ihres ersten Differentialquotienten nach der Zeit zu einer Anfangszeit $t = 0$ verstanden. Am einfachsten ist die Festlegung der Anfangswerte in der Form

$$y(0) = y_0; \qquad \left.\frac{\mathrm{d}y}{\mathrm{d}t}\right|_{t=0} = \dot{y}(0) = \dot{y}_0$$

Setzt man Gl. (1.1.1) in diese Beziehungen ein, so erhält man

$$y_0 = A \sin \varphi; \qquad \dot{y}_0 = \omega A \cos \varphi$$

und daraus

$$A = \sqrt{y_0^2 + \frac{\dot{y}_0^2}{\omega^2}} \tag{1.1.5}$$

$$\varphi = \arctan \frac{\omega y_0}{\dot{y}_0} \tag{1.1.6}$$

Die Darstellung nach Gl. (1.1.6) hat den Nachteil, daß φ im Intervall von 0 bis 2π nicht eindeutig ist. Um eine eindeutige Entscheidung treffen zu können, ist es notwendig, noch die Gl.

$$\varphi = \arcsin \frac{y_0}{A} \tag{1.1.7}$$

zu berücksichtigen.

Der Darstellung der harmonischen Schwingung durch Gl. (1.1.1) ist die Beziehung

$$y(t) = C_1 \cos \omega t + C_2 \sin \omega t \tag{1.1.8}$$

gleichwertig. Welche Art der Darstellung gewählt wird, hängt allein von ihrer Zweckmäßigkeit für eine gegebene Aufgabenstellung ab. So lassen sich die Größen C_1 und C_2 besonders leicht durch die Anfangswerte ausdrücken:

$$C_1 = y_0; \qquad C_2 = \dot{y}_0/\omega$$

Durch Anwendung des Additionstheorems für die Sinusfunktion zeigt man, daß zwischen den Parametern der Gl. (1.1.1) und denen der Gl. (1.1.8) folgender Zusammenhang besteht:

$$C_1 = A \sin \varphi; \qquad C_2 = A \cos \varphi; \qquad A = \sqrt{C_1^2 + C_2^2} \tag{1.1.9}$$

$$\varphi = \arctan \frac{C_1}{C_2} = \arcsin \frac{C_1}{A} \tag{1.1.10}$$

1.1.2. Komplexe Darstellung

Wegen ihrer Übersichtlichkeit bietet die komplexe Darstellung harmonischer Schwingungen vielfach Vorteile. Man kann $y(t)$ als den Imaginärteil eines in der komplexen Zahlenebene mit der Winkelgeschwindigkeit ω umlaufenden *Zeigers*[1] auffassen. Nennt man diesen Zeiger $\bar{z}$, so ergibt sich[2]:

$$\left.\begin{aligned} y(t) &= \operatorname{Im}\left(\bar{z}(t)\right) \\ \bar{z} &= A\,\mathrm{e}^{\mathrm{j}(\omega t+\varphi)} = A\,\mathrm{e}^{\mathrm{j}\varphi}\,\mathrm{e}^{\mathrm{j}\omega t} = \bar{A}\,\mathrm{e}^{\mathrm{j}\omega t} \end{aligned}\right\} \qquad (1.1.11)$$

Mit Hilfe der bekannten *Euler*schen Formel

$$\mathrm{e}^{\mathrm{j}\alpha} = \cos\alpha + \mathrm{j}\sin\alpha$$

läßt sich zeigen, daß in der Tat

$$\begin{aligned} y(t) &= \operatorname{Im}(\bar{z}) = A\cdot\operatorname{Im}\left(\mathrm{e}^{\mathrm{j}(\omega t+\varphi)}\right) \\ &= A\sin(\omega t+\varphi) \end{aligned}$$

ist.

Der Betrag des umlaufenden Zeigers $\bar{z}$ ist gleich der Amplitude der Schwingung:

$$A = |\bar{z}|$$

Dieser Sachverhalt ist im Bild 1.1.2 dargestellt. Mit der Größe $\bar{A}$ wurde in Gl. (1.1.11) die sogenannte *komplexe Amplitude* eingeführt.

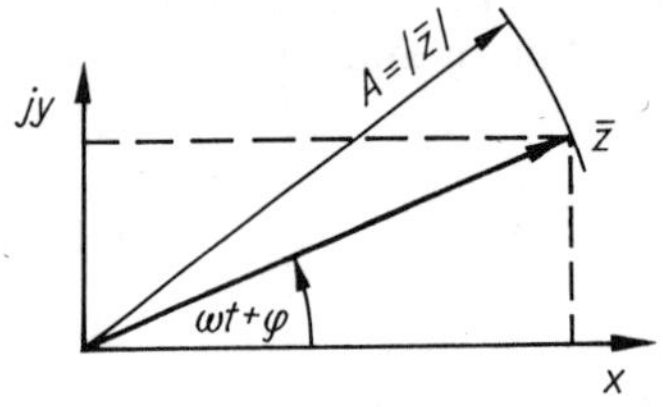

Bild 1.1.2. Darstellung einer harmonischen Schwingung in der komplexen Ebene

Diese fällt zur Zeit $t = 0$ mit dem Zeiger $\bar{z}$ zusammen:

$$\bar{A} = A\,\mathrm{e}^{\mathrm{j}\varphi}; \qquad |\bar{A}| = A \qquad (1.1.12)$$

Real- und Imaginärteil von $\bar{A}$ sind die Größen C_2 und C_1, wie sich unmittelbar aus Gl. (1.1.9) ergibt. Der Zeiger $\bar{A}$ kennzeichnet die Lage des umlaufenden Zeigers $\bar{z}$ für $t = 0$. Die entsprechende Darstellung nach Bild 1.1.3 heißt *Zeigerbild*.

Beispiel 1.1:

Bild 1.1.4 zeigt ein Schwingungsdiagramm.

---

[1] Die Bezeichnung „Vektor" wird hier vermieden, um keine Verwechslung mit den Vektorgrößen der Physik zuzulassen.

[2] Komplexe Zahlen werden zur Unterscheidung von reellen Größen im folgenden mit einem Querstrich gekennzeichnet.

Gesucht sind:

1. die Bestimmungsgrößen A, ω, φ für die Darstellung entsprechend Gl. (1.1.1),
2. die Größen C_1 und C_2 für die Darstellung nach Gl. (1.1.8),
3. das den Schwingungsvorgang beschreibende Zeigerbild.

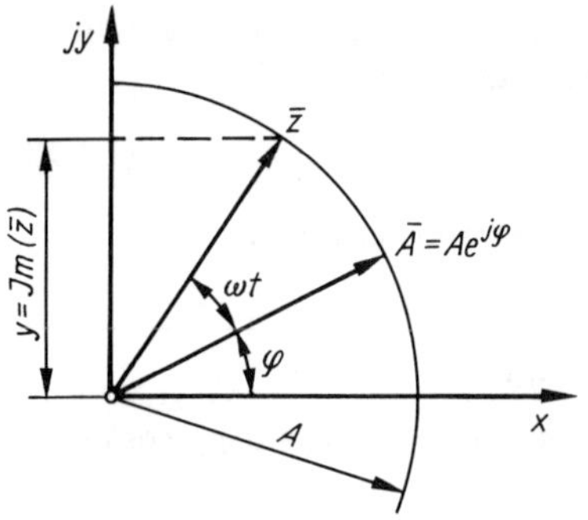

Bild 1.1.3. Zeigerbild der harmonischen Schwingung

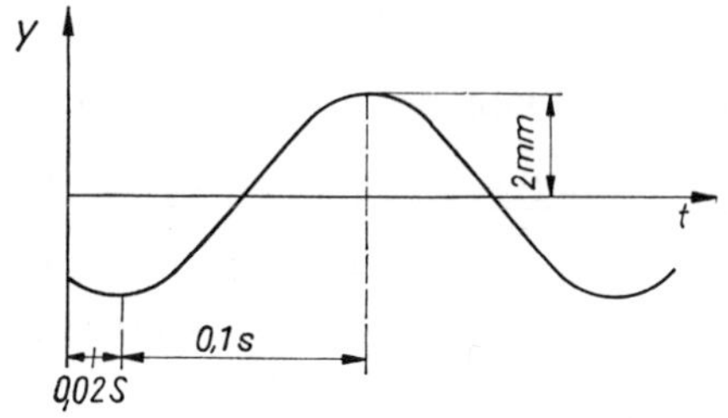

Bild 1.1.4. Schwingungsdiagramm einer harmonischen Schwingung

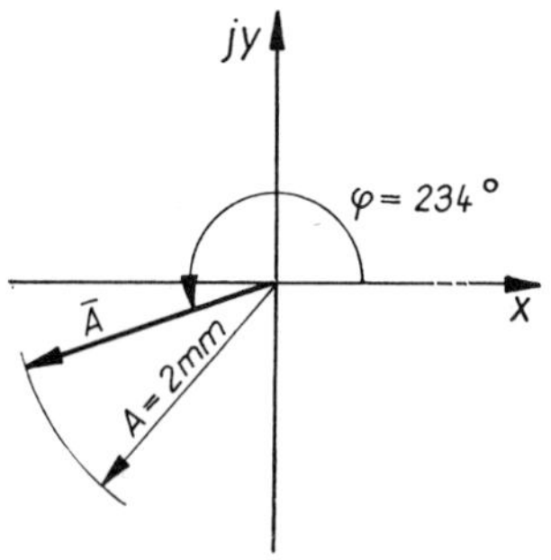

Bild 1.1.5. Zeigerbild zur Schwingung nach Bild 1.1.4

Lösung:

1. Durch Vergleich mit Bild 1.1.1a kann festgestellt werden:

$$A = 2\ \text{mm}, \qquad T = 2 \cdot 0{,}1\ \text{s} = 0{,}2\ \text{s}$$

$$\varphi/\omega = (1{,}5 \cdot 0{,}1 - 0{,}02)\ \text{s} = 0{,}13\ \text{s}$$

Daraus folgt

$$\omega = 2\pi/T = 10\pi\ \text{s}^{-1} = 31{,}42\ \text{s}^{-1}$$

$$\varphi = 0{,}13\ \text{s} \cdot \omega = 4{,}08 \mathrel{\hat{=}} 234°$$

2. Nach Gl. (1.1.9) ergibt sich:

$$C_1 = A \sin \varphi = -1{,}62\ \text{mm}, \qquad C_2 = A \cos \varphi = -1{,}18\ \text{mm}$$

3. Das Zeigerbild ist auf Bild 1.1.5 dargestellt.

1.1.3. Überlagerung frequenzgleicher harmonischer Schwingungen

Unter Überlagerung harmonischer Schwingungen $y_k = A_k \sin(\omega_k t + \varphi_k)$ versteht man die Addition verschiedener schwingender Größen y_k.
Die Überlagerung zweier harmonischer Schwingungen mit gleicher Frequenz ergibt wieder eine harmonische Schwingung, auch wenn die beiden Nullphasenwinkel unterschiedlich sind. Man erhält die resultierende Schwingungsgröße

$$y(t) = A_1 \sin(\omega t + \varphi_1) + A_2 \sin(\omega t + \varphi_2) \tag{1.1.13}$$

Durch Anwendung des Additionstheorems für die Sinusfunktion folgt:

$$\begin{aligned} y(t) &= A_1 \sin\omega t \cdot \cos\varphi_1 + A_1 \cos\omega t \cdot \sin\varphi_1 \\ &\quad + A_2 \sin\omega t \cdot \cos\varphi_2 + A_2 \cos\omega t \cdot \sin\varphi_2 \\ &= (A_1 \cos\varphi_1 + A_2 \cos\varphi_2) \sin\omega t + (A_1 \sin\varphi_1 + A_2 \sin\varphi_2) \cos\omega t \end{aligned}$$

Ein Vergleich mit Gl. (1.1.1)

$$y(t) = A \sin(\omega t + \varphi) = A \cos\varphi \cdot \sin\omega t + A \sin\varphi \cdot \cos\omega t \tag{1.1.14}$$

ergibt Beziehungen zur Berechnung der resultierenden Amplitude und des resultierenden Phasenwinkels:

$$A_1 \cos\varphi_1 + A_2 \cos\varphi_2 = A \cos\varphi$$

$$A_1 \sin\varphi_1 + A_2 \sin\varphi_2 = A \sin\varphi$$

Daraus erhält man

$$\begin{aligned} A &= \sqrt{(A_1 \cos\varphi_1 + A_2 \cos\varphi_2)^2 + (A_1 \sin\varphi_1 + A_2 \sin\varphi_2)^2} \\ &= \sqrt{A_1^2 + A_2^2 + 2A_1A_2 \cos(\varphi_2 - \varphi_1)} \end{aligned} \tag{1.1.15}$$

und

$$\varphi = \arctan \frac{A_1 \sin\varphi_1 + A_2 \sin\varphi_2}{A_1 \cos\varphi_1 + A_2 \cos\varphi_2} \tag{1.1.16}$$

bzw.

$$\varphi = \arcsin\left[(A_1 \sin\varphi_1 + A_2 \sin\varphi_2)/A\right] \tag{1.1.17}$$

Unter Verwendung der komplexen Darstellung lassen sich die Gln. (1.1.15) bis (1.1.17) ebenfalls herleiten. So ist die der Gl. (1.1.13) entsprechende komplexe Darstellung

$$\bar{z} = A_1 \,\mathrm{e}^{\mathrm{j}(\omega t + \varphi_1)} + A_2{}^{\mathrm{j}(\omega t + \varphi_2)} = (\bar{A}_1 + \bar{A}_2)\,\mathrm{e}^{\mathrm{j}\omega t} \tag{1.1.18}$$

Ein Vergleich mit Gl. (1.1.11) ergibt:

$$\bar{A} = \bar{A}_1 + \bar{A}_2 \tag{1.1.19}$$

woraus man mit Hilfe des Cosinussatzes unmittelbar Gl. (1.1.15) erhält. Die Beziehung (1.1.19) wird durch Bild 1.1.6 veranschaulicht. Daraus ist auch unmittelbar Gl. (1.1.17) abzulesen. Zu bemerken ist noch, daß die Zeiger $\bar{z}_1$, $\bar{z}_2$ und der resultie-

rende Zeiger $\bar{z}$ durch gleichmäßiges Umlaufen der zugehörigen komplexen Amplituden entstehen, wobei das Parallelogramm seine Form beibehält.
Im Sonderfall gleicher Nullphasenwinkel φ_1, φ_2 gilt für die Amplitude der resultierenden Schwingung

$$A = A_1 + A_2$$

Die Teilschwingungen $y_1(t)$ und $y_2(t)$, die nun bis auf die Amplituden identisch sind, werden als *synchrone Schwingungen* bezeichnet. Das gilt auch dann, wenn die Amplituden unterschiedliche physikalische Größen darstellen. So können z. B. harmonisch veränderliche Kräfte und die durch sie verursachten elastischen Verformungen einen synchronen Verlauf aufweisen.

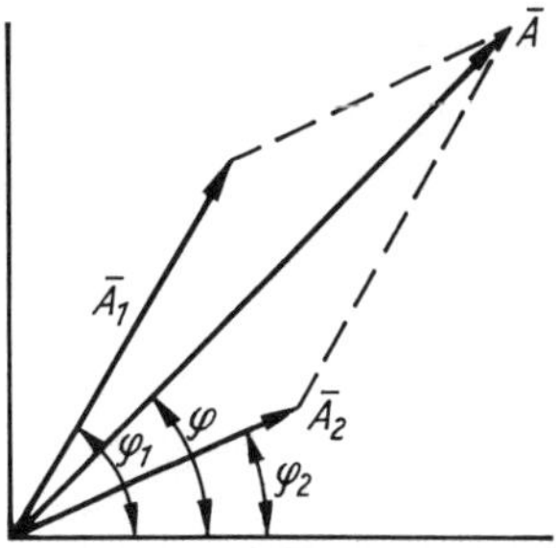

Bild 1.1.6. Zeigerbild der Überlagerung zweier frequenzgleicher harmonischer Schwingungen

1.2. Periodische Schwingungen

1.2.1. Überlagerung harmonischer Schwingungen mit rationalem Frequenzverhältnis

Um die Eigenschaften periodischer, i. allg. nichtharmonischer Schwingungen an einem Beispiel zu studieren, sei die Überlagerung zweier harmonischer Schwingungen mit rationalem Frequenzverhältnis

$$\frac{f_1}{f_2} = \frac{\omega_1}{\omega_2} = \frac{T_2}{T_1} = \frac{p}{q}; \qquad p, q = 1, 2, 3, \ldots \tag{1.2.1}$$

betrachtet:

$$y(t) = y_1(t) + y_2(t) = A_1 \sin(\omega_1 t + \varphi_1) + A_2 \sin(\omega_2 t + \varphi_2) \tag{1.2.2}$$

Für jede Teilschwingung $y_1(t)$ und $y_2(t)$ gibt es eine Periodendauer $T_1 = 2\pi/\omega_1$ bzw. $T_2 = 2\pi/\omega_2$, nach der sich die Teilschwingung für beliebiges t wiederholt. Weil diese Feststellung auch für ganze Vielfache von T_1 und T_2 gilt und nach Gl. (1.2.1) $pT_1 = qT_2$ ist, muß sich die Summenschwingung nach der Zeit

$$T = pT_1 = qT_2 \tag{1.2.3}$$

wiederholen. Sind nun p und q teilerfremd, so ist T als kleinstes gemeinsames Vielfaches von T_1 und T_2 die Periodendauer von $y(t)$. Es ist ersichtlich, daß ein rationales Verhältnis von ω_1 zu ω_2 Bedingung für die Periodizität der Summenschwingung ist. Je größer die teilerfremden natürlichen Zahlen p und q sind, um so länger ist auch die

Periodendauer der Summenschwingung in bezug auf die Periodendauer der Teilschwingungen.
Bild 1.2.1 zeigt die Darstellung einer Summenschwingung aus zwei harmonischen Schwingungen mit

$$A_1 : A_2 = 2:1; \qquad \omega_1 : \omega_2 = 2:3; \qquad \varphi_1 = 0; \qquad \varphi_2 = \pi/3.$$

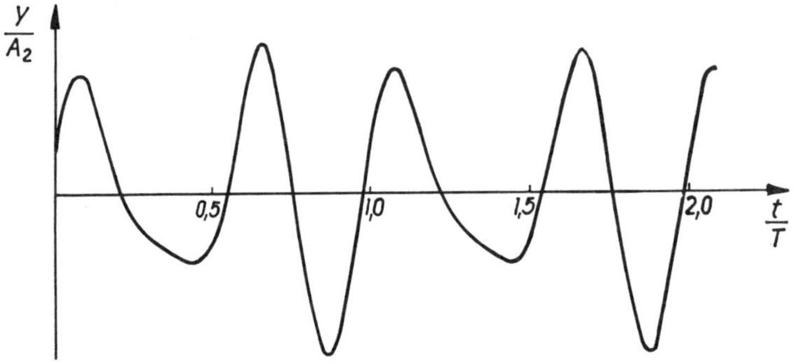

Bild 1.2.1. Überlagerung zweier harmonischer Schwingungen mit unterschiedlichen Frequenzen

Eine Darstellung solcher zusammengesetzter Schwingungen im Zeigerbild mit umlaufender komplexer Amplitude ist nicht mehr möglich, jedoch können die Zeiger $\bar{z}_1$ und $\bar{z}_2$ geometrisch addiert werden, wobei sich der von ihnen eingeschlossene Winkel $\psi_2 - \psi_1$ ständig ändert (Bild 1.2.2). Die Spitze des Zeigers $\bar{z}$ beschreibt eine geschlossene Epizykloide. Die von der Zeit abhängige Länge des Zeigers beträgt

$$\begin{aligned} |\bar{z}| &= \sqrt{|\bar{z}_1|^2 + |\bar{z}_2|^2 - 2|\bar{z}_1| \cdot |\bar{z}_2| \cdot \cos\left[\pi - (\psi_2 - \psi_1)\right]} \\ &= \sqrt{A_1{}^2 + A_2{}^2 + 2A_1A_2 \cos\left[(\omega_2 - \omega_1)\, t + \varphi_2 - \varphi_1\right]} \end{aligned} \qquad (1.2.4)$$

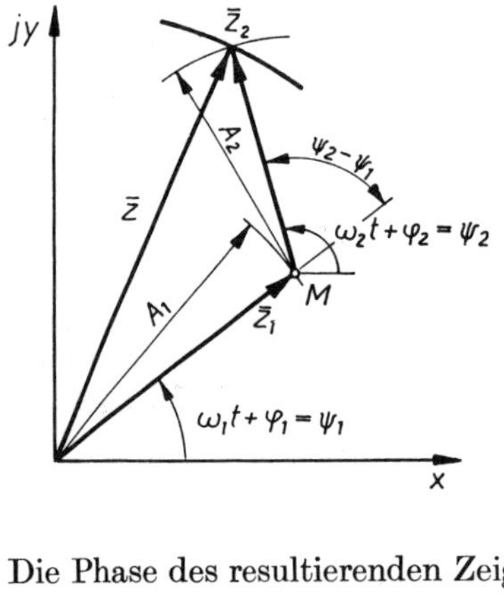

Bild 1.2.2. Zeigerbild zur Schwingung nach Bild 1.2.1

Die Phase des resultierenden Zeigers ergibt sich nach Bild 1.2.2 aus

$$\begin{aligned} \psi(t) &= \arcsin\left[(|\bar{z}_1| \cdot \sin\psi_1 + |\bar{z}_2| \cdot \sin\psi_2)/|\bar{z}|\right] \\ &= \arcsin\left\{\left[A_1 \sin(\omega_1 t + \varphi_1) + A_2 \sin(\omega_2 t + \varphi_2)\right]/|\bar{z}|\right\} \end{aligned} \qquad (1.2.5)$$

Formal kann man $\bar{z}$ als eine Sinusschwingung mit veränderlicher Amplitude und veränderlichem Nullphasenwinkel betrachten:

$$\bar{z}(t) = |\bar{z}(t)| \cdot e^{j\psi(t)} \tag{1.2.6}$$

Von besonderer Bedeutung ist der Fall kleiner Differenzen von ω_1 und ω_2 und gleicher Amplituden beider Teilschwingungen. Mit

$$A_1 = A_2 = A$$

läßt Gl. (1.2.4) wegen $2\cos^2\alpha = 1 + \cos 2\alpha$ folgende Umformung zu:

$$|\bar{z}| = A\sqrt{2\{1 + \cos[(\omega_2 - \omega_1)\,t + \varphi_2 - \varphi_1]\}}$$
$$= 2A\,|\cos\{[(\omega_2 - \omega_1)\,t + \varphi_2 - \varphi_1]/2\}|$$

Die Rechnung wird leichter, wenn man anstelle $|\bar{z}|$ eine „Amplitude“ zuläßt, die auch negativ werden kann:

$$a(t) = 2A\cos\{[(\omega_2 - \omega_1)\,t + \varphi_2 - \varphi_1]/2\} \tag{1.2.7}$$

Aus Gl. (1.2.5) ergibt sich mit $\sin\alpha + \sin\beta = 2\cos\frac{\alpha - \beta}{2} \cdot \sin\frac{\alpha + \beta}{2}$

$$\psi = \arcsin\frac{2\cos\{[(\omega_2 - \omega_1)\,t + \varphi_2 - \varphi_1]/2\} \cdot \sin\{[(\omega_2 + \omega_1)\,t + \varphi_2 + \varphi_1]/2\}}{2\cos\{[(\omega_2 - \omega_1)\,t + \varphi_2 - \varphi_1]/2\}}$$

$$\psi = \frac{1}{2}\,[(\omega_2 + \omega_1)\,t + \varphi_2 + \varphi_1] \tag{1.2.8}$$

Aus Gl. (1.2.6) erhält man mit Gln. (1.2.7) und (1.2.8) die schwingende Größe

$$y(t) = \mathrm{Im}\,(\bar{z})$$
$$= 2A\cos\frac{1}{2}\,[(\omega_2 - \omega_1)\,t + \varphi_2 - \varphi_1] \cdot \sin\frac{1}{2}\,[(\omega_2 + \omega_1)\,t + \varphi_2 + \varphi_1]$$
$$= a(t) \cdot \sin\frac{1}{2}\,[(\omega_2 + \omega_1)\,t + \varphi_2 + \varphi_1] \tag{1.2.9}$$

Für Kreisfrequenzen ω_1 und ω_2, die sich nur wenig voneinander unterscheiden, kennzeichnet Gl. (1.2.9) eine Sinusschwingung mit der Kreisfrequenz $\omega = (\omega_1 + \omega_2)/2$, deren Amplitude $a(t)$ sich langsam entsprechend der Kreisfrequenz $(\omega_2 - \omega_1)/2$ verändert. Schwingungsvorgänge dieser Art werden als Schwebungen bezeichnet.

Beispiel 1.2:

Durch 2 Unwuchterreger werden harmonisch veränderliche Kräfte unterschiedlicher Frequenz und gleicher Amplitude erzeugt, die sich summieren. Der Verlauf der Summenkraft ist

1. im Zeitbereich,
2. in der komplexen Zahlenebene

darzustellen.

Gegebene Werte: $A_1 = A_2 = A$, $\omega_1 : \omega_2 = 3 : 4$, $\varphi_1 = \varphi_2 = 0$

Lösung:

Aus der Gl. (1.2.3) ergibt sich für die Periodendauer der resultierenden Schwingung $T = 3T_1 = 4T_2 = 6\pi/\omega_1 = 8\pi/\omega_2$
Daraus folgt:

$$(\omega_2 - \omega_1)/2 = \pi/T$$

und

$$(\omega_2 + \omega_1)/2 = 7\pi/T$$

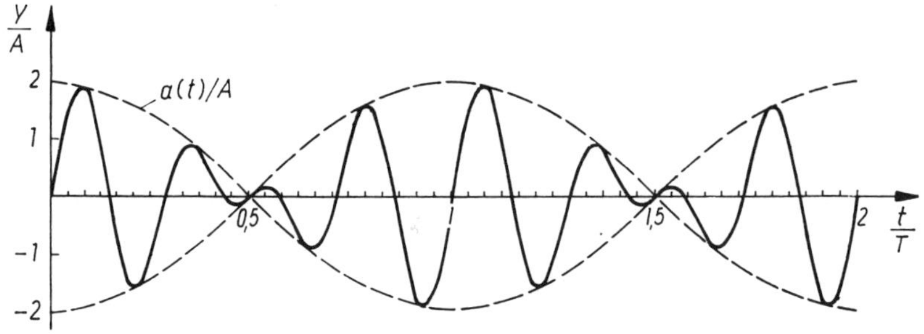

Bild 1.2.3. Überlagerung zweier frequenzbenachbarter harmonischer Schwingungen

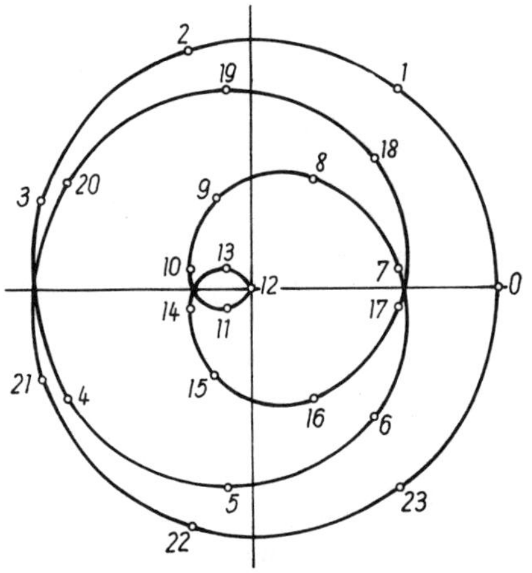

Bild 1.2.4. Zeigerbild zur Schwingung nach Bild 1.2.3

Damit erhält man für die Summenschwingung entsprechend Gl. (1.2.9):

$$y(t)/A = 2 \cos(\pi t/T) \cdot \sin(7\pi t/T)$$

Diese Funktion ist in Bild 1.2.3 dargestellt. Für die komplexe Darstellung findet man aus Gl. (1.2.6)

$$\bar{z}(t) = |\bar{z}| \, e^{j\varphi(t)} = 2A \cos(\pi t/T) \cdot e^{j \cdot 7\pi t/T}$$

Bild 1.2.4 zeigt die Kurve, die von der Pfeilspitze der komplexen Zahl $\bar{z}(t)$ während einer Periode der Summenschwingung beschrieben wird.

Bei dieser Darstellung tritt die Zeit als Parameter auf. Die angegebenen Zahlen kennzeichnen die zeitliche Zuordnung, wobei die Periodendauer T in 24 gleiche Teile unterteilt wurde. Es gilt also im Punkt *1*: $t/T = 1/24$.

1.2.2. Fourierzerlegung periodischer Funktionen

Die im vorigen Abschnitt behandelte Überlagerung zweier harmonischer Funktionen mit rationalem Frequenzverhältnis ist eine erste Verallgemeinerung der harmonischen Funktionen. Es ist leicht einzusehen, daß die Überlagerung beliebig vieler harmonischer Funktionen mit rationalen Frequenzverhältnissen ebenso eine periodische Funktion der Zeit ergibt. Umgekehrt läßt sich zeigen, daß unter Voraussetzungen, die von physikalischen Größen praktisch immer erfüllt werden, sich jede periodische Funktion $y(t)$ in eine Konstante und eine unendliche Reihe harmonischer Funktionen zerlegen läßt, deren Frequenzen ganze Vielfache der Frequenz von $y(t)$ sind:

$$y(t) = a_0 + \sum_{k=1}^{\infty} A_k \sin(\omega_k t + \varphi_k) \tag{1.2.10}$$

mit $\omega_k = k\omega_1 = k\omega, \qquad k = 1, 2, 3, \ldots$

Diese Reihe heißt *Fourierreihe*. Für die Anwendung zweckmäßiger ist i. allg. die Form

$$y(t) = a_0 + \sum_{k=1}^{\infty} (a_k \cos \omega_k t + b_k \sin \omega_k t) \tag{1.2.11}$$

wobei

$$A_k = \sqrt{a_k^2 + b_k^2}, \qquad \varphi_k = \arctan(a_k/b_k) \tag{1.2.12}$$

gilt.

Die Zerlegung einer periodischen Funktion in der Art der Gl. (1.2.10) oder der Gl. (1.2.11) wird auch *harmonische Analyse* genannt. Die dazu benötigten *Fourierkoeffizienten* a_k, b_k können aus den mit Hilfe der bekannten Orthogonalitätseigenschaften der harmonischen Funktionen

$$\int_0^{2\pi} \cos jx \cdot \cos kx \cdot \mathrm{d}x = \int_0^{2\pi} \sin jx \cdot \sin kx \cdot \mathrm{d}x = \begin{cases} \pi \text{ für } j = k \\ 0 \text{ für } j \neq k \end{cases}$$

$$\int_0^{2\pi} \cos jx \cdot \sin kx \cdot \mathrm{d}x = 0$$

entwickelten Gleichungen

$$\left.\begin{aligned} a_0 &= \frac{1}{T} \int_0^T y(t)\,\mathrm{d}t \\ a_k &= \frac{2}{T} \int_0^T y(t) \cos \omega_k t\,\mathrm{d}t \\ b_k &= \frac{2}{T} \int_0^T y(t) \sin \omega_k t\,\mathrm{d}t \end{aligned}\right\} \tag{1.2.13}$$

bestimmt werden. Wenn eine Fourierreihe gleichmäßig konvergiert, dann konvergiert sie auch gegen den Wert der Funktion $y(t)$. Gleichmäßig konvergente Fourierreihen können gliedweise integriert oder differenziert werden. Dabei ist zu beachten, daß der Differentialquotient einer konvergenten Fourierreihe eine nichtkonvergente Reihe sein kann.
Es ist üblich, die Konstante a_0 als *Mittelwert* der Schwingung und das Glied $A_1 \times \sin(\omega_1 t + \varphi_1) = a_1 \cos \omega_1 t + b_1 \sin \omega_1 t$ als *Grundschwingung* zu bezeichnen. Die Glieder $A_k \sin(\omega_k t + \varphi_k)$, $k > 1$ heißen $(k-1)$te *Oberschwingungen* oder $k$te *Harmonische.*

Beispiel 1.3:

Die Funktion nach Bild 1.2.5 (Sägezahnfunktion) ist nach harmonischen Funktionen zu entwickeln. An den Sprungstellen ist der Wert der Funktion zu Null festgesetzt.

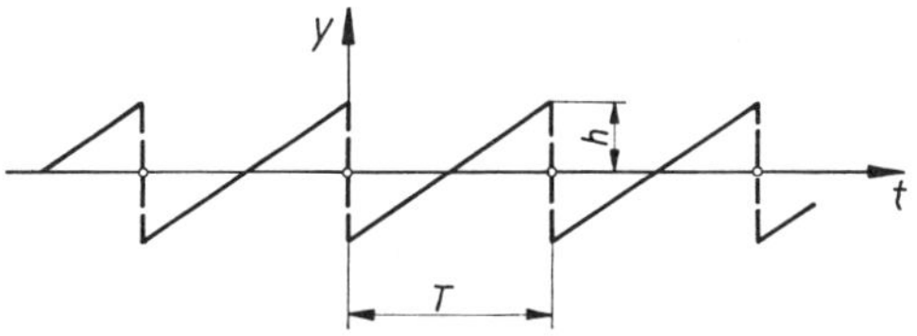

Bild 1.2.5. Sägezahnfunktion

Lösung:

Im Intervall $0 < t < T$ gehorcht die Funktion der Beziehung

$$y(t) = h(-1 + 2t/T)$$

Sie ist eine ungerade Funktion, d. h., es gilt für den gesamten Zeitbereich $y(-t) = -y(t)$. Damit verschwinden alle Fourierkoeffizienten a_k. Nach Gln. (1.2.13) gilt weiter

$$b_k = \frac{2h}{T} \int_0^T (-1 + 2t/T) \sin(2k\pi t/T)\, dt = -\frac{2h}{k\pi}$$

Damit läßt sich $y(t)$ durch folgende Fourierreihe beschreiben:

$$y(t) = -\frac{2h}{\pi} \sum_{k=1}^{\infty} \frac{1}{k} \sin \frac{2k\pi t}{T}$$

Diese Reihe konvergiert nach dem *Abel*schen Konvergenzsatz, weil $1/k$ eine Folge einsinnig nach Null abnehmender positiver Zahlen ist und die Teilsummen der Folge $\sin(2k\pi t/T)$ für jedes t beschränkt sind. Bild 1.2.6 zeigt eine halbe Periode der Sägezahnfunktion und die Teilsummen

$$y_n(t) = -\frac{2h}{\pi} \sum_{k=1}^{n} \frac{1}{k} \sin \frac{2k\pi t}{T}$$

für $n = 1$, 2 und 3. Es ist ersichtlich, daß sich die Kurven von $y_n(t)$ mit wachsendem n immer besser an $y(t)$ annähern. Dagegen zeigt sich die Nichtkonvergenz der differenzierten Teilsummen

$$\dot{y}_n(t) = -\frac{4h}{T}\sum_{k=1}^{n}\cos\frac{2k\pi t}{T}$$

am Alternieren des Tangentenanstiegs im Punkt $t = T/2$ zwischen den Werten $-4h/T$ und 0.

Beispiele für Fourierzerlegungen weiterer periodischer Funktionen findet man in Tabelle 1.2.1 sowie in Nachschlagebüchern der Mathematik und im Leitfaden der Technischen Mechanik [6].

In der Praxis treten periodische, nichtharmonische Kräfte oder Verschiebungen u. a. als Erregerkräfte in ungleichförmig übersetzenden Getrieben oder im Ergebnis von Schwingungsvorgängen in nichtlinearen Systemen auf. Wenn solche Vorgänge experi-

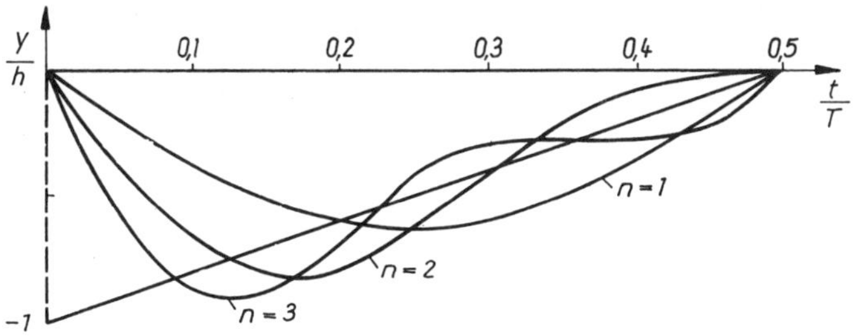

Bild 1.2.6. Teilsummen der Fourrierreihe für die Sägezahnfunktion

mentell aufgenommen werden, liegen die sie beschreibenden periodischen Funktionen i. allg. als Kurvenschriebe oder als Wertetabellen vor. Eine geschlossene Integration zur Bestimmung der Fourierkoeffizienten nach Gln. (1.2.13) ist dann nicht möglich. Zur genäherten harmonischen Analyse wird die i. allg. unendliche Fourierreihe durch ein endliches trigonometrisches Polynom

$$y_n = a_0 + \sum_{k=1}^{n}\left(a_k\cos\frac{2k\pi t}{T} + b_k\sin\frac{2k\pi t}{T}\right)$$

ersetzt. Um die n Fourierkoeffizienten bestimmen zu können, benötigt man die Funktionswerte in $m \geqq 2n + 1$ äquidistanten Zeitpunkten

$$t_i = iT/m, \qquad i = 1, 2, \ldots, n$$

Die Gln. (1.2.13) werden nun ersetzt durch:

$$\begin{aligned} a_0 &= \frac{1}{m}\sum_{i=1}^{m} y(t_i) \\ a_k &= \frac{2}{m}\sum_{i=1}^{m} y(t_i)\cos(2ki\pi/m) \qquad (1.2.14) \\ b_k &= \frac{2}{m}\sum_{i=1}^{m} y(t_i)\sin(2ki\pi/m), \qquad k = 1, 2, \ldots, n \end{aligned}$$

Tabelle 1.2.1.
Fourierentwicklung periodischer Funktionen

Bild	Werte für y im Bereich $0 < t < T$	Fourierreihe
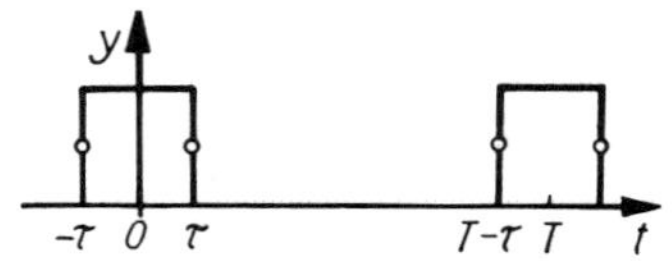	$y = 0, \quad \tau < t < T - \tau$ $y = 1, \quad \text{sonst}$ für $\tau = T/4$	$2\,\frac{\tau}{T} + \frac{2}{\pi} \sum_{k=1}^{\infty} \frac{1}{k} \sin \frac{2k\pi\tau}{T} \cos \frac{2k\pi t}{T}$ $\frac{1}{2} - \frac{2}{\pi} \sum_{k=1}^{\infty} \frac{(-1)^k}{2k-1} \cos \frac{2(2k-1)\,\pi t}{T}$
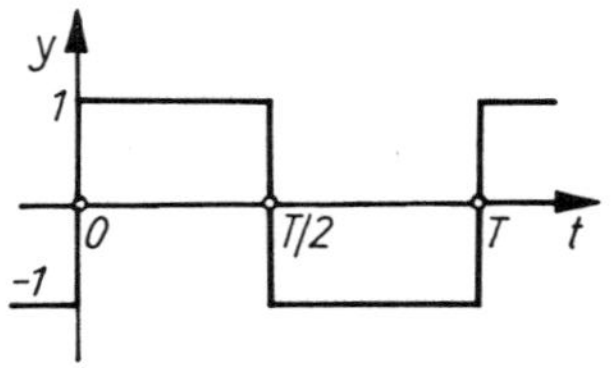	$y = +1, \quad 0 < t < T/2$ $y = -1, \quad T/2 < t < T$	$\frac{4}{\pi} \sum_{k=1}^{\infty} \frac{1}{2k-1} \sin \frac{2(2k-1)\,\pi t}{T}$
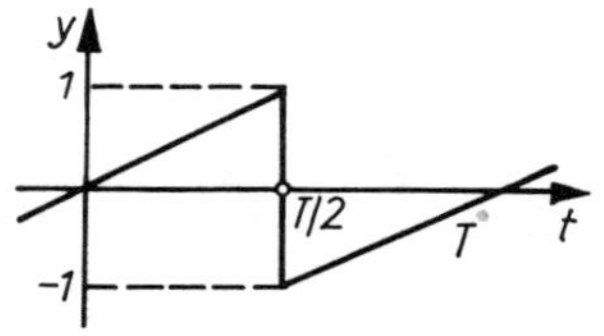	$y = 2\,\frac{t}{T}, \quad 0 < t < T/2$ $y = 2\,\frac{t}{T} - 1, \quad T/2 < t < T$	$-\frac{2}{\pi} \sum_{k=1}^{\infty} \frac{(-1)^k}{k} \sin \frac{2k\pi t}{T}$
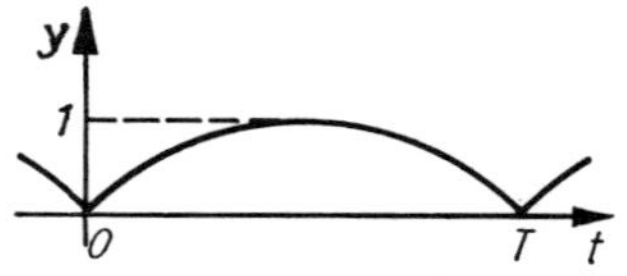	$y = \sin \frac{\pi t}{T}$	$\frac{2}{\pi} - \frac{4}{\pi} \sum_{k=1}^{\infty} \frac{1}{(2k-1)(2k+1)} \cos \frac{4k\pi t}{T}$

1.2.3. Darstellung periodischer Funktionen im Frequenzbereich

Trägt man die Amplituden A_k der Fourierreihe einer periodischen Funktion nach Gl. (1.2.10) in einem rechtwinkligen Koordinatensystem mit der Kreisfrequenz ω oder der Frequenz f als Abszisse auf, so erhält man die Darstellung der Funktion $y(t)$ im Frequenzbereich. So zeigt z. B. Bild 1.2.7 das Spektrum der Sägezahnfunktion nach Bild 1.2.5. Die Angabe der Amplituden allein enthält noch nicht die gesamte Information über $y(t)$, weil die zugehörigen Nullphasenwinkel nicht angegeben sind. Für viele Zwecke der Schwingungsuntersuchung genügt aber dieses Amplituden-Frequenz-Diagramm. Auch gestatten bereits einfache Frequenzanalysatoren die Bestimmung oder Abschätzung der Amplituden der Grundschwingung und der Oberschwingungen meßtechnisch aufgenommener Schwingungsvorgänge, während die Bestimmung der Nullphasenwinkel weiteren Aufwand erfordert.

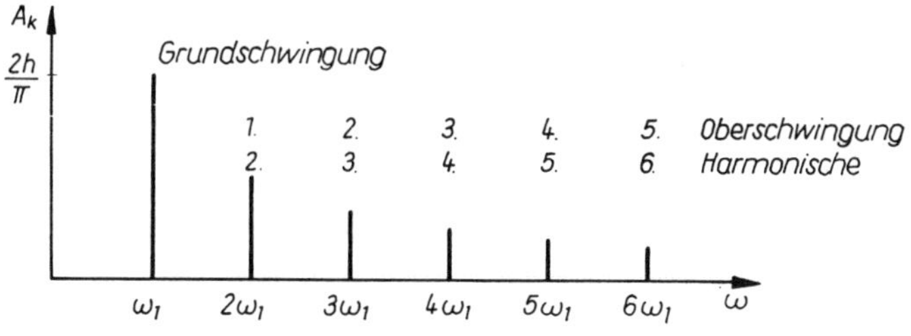

Bild 1.2.7. Spektrum der Sägezahnfunktion

Will man die vollständige Information über eine periodische Funktion im Frequenzbereich darstellen, so kann man das am einfachsten durch die getrennte Angabe der Fourierkoeffizienten a_k und b_k verwirklichen, Amplitude und Nullphasenwinkel bestimmt man dann aus den Gln. (1.2.12).

1.2.4. Simultane Darstellung zweier schwingender Größen

Für viele Anwendungen ist es nützlich, zwei physikalische Größen eines Schwingungsvorganges in einem Diagramm darzustellen. Diese beiden Größen seien mit $x(t)$ und $y(t)$ bezeichnet. Faßt man $x(t)$ und $y(t)$ als Abszisse und Ordinate eines Punktes P in einem kartesischen Koordinatensystem auf, so beschreibt der Punkt P Bahnkurven, aus denen sich Rückschlüsse auf den Charakter der Funktionen $x(t)$ und $y(t)$ ziehen lassen. So ist die Kurve, die der die Schwingung repräsentierende Bildpunkt beschreibt, stets geschlossen, wenn beide Funktionen periodisch sind und ihre Grundfrequenzen gleich sind oder in einem rationalen Verhältnis zueinander stehen.
Sind die beiden Funktionen $x(t)$ und $y(t)$ harmonisch und haben sie die gleiche Frequenz, so bilden die Bahnkurven stets Ellipsen, Kreise oder — im Entartungsfall — Geraden. Aus der Exzentrizität der Ellipsen kann man auf die Phasendifferenz von $x(t)$ und $y(t)$ schließen.
Dieser Fall der simultanen Darstellung zweier harmonischer Schwingungen gleicher Frequenz soll hier etwas näher betrachtet werden.

Es seien

$$\left.\begin{aligned} x(t) &= A \sin(\omega t + \varphi_x) \\ y(t) &= B \sin(\omega t + \varphi_y) \end{aligned}\right\} \tag{1.2.15}$$

zwei harmonische Größen gleicher Frequenz.
Die Beziehung (1.2.15) ist die Parameterdarstellung der Bahnkurve $y = y(x)$. Durch Elimination des Parameters t findet man die Gleichung

$$\left(\frac{x}{A}\right)^2 + \left(\frac{y}{B}\right)^2 - 2\,\frac{x}{A}\cdot\frac{y}{B}\cdot\cos\Delta\varphi = \sin^2\Delta\varphi \tag{1.2.16}$$

wobei $\Delta\varphi = \varphi_y - \varphi_x$ gesetzt wurde.

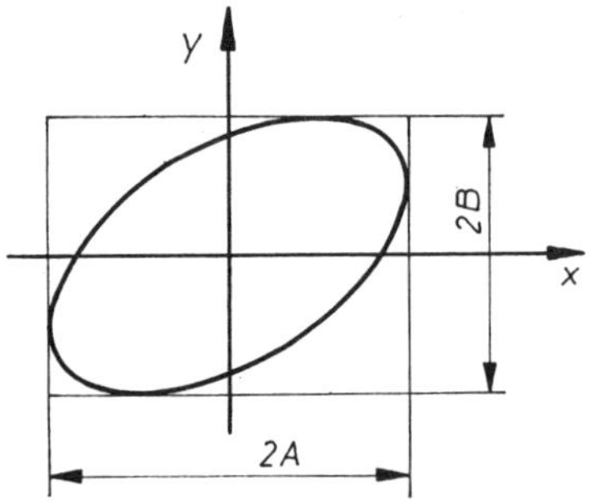

Bild 1.2.8. Simultane Darstellung zweier harmonischer Schwingungen gleicher Frequenz

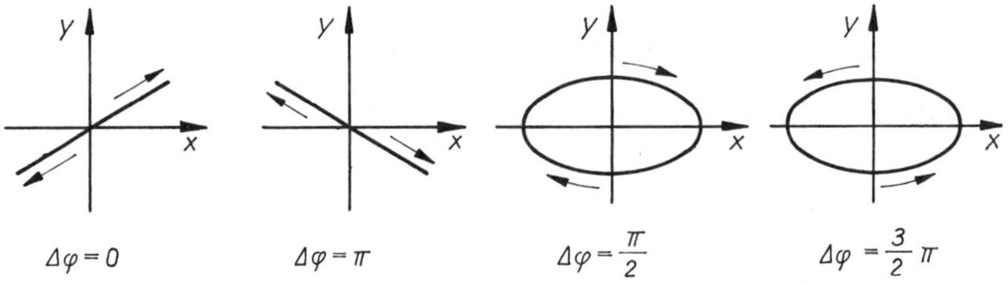

Bild 1.2.9. Darstellung zweier harmonischer Schwingungen gleicher Frequenz und unterschiedlicher Phasendifferenzen

Da nach Gl. (1.2.15) $x(t)$ und $y(t)$ höchstens die Werte A bzw. B annehmen können, stellt Gl. (1.2.16) eine Ellipse dar, deren Mittelpunkt im Koordinatenursprung liegt und die von dem Rechteck mit den Seiten $2A$ und $2B$ begrenzt wird (siehe Bild 1.2.8).
Es seien einige Sonderfälle betrachtet.
Ist z. B. $\Delta\varphi = 0$ oder $\Delta\varphi = \pi$, so erhält man aus Gl. (1.2.15)

$$y = \pm \frac{B}{A}\,x$$

Die Ellipsen entarten in diesen Fällen zu Geraden, deren Anstiege durch $\pm B/A$ gegeben sind.

Für $\Delta\varphi = \pi/2$ oder $\Delta\varphi = 3\pi/2$ entsteht

$$(x/A)^2 + (y/B)^2 = 1 \tag{1.2.17}$$

Hier sind die Koordinatenachsen x und y zugleich die Hauptachsen der Ellipse, und die Amplituden A und B der schwingenden Größen sind identisch mit den Halbachsen derselben.

Unter Berücksichtigung der Parameterdarstellung (1.2.15) findet man, daß der Bildpunkt P die Bahnkurve für $\Delta\varphi = \pi/2$ im Uhrzeigersinn, für $\Delta\varphi = 3\pi/2$ im Gegenuhrzeigersinn durchläuft (Bild 1.2.9).

Wenn die Amplituden der schwingenden Größen gleich sind, so läßt sich mit Hilfe einer Hauptachsentransformation zeigen, daß die Hauptachsen mit den Koordinaten-

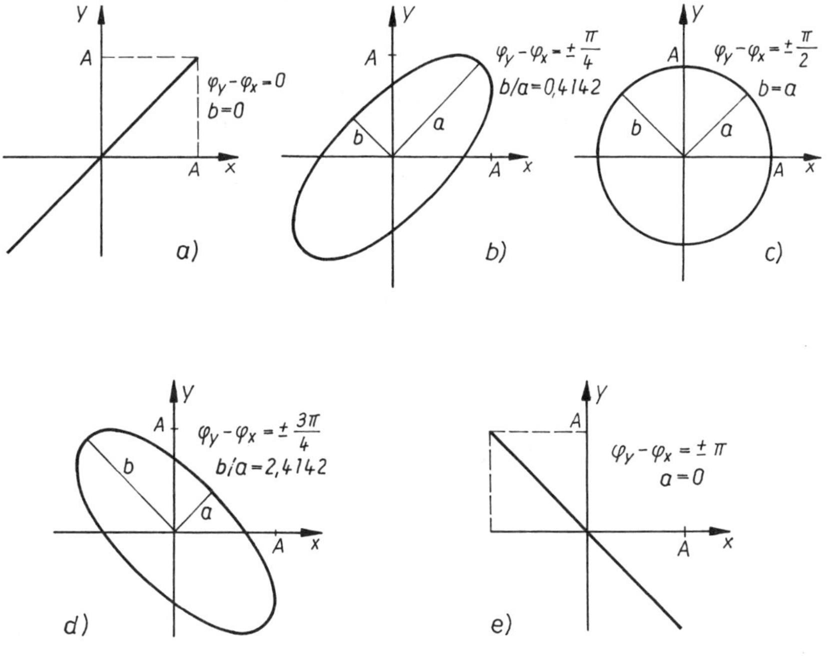

Bild 1.2.10. Darstellung zweier harmonischer Schwingungen gleicher Amplitude und Frequenz in Abhängigkeit von der Phasendifferenz

achsen den Winkel $\alpha = 45°$ einschließen. Die Gestalt der Ellipse wird nur noch durch die Differenz der Nullphasenwinkel $\Delta\varphi$ bestimmt, die mit dem Verhältnis der Hauptachsen a und b in folgendem Zusammenhang steht:

$$|\Delta\varphi| = 2 \arctan (b/a) \tag{1.2.18}$$

In Bild 1.2.10 sind in Abhängigkeit von $\Delta\varphi$ einige Bahnkurven des Bildpunktes dargestellt.

Kompliziertere Figuren entstehen, wenn die Frequenzen der beiden Schwingungen in einem rationalen Verhältnis $p:q \neq 1$ zueinander stehen.

In Bild 1.2.11 ist z. B. die für $\omega_x:\omega_y = 2:3$; $\varphi_x = \varphi_y$ entstehende Figur aufgezeichnet. Man kann das Frequenzverhältnis ermitteln, wenn man die geschlossene Bahnkurve einmal nachfährt und dabei registriert, wie oft in der x- und in der y-Richtung extreme Lagen eingenommen werden. Das Verhältnis der so ermittelten Zahlen ist $\omega_x:\omega_y$.
Interessant ist der Fall, daß die Frequenzen ω_x und ω_y sich nur wenig voneinander unterscheiden, d. h., daß

$$\omega_y = \omega_x + \varepsilon, \qquad 0 < \varepsilon \ll \omega_x$$

ist.
Dann ist

$$\begin{aligned} x &= A \sin(\omega_x t + \varphi_x) \\ y &= B \sin[\omega_x t + (\varepsilon t + \varphi_y)] \end{aligned} \tag{1.2.19}$$

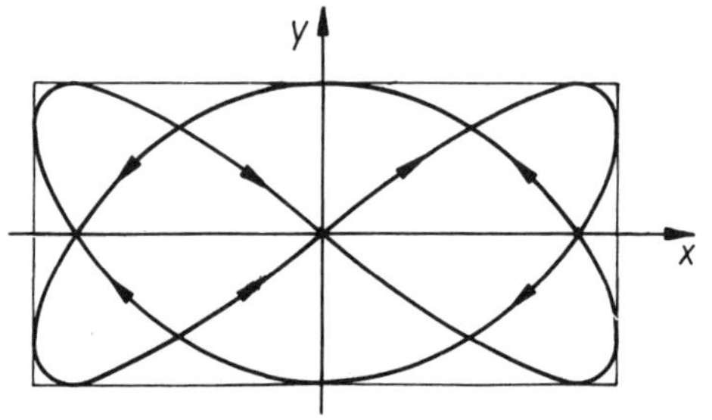

Bild 1.2.11. Simultane Darstellung zweier harmonischer Schwingungen mit dem Frequenzverhältnis 2:3

Man kann nun $\varepsilon t + \varphi_y$ als langsam veränderlichen Nullphasenwinkel auffassen. Da nach dem oben Gesagten der Differenzwinkel

$$\Delta\varphi = \varepsilon t + \varphi_y - \varphi_x$$

bei gegebenem A und B die Lage der Hauptachse der Ellipse bestimmt, beschreibt der Bildpunkt näherungsweise eine Ellipse, deren Lage sich zeitlich verändert.
Die bei simultaner Darstellung von zwei schwingenden Größen mit rationalem Frequenzverhältnis entstehenden geschlossenen bzw. geschlossen durchlaufenen Bahnkurven werden *Lissajoussche Figuren* genannt. Diese können leicht auf dem Bildschirm eines Oszillographen sichtbar gemacht werden. Die Lissajousschen Figuren werden deshalb in der Meßtechnik dazu genutzt, um auf einfache Weise entweder eine noch unbekannte Funktion $y(t)$ mit Hilfe einer periodischen Funktion $x(t)$ mit bekannter Frequenz und Phase zu untersuchen oder um Frequenzverhältnis und Phasenlage zweier schwingender Größen eines Schwingungssystems festzustellen. So können z. B. aus der gegenseitigen Phasenlage einer harmonischen Erregungskraft und der Deformation an der Kraftangriffsstelle Rückschlüsse auf die Schwingungseigenschaften des mechanischen Systems gezogen werden. Sind dagegen die Größen $x(t)$ und $y(t)$ Komponenten eines nach Größe und Richtung veränderlichen Vektors, so gewinnt die Lissajoussche Figur unmittelbare physikalische Bedeutung als Bahn der Pfeilspitze des Vektors.

Beispiel 1.4:

In einem Zweig eines elektrischen Netzes wird die Spannung u gegen ein festes Niveau und der fließende Strom i gemessen. Diese Größen steuern die horizontale und vertikale Ablenkung einer Oszillographenröhre mit gleicher Amplitude. Es entsteht eine Ellipse, wie Bild 1.2.12 zeigt. Der Betrag der Phasendifferenz ist festzustellen.

Lösung:

Nach Gl. (1.2.18) ist

$$|\Delta\varphi| = |\varphi_i - \varphi_u| = 2 \arctan 0{,}3 = 33{,}4°$$

Aus dem Richtungssinn (Gegenuhrzeigersinn) ist zu entnehmen, daß der Strom nacheilt: $\varphi_i - \varphi_u = -33{,}4°$.

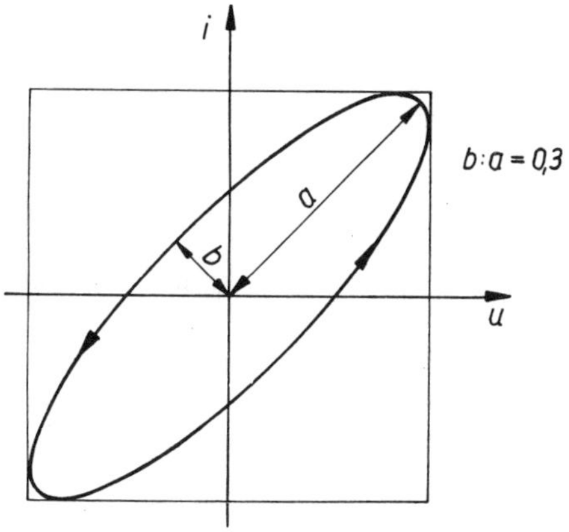

Bild 1.2.12. Schwingungsellipse der Größen u und i nach Beispiel 1.4

1.2.5. Darstellung periodischer Schwingungen in der Phasenebene

Es sei $y(t)$ eine schwingende Größe. Dann ist auch ihre zeitliche Ableitung $\dot{y}(t)$ eine schwingende Größe. Man kann nun die Funktionen $y(t)$ und $\dot{y}(t)$ als Parameterdarstellung der Funktion $\dot{y}(y)$ auffassen. Die grafische Darstellung dieser Funktion in einem kartesischen Koordinatensystem mit y als Abszisse und $\dot{y}$ als Ordinate bezeichnet man

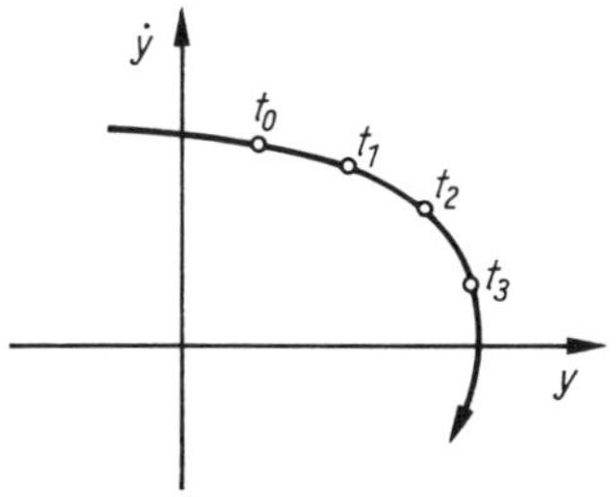

Bild 1.2.13. Phasenkurve

als *Phasenkurve,* die durch y und $\dot{y}$ gekennzeichnete Ebene als *Phasenebene.* Die Schwingung wird in der Phasenebene durch den Bildpunkt P beschrieben, der in Abhängigkeit von der Zeit die Phasenkurve durchläuft. Der zeitliche Verlauf der schwingenden Größe ist dieser Darstellung nicht explizit zu entnehmen, da die Zeit nur als Parameter auftritt. Man kann jedoch, wie in Bild 1.2.13 dargestellt, die Lage des Bildpunktes auf der Phasenkurve durch Eintragen diskreter Zeitwerte zusätzlich kennzeichnen, wodurch der Informationsgehalt der Darstellung erhöht wird.
Der Bildpunkt P gibt die zum Zeitpunkt t gehörigen Momentanwerte der schwingenden Größe y und ihre zeitliche Ableitung $\dot{y}$ an.

Der Vorteil der Darstellung einer schwingenden Größe in der Phasenebene besteht darin, daß allein aus der geometrischen Gestalt der Phasenkurve wichtige Rückschlüsse auf die Eigenschaften dieser Größe gezogen werden können. Ist die schwingende Größe periodisch, so ist die Phasenkurve stets geschlossen. Für den einfachen Fall einer harmonischen Schwingung ergibt sich z. B. aus

$$\left.\begin{aligned} y &= A \sin(\omega t + \varphi) \\ \dot{y} &= \omega A \cos(\omega t + \varphi) \end{aligned}\right\} \tag{1.2.20}$$

nach Elimination der Zeit t

$$\left(\frac{y}{A}\right)^2 + \left(\frac{\dot{y}}{\omega A}\right)^2 = 1 \tag{1.2.21}$$

Gl. (1.2.21) stellt in der Phasenebene eine Ellipse mit den Halbachsen A und ωA dar (Bild 1.2.14a). Durch Wahl geeigneter Maßstäbe für Abszisse und Ordinate läßt sich

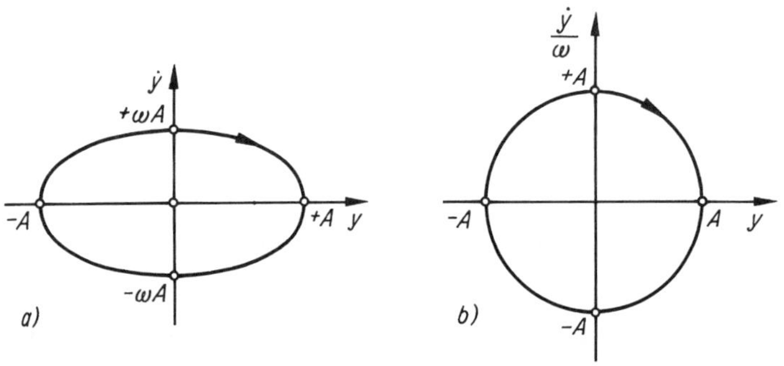

Bild 1.2.14. Phasenkurven einer harmonischen Schwingung

die harmonische Schwingung auch als Kreis in der Phasenebene darstellen (Bild 1.2.1b). Für eine beliebige periodische Schwingung $y(t)$ kann man die Funktion $\dot{y}(y)$ nicht explizit angeben.

Man muß dann die Phasenkurve konstruieren, indem man der Reihe nach für die Zeiten $t_0, t_1, t_2, \ldots, t_k, \ldots, t_n$ die dazu gehörigen Werte von $y(t_k)$ und $\dot{y}(t_k)$ berechnet. Damit ist gleichzeitig die zeitliche Zuordnung der einzelnen Bildpunkte der Schwingung gegeben.

Als Beispiel für die Darstellung einer periodischen Schwingung in der Phasenebene sei die Sägezahnschwingung nach Bild 1.2.5 für die Näherungen $n = 1, 2, 3$ dargestellt. Aus

$$y_n(t) = -\frac{2h}{\pi} \sum_{k=1}^{n} \frac{1}{k} \sin \frac{2k\pi t}{T}$$

$$\dot{y}_n(t) = -\frac{4h}{T} \sum_{k=1}^{n} \cos \frac{2k\pi t}{T}$$

ergeben sich für die genannten Näherungen die im Bild 1.2.15 dargestellten Phasenkurven.

Wie oben gezeigt wurde, ergibt sich die zeitliche Zuordnung der Bildpunkte aus der Parameterdarstellung der Phasenkurven unmittelbar. Liegt die Gleichung der Phasenkurve in der Form $\dot{y} = \dot{y}(y)$ vor, so erhält man diese Zuordnung aus der Beziehung

$$\mathrm{d}t = \mathrm{d}y/\dot{y}(y) \tag{1.2.22}$$

durch Integration

$$t = t_0 + \int_{y_0}^{y} \frac{\mathrm{d}y}{\dot{y}(y)} \tag{1.2.23}$$

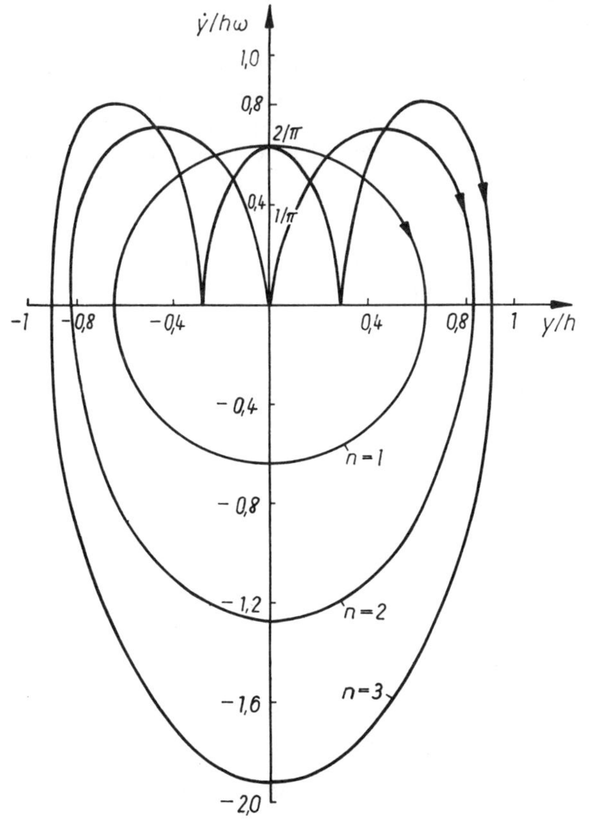

Bild 1.2.15. Phasenkurven der Näherungen für die Sägezahnfunktion nach Bild 1.2.6

Bei periodischen Schwingungen ergibt sich aus Gl. (1.2.23) die Schwingungsdauer T durch Integration über die gesamte geschlossene Phasenkurve.

Für die harmonische Schwingung nach Bild 1.2.14 erhält man z. B. die Schwingungsdauer T wegen $\dot{y} = \omega\sqrt{A^2 - y^2}$ zu

$$T = 2\int_{-A}^{A} \frac{\mathrm{d}y}{\omega\sqrt{A^2 - y^2}} = \frac{2}{\omega}\arcsin\frac{y}{A}\Big|_{-A}^{A} = \frac{2\pi}{\omega}$$

Die Phasenkurven besitzen folgende allgemeine Eigenschaften:

1. Die Phasenkurven werden in der oberen Halbebene stets von links nach rechts, in der unteren Halbebene dagegen von rechts nach links durchlaufen. Das folgt aus der Tatsache, daß in der oberen Halbebene $\dot{y} > 0$ ist, so daß y nur zunehmen kann, während in der unteren Halbebene wegen $\dot{y} < 0$ y nur abnehmen kann. Die Pfeilrichtungen in den Bildern 1.2.13., 1.2.14 und 1.2.15 kennzeichnen diesen Durchlaufsinn.
2. Die Phasenkurven schneiden die y-Achse senkrecht. Das ergibt sich aus der unter 1. genannten Eigenschaft. Ausnahmen bilden die *singulären Punkte*, in denen die Phasenkurve entweder auf der y-Achse endet oder geknickt ist.
   Punkte der Phasenkurven, die nicht auf der y-Achse liegen, können keine vertikalen Tangenten haben, da dazu $\dot{y} = 0$ notwendig ist.

Jede Schwingung wird durch eine Zeitfunktion beschrieben, deren Verlauf sich durch Wahl bestimmter Parameter (z. B. bei der harmonischen Schwingung durch A, ω, φ) eindeutig ergibt. Variiert man diese Parameter, z. B. die Amplitude einer harmonischen Schwingung, so ergibt sich für jeden Wert von A eine andere Phasenkurve. Die Gesamtheit der entstehenden Phasenkurven wird als *Phasenporträt* bezeichnet. Es wird später zur Charakterisierung des Verhaltens eines Schwingers bei Änderung gewisser Systemparameter dienen.
Zum Schluß sei noch erwähnt, daß die Darstellung einer schwingenden Größe in der Phasenebene auch für nichtperiodische Schwingungen gut geeignet ist.

1.3. Nichtperiodische Schwingungen

1.3.1. Überlagerung harmonischer Schwingungen mit irrationalem Frequenzverhältnis

In 1.2.1. wurde bei der Überlagerung zweier harmonischer Schwingungen vorausgesetzt, daß die Kreisfrequenzen in einem rationalen Verhältnis zueinander stehen $\omega_1 : \omega_2 = p : q$. Die resultierende Schwingung war periodisch mit der Periodendauer $T = T_1 p = T_2 p$, vgl. Gl. (1.2.1). Es ist unmittelbar einzusehen, daß die resultierende Schwingung bei Überlagerung zweier harmonischer Schwingungen mit irrationalem Frequenzverhältnis nicht mehr periodisch sein kann, weil ein kleinstes gemeinsames Vielfaches von T_1 und T_2 nicht existiert. Da aber jede irrationale Zahl mit beliebiger Genauigkeit durch eine rationale Zahl p/q mit hinreichend großen p und q angenähert werden kann, wiederholt sich ein bestimmter Schwingungszustand nach einer längeren Zeit $T = T_1 p = T_2 q$ fast genau. Die Genauigkeit wird um so größer, je größer T gewählt wird. Man spricht deshalb in diesem Zusammenhang auch von fastperiodischen Schwingungen.
Als Beispiel sei die Überlagerung zweier harmonischer Schwingungen mit dem Frequenzverhältnis $\omega_1 : \omega_2 = \sqrt{2}/2$ betrachtet:

$$y(t) = A \sin \omega_1 t + A \sin \sqrt{2}\, \omega_1 t \tag{1.3.1}$$

Der Einfachheit halber wurde hier $\varphi_1 = \varphi_2 = 0$ und $A_1 = A_2 = A$ gesetzt.

Mit Hilfe der Beziehung $\sin \alpha + \sin \beta = 2 \sin \dfrac{\alpha + \beta}{2} \cos \dfrac{\alpha - \beta}{2}$ ergibt sich aus

Gl. (1.3.1)

$$y(t) = 2A \sin\left(\frac{1+\sqrt{2}}{2}\,\omega_1 t\right) \cdot \cos\left(\frac{1-\sqrt{2}}{2}\,\omega_1 t\right) \qquad (1.3.2)$$

In Bild 1.3.1a ist der zeitliche Verlauf dieser Schwingung für $A = 1$ und $\omega_1 = 2\pi\,\mathrm{s}^{-1}$ dargestellt. Für die Teilschwingungen ergibt sich dann: $T_1 = 1$ s, $T_2 = \sqrt{2}/2$ s. Für die fastperiodische Schwingung könnte man $T \approx 5T_1 \approx 7T_2 \approx 5$ s setzen. In den Bildern 1.3.1b und 1.3.1c ist der Schwingungsvorgang entsprechend Gl. (1.3.1)

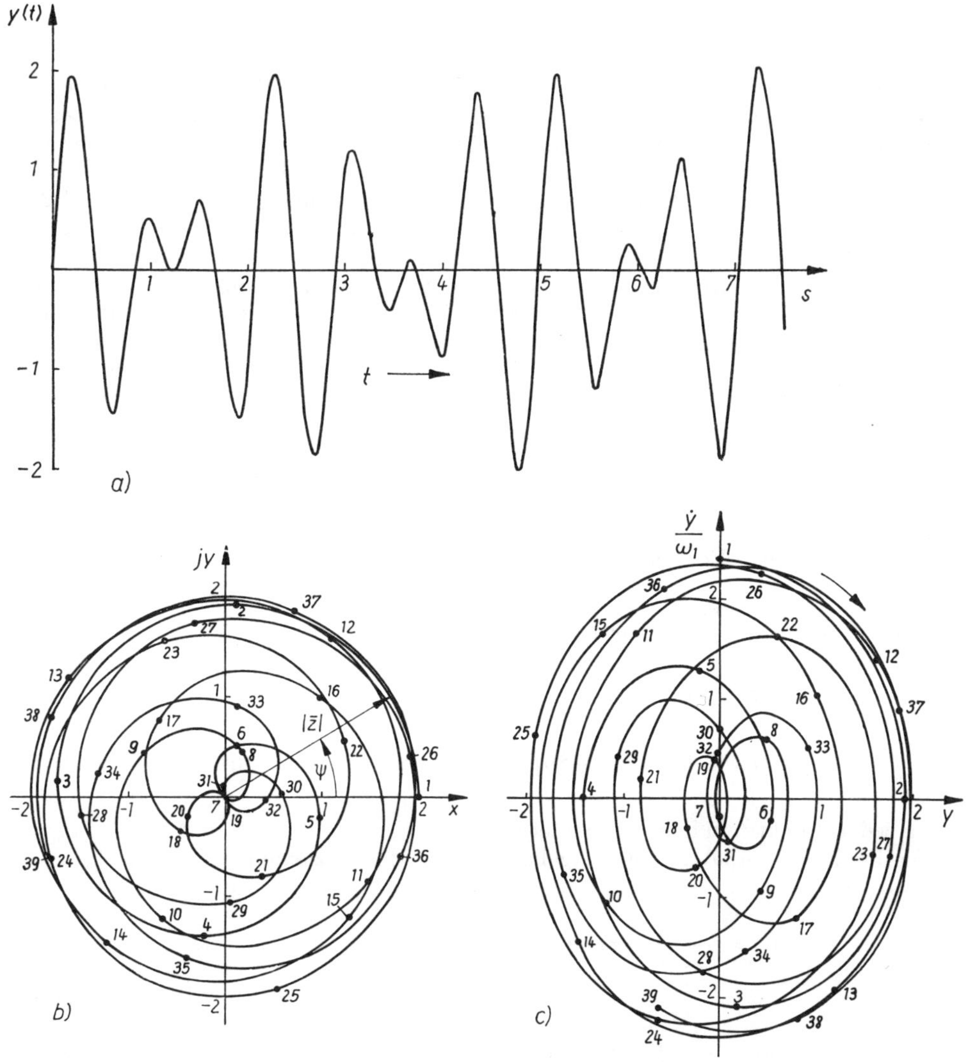

Bild 1.3.1. Überlagerung zweier harmonischer Schwingungen mit dem Frequenzverhältnis $1:\sqrt{2}$ dargestellt:
a) im Zeitbereich, b) im Zeigerbild, c) in der Phasenebene

bzw. Gl. (1.3.2) im Zeigerdiagramm bzw. in der Phasenebene dargestellt. Aus beiden Darstellungen ist ersichtlich, daß die Bildpunkte bei nichtperiodischen Schwingungen nicht geschlossene Kurven durchlaufen.
Man erkennt, daß die Erscheinung der Nichtperiodizität in den Darstellungen nach Bildern 1.3.1b und 1.3.1c besser sichtbar wird als in Bild 1.3.1a.
Auch die simultane Darstellung zweier harmonischer Schwingungen mit nichtrationalem Frequenzverhältnis ergibt keine in sich zurücklaufenden (nicht geschlossene) Lissajoussche Figuren.

1.3.2. Fourierintegraldarstellung nichtperiodischer Funktionen

Durch Verallgemeinerung der Überlagerung harmonischer Funktionen mit rationalem Frequenzverhältnis ergab sich in 1.2.2. die Fourierreihendarstellung einer periodischen Funktion. Auch nichtperiodische Funktionen lassen sich durch eine weitere Verallgemeinerung durch harmonische Funktionen darstellen.
Man kann diese Darstellung durch einen direkten Grenzübergang aus der Gl. (1.2.10) bzw. aus der Gl. (1.2.11) gewinnen. Dabei geht die Periodendauer $T \to \infty$ und das diskrete Frequenzspektrum nach Gln. (1.2.13) jetzt in ein kontinuierliches über, in dem die Frequenz jeden reellen Wert annehmen kann. Die Summation wird durch diesen Grenzübergang zu einer Integration. In der Mathematik wird gezeigt, daß für eine beliebige nichtperiodische Funktion $y(t)$, die sich im Definitionsintervall in endlich viele Teilintervalle zerlegen läßt, in denen sie stetig und monoton ist und bei der an jeder Unstetigkeitsstelle die Werte $y\,(t+0)$ und $y\,(t-0)$ definiert sind (Dirichletsche Bedingungen) und, falls das Integral

$$I = \int_{-\infty}^{\infty} |y(t)|\,\mathrm{d}t$$

existiert, folgende Fourierintegraldarstellung möglich ist:

$$y(t) = \int_{-\infty}^{+\infty} [a(\omega)\cos\omega t + b(\omega)\sin\omega t]\,\mathrm{d}\omega \tag{1.3.3}$$

für alle Punkte t, in denen $y(t)$ stetig ist und

$$\frac{1}{2}\,[y(t+0) - y(t-0)] = \int_{-\infty}^{+\infty} [a(\omega)\cos\omega t + b(\omega)\sin\omega t]\,\mathrm{d}\omega \tag{1.3.4}$$

für jeden Punkt t, in dem $y(t)$ unstetig ist.
Die Funktionen $a(\omega)$ und $b(\omega)$ ergeben sich aus den Beziehungen

$$\left.\begin{aligned} a(\omega) &= \frac{1}{2\pi}\int_{-\infty}^{\infty} y(\tau)\cdot\cos\omega\tau\cdot\mathrm{d}\tau \\ b(\omega) &= \frac{1}{2\pi}\int_{-\infty}^{\infty} y(\tau)\cdot\sin\omega\tau\cdot\mathrm{d}\tau \end{aligned}\right\} \tag{1.3.5}$$

Aus dieser Darstellung ist die Analogie zu den Gln. (1.2.11) und (1.2.13) ersichtlich.

Es handelt sich um die Darstellung der Funktion $y(t)$ durch eine Fourierreihe im Intervall $(-t^*, t^*)$ für den Grenzfall $t^* \to \infty$. Die Frequenzen ω, die bei der Entwicklung einer periodischen Funktion mit der Periode $2t^*$ die diskreten Werte $\omega_n = 2\pi n/(2t^*)$ durchlaufen, ändern sich hier stetig.
Während jedoch in den Gln. (1.2.13) die Größen a_k und b_k die Amplituden der Kosinus- bzw. Sinusanteile der $k$ten Harmonischen sind, denen dieselbe Maßeinheit zukommt wie der schwingenden Größe $y(t)$ selbst, sind in den Gln. (1.3.3) bzw. (1.3.5) $a(\omega)$ und $b(\omega)$ auf das differentiell kleine Frequenzintervall $\mathrm{d}\omega$ bezogene Teilamplituden. Für solche bezogenen und von ω abhängigen Funktionen wird die Bezeichnung *Dichte des Spektrums* oder einfach *Dichte* verwendet. Sie haben die Maßeinheit der durch sie beschriebenen physikalischen oder geometrischen Größen multipliziert mit der Zeiteinheit.
Der Ausdruck

$$A(\omega) = \sqrt{a^2(\omega) + b^2(\omega)} \tag{1.3.6}$$

wird deshalb als *Amplitudendichtespektrum* oder kürzer als *Amplitudendichte* bezeichnet.
Für das Quadrat der Amplitudendichte

$$A^2(\omega) = a^2(\omega) + b^2(\omega) \tag{1.3.7}$$

ist die Bezeichnung *Leistungsdichtespektrum* oder *Leistungsdichte* üblich.
Die Bezeichnungsweise ist allerdings in der Literatur nicht einheitlich. So findet man manchmal für $A(\omega)$ bzw. $A^2(\omega)$ die nicht ganz korrekten Begriffe *Amplitudenspektrum* bzw. *Leistungsspektrum.*
Für gerade bzw. ungerade Funktionen $y(t)$ vereinfacht sich die Integraldarstellung. Ist $y(t)$ gerade, d. h. $y(-t) = y(t)$, so wird $b(\omega) = 0$ und

$$a(\omega) = \frac{1}{\pi}\int_0^\infty y(\tau)\cdot\cos\omega\tau\cdot\mathrm{d}\tau \tag{1.3.8}$$

und

$$A(\omega) = |a(\omega)| \tag{1.3.9}$$

Für ungerades $y(t)$, d. h. für Funktionen, für die $y(-t) = -y(t)$ gilt, wird $a(\omega) = 0$ und

$$b(\omega) = \frac{1}{\pi}\int_0^\infty y(\tau)\cdot\sin\omega\tau\cdot\mathrm{d}\tau \tag{1.3.10}$$

und

$$A(\omega) = |b(\omega)| \tag{1.3.11}$$

Sehr vorteilhaft für viele Anwendungen ist die Darstellung der Funktion $y(t)$ mit Hilfe eines *komplexen Amplitudendichtespektrums* $\bar{A}(\omega)$. Ausgehend von der Identität

$$y(t) = \frac{1}{2\pi}\int_{-\infty}^{\infty}\mathrm{d}\omega\int_{-\infty}^{\infty} y(\tau)\,\mathrm{e}^{\mathrm{j}\omega(t-\tau)}\,\mathrm{d}\tau = \frac{1}{2\pi}\int_{-\infty}^{\infty}\mathrm{e}^{\mathrm{j}\omega t}\,\mathrm{d}\omega\cdot\int_{-\infty}^{\infty} y(\tau)\cdot\mathrm{e}^{-\mathrm{j}\omega\tau}\,\mathrm{d}\tau \tag{1.3.12}$$

folgt

$$y(t) = \int_{-\infty}^{\infty} \bar{A}(\omega)\, e^{j\omega t}\, d\omega$$

mit

$$\bar{A}(\omega) = \frac{1}{2\pi} \int_{-\infty}^{\infty} y(\tau)\, e^{-j\omega\tau}\, d\tau$$

$$= a(\omega) - jb(\omega) = |\bar{A}(\omega)|\, e^{-j\varphi(\omega)} = A(\omega)\, e^{-j\varphi(\omega)} \qquad (1.3.13)$$

Aus Gln. (1.3.13) ist ersichtlich, daß in Analogie zur komplexen Darstellung harmonischer Funktionen das komplexe Amplitudendichtespektrum sowohl das (reelle) Amplitudendichtespektrum $A(\omega)$ als auch das *Phasenspektrum* $\varphi(\omega) = \arctan\,[b(\omega)/a(\omega)]$ enthält.

Mathematisch ausgedrückt ist die Funktion $\bar{A}(\omega)$ die *Fouriertransformierte* der Funktion $y(t)$. Durch Anwendung einer solchen Transformation gelangt man von der Darstellung einer Funktion $y(t)$ im Zeitbereich zu einer gleichwertigen Darstellung im Frequenzbereich, die durch die komplexe Amplitudendichte ausgedrückt wird. $\bar{A}(\omega)$ bezeichnet man auch als die *Spektraldarstellung* der schwingenden Größe $y(t)$.

Beispiel 1.5:

Gegeben sei eine idealisierte Stoßfunktion $y(t)$, die sich mathematisch wie folgt beschreiben läßt:

$$y(t) = \begin{cases} c & \text{für} \quad |t| < t_0 \\ 0 & \text{für} \quad |t| \geqq t_0 \end{cases}$$

(siehe Bild 1.3.2).

Die komplexe Amplitudendichte $\bar{A}(\omega)$, die Leistungsdichte $A^2(\omega)$ und die Fourierintegraldarstellung sind anzugeben.

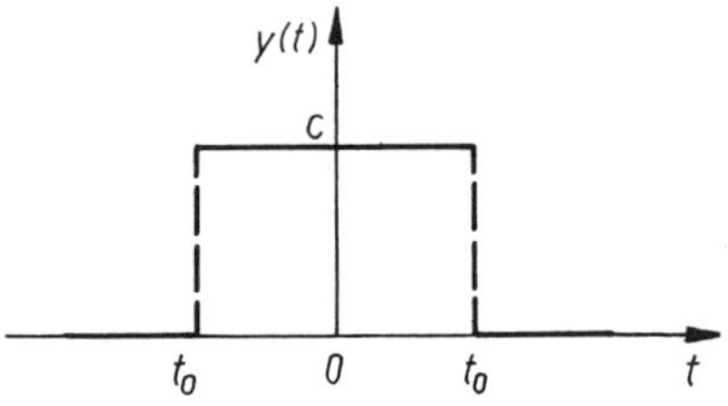

Bild 1.3.2. Stoßfunktion zu Beispiel 1.5

Lösung:

Die Funktion $y(t)$ genügt den Dirichletschen Bedingungen und ist absolut integrierbar, so daß die Darstellung durch ein Fourierintegral möglich ist. Da $y(t)$ gerade ist, folgt aus Gl. (1.3.8)

$$a(\omega) = \frac{c}{\pi} \int_{0}^{\infty} \cos \omega\tau\, d\tau = \frac{c}{\pi} \int_{0}^{t_0} \cos \omega\tau\, d\tau = \frac{ct_0}{\pi} \cdot \frac{\sin \omega t_0}{\omega t_0}$$

und

$$\bar{A}(\omega) = a(\omega)$$

$$A^2(\omega) = a^2 = \frac{c^2 t_0^2}{\pi^2} \cdot \left(\frac{\sin \omega t_0}{\omega t_0}\right)^2$$

In den Bildern 1.3.3a und 1.3.3b sind diese beiden Funktionen dargestellt. Für $y(t)$ ergibt sich die Integraldarstellung

$$y(t) = \int_{-\infty}^{+\infty} a(\omega) \cos \omega t \, d\omega = \frac{2c}{\pi} \int_{-\infty}^{+\infty} \frac{\sin \omega t_0 \cos \omega t}{\omega} \, d\omega$$

Die Integraldarstellung nimmt nach Gl. (1.3.4) folgende Werte an:

$$y(t) = \frac{2c}{\pi} \int_0^{\infty} \frac{\sin \omega t_0 \cos \omega t}{\omega} \, d\omega = \begin{cases} c & \text{für} \quad |t| < t_0 \\ \frac{1}{2} c & \text{für} \quad |t| = t_0 \\ 0 & \text{für} \quad |t| > t_0 \end{cases}$$

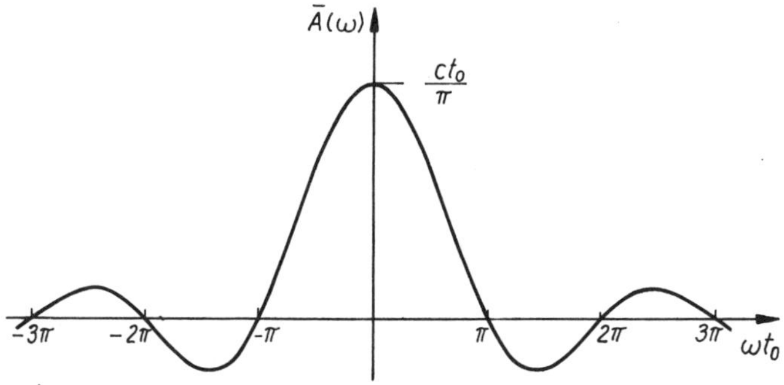

a)

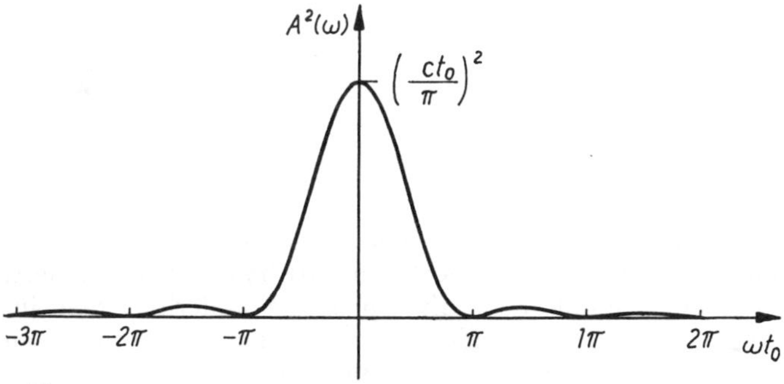

b)

Bild 1.3.3. Spektren der Stoßfunktion:
a) komplexe Amplitudendichte, b) Leistungsdichte

1.3.3. Sinusverwandte Schwingungen

Unter *sinusverwandten Schwingungen* versteht man diejenigen — i. allg. nichtperiodischen — Schwingungen, die sich mathematisch durch

$$y(t) = A(t) \sin \big(\omega(t)\, t + \varphi(t)\big) \tag{1.3.14}$$

darstellen lassen, wobei $A(t)$, $\omega(t)$ und $\varphi(t)$ sich im Vergleich mit einer Einzelschwingung zeitlich nur langsam ändern.

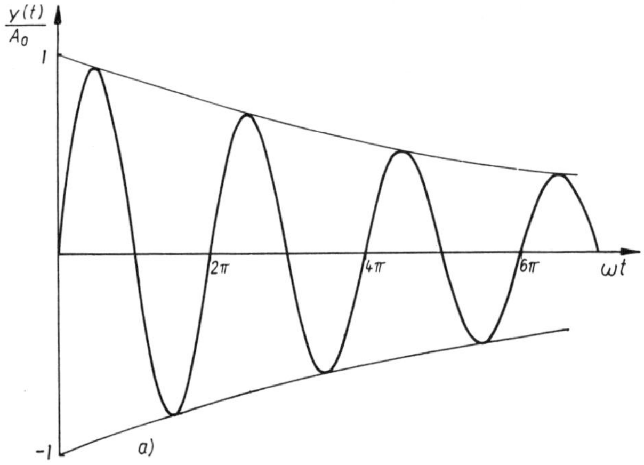

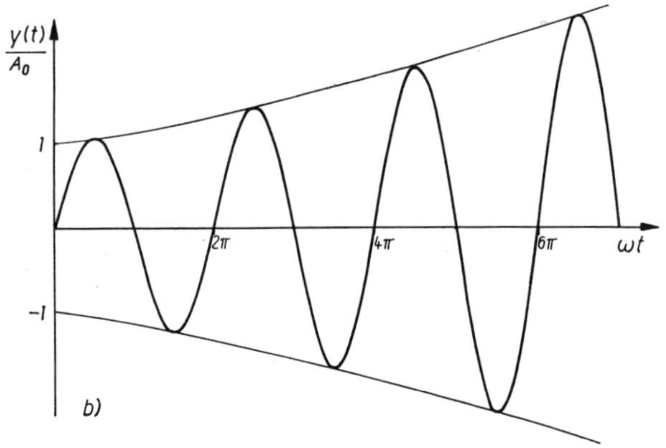

Bild 1.3.4. Sinusverwandte Schwingungen;
a) abklingend, b) anschwellend

Verändert sich nur $A(t)$, so heißt die Schwingung *amplitudenveränderlich.* Entsprechend bezeichnet man eine Schwingung, bei der sich nur $\omega(t)$ bzw. nur $\varphi(t)$ ändert, als *frequenzveränderlich* bzw. *phasenveränderlich.* Eine phasenveränderliche Schwingung ist allerdings auch zugleich frequenzveränderlich, da bei den sinusverwandten Schwingungen die augenblickliche Frequenz durch die Beziehung

$$\omega_a = \frac{\mathrm{d}}{\mathrm{d}t} \big(\omega(t)\, t + \varphi(t)\big) \tag{1.3.15}$$

definiert wird. Jede frequenz- oder phasenveränderliche Schwingung läßt sich durch Überlagerung zweier amplitudenveränderlicher darstellen. Mit $\omega = \omega_0 + g(t)$; $\varphi = \varphi_0 + h(t)$; $A(t) = A_0$ ergibt sich nämlich

$$\begin{aligned} y(t) &= A_0 \sin\left[\omega_0 t + \varphi_0 + g(t)\, t + h(t)\right] \\ &= A_0\{\cos\left[g(t)\, t + h(t)\right] \sin\left(\omega_0 t + \varphi_0\right) + \sin\left[g(t)\, t + h(t)\right] \cdot \cos(\omega_0 t + \varphi_0)\} \\ &= A_1(t) \sin\left(\omega_0 t + \varphi_0\right) + A_2(t) \cos\left(\omega_0 t + \varphi_0\right) \qquad (1.3.16) \end{aligned}$$

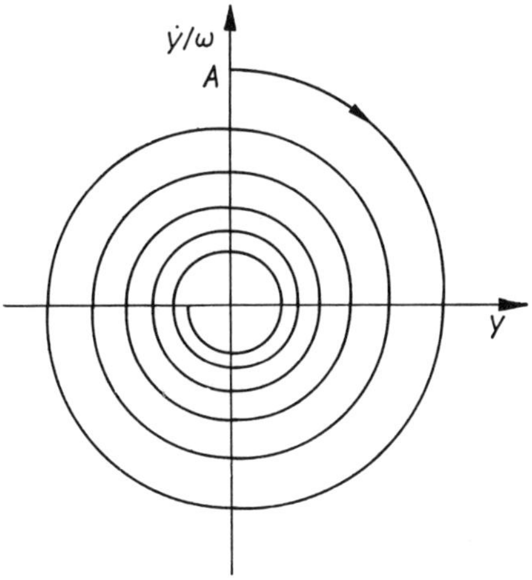

Bild 1.3.5. Abklingende Schwingung in der Phasenebene

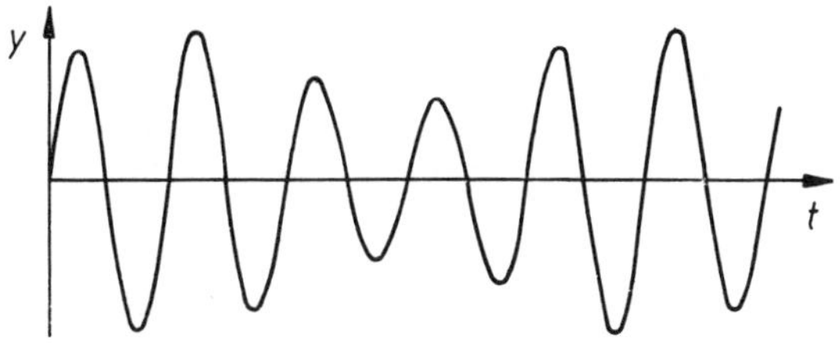

Bild 1.3.6. Amplitudenmodulierte Schwingung

Bei den amplitudenveränderlichen Schwingungen spielen diejenigen eine besondere Rolle, für die

$$A(t) = A_0\, e^{\alpha t} \qquad (1.3.17)$$

gilt. Ist $\alpha < 0$, so heißt die Schwingung *abklingend* oder *gedämpft*, ist $\alpha > 0$, so spricht man von einer *anschwellenden* oder *angefachten* Schwingung. Bild 1.3.4 zeigt eine abklingende ($\alpha = -0{,}046\omega$) bzw. anschwellende ($\alpha = +0{,}046\omega$) Schwingung im Zeitbereich. Bild 1.3.5 zeigt die abklingende Schwingung für dasselbe Verhältnis in der Phasenebene. Amplitudenveränderliche Schwingungen mit schwankender Amplitude werden als amplitudenmodulierte Schwingungen bezeichnet (Bild 1.3.6).
Bei den frequenzveränderlichen Schwingungen unterscheidet man zwischen monoton

frequenzveränderlichen und frequenzmodulierten Schwingungen, je nachdem, ob die Frequenz nach Gl. (1.3.15) sich monoton ändert oder schwankt (Bild 1.3.7). Die modulierten Schwingungen spielen in der Funktechnik eine entscheidende Rolle.

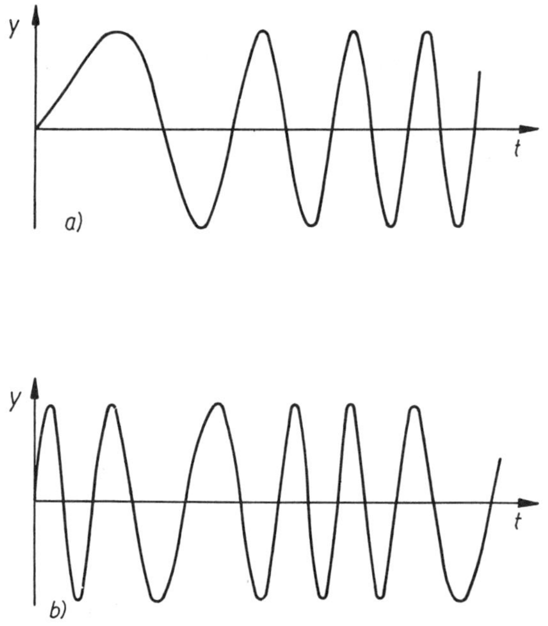

Bild 1.3.7. Frequenzveränderliche Schwingungen:
a) monoton frequenzveränderlich,
b) frequenzmoduliert

1.4. Stochastische Schwingungen

Bei der bisherigen Einteilung in harmonische, periodische und nichtperiodische Schwingungen wurde ohne besonderen Hinweis davon ausgegangen, daß die Funktionen $y(t)$ der schwingenden Größe y bei wiederholten Messungen unter gleichbleibenden Bedingungen den gleichen Verlauf haben. Nun gibt es aber sehr viele Vorgänge, bei denen das nicht so ist. In diesen Fällen nimmt die Funktion $y(t)$ bei jeder erneuten Realisierung der Bedingungen (bei jedem Versuch) einen anderen Verlauf. Als Beispiel könnten der Winddruck auf ein Gebäude während eines Sturmes oder der Federweg in der Radabstützung eines fahrenden Kraftwagens dienen. Der Wert dieser Größen zu einer bestimmten Zeit muß als rein zufällig angesehen werden. Bei jedem Versuch wird ein anderer Verlauf der schwingenden Größe realisiert. Das Ergebnis, $y = y(t)$, wird als eine *Realisierung* eines Zufallsprozesses oder *stochastischen Prozesses* bezeichnet. Bild 1.4.1 zeigt einige Realisierungen $\overset{k}{y}(t)$ eines stochastischen Prozesses $\eta(t)$. Wie i. allg. üblich, sollen im folgenden Zufallsprozesse als Gesamtheit aller Realisierungen mit griechischen Buchstaben, die einzelnen Realisierungen mit lateinischen Buchstaben bezeichnet werden.
Die einzelne Realisierung (auch *Trajektorie* genannt) eines stochastischen Prozesses unterscheidet sich nicht von einer determinierten Funktion — man kann aber nicht erwarten, daß sie sich auch mit künftigen Realisierungen deckt. Es ist dehalb eine wahrscheinlichkeitstheoretische Beschreibung des stochastischen Prozesses bzw. eine statistische Charakterisierung seiner Realisierungen notwendig, wenn man zu

Aussagen und Vorhersagen über Verhalten und Wirkung stochastischer Schwingungsvorgänge gelangen will. Es soll dabei vorausgesetzt werden, daß die schwingende Größe innerhalb vorgegebener Schranken jeden Wert annehmen kann.

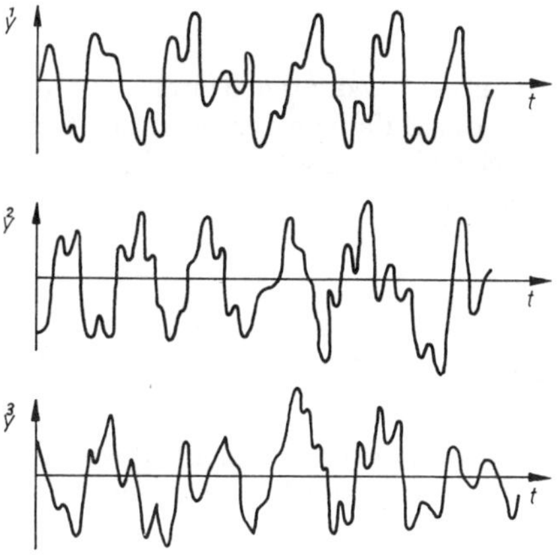

Bild 1.4.1. Realisierungen eines stochastischen Prozesses

1.4.1. Wahrscheinlichkeitsdichte

Von n Realisierungen eines stochastischen Prozesses $\overset{k}{y}(t)$, $k = 1, 2, \ldots, n$, falle der Wert von $\overset{k}{y}$ zu einer bestimmten Zeit t $m$mal in ein Intervall mit den Grenzen y und $y + \Delta y$. Das Verhältnis

$$h_n = m(n, y, \Delta y)/n$$

bezeichnet man als relative Häufigkeit.
Nach dem Gesetz der großen Zahlen geht h_n für $n \to \infty$ gegen die Wahrscheinlichkeit dafür, daß die *Zufallsgröße* $\eta(t)$ in den Grenzen y und $y + \Delta y$ liegt:

$$\lim_{n\to\infty} h_n = P(y \leqq \eta \leqq y + \Delta y)$$

Daraus erhält man die Wahrscheinlichkeitsdichte

$$\left.\begin{aligned} p_t(y) &= \lim_{\Delta y\to 0} \frac{P(y \leqq \eta < y + \Delta y)}{\Delta y} \\ &= \lim_{\Delta y\to 0}\, \lim_{n\to\infty} m(n, y, \Delta y)/n \end{aligned}\right\} \qquad (1.4.1)$$

Aus dieser Definition folgt die bekannte Beziehung

$$\int_{-\infty}^{+\infty} p_t(y)\, \mathrm{d}y = 1 \qquad (1.4.2)$$

Durch $p_t(y)$ ist die momentane Wahrscheinlichkeitsdichte der Zufallsgröße $\eta(t)$ [d. h. der Gesamtheit der Realisierungen $\overset{k}{y}(t)$] bestimmt. Eine besonders wichtige und häufig vorkommende Verteilung ist die *Gaußsche Normalverteilung*, die durch die Dichtefunktion

$$p_t(y) = \frac{1}{\sqrt{2\pi}\,\sigma(t)} \exp \frac{\big(y - \mu(t)\big)^2}{2\sigma^2(t)} \tag{1.4.3}$$

gegeben ist, wobei σ die Streuung und μ den Mittelwert bedeuten. Durch diese eindimensionale Wahrscheinlichkeitsdichte ist jedoch der Zufallsprozeß noch nicht hinreichend charakterisiert. Für die Beurteilung einer Schwingung werden im allgemeinen auch die Ndimensionalen Wahrscheinlichkeitsdichten

$$p_{t_1,t_2,\ldots,t_N}(y_1, y_2, \ldots y_N) = \lim_{\Delta y \to 0} \frac{P\{y_1 \leqq \eta(t_1) < y_1 + \Delta y, \ldots y_N \leqq \eta(t_N) < y_N + \Delta y\}}{(\Delta y)^N} \tag{1.4.4}$$

benötigt. Im Falle der Normalverteilung kann man diese in Abhängigkeit von den Elementen $K_{ij} = K(t_i, t_j)$ der Kovarianzmatrix $\boldsymbol{K}$, auf die noch eingegangen wird, angeben:

$$p_{t_1,t_2,\ldots,t_N} = \frac{1}{2(\pi)^{N/2}\,|\boldsymbol{K}|^{1/2}} \exp\left\{-\frac{1}{2}\sum_{i,j=1}^{N} k_{ij}[y_i - \mu(t_i)]\,[y_j - \mu(t_j)]\right\} \tag{1.4.5}$$

Hierin sind die Werte k_{ij} Elemente der zu $\boldsymbol{K}$ inversen Matrix. Es ist verständlich, daß aus einer endlichen Anzahl meßtechnisch gewonnener Realisierungen eines stochastischen Prozesses nicht alle endlichen mehrdimensionalen Verteilungsdichten für alle Zeiten t_k durch Auszählen der Häufigkeit entsprechend verallgemeinerter Formeln der Art der Gl. (1.4.1) gewonnen werden können. Man ist deshalb im allgemeinen gezwungen, sich mit der Kenntnis einiger Momente der Wahrscheinlichkeitsdichtefunktion zufrieden zu geben. Darauf soll im nächsten Abschnitt näher eingegangen werden.

Zuvor soll noch der wichtige Begriff des *stationären Zufallsprozesses* eingeführt werden. Als *stationär* wird ein Prozeß bezeichnet für den alle Ndimensionalen Wahrscheinlichkeitsdichten unabhängig vom Zeitpunkt t_1 sind, wenn nur die Differenzen $t_2 - t_1$, $t_3 - t_1, \ldots, t_N - t_1$ unverändert bleiben. Die eindimensionale Wahrscheinlichkeitsdichte wird damit zeitinvariant:

$$p_t(y) = p(y) \tag{1.4.6}$$

Für die Ndimensionale Wahrscheinlichkeitsdichte gilt dann für jede Zeitverschiebung t_0

$$p_{t_1,t_2,\ldots,t_N}(y_1, y_2, \ldots, y_N) = p_{t_1+t_0,t_2+t_0,\ldots,t_N+t_0}(y_1, y_2, \ldots, y_N) \tag{1.4.7}$$

Im folgenden soll ein Prozeß, der der Bedingung (1.4.7) für alle endlichen N gehorcht, stationär im engeren Sinne genannt werden. Auf stationäre Prozesse im weiteren Sinne soll im nächsten Abschnitt eingegangen werden.

1.4.2. Momente von Wahrscheinlichkeitsdichtefunktionen

Als Momente $k$ter Ordnung oder $k$te Momente eines Zufallsprozesses bezeichnet man Integrale der Form

$$\mu_{t_1,t_2,\ldots,t_N;r_1,r_2,\ldots,r_N} = \int_{-\infty}^{\infty}\int_{-\infty}^{\infty}\cdots\int_{-\infty}^{\infty} y_1^{r_1}y_2^{r_2}\cdots y_N^{r_N}p_{t_1,t_2,\ldots,t_N}\,\mathrm{d}y_1\mathrm{d}y_2\cdots\mathrm{d}y_N \quad (1.4.8)$$

$$r_1 + r_2 + \cdots + r_N = k$$

Die Momente können empirisch genähert aus den n Realisierungen eines Prozesses durch Mittelung gewonnen werden:

$$\mu_{t_1,t_2,\ldots,t_N;r_1,r_2,\ldots,r_N} = \lim_{n\to\infty}\frac{1}{n}\sum_{j=1}^{n}\overset{j}{y}_1{}^{r_1}\cdot\overset{j}{y}_2{}^{r_2}\cdots\overset{j}{y}_N{}^{r_N} \quad (1.4.9)$$

Hierin ist $\overset{j}{y}_k{}^{r_k}$ die $r_k$te Potenz der $j$ten Realisierung zum Zeitpunkt t_k.
Von besonderer Bedeutung sind insbesondere die Momente erster und zweiter Ordnung. Alle Momente nullter Ordnung sind definitionsgemäß gleich eins.
Das Moment erster Ordnung wird *mathematische Erwartung* genannt und mit $M[\eta]$ bezeichnet:

$$\mu_{t;1} \equiv M[\eta(t)] = \int_{-\infty}^{\infty} y p_t(y)\,\mathrm{d}y \quad (1.4.10)$$

$M[\eta]$ ist eine lineare Funktion von η. Empirisch ist es zu bestimmen mit Hilfe der Summe

$$M[\eta(t)] = \lim_{n\to\infty}\frac{1}{n}\sum_{j=1}^{n}\overset{j}{y}(t) \quad (1.4.11)$$

Daraus folgt unmittelbar, daß die mathematische Erwartung einer Konstanten diese Konstante selbst ist: $M[a] = a$
Momente, die nicht von η, sondern von $\eta - M[\eta]$ gebildet werden, heißen *zentrale Momente.* Ein solches zentrales Moment zweiter Ordnung ist die *Dispersion*

$$\left.\begin{aligned}\mu_{t;2}(\eta - M[\eta]) \equiv D[\eta(t)] &= M[\eta - M(\eta)]^2\\ &= M[\eta^2] - 2M[\eta M(\eta)] + [M(\eta)]^2\\ &= M[\eta^2] - [M(\eta)]^2\end{aligned}\right\} \quad (1.4.12)$$

Ein weiteres zentrales Moment zweiter Ordnung ist $K_\eta(t_1, t_2)$, die *Kovarianzfunktion*:

$$\left.\begin{aligned}\mu_{t_1,t_2,1,1}(\eta - M[\eta]) \equiv K_\eta(t_1, t_2)&\\ = M\{[\eta(t_1) - M(\eta(t_1))]\cdot[\eta(t_2) - M(\eta(t_2))]\}&\\ = M[\eta(t_1)\cdot\eta(t_2)] - M[\eta(t_1)]\cdot M[\eta(t_2)]&\end{aligned}\right\} \quad (1.4.13)$$

Es gilt

$$D[\eta(t)] = K_\eta(t, t) \quad (1.4.14)$$

Die Wurzel aus der Dispersion wird auch als *Streuung* bezeichnet:

$$\sigma_\eta = \sqrt{D[\eta]} \quad (1.4.15)$$

In Übereinstimmung mit der oben gegebenen Definition für den stationären Prozeß muß man insbesondere für die ersten und zweiten Momente stationärer Prozesse fordern:

$$\begin{aligned} &M[\eta(t)] = \text{konst} \\ &D[\eta(t)] = \text{konst} \\ &K_\eta(t_1, t_2) = K_\eta(t_1 + t_0, t_2 + t_0) \end{aligned} \tag{1.4.16}$$

Wählt man speziell $t_0 = -t_1$, so folgt

$$K_\eta(t_1, t_2) = K_\eta(0, t_2 - t_1)$$

oder einfach

$$K_\eta(t_1, t_2) = K_\eta(t_2 - t_1) = K_\eta(\tau) \tag{1.4.17}$$

mit $\tau = t_2 - t_1$.
Gelten die Gleichungen (1.4.16) und (1.4.17), ohne daß die entsprechenden Eigenschaften für alle Momente erwiesen sind, so nennt man den Prozeß *stationär im weiteren Sinne.*
Ist dagegen bekannt, daß der Prozeß normalverteilt ist, so zieht die Stationarität im weiteren Sinne die im engeren Sinne nach sich, denn mit

$$K_{ij} = K_\eta(t_i, t_j) = K_\eta(t_j - t_i) \tag{1.4.18}$$

und

$$\mu(t_i) = M[\eta] = \text{konst}$$

ist nach Gl. (1.4.5) jede Ndimensionale Normalverteilung gegeben. Deshalb reichen unter der Voraussetzung der Normalverteilung zur vollständigen Charakterisierung eines stochastischen Prozesses die ersten und zweiten Momente aus. Das Teilgebiet der Theorie stochastischer Prozesse, das sich auf Aussagen über die Momente bis zur 2. Ordnung stützt, wird *Korrelationstheorie* genannt.

Beispiel 1.6:

Gegeben ist ein stationärer normalverteilter Prozeß mit der mathematischen Erwartung Null. Die Kovarianzfunktion ist durch $K_\eta(t_2 - t_1) = \sigma^2\, \mathrm{e}^{-\alpha|t_2 - t_1|}$ gegeben. Gesucht ist die Wahrscheinlichkeit dafür, daß eine Realisierung $y(t)$ zu den Zeiten $t_1, t_1 + \tau$ gleiches Vorzeichen hat.

Lösung:

Die Kovarianzmatrix für 2 Zustände $t_1, t_2 = t_1 + \tau$ ist nach Gl. (1.4.18) durch

$$\boldsymbol{K} = \sigma^2 \begin{bmatrix} 1 & \mathrm{e}^{-\alpha|\tau|} \\ \mathrm{e}^{-\alpha|\tau|} & 1 \end{bmatrix}$$

gegeben. Damit ist die zweidimensionale Wahrscheinlichkeitsdichte bestimmt durch

$$p_{t_1, t_2}(y_1, y_2) = \frac{1}{2\pi\sigma^2 \sqrt{1 - \mathrm{e}^{-2\alpha\tau}}} \exp\left\{-\frac{y_1{}^2 - 2\mathrm{e}^{-\alpha|\tau|} y_1 y_2 + y_2{}^2}{2\sigma^2(1 - \mathrm{e}^{-2\alpha|\tau|})}\right\}$$

Die gesuchte Wahrscheinlichkeit ergibt sich aus

$$\begin{aligned} P\{y_1 y_2 \geqq 0\} &= P\{y_1 \geqq 0,\, y_2 \geqq 0\} + P\{y_1 \leqq 0,\, y_2 \leqq 0\} \\ &= 2P\{y_1 \geqq 0,\, y_2 \geqq 0\} \\ &= 2 \int\limits_0^\infty \int\limits_0^\infty p_{t_1,t_2}(y_1, y_2)\, \mathrm{d}y_1 \mathrm{d}y_2 \end{aligned}$$

Zur Auswertung des Integrals soll eine Koordinatentransformation durchgeführt werden:

$$u = \frac{\sqrt{2}}{2}\,(y_2 + y_1)$$

$$v = \frac{\sqrt{2}}{2}\,(y_2 - y_1)$$

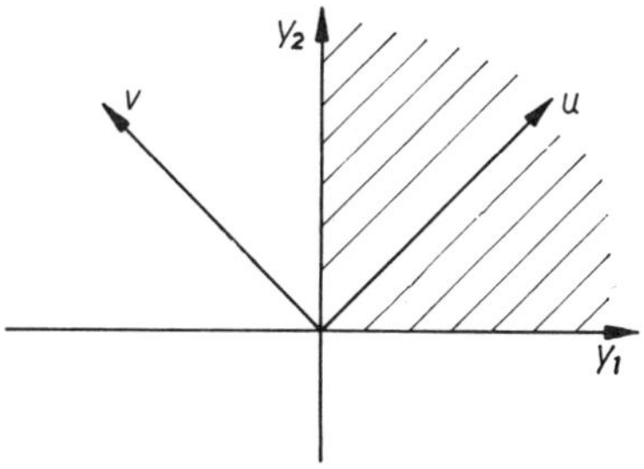

Bild 1.4.2. Integrationsgebiet zum Beispiel 1.6

Der schraffierte Bereich im Bild 1.4.2 ist der Integrationsbereich. Das Integral nimmt damit die Form

$$P\{y_1 y_2 \geqq 0\} = 2 \int\limits_{u=0}^{\infty} \int\limits_{v=-u}^{u} p_{t_1,t_2}\,(u, v)\, \mathrm{d}u\, \mathrm{d}v$$

mit

$$p_{t_1,t_2}(u, v) = \frac{1}{2\pi\sigma^2 \sqrt{1 - \mathrm{e}^{-2\alpha|\tau|}}} \exp\left\{-\frac{1}{2\sigma^2}\left[\frac{u^2}{1 + \mathrm{e}^{-\alpha|\tau|}} + \frac{v^2}{1 - \mathrm{e}^{-\alpha|\tau|}}\right]\right\}$$

an. Eine weitere Transformation

$$\mu = \frac{u}{\sigma\sqrt{1 + \mathrm{e}^{-\alpha|\tau|}}}; \qquad \nu = \frac{v}{\sigma\sqrt{1 - \mathrm{e}^{-\alpha|\tau|}}}$$

führt auf

$$P\{y_1 y_2 \geqq 0\} = 2 \int\limits_0^\infty \left[\frac{\mathrm{e}^{-\mu^2/2}}{\sqrt{2\pi}} \int\limits_{-\beta\mu}^{\beta\mu} \frac{\mathrm{e}^{-\nu^2/2}}{\sqrt{2\pi}}\, \mathrm{d}\nu\right] \mathrm{d}\mu$$

worin

$$\beta = \frac{\sqrt{1 + \mathrm{e}^{-\alpha|\tau|}}}{\sqrt{1 - \mathrm{e}^{-\alpha|\tau|}}}$$

ist.

Mit der Funktion (Gaußsches Integral)

$$\Phi(x) = \frac{1}{\sqrt{2\pi}} \int\limits_{-x}^{x} e^{-y^2/2}\, dy = \sqrt{\frac{2}{\pi}} \int\limits_{0}^{x} e^{-y^2/2}\, dy$$

die tabelliert vorliegt, findet man

$$P\{y_1 y_2 \geqq 0\} = \int\limits_{\Phi(\mu)=0}^{1} \Phi(\beta\mu)\, d\Phi(\mu) \qquad (1)$$

Für 2 Sonderfälle kann das Ergebnis sofort angegeben werden:

1. $\tau = 0$. Das Argument von $\Phi(\beta\mu)$ nimmt den Wert ∞ an. Damit wird $\Phi(\beta\mu) = 1$ und das Integral in Gl. (1) ergibt

   $$P\{y_1 y_2 \geqq 0\} = 1$$

   Dieses Ergebnis ist trivial: Daß y zu ein und demselben Zeitpunkt das gleiche Vorzeichen hat, ist sicher.

2. $\tau = \infty$. Jetzt ist $\beta = 1$, und es folgt aus Gl. (1):

   $$P\{y_1 y_2 \geqq 0\} = \int\limits_{0}^{1} \Phi(\mu)\, d\Phi(\mu) = \frac{1}{2}$$

   Das Ergebnis zeigt, daß gleiche oder unterschiedliche Vorzeichen von y zu weit auseinander liegenden Zeiten gleichwahrscheinlich sind.

Für $0 < \tau < \infty$ empfiehlt sich die numerische Auswertung des Integrals in Gl. (1) Einige Werte sind in Tabelle 1.4.1 angegeben:

Tabelle 1.4.1.
Einige Zahlenwerte für die Wahrscheinlichkeit entsprechend Beispiel 1.6 in Abhängigkeit von τ

$\alpha\tau$	0	0,5	1	2	∞
β	∞	2,021	1,471	1,146	1
$P\{y_1 y_2 > 0\}$	1	0,72	0,62	0,54	0,5

1.4.3. Spektraldichte, ergodische Prozesse

Setzt man voraus, daß die Kovarianzfunktion eines stationären Prozesses den Dirichletschen Bedingungen genügt und darüber hinaus absolut integrierbar ist,

$$\int\limits_{-\infty}^{\infty} |K(\tau)|\, d\tau < \infty$$

so existiert auch ihre Fouriertransformierte

$$S(\omega) = \frac{1}{2\pi} \int_{-\infty}^{\infty} e^{-j\omega\tau} K(\tau)\, d\tau \tag{1.4.19}$$

$K(\tau)$ ist für reelle Prozesse eine reelle gerade Funktion von τ. Damit erweist sich auch $S(\omega)$ als eine reelle gerade Funktion. Gl. (1.4.19) kann deshalb wie folgt geschrieben werden:

$$S(\omega) = \frac{1}{\pi} \int_{0}^{\infty} K(\tau) \cos \omega\tau \, d\tau \tag{1.4.20}$$

Die zu den Gln. (1.4.19) und (1.4.20) gehörigen Umkehrformeln sind

$$K(\tau) = \int_{-\infty}^{\infty} e^{j\omega\tau} S(\omega)\, d\omega \tag{1.4.21}$$

bzw.

$$K(\tau) = 2 \int_{0}^{\infty} S(\omega) \cos \omega\tau \, d\omega \tag{1.4.22}$$

Die Funktion $S(\omega)$ ist die *Spektraldichte* des stationären Prozesses. Sie spielt in der Beurteilung und mathematischen Behandlung stationärer Prozesse eine bedeutende Rolle.

Setzt man in Gl. (1.4.21) $\tau = 0$, so folgt wegen

$$\sigma_\eta^2 = D[\eta] = K_\eta(0)$$

$$\sigma_\eta^2 = \int_{-\infty}^{\infty} S_\eta(\omega)\, d\omega = 2 \int_{0}^{\infty} S_\eta(\omega)\, d\omega \tag{1.4.23}$$

Damit wird auch die Bezeichnung Spektraldichte verständlich, $S(\omega)\, d\omega$ ist gewissermaßen der Anteil der Dispersion, der durch ein „Kreisfrequenzband“ der Breite $d\omega$ beigetragen wird.

Beispiel 1.7:

Für einen stochastischen Prozeß mit der Kovarianzfunktion $K(\tau) = \sigma^2 e^{-\alpha|\tau|}$ ist die Spektraldichte zu bestimmen.

Lösung:

Nach Gl. (1.4.20) ist

$$S(\omega) = \frac{\sigma^2}{\pi} \int_{0}^{\infty} e^{-\alpha\tau} \cos \omega\tau \, d\tau$$

Zweimalige partielle Integration ergibt

$$S(\omega) = \frac{\sigma^2}{\pi} \left\{ \frac{1}{\omega} \left[e^{-\alpha\tau} \sin \omega\tau \right]_0^\infty - \frac{\alpha}{\pi\omega^2} \left[e^{-\alpha\tau} \cos \omega\tau \right]_0^\infty \right\} + \frac{\alpha^2}{\omega^2} S(\omega)$$

Nach Einsetzen der Integrationsgrenzen und Auflösung nach $S(\omega)$ erhält man

$$S(\omega) = \frac{\sigma^2}{\pi} \frac{\alpha}{\alpha^2 + \omega^2}$$

Zur Kontrolle verwendet man Gl. (1.4.23):

$$\int\limits_{-\infty}^{\infty} S(\omega)\, d\omega = \frac{\sigma^2}{\pi} \int\limits_{-\infty}^{\infty} \frac{\alpha\, d\omega}{\alpha^2 + \omega^2} = \frac{\sigma^2}{\pi} \arctan \frac{\omega}{\alpha} \Big|_{-\infty}^{\infty} = \sigma^2$$

Wie bereits dargelegt, ist $K_\eta(\tau)$ als zentriertes Moment 2. Ordnung empirisch nach Gl. (1.4.11) durch Mittelung über alle Realisierungen zu bestimmen. Kann man für einen stationären Prozeß die Mittelung über die Realisierungen durch Mittelung über die Zeit einer Realisierung ersetzen, so wird der stationäre Prozeß *ergodisch* genannt. Für einen ergodischen Prozeß gilt damit

$$K_\eta(\tau) = \lim_{T\to\infty} \left\{ \frac{1}{2T} \int\limits_{T}^{T} \overset{j}{y}(t+\tau)\, \overset{j}{y}(t)\, dt - \left[\frac{1}{2T} \int\limits_{-T}^{T} \overset{j}{y}(t)\, dt \right]^2 \right\} \tag{1.4.24}$$

Für die Streuung erhält man daraus für $\tau = 0$

$$\sigma_\eta = \sqrt{\lim_{T\to\infty} \left\{ \frac{1}{2T} \int\limits_{-T}^{+T} \overset{j}{y}{}^2(t) - \left[\frac{1}{2T} \int\limits_{-T}^{+T} \overset{j}{y}(t)\, dt \right]^2 \right\}}$$

Für stationäre Schwingungsvorgänge in der Technik wird die Ergodizität in der Regel vorausgesetzt; sie kann durch Vergleich der aus mehreren Realisierungen gewonnenen Kovarianzfunktion nachgeprüft werden.

Beispiel 1.8:

Die Realisierungen eines stochastischen Prozesses η seien gegeben durch

$$\overset{j}{y} = A \sin \left(\Omega t + \overset{j}{\varphi} \right)$$

Gesucht ist die Kovarianzfunktion.

Lösung:

Gl. (1.4.24) ergibt

$$K_\eta(\tau) = \lim_{T\to\infty} \frac{1}{2T} \int\limits_{-T}^{+T} A \sin\left(\Omega t + \overset{j}{\varphi}\right) \cdot A \sin\left(\Omega t + \overset{j}{\varphi} + \Omega\tau\right) dt = \frac{1}{2} A^2 \cos \Omega\tau$$

Damit erweist sich die Kovarianzfunktion als unabhängig von der Wahl der Realisierung. Weil $K_\eta(\tau)$ nicht absolut integrierbar ist, existiert im strengen Sinne keine Fouriertransformation. Wendet man Gl. (1.4.19) dennoch an, so ergibt sich

$$S(\omega) = \frac{1}{2\pi} \int_{-\infty}^{\infty} \frac{1}{2} A^2 \cos \Omega\tau \, e^{-j\omega\tau} \, dt$$

$$= \frac{A^2}{4} \int_{-\infty}^{\infty} \left(\frac{e^{j(\Omega-\omega)\tau}}{2\pi} + \frac{e^{-j(\Omega+\omega)\tau}}{2\pi} \right) d\tau$$

$$= \frac{1}{4} A^2 [\delta(\Omega - \omega) + \delta(\Omega + \omega)]$$

Hierin ist $\delta(\Omega - \omega)$ eine Dirac-Funktion. Für $S(\omega)$ gelten damit folgende Eigenschaften

$$S(\omega) = \begin{cases} 0 & \text{für} \quad \omega \neq \Omega \\ \infty & \text{für} \quad \omega = \pm\Omega \end{cases}$$

$$\int_{-\infty}^{+\infty} S(\omega) \, d\omega = 2 \cdot \frac{1}{4} A^2 = \frac{1}{2} A^2 = \sigma^2$$

In Tabelle 1.4.2 sind einige häufig verwendete Kovarianzfunktionen und die zugehörigen Spektraldichtefunktionen zusammengestellt.

Tabelle 1.4.2.
Kovarianzfunktionen $K(\tau)$ und zugehörige Spektraldichtefunktion $S(\omega)$ reeller stationärer Prozesse

$$S(\omega) = \frac{1}{2\pi} \int_{-\infty}^{\infty} e^{-i\omega\tau} K(\tau) \, d\tau = \frac{1}{\pi} \int_{0}^{\infty} K(\tau) \cos w\tau \, d\tau$$

$$K(\tau) = \int_{-\infty}^{\infty} e^{i\omega\tau} S(\omega) \, d\tau = 2 \int_{0}^{\infty} S(\omega) \cos \omega\tau \, d\omega$$

$K(\tau)$	$S(\omega)$	Bemerkungen
$2\pi S\delta(\tau)$	$S = \text{konst}$	weißes Rauschen $\sigma = \infty$
$\sigma^2 e^{-\alpha\|\tau\|} \cos \beta\tau$	$\frac{\sigma^2\alpha}{\pi} \cdot \frac{\omega^2 + \alpha^2 + \beta^2}{(\omega^2 - \alpha^2 - \beta^2)^2 + 4\alpha^2\omega^2}$	
$\sigma^2 e^{-\alpha\|\tau\|} \left(\cos \beta\tau + \frac{\alpha}{\beta} \sin \beta \|\tau\| \right)$	$\frac{2\sigma^2\alpha}{\pi} \cdot \frac{\alpha^2 + \beta^2}{(\omega^2 - \alpha^2 - \beta^2)^2 + 4\alpha^2\omega^2}$	
$\sigma^2 e^{-\alpha\|\tau\|}$	$\frac{\sigma^2}{\pi} \cdot \frac{\alpha}{\omega^2 + \alpha^2}$	
$\sigma^2 \cos \beta\tau$	$\frac{\sigma^2}{2} [\delta(\beta - \omega) + \delta(\beta + \omega)]$	harmonische Funktion $\sigma \sin (\beta t + \varphi)$

1.4.4. Amplitudendichtespektrum der Realisierungen

Im folgenden werden Realisierungen von zentrierten stochastischen Prozessen betrachtet, d. h. von Prozessen mit der mathematischen Erwartung Null. Sind die Prozesse außerdem ergodisch, und das sei vorausgesetzt, so ist auch der Mittelwert jeder Realisierung Null. Im allgemeinen sind jedoch die Realisierungen nicht absolut integrierbar, so daß die Existenz einer Fouriertransformierten nicht vorausgesetzt werden kann. Bildet man jedoch eine Funktion $y_T(t)$, die nur in einem endlichen Intervall $(-T/2, +T/2)$ mit einer Realisierung übereinstimmt und im übrigen Zeitbereich Null ist, so ist eine Fouriertransformation möglich:

$$\bar{A}_T(\omega) = \frac{1}{2\pi} \int_{-\infty}^{\infty} e^{-j\omega t} y_T(t)\, dt \tag{1.4.25}$$

wobei $\bar{A}_T(\omega)$ das komplexe Amplitudendichtespektrum der Funktion $y_T(t)$ darstellt. Die zugehörige Umkehrformel ist

$$y_T(t) = \int_{-\infty}^{\infty} e^{j\omega t} \bar{A}_T(\omega)\, d\omega \tag{1.4.26}$$

Es soll nun die Spektraldichte des Prozesses gebildet werden

$$S_\eta(\omega) = \frac{1}{2\pi} \int_{-\infty}^{\infty} K_\eta(\tau)\, e^{-j\omega\tau}\, d\tau \tag{1.4.27}$$

Für den ergodischen zentrierten Prozeß läßt sich $K_\eta(\tau)$ nach Gl. (1.4.24) aus einer Realisierung $y(t)$ durch Mittelung gewinnen:

$$K_\eta(\tau) = \lim_{T\to\infty} \frac{1}{T} \int_{-\infty}^{\infty} y_T(t)\, y_T(t+\tau)\, dt \tag{1.4.28}$$

Entsprechend Gl. (1.4.26) wird gesetzt

$$y_T(t+\tau) = \int_{-\infty}^{\infty} e^{j\mu(t+\tau)} \bar{A}_T(\mu)\, d\mu$$

$$y_T(t) = \int_{-\infty}^{\infty} e^{j\nu t} \bar{A}_T(\nu)\, d\nu = \int_{-\infty}^{\infty} e^{-j\nu t} \bar{A}_T^*(\nu)\, d\nu$$

wobei μ und ν als Integrationsvariablen gewählt wurden. Mit Gln. (1.4.27), (1.4.28) folgt daraus

$$S_\eta(\omega) = \frac{1}{2\pi} \lim_{T\to\infty} \frac{1}{T} \iiiint_{-\infty}^{\infty} e^{j(\mu-\nu)t} \cdot e^{j(\mu-\omega)\tau} \cdot \bar{A}_T(\mu)\, \bar{A}_T^*(\nu)\, d\mu\, d\nu\, dt\, d\tau$$

($\bar{A}^*$ bezeichnet die zu $\bar{A}$ konjugiert komplexe Größe.)

Infolge der Identität

$$\int_{-\infty}^{\infty} \frac{e^{jxs}}{2\pi}\, ds = \delta(x)$$

ergibt die Integration über t und τ

$$S_\eta(\omega) = 2\pi \lim_{T\to\infty} \frac{1}{T} \iint_{-\infty}^{\infty} \delta(\mu - \nu) \cdot \delta(\mu - \omega)\, \bar{A}_T(\mu)\, \bar{A}_T{}^*(\nu)\, d\mu\, d\nu$$

$$= 2\pi \lim_{T\to\infty} \frac{1}{T}\, |\bar{A}_T(\omega)|^2 \tag{1.4.29}$$

Nennt man

$$B_T(\omega) = \sqrt{\frac{2\pi}{T}} \cdot |\bar{A}(\omega)| = \frac{1}{\sqrt{2\pi T}} \left| \int_{-T/2}^{T/2} y(t)\, e^{-j\omega t}\, dt \right| \tag{1.4.30}$$

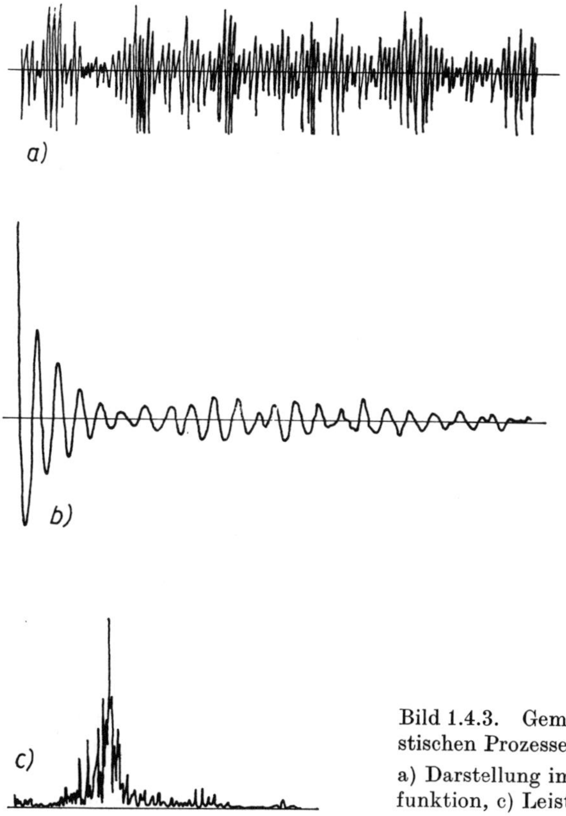

Bild 1.4.3. Gemessene Realisierung eines stochastischen Prozesses:

a) Darstellung im Zeitbereich, b) Autokorrelationsfunktion, c) Leistungsdichtespektrum

das *reduzierte Amplitudendichtespektrum* einer *Realisierung* $\overset{k}{y}$, so läßt sich feststellen, daß nach Gl. (1.4.29) der Ausdruck

$$\lim_{T\to\infty} \left[\overset{k}{B}_{\mathrm{T}}(\omega)\right]^2$$

für ergodische Prozesse unabhängig von der Wahl der Realisierung gegen die Spektraldichte strebt. Da bei stationären Prozessen neben $y(t)$ auch $y(t - T/2)$ eine Realisierung darstellt, kann an Stelle von Gl. (1.4.30) auch

$$\overset{k}{B}_{\mathrm{T}}(\omega) = \frac{1}{\sqrt{2\pi T}} \left| \int_0^T \overset{k}{y}(t)\, \mathrm{e}^{-\mathrm{j}\omega t}\, \mathrm{d}t \right| \tag{1.4.31}$$

gebildet werden.

Beispiel 1.9:

In Bild 1.4.3 sind eine gemessene Realisierung im Zeitbereich, ihre Kovarianzfunktion und die Spektraldichte dargestellt. Die Realisierung enthält neben einem stationären stochastischen Prozeß auch harmonische Anteile. Diese sind am oszillierenden Charakter der Kovarianzfunktion für große τ und an den Spitzen in der Spektraldichtefunktion erkennbar.

1.4.5. Eng- und breitbandige Prozesse

Der Charakter eines Zufallsprozesses wird weitgehend von der Spektraldichtefunktion bestimmt. Als *engbandig* werden Prozesse bezeichnet, deren Spektraldichten ein ausgeprägtes Maximum aufweisen, als *breitbandig*, Prozesse mit einer Spektraldichte, die über größere Frequenzbereiche einen relativ flachen Verlauf hat. Bild 1.4.4 zeigt neben einer Spektraldichte mittlerer Bandbreite (Bild 1.4.4b) zwei Extremfälle, einen harmonischen Prozeß (Bild 1.4.4a) der Kreisfrequenz ω_0 als extrem engbandigen Prozeß und das sogenannte weiße Rauschen als extrem breitbandigen Prozeß (Bild 1.4.4c). Da stochastische Prozesse mit unbeschränkt großen Frequenzen und unendlicher Dispersion nicht existieren, kann das weiße Rauschen nur als Abstraktion eines sehr breitbandigen Prozesses angesehen werden. In Bild 1.4.5 sind die den im Bild 1.4.4 aufgeführten Spektraldichten zugeordneten Kovarianzfunktionen skizziert. Wie daraus hervorgeht, sind beim weißen Rauschen die Zufallsgrößen $\eta(t)$ und $\eta(t + \tau)$ völlig unkorreliert, wie klein auch τ gewählt wird.

1.4.6. Korrelation mehrerer stochastischer Prozesse

Bei vielen Schwingungsvorgängen treten mehrere stochastische Prozesse gleichzeitig auf. Diese können z. B. die Ausschläge an unterschiedlichen Stellen eines Schwingungssystems oder auch gleichzeitig wirkende stochastische Erregungen darstellen. Vollständig bestimmt sind die Beziehungen solcher Prozesse nur dann, wenn nicht nur die Ndimensionalen Wahrscheinlichkeitsdichten jedes Prozesses für sich nach Gl. (1.4.5) gegeben sind, sondern auch alle endlichdimensionalen gemeinsamen Wahrscheinlichkeitsdichten. Diese kann man für die beiden Prozesse $\xi(t)$ und $\eta(t)$ symbolisch durch

$$p_{t_1,t_2,\ldots,t_M,t_{M+1},t_{M+2},\ldots,t_N}(x_1, x_2, \ldots, x_M, y_{M+1}, y_{M+2}, \ldots, y_N) \tag{1.4.32}$$

kennzeichnen. Auch hierfür gilt, daß für normalverteilte Prozesse alle diese Wahrscheinlichkeitsdichten gegeben sind, wenn die Momente 1. und 2. Ordnung bekannt

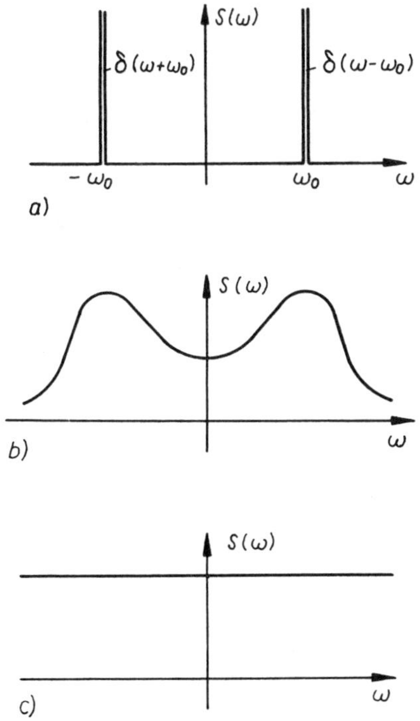

Bild 1.4.4. Spektraldichtefunktion:
a) eines harmonischen Prozesses,
b) eines Prozesses mittlerer Bandbreite,
c) des weißen Rauschens

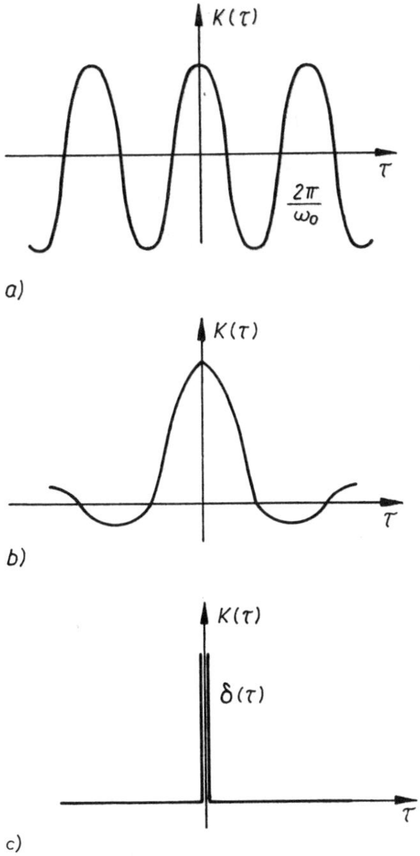

Bild 1.4.5. Kovarianzfunktionen:
a) eines harmonischen Prozesses,
b) eines Prozesses mittlerer Bandbreite,
c) des weißen Rauschens

sind. Zu den auf $\xi(t)$ und $\eta(t)$ einzeln bezogenen Momenten $M[\xi]$, $M[\eta]$, $K_\xi(t_1, t_2)$ und $K_\eta(t_1, t_2)$ kommt die *Kreuzkovarianzfunktion*

$$K_{\xi\eta}(t_1, t_2) = M\{[\xi(t_1) - M(\xi(t_1))] \cdot [\eta(t_2) - M(\eta(t_2))]\} \tag{1.4.33}$$

hinzu. Ist diese ebenso wie K_ξ und K_η nur von der Zeitdifferenz $\tau = t_2 - t_1$ abhängig, so werden beide Prozesse $\xi(t)$ und $\eta(t)$ stationär und *stationär verbunden* im weiteren Sinne genannt. Ist dieser Sachverhalt gegeben und darüber hinaus $K_{\xi\eta}(\tau)$ absolut integrierbar, so kann durch Fouriertransformation die *gegenseitige Spektraldichte*

$$S_{\xi\eta}(\omega) = \frac{1}{2\pi} \int_{-\infty}^{\infty} e^{-j\omega\tau} K_{\xi\eta}(\tau)\, d\tau \qquad (1.4.34)$$

gebildet werden.

Beispiel 1.10:

Zwei statistisch unabhängige stationäre Prozesse $\xi(t)$ und $\eta(t)$ gehorchen den Kovarianzfunktionen

$$K_\xi(\tau) = \sigma_\xi^2\, e^{-\alpha|\tau|} \cos \beta\tau$$

$$K_\eta(\tau) = \sigma_\eta^2\, e^{-\alpha|\tau|} \cos \beta\tau$$

Für den Summenprozeß $\mu(t) = \xi(t) + \eta(t)$ und Differenzprozeß $\nu(t) = \xi(t) - \eta(t)$ sind K_μ, K_ν, $K_{\mu\nu}$ sowie die entsprechenden Spektraldichten zu bestimmen.

Lösung:

Ohne Einschränkung der Allgemeinheit können ξ und η und damit auch μ und ν als zentrierte Prozesse (mit der mathematischen Erwartung Null) angesehen werden. Damit gilt

$$\begin{aligned} K_\mu(\tau) &= M[\mu(t)_1 \cdot \mu(t_2)] \\ &= M\{[\xi(t_1) + \eta(t_1)] \cdot [\xi(t_2) + \eta(t_2)]\} \\ &= M[\xi(t_1) \cdot \xi(t_2)] + M[\eta(t_1) \cdot \eta(t_2)] + M[\xi(t_1) \cdot \eta(t_2)] \cdot M[\xi(t_2) \cdot \eta(t_1)] \end{aligned}$$

Die beiden letzten Glieder der Summe verschwinden wegen der vorausgesetzten statistischen Unabhängigkeit von ξ und η. So ergibt sich

$$K_\mu = K_\xi(\tau) + K_\eta(\tau) = (\sigma_\xi^2 + \sigma_\eta^2)\, e^{-\alpha|\tau|} \cos \beta\tau$$

Das gleiche Ergebnis erhält man für $K_\nu(t)$. Weiter gilt

$$\begin{aligned} K_{\mu\nu}(\tau) &= M[\mu(t_1) \cdot \nu(t_2)] \\ &= M\{[\xi(t_1) + \eta(t_1)] \cdot [\xi(t_2) - \eta(t_2)]\} \\ &= (\sigma_\xi^2 - \sigma_\eta^2)\, e^{-\alpha|\tau|} \cos \beta\tau = K_{\nu\mu}(\tau) \end{aligned}$$

Zur Ermittlung der Spektraldichten wird zunächst die Fouriertransformierte von $e^{-\alpha|\tau|} \cos \beta\tau$ gebildet:

$$\begin{aligned} F(\omega) &= \frac{1}{2\pi} \int_{-\infty}^{\infty} e^{-j\omega\tau}\, e^{-\alpha|\tau|} \cos \beta\tau\, d\tau \\ &= \frac{1}{4\pi} \int_{0}^{\infty} \{e^{[j(-\omega+\beta)-\alpha]\tau} + e^{[j(\omega-\beta)-\alpha]\tau} + e^{[j(-\omega-\beta)-\alpha]\tau} + e^{[j(\omega+\beta)-\alpha]\tau}\}\, d\tau \\ &= \frac{\alpha}{\pi} \cdot \frac{\omega^2 + \alpha^2 + \beta^2}{(\omega^2 - \alpha^2 - \beta^2)^2 + 4\alpha^2\omega^2} \end{aligned}$$

Damit wird

$$S_\mu(\omega) = S_\nu(\omega) = (\sigma_\xi^2 + \sigma_\eta^2)\,F(\omega)$$
$$S_{\mu\nu}(\omega) = S_{\nu\mu}(\omega) = (\sigma_\xi^2 - \sigma_\eta^2)\,F(\omega)$$

1.4.7. Niveauüberschreitungen und Verteilung der Extrema

Zur Beurteilung eines stochastischen Prozesses werden häufig Wahrscheinlichkeitsaussagen über Niveauüberschreitungen und seine Maxima bzw. Minima herangezogen. Hier können nur wenige Angaben für normalverteilte stationäre Prozesse gemacht werden, für weitere Anwendungsfälle muß auf die Spezialliteratur verwiesen werden.

Für die folgenden Formeln werden benötigt:

Die Streuung des Prozesses η:

$$\sigma = \sqrt{K(0)} = \sqrt{\int_{-\infty}^{\infty} S(\omega)\,\mathrm{d}\omega} \tag{1.4.35}$$

(vgl. Gl. (1.4.23)), die Streuung der Ableitung $\dot\eta$ (soweit diese existiert):

$$\sigma_1 = \sqrt{-\left.\frac{\mathrm{d}^2K(\tau)}{\mathrm{d}\tau^2}\right|_{\tau=0}} = \sqrt{\int_{-\infty}^{\infty} \omega^2 S(\omega)\,\mathrm{d}\omega} \tag{1.4.36}$$

die Streuung der zweiten Ableitung $\ddot\eta$ (soweit existent):

$$\sigma_2 = \sqrt{\left.\frac{\mathrm{d}^4K(\tau)}{\mathrm{d}\tau^4}\right|_{\tau=0}} = \sqrt{\int_{-\infty}^{\infty} \omega^4 S(\omega)\,\mathrm{d}\omega} \tag{1.4.37}$$

und der Parameter

$$\nu = 1 - \frac{\sigma_1^4}{\sigma^2\sigma_2^2} \tag{1.4.38}$$

zur Kennzeichnung der Bandbreite des Prozesses. Die Größe ν liegt bei realen Prozessen zwischen den Werten 0 und 1, sie nimmt den Wert 0 bei extrem schmalbandigen Prozessen an und den Wert 1 beim weißen Rauschen.
In Abhängigkeit von den angegebenen Parametern erhält man folgende Kenngrößen für einen zentrierten normalverteilten Prozeß:

Die mittlere Zahl der Überschreitungen eines Niveaus u in der Zeiteinheit (Ricesche Formel):

$$f(u) = \frac{\sigma_1}{2\pi\sigma}\,\mathrm{e}^{-u^2/2\sigma^2} \tag{1.4.39}$$

für $u = 0$ die „mittlere Frequenz“ des Prozesses

$$f_{\mathrm{m}} = f(0) = \frac{\sigma_1}{2\pi\sigma} \tag{1.4.40}$$

die mittlere Zahl der relativen Maxima in der Zeiteinheit

$$f_{\max} = \frac{\sigma_2}{2\pi\sigma_1} \tag{1.4.41}$$

Die mittlere Zahl der relativen Minima gehorcht derselben Gleichung. Die mittlere Zahl der Maxima, die ein Niveau u übersteigt, ist

$$f_{\max}(u) = \frac{\sigma_2}{2\pi\sigma_1} \cdot \left[\Phi\left(-\frac{u}{\nu\sigma}\right) + \sqrt{1-\nu^2} \cdot \mathrm{e}^{-u^2/2\sigma^2} \Phi\left(\frac{\sqrt{1-\nu^2}}{\nu} \cdot \frac{u}{\sigma}\right)\right] \tag{1.4.42}$$

mit dem Gaußschen Integral

$$\Phi(x) = \frac{1}{\sqrt{2\pi}} \int\limits_{-\infty}^{x} \mathrm{e}^{-s^2/2}\, \mathrm{d}s$$

Für genügend große u/σ kann man $\Phi(-u/\nu\sigma) \approx 0$ und $\Phi\left(\sqrt{1-\nu^2} \cdot u/\nu\sigma\right) \approx 1$ setzen. Damit gilt

$$\lim_{u\to\infty} f_{\max}(u) = \frac{\sigma_2}{2\pi\sigma_1} \sqrt{1-\nu^2}\, \mathrm{e}^{-u^2/2\sigma^2} = \frac{\sigma_1}{2\pi\sigma}\, \mathrm{e}^{-u^2/2\sigma^2} \tag{1.4.43}$$

Sieht man (für genügend großes u) das Überschreiten des Niveaus u als „seltenes Ereignis" an, so gilt für die Zeit T, die bis zu diesem Ereignis vergeht, die Exponentialverteilung, d. h.

$$P\{T > t\} = \mathrm{e}^{-f_{\max}(u)\cdot t} = \exp\left[-\frac{\sigma_1 t}{2\pi\sigma}\, \mathrm{e}^{-u^2/2\sigma^2}\right] \tag{1.4.44}$$

Beispiel 1.11:

Die Kovarianzfunktion $K(\tau) = \sigma^2\, \mathrm{e}^{-\alpha^2\tau^2}$ eines Prozesses $\eta(t)$ ist gegeben. Gesucht ist die mittlere Frequenz und die Wahrscheinlichkeit dafür, daß der Prozeß $\eta(t)$ nach $T = 100 \cdot 2\pi/\alpha$ den Wert 5σ nicht überschritten hat.

Lösung:

Nach Gl. (1.4.36) gilt

$$\sigma_1 = \sqrt{2}\, \alpha\sigma$$

Damit ist

$$f_{\mathrm{m}} = \frac{\sigma_1}{2\pi\sigma} = \frac{\sqrt{2}}{2\pi}\, \alpha$$

und

$$P\{T > t\} = \exp\left[-\frac{\sqrt{2}}{2\pi}\, \alpha t \cdot \mathrm{e}^{-25/2}\right]$$

$$P\left\{T > 100 \cdot \frac{2\pi}{\alpha}\right\} = \exp\left[-\sqrt{2} \cdot 100 \cdot \mathrm{e}^{-12{,}5}\right] = 0{,}99947$$

1.5. Aufgaben zum Abschnitt 1.

Aufgabe 1.1:

Ein Walzblock mit der Masse m_1 läuft auf einem Rollgang mit losen Rollen gegen einen federnden Vorstoß, dessen bewegliche Masse m_2 beträgt (Bild 1.5.1). Die Masse der Rollen und ihr Reibungswiderstand sollen vernachlässigt werden. Der Stoß sei vollplastisch. Die Anfangsgeschwindigkeit des Blockes ist v_0, die Gesamtfedersteifigkeit des Vorstoßes c. Zur Zeit $t = 0$ befinde sich die Blockvorderkante bei $y = a$. Gesucht ist das Weg-Zeit-Gesetz der Bewegung $y(t)$ bis zur maximalen Zusammendrückung der Vorstoßfedern und die Zeit t_1 beim Erreichen dieses Zustandes.

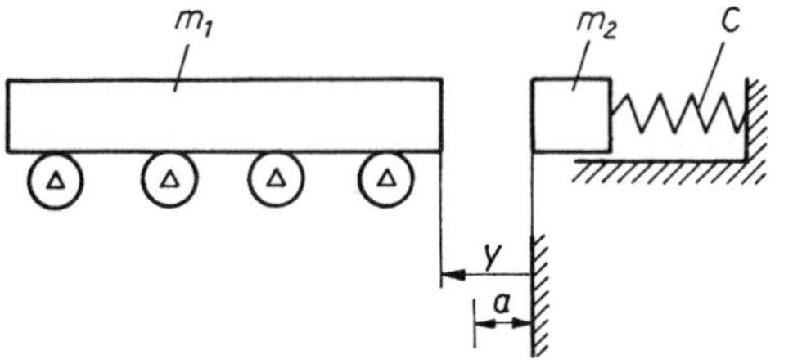

Bild 1.5.1. Modell des Systems zur Aufgabe 1.1

Zahlenwerte: $m_1 = 2$ t, $m_2 = 1$ t, $v_0 = 2$ m/s, $c = 32$ kN/m, $a = 4$ m

Hinweis: Durch den plastischen Stoß zur Zeit $t = t_0$ erfolgt eine plötzliche Verminderung der Geschwindigkeit von v_0 auf $m_1 v_0/(m_1 + m_2)$. Nach dem Stoß, für den nach den zugrunde liegenden Modellvorstellungen keine Zeit benötigt wird, beginnt eine Sinusschwingung mit der Kreisfrequenz $\omega = \sqrt{c/(m_1 + m_2)}$.

Aufgabe 1.2:

Die Fourierzerlegung der Funktion $y(t)$ ist anzugeben, für die gilt:

$$y = \begin{cases} x, & x > 0 \\ 0, & x \leqq 0 \end{cases}$$

Darin ist

$$x(t) = A\left(2 \cos \omega t - \sqrt{2}\right)$$

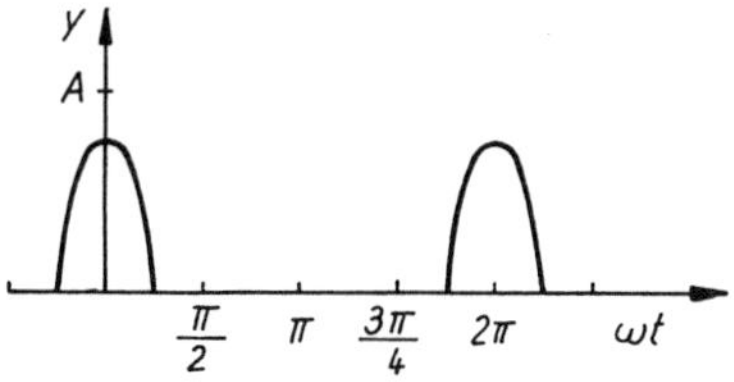

Bild 1.5.2. Funktion $y(t)$ zur Aufgabe 1.2

Aufgabe 1.3:

Zwei schwingende Größen $x(t) = A \sin \omega t$; $y(t) = A \cos 2\omega t$ werden auf dem Schirm eines Oszillographen mit gleichem Maßstab so abgebildet, daß x die Abszisse und y

die Ordinate des Bildpunktes bilden. Die Gl. der abgebildeten Kurve ist anzugeben, ihre Form ist zu skizzieren.

Aufgabe 1.4:

Die durch die Funktionen $x(t) = A \sin \omega t$; $y(t) = A \sin \sqrt{2}\,\omega t$ in der x,y-Ebene beschriebene Kurve ist im Bereich $0 \leqq t \leqq 4\pi/\omega$ darzustellen.

Aufgabe 1.5:

Die Funktion $y = A\,|\cos \omega t|$ und die ersten 2 Teilsummen y_1, y_2 ihrer Fourierzerlegung

$$y_n(t) = a_0 + \sum_{k=1}^{n} a_k \cos 2k\omega t$$

sind als Schwingungsvorgänge in der Phasenebene darzustellen. Die Maßstäbe sind so zu wählen, daß die Größen A auf der y-Achse und ωA auf der $\dot{y}$-Achse gleichlange Strecken bilden.

Aufgabe 1.6:

Die Fouriertransformierte $\bar{A}(\omega)$ der Funktion

$$y(t) = \delta(t - t_0) - \delta(t + t_0)$$

ist anzugeben.

Hinweis: Für die Dirac-Funktion $\delta(x)$ und eine beliebige stetige Funktion $\varphi(x)$ gilt die Beziehung

$$\int_{-\infty}^{\infty} \delta(x - a)\,\varphi(x)\,\mathrm{d}x = \varphi(a)$$

Aufgabe 1.7:

Die Spektraldichte eines normalverteilten Zufallsprozesses ist gegeben durch

$$S(\omega) = a^2, \qquad -\omega_0 \leqq \omega \leqq \omega_0$$
$$S(\omega) = 0, \qquad |\omega| > \omega_0$$

Gesucht sind die Streuung σ und die mittlere Frequenz f_{m}.

2. Einteilung der Schwingungssysteme

In Abschnitt 1. wurde ausführlich über die Möglichkeiten gesprochen, schwingende Größen mathematisch zu beschreiben. Dabei wurde weder auf die Systeme näher eingegangen, die solche Schwingungen ausführen, noch wurde nach den Ursachen für das Entstehen der Schwingungen gefragt. Diese Fragen werden in den folgenden Abschnitten behandelt. Es ist jedoch notwendig, in die Vielfalt der Schwingungserscheinungen eine gewisse Ordnung zu bringen, die Schwinger nach bestimmten Gesichtspunkten zu klassifizieren. In Abhängigkeit von einer gegebenen Zielstellung sind verschiedene Ordnungsprinzipien möglich und sinnvoll.

Das Hauptanliegen der Einteilung der Schwingungssysteme ist es, solche Klassen von Schwingern zu bilden, die sich mit weitgehend gleichartigen mathematischen Methoden behandeln lassen.

Es sei hervorgehoben, daß sich die Klassifizierung der Schwingungssysteme bereits auf die Modelle realer Schwinger bezieht. Der Übergang vom realen System zum Schwingungsmodell, die Modellbildung, ist von grundlegender Bedeutung für die Lösung eines technischen Problems. Die Kompliziertheit des Problems, die anzuwendende Lösungsmethode, die Aussagekraft und die Brauchbarkeit der Ergebnisse werden bereits durch die *Modellbildung* bestimmt. Ein Schwingungsmodell soll deshalb einerseits so einfach wie möglich, andererseits aber so bestimmt werden, daß die erforderlichen Aussagen mit hinreichender Genauigkeit erhalten werden. Dazu sind im allgemeinen theoretische und experimentelle Untersuchungen erforderlich. Eine gute Anleitung dazu bietet das Lehrbuch der Maschinendynamik von Holzweißig und Dresig.

2.1. Einteilung nach der Zahl der Freiheitsgrade

Der Begriff Freiheitsgrad wird in der Mechanik erklärt. Die Zahl der Freiheitsgrade f eines Schwingungssystems ist gleich der Zahl der voneinander unabhängigen Koordinaten, die notwendig sind, um die Bewegung des Systems vollständig zu beschreiben. Da die folgenden Darlegungen nicht nur für mechanische Schwingungssysteme gelten, sind hier die Begriffe „Koordinaten" und „Bewegung" in einer allgemeinen Bedeutung zu verstehen. In diesem Sinne sind unter Koordinaten die schwingenden Größen zu verstehen, und die Bewegung des Systems wird durch diese Größen und ihre zeitliche Änderung beschrieben.

Für Längen- und Winkelkoordinaten ist die gemeinsame Bezeichnung *verallgemei-*

nerte Koordinaten üblich. Als Symbol für verallgemeinerte Koordinaten wird der Buchstabe q verwendet.

Nach der Zahl der Freiheitsgrade unterscheidet man die Systeme mit endlich vielen Freiheitsgraden von denen mit unendlich vielen Freiheitsgraden. Mechanische Systeme mit endlich vielen Freiheitsgraden bestehen aus einer endlichen Anzahl von starren Körpern, die durch masselose, elastische Elemente miteinander verbunden sind oder die durch die Wirkung eines Kraftfeldes (z. B. Schwerefeld der Erde) zu schwingungsfähigen Systemen werden. Unter den Schwingern mit endlich vielen Freiheitsgraden spielen diejenigen mit nur einem Freiheitsgrad ($f = 1$, verallgemeinerte Koordinate q) eine hervorragende Rolle, weil sie die einfachsten Schwingungssysteme sind, sich viele Schwingungserscheinungen an ihnen am einfachsten und anschaulich-

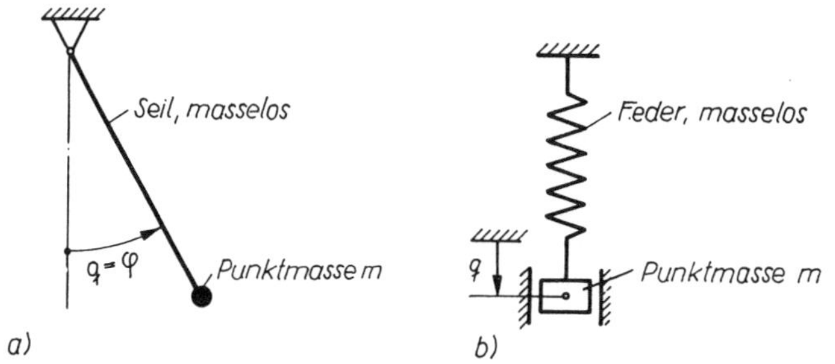

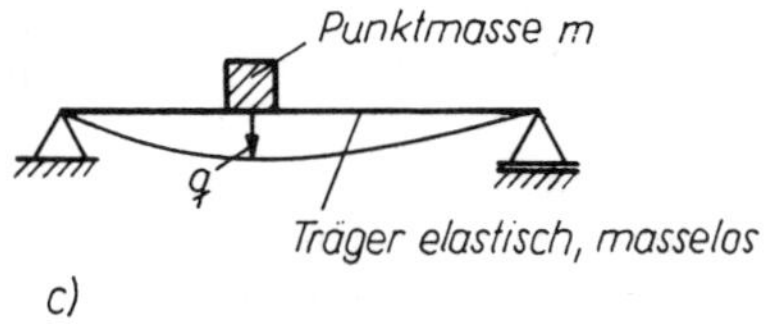

Bild 2.1.1. Modelle von Schwingern mit einem Freiheitsgrad:
a) mathematisches Pendel,
b) Feder-Masse-Schwinger,
c) Balken mit Punktmasse

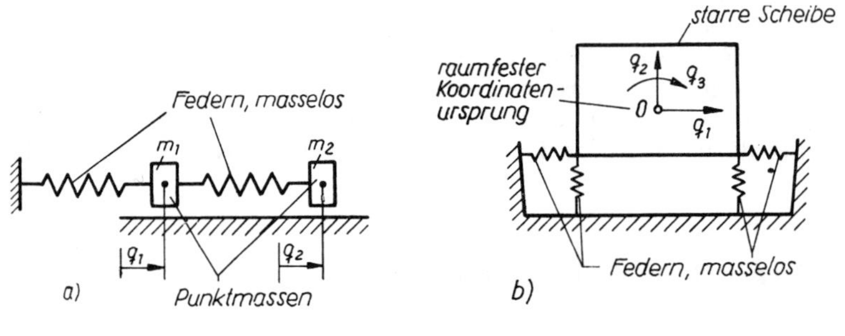

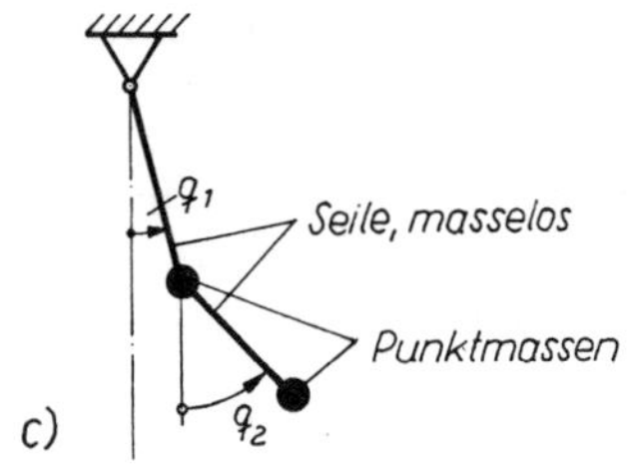

Bild 2.1.2. Modelle von Schwingern mit mehreren Freiheitsgraden:
a) Schwingungskette,
b) starre Scheibe in der Ebene,
c) Doppelpendel

sten erklären lassen und weil sich in nicht wenigen Fällen ein reales Schwingungssystem auf ein Modell eines Schwingers mit einem Freiheitsgrad abbilden läßt. Beispiele für Schwinger mit einem Freiheitsgrad und mit mehreren Freiheitsgraden sind in den Bildern 2.1.1a, b, c und 2.1.2a, b, c dargestellt.
Jeder Schwinger mit kontinuierlicher Massenverteilung besitzt unendlich viele Freiheitsgrade. Bevorzugte Modelle mechanischer Schwinger sind Saiten, Seile, Stäbe, Träger, Scheiben, Platten und Schalen.
Im Zusammenhang mit entsprechenden Lösungsmethoden werden oft Systeme mit kontinuierlicher Massenverteilung auf solche mit diskreten Massen (Systeme mit endlichen vielen Freiheitsgraden) zurückgeführt. Die mathematische Beschreibung der Schwinger mit endlich vielen Freiheitsgraden führt auf ein System gewöhnlicher Dlgn., während die Systeme mit unendlich vielen Freiheitsgraden durch partielle Dgln. beschrieben werden.

2.2. Einteilung nach dem Charakter der Differentialgleichungen

Im Hinblick auf die in Frage kommenden Lösungsmethoden unterscheidet man bei dieser Einteilung hauptsächlich die linearen Systeme von den nichtlinearen. Reale Schwinger können im allgemeinen nur durch nichtlineare Dgln. beschrieben werden. Unter bestimmten Voraussetzungen, die in den folgenden Abschnitten besprochen werden, ist jedoch oft eine Linearisierung der Dgln., die die Bewegung des Schwingers beschreiben, möglich. Man bezeichnet Schwingungssysteme, die auf lineare Dgln. führen, selbst als linear.
Die Lösung linearer Differentialgleichungssysteme ist bedeutend einfacher als die Lösung der nichtlinearen Dgln.
Der Hauptvorteil der linearen Systeme besteht darin, daß man die Gesamtlösung aus bestimmten partikulären Lösungen durch einfache Superposition konstruieren kann. Für lineare Systeme mit endlich vielen Freiheitsgraden läßt sich z. B. eine vollständige und exakte Lösung stets angeben, wenn die Koeffizienten der gesuchten Funktionen in den Dgln. konstant, d. h. von der Zeit unabhängig, sind. In diesem Falle sind die Dgln. im gewöhnlichen Sinne linear. Sind die Koeffizienten dagegen zeitabhängig, so bezeichnet man die Dgln. und die durch sie beschriebenen Schwingungssysteme als rheolinear.
Die Untersuchung nichtlinearer Schwinger ist, von wenigen Ausnahmen abgesehen, nur näherungsweise oder auf numerischem Wege möglich. Die Tabelle 2.2.1 gibt eine zusammenfassende Übersicht über die Einteilung der Schwingungssysteme nach dem Charakter der Dgl.

Tabelle 2.2.1.
Übersicht über die Einteilung der Schwingungssysteme nach dem Charakter der sie beschreibenden Differentialgleichungen

Schwingungssystem	Differentialgleichungen		Koeffizienten
	gewöhnliche (f ist endlich)	partielle (f ist unendlich)	der Dgln.
linear	linear		konstant
rheolinear	linear		zeitabhängig
nichtlinear	nichtlinear		konstant
rheonichtlinear	nichtlinear		zeitabhängig

2.3. Einteilung nach der Art der Entstehung der Schwingungen

Bei dieser Einteilung der Schwingungen geht man von den Ursachen aus, die die Schwingungserscheinungen hervorrufen.

Wird ein schwingungsfähiges System zu einem bestimmten Zeitpunkt durch äußere Einwirkung zu Schwingungen angeregt (Beispiel: Ein mathematisches Pendel wird aus seiner Ruhelage um einen Winkel $\varphi = 30°$ ausgelenkt und zur Zeit $t = t_0$ losgelassen) und danach sich selbst überlassen, d. h., ist die Einwirkung während des eigentlichen Schwingungsvorganges nicht mehr vorhanden, so spricht man von *freien Schwingungen* des Systems. Die Bezeichnung „freie Schwingungen" weist darauf hin, daß der Schwinger, während er eine Schwingungsbewegung ausführt, nicht mehr unter der Wirkung der Entstehungsursache steht. Solche Bewegungsvorgänge werden auch als *autonome Bewegungen* bezeichnet. Mathematisch werden sie durch homogene Dgln. beschrieben (Ausnahme: Die inhomogenen Glieder der Dgln. sind konstant). Die freien Schwingungen können gedämpft oder ungedämpft sein, je nach dem, ob während der Schwingung Energieverluste auftreten oder nicht. Die Annahme, daß keine Energieverluste auftreten, bedeutet stets eine Vernachlässigung von Dämpfungseinflüssen zur Vereinfachung des Berechnungsmodells.

Von *selbsterregten Schwingungen* spricht man, wenn zum Schwingungssystem ein Energiespeicher gehört, aus dem der Schwinger zur Aufrechterhaltung der Bewegung Energie im Takte seiner Eigenfrequenz durch Selbststeuerung entnehmen kann. Ein besonders anschauliches Beispiel für einen Schwinger mit Selbsterregung ist das System Unruhe—Hemmung—gespannte Feder einer Taschen- oder Armbanduhr. In diesem Beispiel ist die Unruhe der Schwinger, und der als Hemmung bezeichnete Mechanismus reguliert die Entnahme der Energie aus der gespannten Feder, die somit den Energiespeicher darstellt. Wesentlich hierbei ist, daß die mit ihrer Eigenfrequenz schwingende Unruhe die Energieentnahme durch ihre Bewegung selbst reguliert. Da die Schwingung auch hier, wie bei den Eigenschwingungen, mit den durch die Systemparameter bestimmten Eigenfrequenzen erfolgt, gehören die selbsterregungsfähigen Schwinger ebenfalls zu den autonomen Systemen. Sie werden durch homogene Dgln. beschrieben, die in der Regel nichtlinear sind.

Wirken auf ein Schwingungssystem während des Bewegungsvorganges ständig oder zeitweilig äußere Einflüsse (z. B. Kräfte oder Momente) ein, die als von den schwingenden Größen (z. B. den verallgemeinerten Koordinaten q_k) unabhängige Größen in die Bewegungsdifferentialgleichungen eingehen, so bezeichnet man die Schwingungen als *fremderregt* oder *erzwungen*.

Einem Schwinger, der erzwungene (fremderregte) Schwingungen ausführt, werden die Schwingungsfrequenzen von außen aufgezwungen. Er schwingt daher im allgemeinen nicht mit seinen Eigenfrequenzen. Solche Schwingungssysteme bzw. Bewegungen nennt man *heteronom*. Mathematisch werden erzwungene Schwingungen durch inhomogene Dgln. beschrieben. Die äußeren Einwirkungen, die Störfunktionen, können dabei periodisch oder nichtperiodisch sein, sofern sie überhaupt durch determinierte Funktionen beschrieben werden können. Sind die Störfunktionen nichtdeterminiert, d. h. stochastisch, so spricht man von *zufallserregten* oder *stochastisch erregten* Schwingungen. Als typisches Beispiel für eine Fremderregung sei ein unwuchtbehafteter Motor genannt, der sich auf einem schwingungsfähigen System, z. B. einem elastischen Träger, befindet und dieses durch die mit der Drehzahl des Motors umlaufende Fliehkraft zu Schwingungen erregt (Bild 2.3.1). Eine äußere Erregung ganz anderer Art ist die sogenannte *Parametererregung*. Auch bei *parametererregten*

Schwingungen ist zwar eine äußere, i. allg. zeitabhängige Einwirkung auf den Schwinger vorhanden (heteronome Bewegung), sie ist jedoch anders geartet als bei den erzwungenen Schwingungen. Mathematisch kommt das darin zum Ausdruck, daß die Erregung nur über die Parameter des Systems (die Koeffizienten) in die Dgln. eingeht. Die Dgln. sind also homogen und haben zeitabhängige Koeffizienten.
Ein Beispiel für parametererregte Schwingungen ist ein mathematisches Pendel mit zeitlich veränderlicher Pendellänge (Bild 2.3.2).

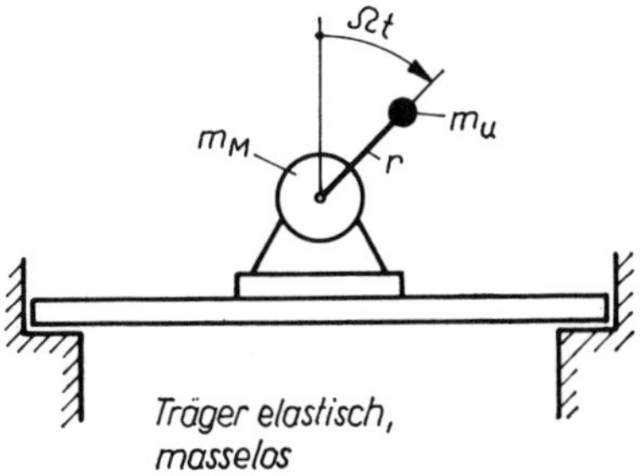

Bild 2.3.1. Unwuchterregter Schwinger

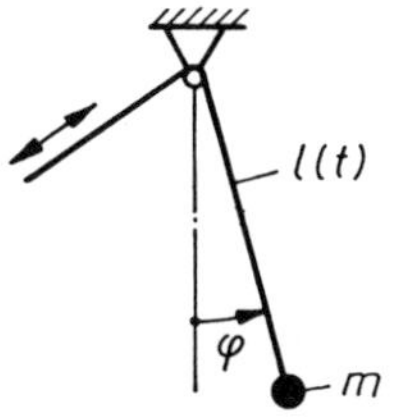

Bild 2.3.2. Pendel veränderlicher Länge

Die hier beschriebenen Arten der Schwingungsanregung können natürlich auch in unterschiedlicher Weise gleichzeitig auftreten. So können z. B. selbsterregte Schwingungen gleichzeitig fremderregt sein oder bei fremderregten Schwingungen kann gleichzeitig eine Parametererregung vorliegen.
Darüber hinaus sind die Einteilungsprinzipien unabhängig voneinander, so daß z. B. erzwungene Schwingungen linear oder nichtlinear sein und in Systemen mit einem, mit endlich vielen oder mit unendlich vielen Freiheitsgraden auftreten können.
Es sei noch erwähnt, daß es noch andere Möglichkeiten der Einteilung der Schwingungssysteme gibt, z. B. nach dem physikalischen Charakter der schwingenden Größe in mechanische Schwingungen und elektromagnetische Schwingungen, worauf jedoch nicht näher eingegangen werden soll.
In der vorliegenden Darstellung ist das Haupteinteilungsprinzip die Anzahl der Freiheitsgrade, d. h., es werden zunächst die Schwinger mit einem Freiheitsgrad, dann die mit mehreren Freiheitsgraden und schließlich die Systeme mit unendlich vielen Freiheitsgraden behandelt.

3. Schwingungen in linearen Systemen mit einem Freiheitsgrad

3.1. Bewegungsgleichungen für Schwingungen um eine Gleichgewichtslage

Läßt sich die Bewegung eines Schwingungssystems durch eine einzige verallgemeinerte Koordinate eindeutig beschreiben, so hat das System einen Freiheitsgrad, und die allgemeine Form der Bewegungsgleichung (genauer: der Dgl. der Bewegung) ist

$$a\ddot{q} + g(q, \dot{q}, t) = 0 \qquad (3.1.1)$$

Darin ist a eine Konstante und $g(q, \dot{q}, t)$ eine Funktion der Koordinate q, ihrer Ableitung $\dot{q}$ und der Zeit t.
Von der Funktion $g(q, \dot{q}, t)$ in Gl. (3.1.1) soll vorausgesetzt werden, daß sie für einen bestimmten konstanten Wert von $q = q_0$ und für $\dot{q} = 0$ eine reine Funktion der Zeit ist:

$$g(q_0, 0, t) = -f(t)$$

Ist $g(q, \dot{q}, t)$ überdies eine nach q und $\dot{q}$ in der Umgebung von $q = q_0$, $\dot{q} = 0$ differenzierbare Funktion, so läßt sie eine Taylorentwicklung der Art

$$g(q, \dot{q}, t) = b(t) \cdot \dot{q} + c(t) \cdot (q - q_0) - f(t) + h(q - q_0, \dot{q}, t) \qquad (3.1.2)$$

zu, in der für hinreichend kleine $|q - q_0|$, $|\dot{q}|$ die Funktion h dem Betrage nach wesentlich kleiner als $g(q, \dot{q}, t)$ ist und deshalb für viele Anwendungsfälle vernachlässigt werden kann. Im Ergebnis erhält man eine lineare Dgl. 2. Ordnung für q

$$a\ddot{q} + b(t)\,\dot{q} + c(t)\,q = c(t)\,q_0 + f(t)$$

In diesem Abschnitt werden nur solche Bewegungsgleichungen behandelt, bei denen die Koeffizienten von q und $\dot{q}$ konstant sind:

$$a\ddot{q} + b\dot{q} + cq = cq_0 + f(t) \qquad (3.1.3)$$

Ist speziell $q_0 = 0$, so gilt

$$a\ddot{q} + b\dot{q} + cq = f(t) \qquad (3.1.4)$$

Solange die Lösung der Dgl. nicht aus dem Bereich herausführt, in dem $|q - q_0|$ hinreichend klein ist, ist die Vernachlässigung von $h(q - q_0, \dot{q}, t)$ in Gl. (3.1.2) gerechtfertigt, und man spricht von *kleinen Schwingungen um eine Gleichgewichtslage.* Diese Bezeichnung ergibt sich daraus, daß $q = q_0 =$ konst eine partikuläre Lösung der Gl. (3.1.3) darstellt, wenn die Erregung $f(t)$ identisch Null ist. Eine notwendige Bedingung dafür, daß Schwingungen im eigentlichen Sinne, d. h. oszillierende Bewegungen, überhaupt möglich sind, ist die Gleichheit der Vorzeichen von a und c. Von den in Gl. (3.1.3) vorkommenden Termen nennt man

$a\ddot{q}$ das Trägheitsglied,
$b\dot{q}$ das Dämpfungsglied,
cq das Federglied.

Der Übergang von Gl. (3.1.1) zur Gl. (3.1.3) wird als *Linearisierung* der Dgl. bezeichnet, in diesem Falle speziell als Linearisierung *in der Nähe der Gleichgewichtslage* oder *gewöhnliche Linearisierung* — im Unterschied zu der später zu besprechenden *äquivalenten Linearisierung.*

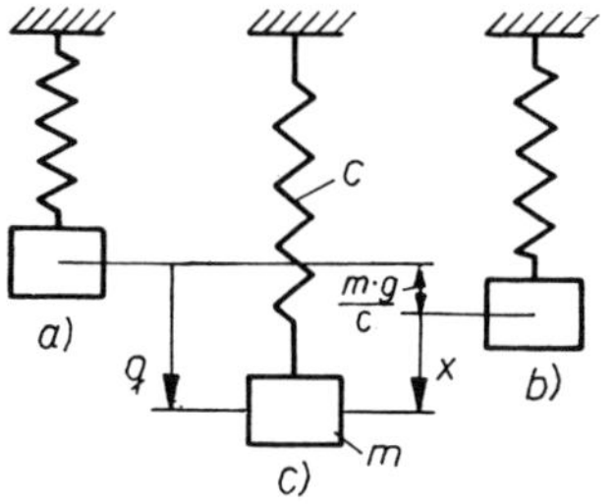

Bild 3.1.1. Feder-Masse-Schwinger:
a) Lage bei entspannter Feder ($q = 0$),
b) statische Gleichgewichtslage ($x = 0$),
c) allgemeine Lage

Viele in der Mechanik, und auch in anderen Gebieten der Physik, verwendeten Modelle führen unmittelbar auf lineare Gleichungen. Das gilt z. B. für den *Feder-Masse-Schwinger* nach Bild 3.1.1. In der linken Skizze (a) ist die Lage der Masse bei entspannter Feder dargestellt, die rechte Skizze (*b*) zeigt die Masse in der *statischen Gleichgewichtslage.* Die Differenz beider Lagen ist durch die Gewichtskraft mg bedingt.
Die Bewegungsgleichung kann für das hier vorliegende konservative System aus der Konstanz der Summe der kinetischen Energie T und der potentiellen Energie U hergeleitet werden:

$$\frac{\mathrm{d}}{\mathrm{d}t}(T + U) = \frac{\mathrm{d}}{\mathrm{d}t}\left(\frac{1}{2}m\dot{q}^2 + \frac{1}{2}cq^2 - mgq\right) = 0$$

Nach Ausführung der Differentiation und Kürzung von $\dot{q}$ folgt

$$m\ddot{q} + cq = mg \tag{3.1.5}$$

Die Gleichgewichtslage ist durch Vergleich mit Gl. (3.1.3) durch

$$q = q_0 = \frac{mg}{c}$$

gegeben. Ersetzt man die Koordinate q durch eine neue Koordinate x vermittels $x = q - q_0$, so erhält man aus Gl. (3.1.5) die homogene Dgl.

$$m\ddot{x} + cx = 0 \tag{3.1.6}$$

Im folgenden soll die statische Gleichgewichtslage linearer Systeme durch den Index „st" gekennzeichnet werden.
Bei einem Feder-Masse-Schwinger ist es also zulässig, die Gewichtskraft bei der Aufstellung der Dgl. unberücksichtigt zu lassen, wenn die Koordinate x so gewählt wird, daß $x = 0$ die statische Gleichgewichtslage bezeichnet. Diese Feststellung trifft für das *Pendel* nicht zu, weil die Gewichtskraft nicht als additive Konstante in die Dgl. eingeht. Das Momentengleichgewicht, bezogen auf den Aufhängepunkt, unter Berücksichtigung der d'Alembertschen Trägheitskräfte (siehe Bild 3.1.2) liefert hier nämlich die Bewegungsgleichung

$$ml^2\ddot{\varphi} + mgl \sin \varphi = 0 \tag{3.1.7}$$

Diese Gleichung ist nichtlinear. Die Entwicklung der Funktion $\sin \varphi$ in eine Potenzreihe und Abbruch dieser Reihe nach dem ersten Glied ergibt die lineare Gleichung

$$ml^2\ddot{\varphi} + mgl\varphi = 0 \tag{3.1.8}$$

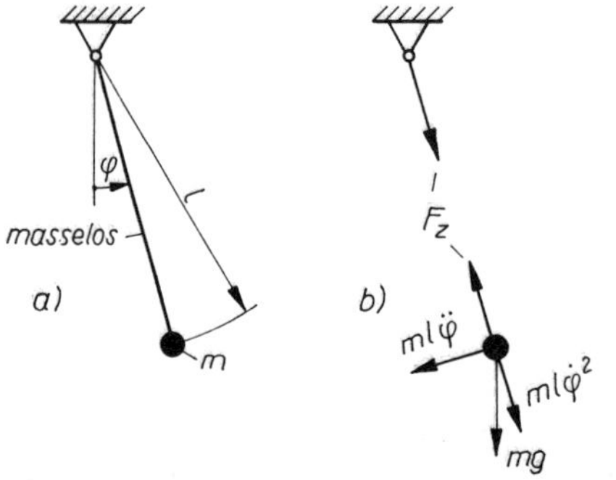

Bild 3.1.2. Mathematisches Pendel:
a) Aufbau, b) Kräfte an der bewegten Masse

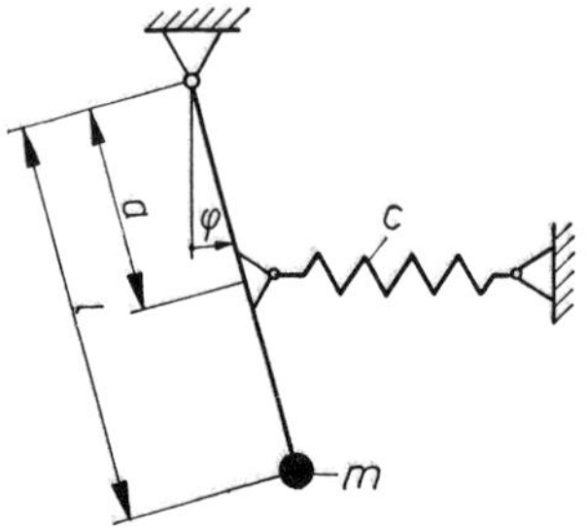

Bild 3.1.3. Pendel mit Feder

die dem Typ der Gl. (3.1.4) entspricht. Bei dem kombinierten Schwinger nach Bild 3.1.3 soll die Feder bei lotrechter Lage des Pendels entspannt sein. Die lineare Abhängigkeit der Federkraft vom Winkel φ kann unmittelbar aus dem Modell abgeleitet werden, wenn man von vornherein kleine Schwingungen und damit auch eine unverändert horizontale Lage der Federachse voraussetzt. Die zugehörige Dgl. ist

$$ml^2\ddot{\varphi} + (mgl + ca^2)\,\varphi = 0 \tag{3.1.9}$$

Bei allen bisherigen Beispielen handelte es sich um freie Schwingungssysteme, d. h. um Schwingungssysteme ohne Fremderregung. Als Beispiel für einen fremderregten Pendelschwinger kann die Last am Seil einer Krankatze dienen (Bild 3.1.4). Die Geschwindigkeit der Laufkatze $v(t)$ sei unabhängig vom Schwingungsverhalten der pendelnden Last. Die Dgl. der Bewegung ist leicht mit Hilfe der Lagrangeschen Bewegungsgleichung 2. Art abzuleiten. In die dazu benötigten Ausdrücke der kinetischen Energie T und der potentiellen Energie U gehen die Anteile der Laufkatze selbst nicht ein, da diese von $\dot{\varphi}$ und φ unabhängig sind. So erhält man

$$T = \frac{1}{2}\, m\,[(v + l\dot{\varphi} \cos \varphi)^2 + (l\dot{\varphi} \sin \varphi)^2]$$

$$U = \text{konst} - mgl \cos \varphi$$

Durch Bildung der Differentialausdrücke in der Lagrangeschen Bewegungsgleichung

$$\frac{\mathrm{d}}{\mathrm{d}t}\frac{\partial T}{\partial \dot{\varphi}} - \frac{\partial(T-U)}{\partial \varphi} = 0$$

für ein konservatives System ergibt sich

$$ml^2\ddot{\varphi} + m\dot{v}l\cos\varphi + mgl\sin\varphi = 0$$

Nach Kürzung von ml und Linearisierung in der Umgebung von $\varphi = 0$ (statische Gleichgewichtslage bei verschwindender Erregung) bekommt man eine der Gl. (3.1.4) entsprechende Form der Dgl.:

$$l\ddot{\varphi} + g\varphi = -\dot{v}(t) \qquad (3.1.10)$$

Selbstverständlich beschränken sich Schwingungssysteme mit einem Freiheitsgrad nicht auf Pendel und auf Massen, die an Schraubenfedern befestigt sind. So bildet jede mit einem elastischen Tragwerk verbundene Masse ein schwingungsfähiges

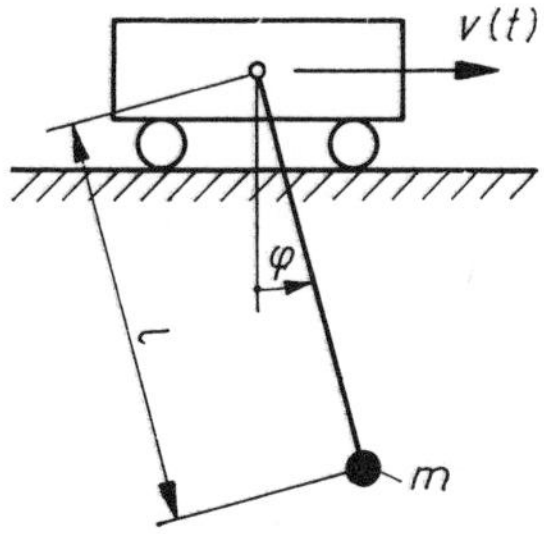

Bild 3.1.4. Krankatze mit pendelnder Last

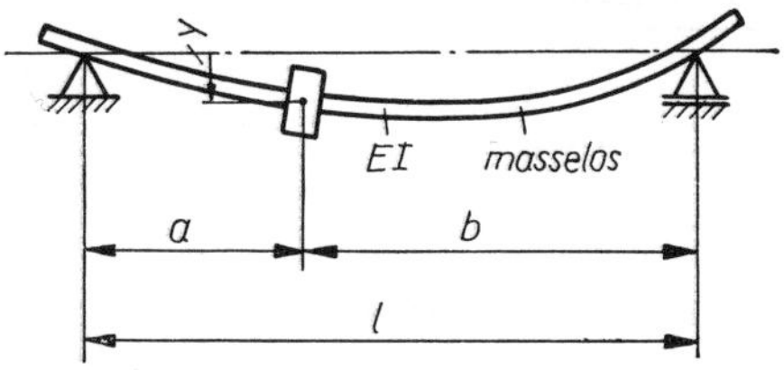

Bild 3.1.5. Elastischer Balken mit Punktmasse

System. Ein Beispiel für ein solches System mit einem Freiheitsgrad zeigt Bild 3.1.5. Ein als masselos angesehener Balken trägt ein Maschinenteil, das als Punktmasse idealisiert ist. Hat der Balken die Biegefestigkeit EI, so kann unter der Voraussetzung kleiner Schwingungen, vernachlässigbarer Dämpfung und starrer Lager die Bewegungs-Dgl. zu

$$m\ddot{y} + cy = mg \qquad (3.1.11)$$

mit

$$c = \frac{3EIl}{a^2b^2}$$

bestimmt werden ($y = 0$ kennzeichnet nicht die statische Ruhelage!). Für die Torsionsschwingungen eines Körpers mit dem Massenträgheitsmoment I, der an einem elastischen Stab mit der Torsionssteifigkeit GI_t befestigt ist (Bild 3.1.6), gilt unter entsprechenden Voraussetzungen

$$I\ddot{\varphi} + \frac{GI_t}{l}\varphi = 0 \qquad (3.1.12)$$

Die Dgln. (3.1.11) und (3.1.12) zeigen, daß sich auch derartige Schwingungssysteme auf den einfachen Feder-Masse-Schwinger reduzieren lassen.

Alle bisher behandelten Modelle waren dämpfungsfrei, eine in der Praxis nur durch Energiezufuhr zu verwirklichende Eigenschaft. Dennoch reichen dämpfungsfreie Modelle für die Beantwortung vieler technisch bedeutsamer Fragen aus. Geschwindigkeitsproportionale Dämpfung entsprechend der Form der Dgl. (3.1.3) ist näherungsweise durch den Widerstand eines in Newtonscher Flüssigkeit bewegten Körpers verwirklicht. Das Symbol einer solcherart wirkenden Dämpfung ist deshalb ein Zylinder und ein darin mit Spiel geführter Kolben. Als Grundmodell eines gedämpften Schwingungssystems kann der Schwinger nach Bild 3.1.7 dienen. Die zugehörige Differentialgleichung ist

$$m\ddot{x} + b\dot{x} + cx = 0 \tag{3.1.13}$$

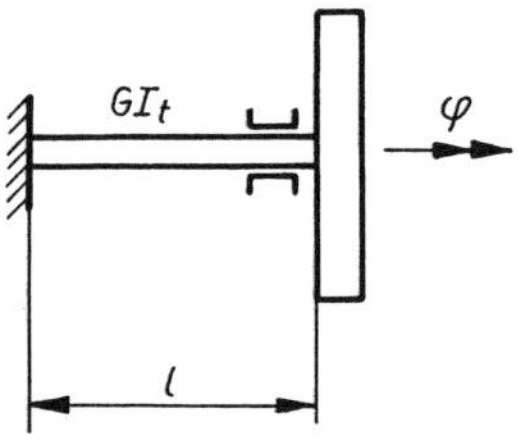

Bild 3.1.6. Torsionsschwinger

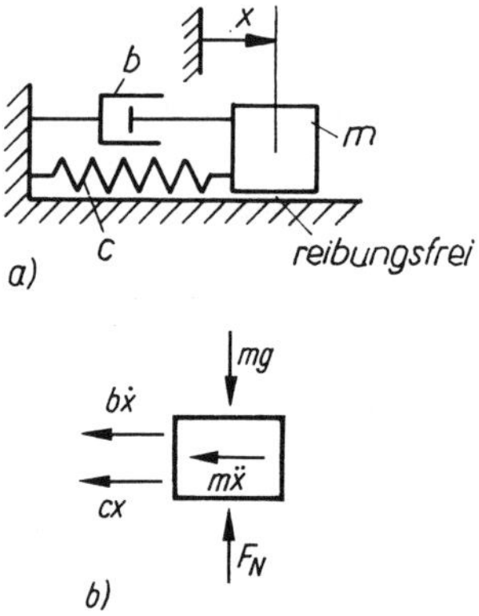

Bild 3.1.7. Feder-Masse-Schwinger mit Dämpfer: a) Aufbau, b) Kräfte an der bewegten Masse

Auch andere mit Energieverlusten verbundene Bewegungswiderstände werden oft durch geschwindigkeitsproportionale Dämpfungsansätze berücksichtigt. Wegen der Schwierigkeit, die Dämpfungswerte aus den Konstruktionsdaten abzuleiten (wie das bei Masse- und Federwerten in der Regel ohne grundsätzliche Schwierigkeiten möglich ist), verwendet man häufig Erfahrungswerte, die für bestimmte Typen von Maschinen oder Bauwerken vorliegen [10], [14], oder man schließt aus dem gemessenen Schwingungsverhalten auf die Dämpfung (s. a. 3.4.1.).

3.2. Freie ungedämpfte Schwingungen

3.2.1. Bewegungsgleichungen und Lösungen

Die einfachste Schwingungsgleichung liegt zweifellos vor, wenn in der allgemeinen Form der linearen Bewegungsgleichung mit konstanten Koeffizienten alle Glieder außer dem Beschleunigungsglied und dem Federglied identisch verschwinden.

$$a\ddot{q} + cq = 0 \tag{3.2.1}$$

Prototypen entsprechender Schwingungssysteme sind der Feder-Masse-Schwinger (Bild 3.1.1) und das Pendel mit kleinen Ausschlägen (Bild 3.1.2), wenn die Dämpfung unberücksichtigt bleiben kann. Die zugehörigen Dgln. (3.1.6) und (3.1.8) sind

$$m\ddot{x} + cx = 0$$

$$ml^2\ddot{\varphi} + gl\varphi = 0$$

und entsprechen damit Gl. (3.2.1). Die Division der Gl. (3.2.1) durch a ergibt

$$\ddot{q} + \omega^2 q = 0 \tag{3.2.2}$$

mit

$$\omega = \sqrt{\frac{c}{a}} \tag{3.2.3}$$

Für den Feder-Masse-Schwinger ergibt sich entsprechend

$$\ddot{x} + \omega^2 x = 0 \tag{3.2.4}$$

mit

$$\omega = \sqrt{\frac{c}{m}} \tag{3.2.5}$$

und für das Pendel

$$\ddot{\varphi} + \omega^2 \varphi = 0 \tag{3.2.6}$$

mit

$$\omega = \sqrt{\frac{g}{l}} \tag{3.2.7}$$

Die Wahl des Formelzeichens ω für die Ausdrücke in den Gln. (3.2.3), (3.2.5) und (3.2.7) ist nicht zufällig. Die allgemeinen Lösungen der Dgln. (3.2.2.), (3.2.4) und (3.2.6) sind nämlich, wie sich durch Einsetzen nachprüfen läßt, harmonische Funktionen mit der Kreisfrequenz ω (s. 1.1.):

$$q = A \sin(\omega t + \varphi) \tag{3.2.8}$$

oder mit den speziellen Bezeichnungen der Koordinaten x und φ

$$x = A \sin(\omega t + \alpha)$$

$$\varphi = A \sin(\omega t + \alpha)$$

Um Verwechslungen zu vermeiden, wurde in den beiden letzten Gln. der Nullphasenwinkel mit α bezeichnet.

Wie die Lösungsgleichungen zeigen, führen die hier als Beispiel verwendeten Schwinger nach Bild 3.1.1 und 3.1.2 und mit ihnen alle Schwingungssysteme, die Dgln. der Form (3.2.2) genügen, harmonische Schwingungen aus. Amplitude und Nullphasenwinkel dieser Schwingungen sind durch die Anfangsbedingungen entsprechend Gln. (1.1.5) bis (1.1.7) gegeben. Da die Schwingungen bis auf den durch die Anfangsbedingungen charakterisierten Anstoß von äußeren Einflüssen unabhängig sind und ihre Amplitude konstant ist, heißen sie *freie ungedämpfte Schwingungen.* Die Größe ω wird als *Eigenkreisfrequenz* bezeichnet. Die *Eigenfrequenz* ist nach Gl. (1.1.4) $f = \omega/2\pi$.

Ist die statische Gleichgewichtslage durch $q = q_{st} \neq 0$ gekennzeichnet (z. B. bei Gl. (3.1.11)), so setzt sich die Lösung aus dem konstanten Anteil (partikuläre Lösung) q_{st} und einer harmonischen Funktion zusammen:

$$q(t) = q_{st} + A \sin(\omega t + \varphi) \tag{3.2.9}$$

Beispiel 3.1:

Unter dem Einfluß des Gewichts des Massenpunktes beim Einmassenschwinger nach Bild 3.1.5 wird eine statische Durchbiegung des Balkens von $y_{st} = 2$ mm an der Stelle des Massenpunktes gemessen. Wie groß ist die Eigenfrequenz des Schwingers?

Lösung:

Aus der Bewegungsgleichung (3.1.11) folgt die partikuläre Lösung

$$y_{st} = \frac{mg}{c} = \text{konst}$$

Daraus folgt mit Gl. (3.2.5)

$$\frac{c}{m} = \frac{g}{y_{st}}$$

$$f = \frac{\omega}{2\pi} = \frac{1}{2\pi}\sqrt{\frac{c}{m}} = \frac{1}{2\pi}\sqrt{\frac{g}{y_{st}}}$$

Zahlenwert:

$$f = \frac{1}{2\pi}\sqrt{\frac{9{,}81\ \text{m/s}^2}{2 \cdot 10^{-3}\ \text{m}}} = 11{,}15\ \text{s}^{-1} = 11{,}15\ \text{Hz}$$

Beispiel 3.2:

Eine Laufkatze mit einer in Ruhe befindlichen Last (Bild 3.1.4) an einem Seil der Länge $l = 5$ m wird zum Zeitpunkt $t = 0$ plötzlich gleichmäßig beschleunigt mit $a = 1\ \text{m/s}^2$. Zur Zeit $t = t_1$ geht die Beschleunigung plötzlich auf Null zurück. Gesucht ist das Bewegungsgesetz $\varphi(t)$ für den Auslenkungswinkel des Seiles. Die Last wird als Massenpunkt angesehen.

Lösung:

Die Bewegungsgleichung ist durch Gl. (3.1.10) gegeben. Somit gilt

$$\ddot{\varphi} + \omega^2\varphi = -\frac{a}{l}, \qquad 0 \leqq t \leqq t_1$$

$$\ddot{\varphi} + \omega^2\varphi = 0, \qquad t > t_1$$

$$\omega = \sqrt{g/l}$$

Die allgemeine Lösung ist nach Gl. (3.2.8) bzw. (3.2.9)

$$\varphi = -\frac{a}{\omega^2 l} + A_1 \sin(\omega t + \alpha_1) = -\frac{a}{g} + A_1 \sin(\omega t + \alpha_1), \quad 0 \leqq t \leqq t_1 \qquad ①$$

$$\varphi = A_2 \sin(\omega t + \alpha_2) = A_2 \sin[\omega(t - t_1) + \alpha_2'], \quad t \geqq t_1 \qquad ②$$

Die Einführung der Zeitdifferenz $t - t_1$ gestattet auch für den zweiten Bewegungsabschnitt die Anwendung der Gln. (1.1.5) und (1.1.7).
Die Anfangsbedingungen für den ersten Bewegungsabschnitt sind

$$\varphi(0) = 0, \qquad \dot{\varphi}(0) = 0$$

Aus der zweiten Bedingung ergibt sich

$$A_1 \omega \cos \alpha_1 = 0, \qquad \alpha_1 = \pi/2$$

Damit wird im ersten Abschnitt

$$\varphi = -a/g + A_1 \cos \omega t$$

und aus $\varphi(0) = 0$ folgt

$$A_1 = \frac{a}{g}$$

Somit ist der Bewegungsablauf im ersten Abschnitt nach Gl. ① mit

$$\varphi(t) = -\frac{a}{g}(1 - \cos \omega t), \qquad 0 \leqq t \leqq t_1 \qquad ③$$

bestimmt, und die Anfangsbedingungen für den zweiten Abschnitt sind mit

$$\varphi_1 = \varphi(t_1) = -\frac{a}{g}(1 - \cos \omega t_1)$$

$$\dot{\varphi}_1 = \dot{\varphi}(t_1) = -\frac{a\omega}{g} \sin \omega t_1$$

gefunden. Die Amplitude A_2 ergibt sich daraus nach Gl. (1.1.5) zu

$$A_2 = \sqrt{\varphi_1^2 + \dot{\varphi}_1^2/\omega^2} = a/g \cdot \sqrt{1 - 2\cos \omega t_1 + \cos^2 \omega t_1 + \sin^2 \omega t_1}$$
$$= 2a/g \sin(\omega t_1/2)$$

Der Nullphasenwinkel α_2' nach Gl. ② kann mit Gl. (1.1.7) bestimmt werden:

$$\alpha_2' = \arcsin \varphi_1/A_2 = \arcsin\left(-\frac{1 - \cos \omega t_1}{2 \sin(\omega t_1/2)}\right)$$
$$= \arcsin[-\sin(\omega t_1/2)] = -\omega t_1/2$$

Setzt man diese Werte in Gl. ② ein, so erhält man den Bewegungsablauf im zweiten Abschnitt:

$$\varphi(t) = 2\frac{a}{g} \sin \frac{\omega t_1}{2} \cdot \sin\left[\omega\left(t - \frac{3}{2} t_1\right)\right], \qquad t \geqq t_1 \qquad ④$$

Zahlenwerte:

$$2\frac{a}{g} = 0{,}204 \mathrel{\hat{=}} 11{,}7°, \qquad \omega = \sqrt{\frac{g}{l}} = 1{,}4\ \mathrm{s}^{-1}$$

Wie Gl. ④ zeigt, kann eine ruhige Lage während der gleichförmigen Fahrt ($t > t_1$) erreicht werden, wenn $t_1 = 2\,k\pi/\omega$, $k = 1, 2, 3, \ldots$ gewählt wird.

3.2.2. Zusammenstellung der wichtigsten Beziehungen für freie ungedämpfte Schwingungen in linearen Systemen mit einem Freiheitsgrad

Dgl.:

allgemeine Form:	$a\ddot{q} + cq = 0$
Normalform:	$\ddot{q} + \omega^2 q = 0$

Konstanten:		Einheit
Kreisfrequenz:	$\omega = \sqrt{c/a}$	s^{-1}
Frequenz:	$f = \omega/2\pi$	Hz ($= \mathrm{s}^{-1}$)
Amplitude:	A	wie q
Nullphasenwinkel:	φ	—, rad, °
Periodendauer:	$T = 1/f = 2\pi/\omega$	s

Lösungen für die Anfangsbedingungen $q(0) = q_0$, $\dot{q}(0) = \dot{q}_0$:

$$q(t) = A \sin(\omega t + \varphi)$$

$$A = \sqrt{q_0{}^2 + \dot{q}_0{}^2/\omega^2}, \qquad \varphi = \arcsin(q_0/A)$$

$$q(t) = q_0 \cos\omega t + \dot{q}_0/\omega \cdot \sin\omega t$$

3.2.3. Energiebilanz

Freie ungedämpfte Schwingungen sind dadurch gekennzeichnet, daß die Summe aus kinetischer und potentieller Energie konstant bleibt, d. h. $T + U = W = \text{konst.}$ Für einen linearen Feder-Masse-Schwinger mit der Gleichgewichtslage bei $q = 0$ gilt

$$T = \frac{1}{2} m\dot{q}^2, \qquad U = \frac{1}{2} cq^2$$

Unter Verwendung der Gln. (3.2.5) und (3.2.8) folgt daraus

$$T = \frac{1}{2} mA^2\omega^2 \cos^2(\omega t + \varphi) \tag{3.2.10}$$

und

$$U = \frac{1}{2} m\omega^2 q^2 = \frac{1}{2} mA^2\omega^2 \sin^2(\omega t + \varphi) \tag{3.2.11}$$

Durch Addition ergibt sich

$$W = \frac{1}{2}\, mA^2\omega^2 = \frac{1}{2}\, cA^2 = \frac{1}{2}\, m\, (\dot{q}_{max})^2 \qquad (3.2.12)$$

Wie aus den Gln. (3.2.10) bis (3.2.12) ersichtlich, findet eine ständige Umwandlung von kinetischer in potentielle Energie und umgekehrt statt. Bild 3.2.1 zeigt diesen Prozeß anschaulich. Der dargestellte Verlauf der Energieumwandlung gilt in gleicher Weise für alle linearen ungedämpften Schwingungssysteme, wenn man davon absieht, daß die potentielle Energie um einen willkürlichen konstanten Betrag verändert sein kann.

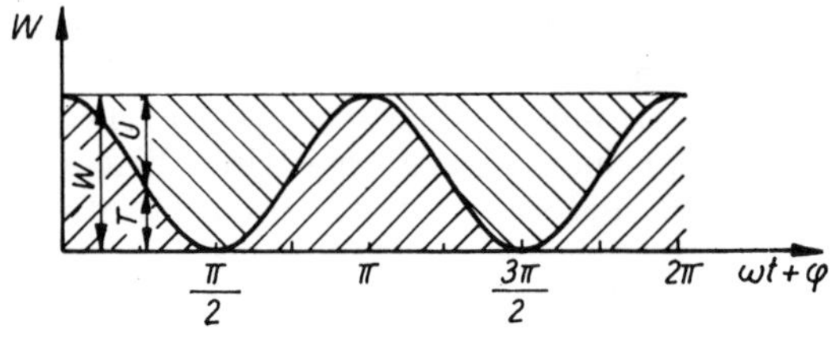

Bild 3.2.1. Kinetische und potentielle Energie beim linearen Schwinger mit einem Freiheitsgrad

3.2.4. Genäherte Berücksichtigung der Federmasse

Bei allen in 3.1. besprochenen Arten von Feder-Masse-Schwingern wurde die Masselosigkeit der Feder vorausgesetzt. Das ist nur zulässig, wenn die Federmasse m_F sehr klein ist gegenüber der schwingenden Einzelmasse m. Die Federmasse kann näherungs-

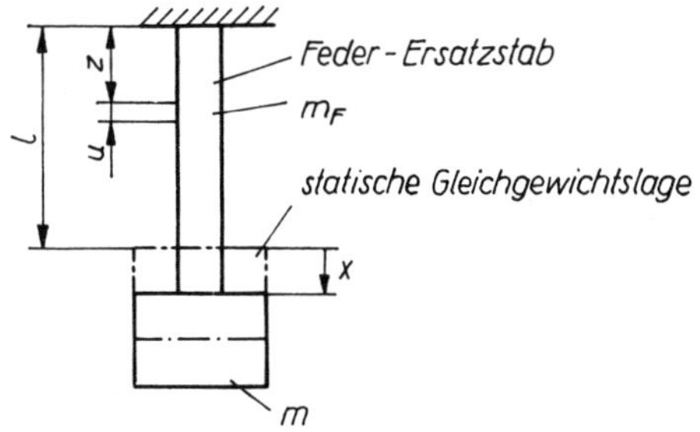

Bild 3.2.2. Schwinger mit massebehafteter Feder

weise berücksichtigt werden, wenn für die Feder eine Verformung angesetzt wird, wie sie sich bei einer statischen Auslenkung des Schwingers einstellen würde und die kinetische Energie einer derart mitschwingenden Feder berücksichtigt wird.
Die Auslenkung der Masse m gegenüber der statischen Ruhelage wird mit x bezeichnet und die Federverschiebung u als mit der Entfernung z vom Aufhängepunkt proportional angesehen (Bild 3.2.2).

$$u(z) = \frac{x}{l}\, z$$

Die Feder kann als homogener Stab angesehen werden, dessen Massenelement der Länge dz die Masse $m_F \frac{dz}{l}$ besitzt. Dann ist die kinetische Energie des gesamten

Schwingers

$$T = \frac{1}{2} m\dot{x}^2 + \frac{1}{2} \int\limits_0^l m_F \frac{dz}{l} \dot{u}^2$$

$$= \frac{1}{2} m\dot{x}^2 + \frac{1}{2} m_F \frac{\dot{x}^2}{l^3} \int\limits_0^l z^2 \, dz$$

$$= \frac{1}{2} \left(m + \frac{1}{3} m_F \right) \dot{x}^2 = \frac{1}{2} m_{\text{Ersatz}} \dot{x}^2 \tag{3.2.13}$$

Eine genäherte Berücksichtigung der Federmasse ist, wie aus Gl. (3.2.13) hervorgeht, möglich durch Zuschlag eines Drittels der Federmasse zur Einzelmasse. Diese Näherung ist bereits recht genau. Wie ein Vergleich mit Ergebnissen aus der Theorie der Stabschwingungen zeigt, beträgt die Abweichung der so ermittelten Eigenfrequenz von der exakten bei $m_F = m$ nur 0,66%, und sogar für $m = 0$ übersteigt der Fehler nicht 10,3%.

Ein entsprechendes Vorgehen zur genäherten Berücksichtigung der Federmasse ist auch bei anderen Federformen, z. B. beim Balken, Bild 3.1.5, erfolgreich. Für einen Balken konstanten Querschnitts der Länge l und der Masse m_B mit der statischen Biegelinie $w(z)$ gilt z. B.

$$m_{\text{Ersatz}} = m + \frac{m_B}{[w(a)]^2 \, l} \int\limits_0^l [w(z)]^2 \, dz \tag{3.2.14}$$

Hierin ist $w(a)$ die statische Durchbiegung an der Stelle, an der sich die Einzelmasse befindet.

Für den Torsionsschwinger nach Bild 3.1.6 läßt sich das Ergebnis von Gl. (3.2.13) sinngemäß übernehmen, wenn der Torsionsstab konstanten Querschnitt aufweist. Somit gilt

$$I_{\text{Ersatz}} = I_p + \frac{1}{3} I_{\text{pStab}} \tag{3.2.15}$$

3.3. Freie gedämpfte Schwingungen

3.3.1. Bewegungsgleichungen und Lösungen

Im folgenden werden freie Schwingungen betrachtet, die einer Bewegungsgleichung mit Dämpfungsglied genügen. Nach den Gln. (3.1.3) oder (3.1.4) haben damit die Bewegungsgleichungen die Form

$$\left.\begin{aligned} a\ddot{q} + b\dot{q} + cq &= cq_0 \\ \text{oder} \qquad a\ddot{q} + b\dot{q} + cq &= 0 \end{aligned}\right\} \tag{3.3.1}$$

je nach Lage des Koordinatenursprunges.

Weil freie Schwingungen in der Regel gedämpft sind, entsprechen die Gln. (3.3.1) dem wirklichen Verhalten realer Schwingungen besser als Dgln. ohne Dämpfungsglied.

Im weiteren soll von $q_0 = 0$ ausgegangen werden. Das kann durch Koordinatentransformation immer erreicht werden. Es ist üblich, den Faktor von $\ddot{q}$ durch Division zu Eins zu machen und dabei neue Konstante einzuführen. Zwei Formen, die parallel gebraucht werden, sollen auch hier nebeneinandergestellt werden:

$$\ddot{q} + 2\delta\dot{q} + \omega_0^2 q = 0 \tag{3.3.2}$$

und

$$\ddot{q} + 2\vartheta\omega_0\dot{q} + \omega_0^2 q = 0 \tag{3.3.3}$$

Die hier eingeführten Parameter sind:

$$\text{Kennkreisfrequenz } \omega_0 = \sqrt{\frac{c}{a}}, \tag{3.3.4}$$

$$\text{Abklingkonstante } \delta = \frac{b}{2a} \quad \text{und} \tag{3.3.5}$$

$$\text{Dämpfungsgrad } \vartheta = \frac{b}{2\sqrt{ac}} \tag{3.3.6}$$

Die Einheit der Abklingkonstante ist die einer Kreisfrequenz s^{-1}. Der Dämpfungsgrad ist dimensionslos. Zwischen beiden Parametern besteht die Beziehung

$$\vartheta = \frac{\delta}{\omega_0} \tag{3.3.7}$$

Die Lösung von Gl. (3.3.3) wird mit Hilfe des Ansatzes

$$q(t) = C\,\mathrm{e}^{\lambda t} \tag{3.3.8}$$

gesucht, wobei der konstante Faktor C und der Parameter λ komplexwertig sein können. Setzt man den Ausdruck für $q(t)$ in Gl. (3.3.3) ein, so folgt die charakteristische Gleichung:

$$\lambda^2 + 2\vartheta\omega_0\lambda + \omega_0^2 = 0 \tag{3.3.9}$$

Hierbei ist der Faktor $C\mathrm{e}^{\lambda t}$ schon herausgekürzt worden. Die Auflösung nach λ ergibt

$$\lambda = \omega_0\left(-\vartheta \pm \sqrt{\vartheta^2 - 1}\right) \tag{3.3.10}$$

Die Art der Lösung hängt maßgeblich vom Dämpfungsgrad ϑ ab. Es sind 3 Fälle zu unterscheiden:

1. Fall: $\vartheta < 1$

In diesem Falle ist λ komplexwertig. Setzt man

$$\omega = \omega_0\sqrt{1 - \vartheta^2} = \sqrt{\omega_0^2 - \delta^2} \tag{3.3.11}$$

so folgt aus Gl. (3.3.10)

$$\lambda = -\vartheta\omega_0 \pm \mathrm{j}\omega = -\delta \pm \mathrm{j}\omega \tag{3.3.12}$$

Wegen $\omega \neq 0$ ergeben sich aus dem Ansatz (3.3.8) zwei Lösungen, die infolge der Linearität der Dgl. zur allgemeinen Lösung addiert werden dürfen:

$$\left.\begin{aligned} q(t) &= C_1^* \, \mathrm{e}^{\lambda_1 t} + C_2^* \, \mathrm{e}^{\lambda_2 t} \\ &= \mathrm{e}^{-\delta t}(C_1^* \, \mathrm{e}^{\mathrm{j}\omega t} + C_2^* \, \mathrm{e}^{-\mathrm{j}\omega t}) \end{aligned}\right\} \tag{3.3.13}$$

Unter Nutzung der Eulerschen Formeln

$$\mathrm{e}^{\mathrm{j}\omega t} = \cos \omega t + \mathrm{j} \sin \omega t$$

$$\mathrm{e}^{-\mathrm{j}\omega t} = \cos \omega t - \mathrm{j} \sin \omega t$$

kann obige Lösung auch in der Form

$$q(t) = A \, \mathrm{e}^{-\delta t} \sin (\omega t + \varphi) \tag{3.3.14}$$

geschrieben werden. Die Beziehungen zwischen den Koeffizienten C_1^* und C_2^* in Gl. (3.3.13) und den Werten A und φ in Gl. (3.3.14) bestimmen damit zu

$$C_1^* = -\frac{\mathrm{j}}{2} A \, \mathrm{e}^{\mathrm{j}\varphi}; \qquad C_2^* = +\frac{\mathrm{j}}{2} A \, \mathrm{e}^{-\mathrm{j}\varphi}$$

Die Lösung nach Gl. (3.3.14) weist die Schwingung als „sinusverwandt" aus. Ihre Eigenkreisfrequenz ω ist kleiner als die Kennkreisfrequenz und weicht, wie aus Gl. (3.3.11) ersichtlich, für kleine Dämpfungen ($\vartheta \ll 1$ bzw. $\delta \ll \omega_0$) nur unwesentlich von der Kennkreisfrequenz ab. Das rechtfertigt das in der Praxis oft übliche Vorgehen, zur Bestimmung der Eigenfrequenzen schwach gedämpfter Schwinger die Dämpfung unberücksichtigt zu lassen.

Die Größe A in Gl. (3.3.14), die nicht als Amplitude bezeichnet werden kann, und der Nullphasenwinkel φ müssen aus den Anfangsbedingungen bestimmt werden.

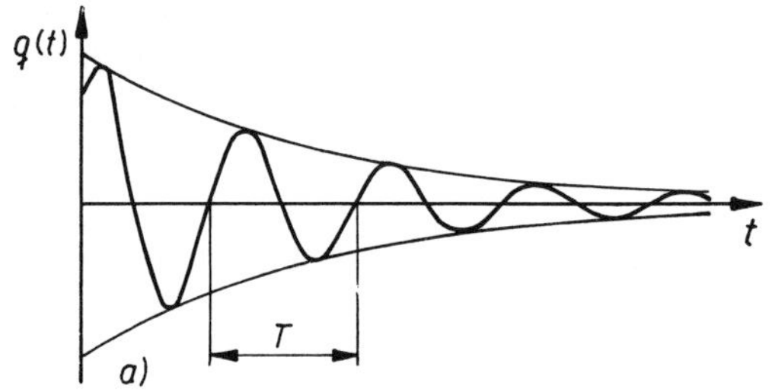

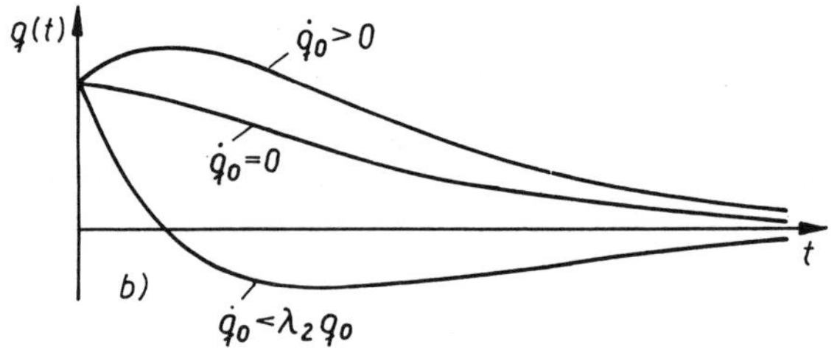

Bild 3.3.1.
a) Gedämpfte Schwingung
b) Kriechbewegungen

Mit

$$q(0) = q_0$$
$$\dot{q}(0) = \dot{q}_0$$

bestimmt man

$$\left.\begin{aligned} A &= \sqrt{q_0^2 + \omega^{-2}(\dot{q}_0^2 + \delta q_0)^2} \\ \varphi &= \arcsin\,(q_0/A) \end{aligned}\right\} \qquad (3.3.15)$$

Der zeitliche Verlauf einer Funktion $q(t)$ nach Gl. (3.3.14) ist im Bild 3.3.1a dargestellt. Es sei darauf hingewiesen, daß die Extrema von $q(t)$ und die Berührungspunkte mit der Hüllkurve nicht identisch sind. Aus der Gleichung der Hüllkurve ist ersichtlich, daß diese Funktion in einem Zeitintervall

$$T_\mathrm{D} = 1/\delta \qquad (3.3.16)$$

auf den 1/e-ten Wert abfällt. Die *Zeitkonstante* T_D ist damit ebenfalls ein Maß für das Dämpfungsverhalten der Lösung.

2. Fall: $\vartheta > 1$

Der Parameter λ nimmt die beiden reellen Werte

$$\left.\begin{aligned} \lambda_1 &= -\omega_0\left(\vartheta - \sqrt{\vartheta^2 - 1}\right) \\ \lambda_2 &= -\omega_0\left(\vartheta + \sqrt{\vartheta^2 - 1}\right) \end{aligned}\right\} \qquad (3.3.17)$$

an. Die allgemeine Lösung

$$q(t) = C_1\,\mathrm{e}^{\lambda_1 t} + C_2\,\mathrm{e}^{\lambda_2 t} \qquad (3.3.18)$$

stellt eine *Kriechbewegung* dar. Die Lösungsfunktionen gehen asymptotisch gegen 0. Dabei haben sie nur dann eine Nullstelle, wenn die Anfangsgeschwindigkeit $\dot{q}_0 < \lambda_2 q_0$ ist (Bild 3.3.1b). Ein solcher Vorgang ist nicht mehr zu den eigentlichen Schwingungsvorgängen zu rechnen.

3. Fall: $\vartheta = 1$

Hier hat die charakteristische Gleichung eine Doppelwurzel für λ:

$$\lambda_{1,2} = -\omega_0\vartheta = -\delta$$

Wie man durch Einsetzen in die Dgl. zeigt, ist die allgemeine Lösung in diesem Falle

$$q(t) = (C_1 + C_2 t)\,\mathrm{e}^{-\delta t} \qquad (3.3.19)$$

Diese Funktion stellt ebenfalls eine Kriechbewegung dar, die sich äußerlich nicht von der nach Gl. (3.3.18) unterscheidet. Der Fall $\vartheta = 1$ wird *aperiodischer Grenzfall* genannt.

3.3.2. Dämpfungsdekrement

Im weiteren wird noch einmal Bezug auf die gedämpften Schwingungen nach Gl. (3.3.14) genommen. Als logarithmisches Dämpfungsdekrement bezeichnet man den natürlichen Logarithmus des Quotienten zweier aufeinanderfolgender Maxima der Schwingungsfunktion $q(t)$:

$$\Lambda = \ln \frac{q(t_0)}{q(t_0 + T)} = \ln \frac{e^{-\delta t_0}}{e^{-\delta(t_0+T)}} \tag{3.3.20}$$

$$\Lambda = \delta T$$

Bestimmt man Λ aus um N-Perioden auseinanderliegenden Maxima, so gilt

$$\Lambda = \frac{1}{N} \ln \frac{q(t_0)}{q(t_0 + NT)}$$

Hierin ist t_0 die zu irgendeinem Maximum gehörige Zeit und $T = 2\pi/\omega$ die Schwingungsdauer. Wie ersichtlich, ist Λ unabhängig von der Wahl von t_0. Das logarithmische Dekrement ist insbesondere deshalb bedeutungsvoll, weil es zur experimentellen Bestimmung der Dämpfung verhältnismäßig leicht durch einen *Ausschwingversuch* ermittelt werden kann. Dazu wird der Schwinger angestoßen, und zwei oder mehrere aufeinanderfolgende Ausschlagmaxima werden gemessen. Die Veränderlichkeit von Λ zwischen unterschiedlichen benachbarten Maxima ist gleichzeitig ein Maß für die Abweichung des Dämpfungsgliedes von der Geschwindigkeitsproportionalität. Beim Ausschwingversuch kann auch T gemessen werden, so daß damit nach Gl. (3.3.20) auch die Abklingkonstante bekannt ist.
Zur Bestimmung des Dämpfungsgrades ϑ ist noch eine Umrechnung notwendig:

$$\Lambda = \delta T = \delta \cdot \frac{2\pi}{\omega} = \frac{\delta}{\omega_0} \cdot \frac{2\pi}{\sqrt{1 - \vartheta^2}}$$

$$\Lambda = 2\pi \frac{\vartheta}{\sqrt{1 - \vartheta^2}} \tag{3.3.21}$$

Dabei ist von den Gln. (3.3.7) und (3.3.11) Gebrauch gemacht worden. Die Auflösung von Gl. (3.3.21) nach ϑ ergibt

$$\vartheta = \frac{\Lambda/2\pi}{\sqrt{1 + (\Lambda/2\pi)^2}} \tag{3.3.22}$$

Beispiel 3.3:

Ein Feder-Masse-Schwinger (Bild 3.1.7) zeigt im Ausschwingversuch nach Ablauf von 2 Schwingungsperioden einen Abfall des Größtausschlages auf 25%. Die Schwingungsdauer T wurde zu 1,6 s ermittelt, die Masse $m = 10$ kg. Gesucht sind c und b.

Lösung:

$$\Lambda = 0{,}5 \cdot \ln 4 = 0{,}6931$$

$$\omega = 2\pi/T = 3{,}927 \text{ s}^{-1}$$

Nach Gl. (3.3.22) ist

$$\vartheta = 0{,}1097$$

Aus Gl. (3.3.11) ergibt sich

$$\omega_0 = \omega/\sqrt{1-\vartheta^2} = 3{,}951 \text{ s}^{-1}$$

Gl. (3.3.4) liefert mit $a = m$:

$$c = m\omega_0^2 = 156{,}1 \text{ N/m}$$

Schließlich findet man mit Gl. (3.3.6)

$$b = 2\sqrt{mc} \cdot \vartheta = 8{,}664 \text{ Ns/m}$$

3.3.3. Arbeitsbetrachtung

Zur Energiebilanz der freien gedämpften Schwingungen ist festzustellen, daß wie bei den ungedämpften Schwingungen ein steter Wechsel zwischen kinetischer und potentieller Energie stattfindet — dabei nimmt die gesamte mechanische Energie jedoch ständig ab. So folgt aus Gl. (3.3.14):

$$q(t) = A\,\mathrm{e}^{-\delta t} \sin(\omega t + \varphi)$$

die Funktion der verallgemeinerten Geschwindigkeit

$$\dot{q}(t) = A\omega_0 \mathrm{e}^{-\delta t} \cos(\omega t + \varphi + \Theta) \tag{3.3.23}$$

wobei Θ der Dämpfungswinkel ist, für den

$$\Theta = \arcsin \vartheta \tag{3.3.24}$$

gilt. Es ist ersichtlich, daß damit sowohl die potentielle Energie $U = \frac{1}{2} cq^2$ als auch die kinetische Energie $T = \frac{1}{2} m\dot{q}^2$ in gleichen Zeitabständen Nullstellen haben, die gegeneinander versetzt sind. Die gesamte mechanische Energie ist eine monoton fallende Funktion, denn mit Gl. (3.3.1) ergibt sich

$$\frac{\mathrm{d}}{\mathrm{d}t}(T + U) = cq\dot{q} + m\dot{q}\ddot{q} = cq\dot{q} + \dot{q}(-b\dot{q} - cq)$$

$$= -b\dot{q}^2 \leqq 0$$

3.3.4. Zusammenstellung der wichtigsten Beziehungen für freie gedämpfte Schwingungen in linearen Systemen mit einem Freiheitsgrad

Dgl.:

allgemeine Form:	$a\ddot{q} + b\dot{q} + cq = 0$	
Normalform:	$\ddot{q} + 2\delta\dot{q} + \omega_0^2 q = 0$ oder	
	$\ddot{q} + 2\vartheta\omega_0\dot{q} + \omega_0^2 q = 0$	
Konstanten:		Einheit
Kennkreisfrequenz:	$\omega_0 = \sqrt{c/a}$	s^{-1}
Abklingkonstante:	$\delta = b/2a$	s^{-1}
Weitere Konstanten:		
Kreisfrequenz:	$\omega = \sqrt{\omega_0^2 - \delta^2} = \omega_0\sqrt{1 - \vartheta^2}$	s^{-1}
Frequenz:	$f = \omega/2\pi$	Hz $(= s^{-1})$
Nullphasenwinkel:	φ	—, rad, °
Periodendauer:	$T = 1/f = 2\pi/\omega$	s
Dämpfungsgrad:	$\vartheta = \delta/\omega_0 = b/2\sqrt{ac}$	—
Logarithmisches Dämpfungsdekrement:	$\Lambda = \ln\,[q(t)/q(t + T)]$ $= \delta \cdot T = 2\pi\vartheta/\sqrt{1 - \vartheta^2}$	—
Dämpfungswinkel:	$\Theta = \arcsin\vartheta$	—, rad, °

Lösungen für Anfangsbedingungen $q(0) = q_0$, $\dot{q}(0) = \dot{q}_0$

1. $\vartheta < 1$ (gedämpfte Schwingung)

$$q(t) = A\,\mathrm{e}^{-\delta t}\sin(\omega t + \varphi)$$

$$A = \sqrt{q_0^2 + \omega^{-2}(\dot{q}_0^2 + \delta q_0)^2}\,; \qquad \varphi = \arcsin(q_0/A)$$

2. $\vartheta = 1$ (aperiodischer Grenzfall)

$$q(t) = [q_0 + (\dot{q}_0 + \delta q_0)\,t]\,\mathrm{e}^{-\delta t}$$

3. $\vartheta > 1$ (Kriechvorgang)

$$q(t) = \frac{1}{2}\,[q_0 + \dot{q}_0/\delta + q_0/\alpha]\,\mathrm{e}^{-\delta(1-\alpha)t} + \frac{1}{2}\,[q_0 - (\dot{q}_0/\delta + q)/\alpha]\,\mathrm{e}^{-\delta(1+\alpha)t};$$

$$\alpha = \sqrt{1 - \vartheta^{-2}}$$

3.4. Erzwungene Schwingungen bei periodischer Erregung

Erzwungene Schwingungen in linearen Systemen sind ein für die Anwendungen wichtiges Teilgebiet der Schwingungslehre. Die zugehörigen Bewegungsgleichungen werden durch Gl. (3.1.4) repräsentiert. Ein wesentliches Unterscheidungsmerkmal ist die Art der *Erregung* (genauer: der *Fremderregung*). Das gilt sowohl hinsichtlich des mathematischen Charakters der Funktion $f(t)$ als auch hinsichtlich der Einwirkung der Erregung auf das Modell. Darauf wird in den folgenden Abschnitten gesondert eingegangen. Dabei wird der allgemeine Fall des gedämpften Schwingungssystems zugrunde gelegt. Dieser enthält erzwungene Schwingungen in ungedämpften Systemen als Sonderfall.

Die allgemeine Lösung einer inhomogenen linearen Dgl. mit konstanten Koeffizienten, wie in Gl. (3.1.4) dargestellt,

$$a\ddot{q} + b\dot{q} + cq = f(t)$$

setzt sich bekanntlich aus der allgemeinen Lösung der zugehörigen homogenen Dgl.

$$a\ddot{q} + b\dot{q} + cq = 0$$

diese kennzeichnet die freien Schwingungen, und einer partikulären Lösung der inhomogenen Dgl. zusammen. Weil die freien Schwingungen infolge der in der Praxis stets vorhandenen Dämpfung nach kurzer Zeit abgeklungen sind, kommt der partikulären Lösung eine besondere Bedeutung zu.
Auf die Darstellung dieser „stationären" Schwingungsbewegung wird in den nächsten Abschnitten ausschließlich eingegangen. Eine Ausnahme bildet die Untersuchung von Einschaltvorgängen (s. 3.4.3.).

3.4.1. Harmonische Erregung

3.4.1.1. Formen der Erregung am Feder-Masse-Schwinger

Am Beispiel des Feder-Masse-Schwingers mit Dämpfer sollen einige typische Arten der Einwirkung der Erregung betrachtet werden. Die Koordinate x ist dabei grundsätzlich so gewählt, daß $x = 0$ die statische Ruhelage bezeichnet.

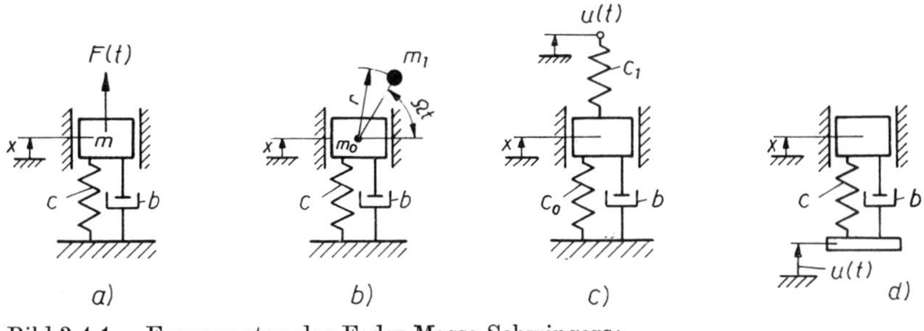

Bild 3.4.1. Erregerarten des Feder-Masse-Schwingers:
a) Krafterregung, b) Unwuchterregung, c) Federkrafterregung, d) Stützenerregung

Für die in Bild 3.4.1 dargestellten Erregungsarten sind die Erregungsfunktionen $f(t)$ nach Gl. (3.1.4) in folgendem angegeben:

a) *Krafterregung* durch eine Kraft $F(t) = \hat{F} \sin \Omega t$,

$$f(t) = \hat{F} \sin \Omega t \tag{3.4.1}$$

b) *Unwuchterregung* durch eine mit der Winkelgeschwindigkeit umlaufende Masse m_1. Für $m = m_0 + m_1$ gilt

$$f(t) = m_1 r \Omega^2 \sin \Omega t \tag{3.4.2}$$

c) *Federkrafterregung* durch Krafteinleitung über eine Feder mit der Steifigkeit c_1, deren Fußpunkt nach dem Weggesetz $u(t) = \hat{u} \sin \Omega t$ bewegt wird. Für $c = c_0 + c_1$ gilt

$$f(t) = c_1 \hat{u} \sin \Omega t \tag{3.4.3}$$

d) *Stützenerregung* durch die Bewegung der Stütze nach dem Weggesetz $u(t) = u \times \sin \Omega t$. Das ergibt:

$$f(t) = cu(t) + b\dot{u}(t) = (c \sin \Omega t + b\Omega \cos \Omega t) \cdot \hat{u} \tag{3.4.4}$$

Hierin ist Ω die *Erregerkreisfrequenz.*
Nach Division der Gl. (3.1.4) durch a ($a = m$ für die hier behandelten Modelle) und Einführung des Dämpfungsgrades und der Kennkreisfrequenz [Gln. (3.3.4) bis (3.3.6)] kann man für die oben genannten Erregungsarten 3 typische Dgln. unterscheiden:

1. für Kraft und Federkrafterregung

$$\left.\begin{aligned} &\ddot{x} + 2\vartheta\omega_0\dot{x} + \omega_0^2 x = \omega_0^2 \hat{y} \sin \Omega t \\ \text{mit} \quad &\hat{y} = \frac{\hat{F}}{m\omega_0^2} = \frac{\hat{F}}{c} \quad \text{bzw.} \quad \hat{y} = \frac{c_1 u_0}{m\omega_0^2} = \frac{c_1}{c}\,\hat{u} = \frac{c_1}{c_0 + c_1}\,\hat{u} \end{aligned}\right\} \tag{3.4.5}$$

2. für Unwuchterregung

$$\left.\begin{aligned} &\ddot{x} + 2\vartheta\omega_0\dot{x} + \omega_0^2 x = \Omega^2 \hat{y} \sin \Omega t \\ \text{mit} \quad &\hat{y} = \frac{m_1}{m}\,r = \frac{m_1}{m_0 + m_1}\,r \end{aligned}\right\} \tag{3.4.6}$$

3. für Stützenerregung

$$\left.\begin{aligned} &\ddot{x} + 2\vartheta\omega_0\dot{x} + \omega_0^2 x = \omega_0(\omega_0 \sin \Omega t + 2\vartheta\Omega \cos \Omega t)\,\hat{y} \\ \text{mit} \quad &\hat{y} = \hat{u} \end{aligned}\right\} \tag{3.4.7}$$

3.4.1.2. Lösung der Bewegungsgleichungen

Zur Lösung der Bewegungsgleichungen für den linearen Schwinger mit harmonischer Erregung wird mit Vorteil die komplexe Schreibweise verwendet (s. a. 1.1.2.). Im folgenden sei

$$y(t) = \hat{y} \sin \Omega t = \operatorname{Im} \overline{y}(t); \qquad \overline{y} = \hat{y}\, e^{j\Omega t} \tag{3.4.8}$$

$$x(t) = \hat{x} \sin (\Omega t + \varphi) = \operatorname{Im} \overline{x}(t)$$

$$\overline{x}(t) = \hat{x}\, e^{j(\Omega t + \varphi)} = \hat{x}\, e^{j\varphi} \cdot e^{j\Omega t} = \tilde{x}\, e^{j\Omega t} \tag{3.4.9}$$

Gl. (3.4.9) zeigt bereits den Lösungsansatz, der auf die Dgln. (3.4.5) bis (3.4.7) angewendet werden soll.* Setzt man nun

$$\overline{y} = \hat{y}\, e^{j\Omega t} \qquad \text{für } \hat{y} \sin \Omega t$$

* Darin sind $\hat{x}$ die Amplitude von $x(t)$, $\overline{x}$ der Zeiger von $x(t)$ in der komplexen Zahlenebene und $\tilde{x}$ die komplexe Amplitude (s. 1.1.2.).

und

$$\bar{x} = \tilde{x}\,\mathrm{e}^{\mathrm{j}\Omega t} \qquad \text{für } x(t)$$

in Gl. (3.4.5) ein, so erhält man nach Kürzung des Faktors $\mathrm{e}^{\mathrm{j}\Omega t}$ die Gl. $(-\Omega^2 + \mathrm{j} \times 2\vartheta\omega_0\Omega + \omega_0^2)\,\tilde{x} = \omega_0^2\tilde{y}$.
Es erweist sich als zweckmäßig, als weitere Abkürzung das dimensionslose *Abstimmungsverhältnis*

$$\eta = \Omega/\omega_0 \tag{3.4.10}$$

einzuführen. So erhält man schließlich die Gl.

$$\tilde{x} = \hat{x}\,\mathrm{e}^{\mathrm{j}\varphi} = \frac{1 - \eta^2 - \mathrm{j}\cdot 2\vartheta\eta}{(1 - \eta^2)^2 + 4\vartheta^2\eta^2}\,\hat{y} \tag{3.4.11}$$

Für Gl. (3.4.7) gilt:

$$\tilde{x} \equiv \hat{x}\,\mathrm{e}^{\mathrm{j}\varphi} = \frac{1 - \eta^2 + 4\vartheta^2\eta^2 - \mathrm{j}\cdot 2\vartheta\eta^3}{(1 - \eta^2)^2 + 4\vartheta^2\eta^2}\,\hat{y} \tag{3.4.12}$$

Für Gl. (3.4.6) gilt:

$$\tilde{x} \equiv \hat{x}\,\mathrm{e}^{\mathrm{j}\varphi} = \frac{1 - \eta^2 - \mathrm{j}\cdot 2\vartheta\eta}{(1 - \eta^2)^2 + 4\vartheta^2\eta^2}\,\eta^2\hat{y} \tag{3.4.13}$$

Mit Hilfe der Gln. (3.4.11) bis (3.4.13) ist die komplexe Amplitude der durch die jeweilige Erregung erzwungenen Schwingung bestimmt. Es ist ohne weiteres möglich, aus diesen Gln. die Amplitude der erzwungenen Schwingungen $\hat{x}$ (den Betrag der komplexen Amplitude) und den Phasenwinkel zu ermitteln.

So erhält man
für Kraft- und für Federkrafterregung (Gl. (3.4.5))

$$\hat{x} = V_1(\eta, \vartheta)\,\hat{y}; \qquad V_1 = [(1 - \eta^2)^2 + 4\vartheta^2\eta^2]^{-1/2} \tag{3.4.14}$$

für Stützenerregung (Gl. (3.4.7))

$$\hat{x} = V_2(\eta, \vartheta)\,\hat{y}; \qquad V_2 = \sqrt{1 + 4\vartheta^2\eta^2}\cdot V_1 \tag{3.4.15}$$

und für Unwuchterregung (Gl. (3.4.6))

$$\hat{x} = V_3(\eta, \vartheta)\,\hat{y}; \qquad V_3 = \eta^2 V_1 \tag{3.4.16}$$

Die sogenannten *Vergrößerungsfunktionen* V_1, V_2, V_3 sind im Bild 3.4.2 für einige Dämpfungsgrade ϑ dargestellt. Bei vorgegebenem ϑ liegen die Maxima der Kurven

$$\left.\begin{aligned} &V_1 \text{ bei } \eta = \sqrt{1 - 2\vartheta^2} \\ &V_2 \text{ bei } \eta = \sqrt{\sqrt{1 + 8\vartheta^2} - 1}/2\vartheta \approx \sqrt{1 - 2\vartheta^2} \quad \text{für} \quad \vartheta \ll 1 \\ &V_3 \text{ bei } \eta = 1/\sqrt{1 - 2\vartheta^2} \end{aligned}\right\} \tag{3.4.17}$$

Die Maxima betragen

$$\left.\begin{aligned} \max_\eta V_1 &= \max_\eta V_3 = \frac{1}{2\vartheta\sqrt{1-\vartheta^2}} \\ \max_\eta V_2 &\approx \frac{1}{2\vartheta}\left(1 + \frac{5}{2}\,\vartheta^2\right) \quad \text{für kleine } \vartheta \end{aligned}\right\} \tag{3.4.18}$$

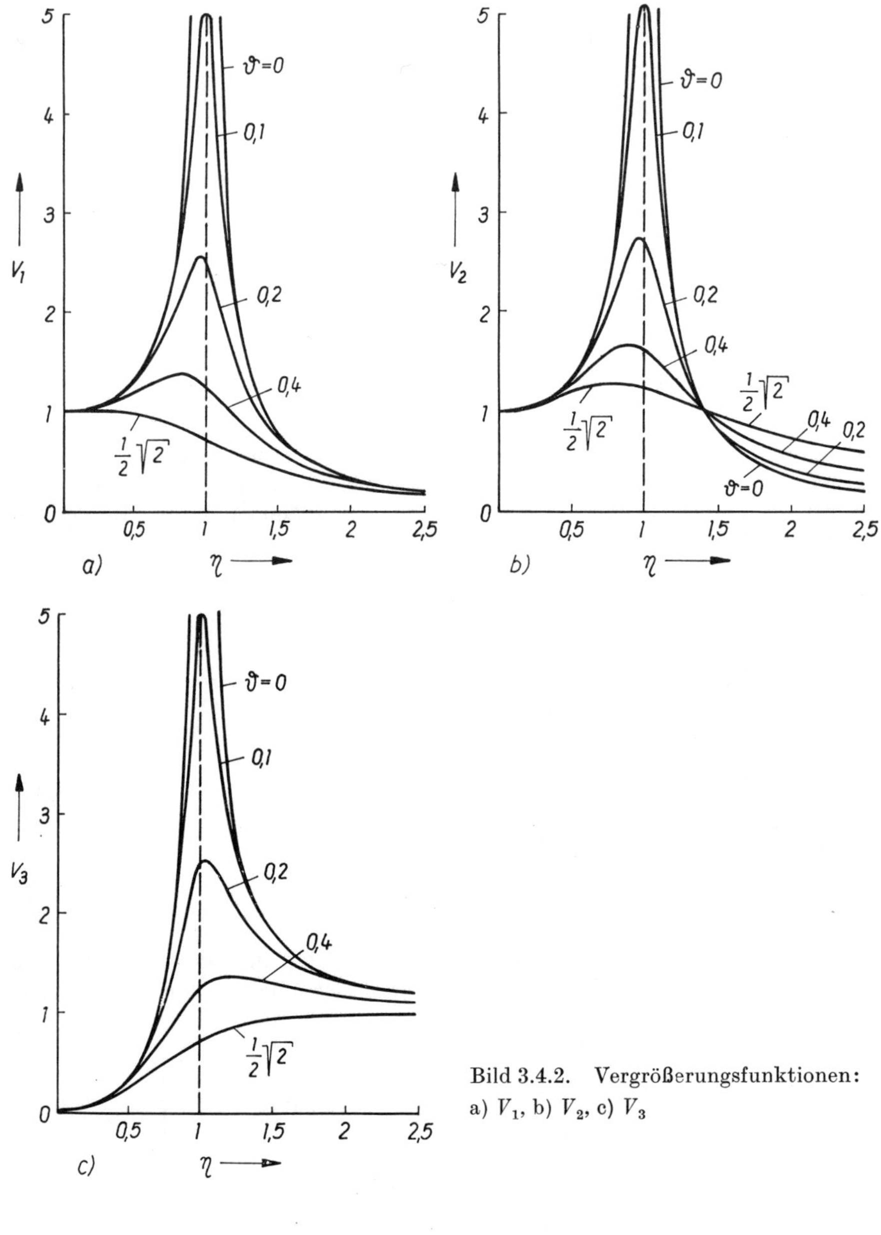

Bild 3.4.2. Vergrößerungsfunktionen: a) V_1, b) V_2, c) V_3

Für kleine Dämpfungen liegen die Maxima in der Nähe von $\eta = 1$ ($\Omega = \omega_0$). Wenn dieses Abstimmverhältnis vorliegt, so spricht man von *Resonanz*. Für verschwindende Dämpfung treten im Resonanzfall unendlich große Amplituden auf, d. h., es existiert keine stationäre Lösungsfunktion entsprechend der Gl. (3.4.9). Für $\eta < 1$ wird von *unterkritischer Erregung* des Schwingers bzw. von einem *hochabgestimmten Schwinger* gesprochen, bei $\eta > 1$ von *überkritischer Erregung* bzw. von einem *tiefabgestimmten Schwinger*. Entsprechend wird die Erregerkreisfrequenz Ω

im Falle $\Omega < \omega_0$ als unterkritisch, im Falle $\Omega = \omega_0$ als kritisch und im Falle $\Omega > \omega_0$ als überkritisch

bezeichnet.

Der Nullphasenwinkel φ ergibt sich für Kraft- und Unwuchterregung aus den Gln. (3.4.11) und (3.4.13)

$$\varphi = -\arctan \frac{2\vartheta\eta}{1 - \eta^2} \tag{3.4.19a}$$

Für Stützenerregung ist nach Gl. (3.4.12)

$$\varphi = -\arctan \frac{2\vartheta\eta^3}{1 - \eta^2 + 4\vartheta^2\eta^2} \tag{3.4.19b}$$

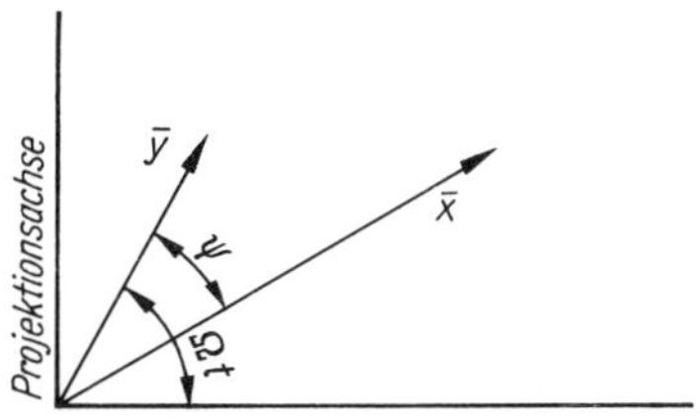

Bild 3.4.3. Zeiger der Erregung $\bar{y}$ und der Schwingungsgröße $\bar{x}$

Die Abhängigkeit $\varphi(\eta)$ kann als Phasenwinkel-Frequenzgang bezeichnet werden; entsprechend wird $\hat{x}(\eta)$ nach den Gln. (3.4.14) bis (3.4.16) auch Amplituden-Frequenzgang genannt. Führt man den Nacheilwinkel $\psi = -\varphi$ ein, so gibt dieser Frequenzgang an, um welchen Winkel im komplexen Zeigerdiagramm der Zeiger der Schwingung $\bar{x}(t)$ dem der Erregung $\bar{y}(t)$ nacheilt (Bild 3.4.3).

Folgende drei Beziehungen gelten unabhängig von Dämpfungsgrad:

$\psi = 0$ für $\eta \to 0$: gleichphasige Schwingung

$\psi = \pi/2$ für $\eta = 1$: Resonanz

$\psi = \pi$ für $\eta \to \infty$: gegenphasige Schwingung

Die Abhängigkeit des Nacheilwinkels bei Kraft- oder Unwuchterregung vom Abstimmverhältnis η ist für einige Dämpfungsgrade als Parameter in Bild 3.4.4 dargestellt. Die Funktionen $\psi(\eta)$ sind am steilsten bei $\eta = 1$. So gibt die Messung des Phasenwinkels eine gute Möglichkeit, die Kennfrequenz eines gedämpften Schwingers mit Hilfe eines Erregers veränderlicher Frequenz zu messen. Insbesondere bei relativ stark gedämpften Systemen, bei denen die Vergrößerungsfunktionen ein flaches Maximum aufweisen, ist das gegenüber der Amplitudenmessung die empfindlichere Meßmethode.

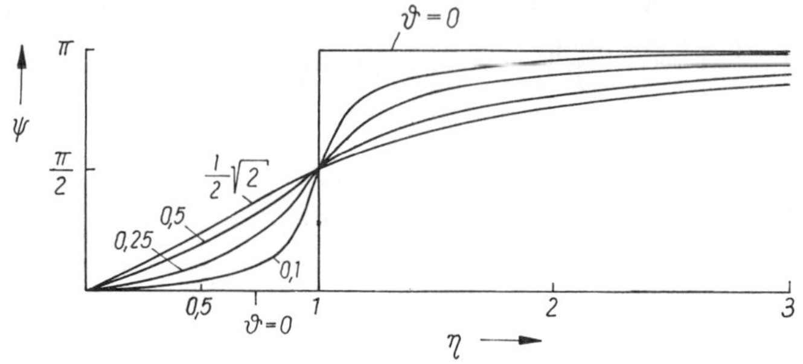

Bild 3.4.4. Nacheilwinkel ψ

Beispiel 3.4:

Ein Schwingsieb wird durch einen Exzenter mit dem Radius r über eine Schubstange angetrieben (Bild 3.4.5). Zur Vermeidung großer Kraftwirkungen auf den Antrieb beim Anlauf wird die Schubstange elastisch ausgeführt. Wegen des kleinen Verhältnisses von Exzenterradius zu Schubstangenlänge kann die Erregung als sinusförmig angesehen werden. Weil das Schwingsieb zum Absieben leichter Materialien benutzt und außerhalb des Resonanzbereiches betrieben wird, kann die Dämpfung vernachlässigt werden. Das Verhältnis der Federsteifigkeiten c_1/c_0 ist in Abhängigkeit vom Abstimmverhältnis η so zu bestimmen, daß im stationären Betrieb die Feder in der elastischen Schubstange ungedehnt bleibt.

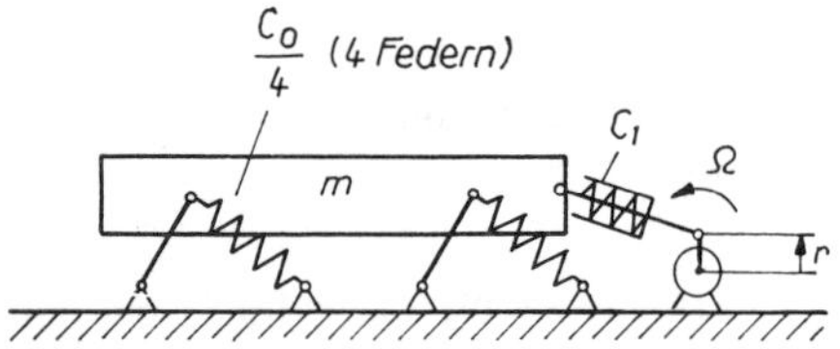

Bild 3.4.5. Schwingsieb

Lösung:

Das Schwingsieb kann auf das Modell nach Bild 3.4.1 c (Federkrafterregung) reduziert werden. Nach Gl. (3.4.5) und Gl. (3.4.14) und mit $\hat{u} = r$ folgt für verschwindende Dämpfung

$$\hat{x} = \frac{1}{|1 - \eta^2|} \cdot \frac{c_1}{c_0 + c_1} r$$

Die Schubstangenfeder mit der Steifigkeit c_1 erfährt keine Längenänderung, wenn $\hat{x} = r$ wird. Daraus folgt:

$$\frac{c_1}{c_0 + c_1} \cdot \frac{1}{|1 - \eta^2|} = 1$$

Die Auflösung nach c_1/c_0 ergibt

$$\frac{c_1}{c_0} = \frac{1 - \eta^2}{\eta^2}$$

Dabei ist $\eta < 1$ (unterkritische Erregung) vorausgesetzt; nur in diesem Falle sind Schwingweg und Erregung gleichphasig.
Das Ergebnis kann auch durch folgende Überlegung gefunden werden: Wenn die Schubstangenfeder ungedehnt bleibt, führt das „Restsystem" freie Schwingungen mit der Erregerkreisfrequenz Ω als Eigenkreisfrequenz aus. So ist $\Omega^2 = c_0/m$. Mit $\omega_0{}^2 = (c_0 + c_1)/m$ ergibt sich

$$\eta^2 = \frac{\Omega^2}{\omega_0{}^2} = \frac{c_0}{c_0 + c_1}$$

Die Auflösung nach c_1/c_0 führt auf das oben angegebene Ergebnis.

Beispiel 3.5:

Eine Maschine ist mit ihrem Fundamentblock fest verbunden und gegen den Boden federnd abgestützt (Bild 3.4.6). Die Masse von Maschine und Fundament beträgt $m = 1$ t. Während des Laufes der Maschine treten vertikal gerichtete harmonische

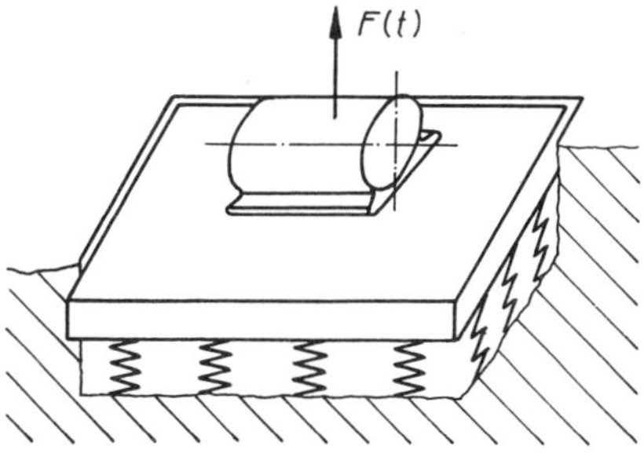

Bild 3.4.6. Maschine auf federnd abgestütztem Fundamentblock

Kräfte mit der Amplitude $\hat{F} = 1$ kN und der Frequenz $f = 10$ Hz auf. Unter ihrem Einfluß möge der Fundamentblock reine Vertikalschwingungen ausführen. Die Federn sind so abzustimmen, daß von den pulsierenden Kräften im dämpfungsfreien Fall nur 5% auf den Boden übertragen werden. Der Einfluß der Dämpfung auf die Amplitude der auf den Boden übertragenen Kräfte ist festzustellen.

Lösung:

Man bedient sich vorteilhaft der komplexen Darstellung. Nach Gl. (3.4.5) und Gl. (3.4.11) erhält man für die komplexe Amplitude des Schwingungsausschlages

$$\tilde{x} = \frac{1 - \eta^2 - \mathrm{j} \cdot 2\vartheta\eta}{(1 - \eta^2)^2 + 4\vartheta^2\eta^2} \frac{\hat{F}}{c} \qquad (1)$$

Die komplexe Amplitude der Bodenkraft ergibt sich wegen $F_B = cx + b\dot{x}$ aus

$$\tilde{F}_B = (c + \mathrm{j} \cdot b\Omega)\, \tilde{x} = c(1 + \mathrm{j} \cdot 2\vartheta\eta)\, \tilde{x}$$

(vgl. Bild 3.4.1a, Gln. (3.3.4) bis (3.3.7), Gl. (3.4.10))

So ist

$$\frac{\tilde{F}_B}{\hat{F}} = \frac{1 - \eta^2 + 4\vartheta^2\eta^2 - j \cdot \vartheta\eta^3}{(1 - \eta^2)^2 + 4\vartheta^2\eta^2} \quad (2)$$

Für das reelle Amplitudenverhältnis folgt daraus

$$\frac{\hat{F}_B}{\hat{F}} = \frac{\sqrt{(1 - \eta^2 + 4\vartheta^2\eta^2)^2 + 4\vartheta^2\eta^6}}{(1 - \eta^2)^2 + 4\vartheta^2\eta^2} \quad (3)$$

Es sei $\hat{F}_{B0}$ der Wert von $\hat{F}_B$ für $\vartheta = 0$. Dann gilt laut Aufgabenstellung nach Gl. (3) für $\vartheta = 0$

$$\frac{\hat{F}_{B0}}{\hat{F}} = \frac{1}{|1 - \eta^2|} = 0{,}05$$

Daraus ergibt sich (nur positive Werte von η^2 interessieren!)

$$\eta = \sqrt{21} = 4{,}58$$

Die Gesamtfedersteifigkeit aller Fundamentfedern c läßt sich wie folgt berechnen:

$$c = m\omega_0^2 = m\,\frac{\Omega^2}{\eta^2} = m\,\frac{(2\pi f)^2}{\eta^2} = 1000\,\frac{(2\pi \cdot 10)^2}{21}\,\frac{\text{N}}{\text{m}} = 188\ \text{N/m}$$

Bei dieser Federsteifigkeit erhält man eine statische Absenkung des Fundamen s unter dem Eigengewicht von

$$\frac{mg}{c} = \frac{1000 \cdot 9{,}81}{188}\ \text{mm} = 52{,}2\ \text{mm}$$

Dagegen beträgt die Schwingungsamplitude im dämpfungsfreien Fall nach Gl. (1)

$$\hat{x} = \frac{1}{|1 - \eta^2|}\,\frac{\hat{F}}{c} = \frac{1000}{20 \cdot 188}\ \text{mm} = 0{,}266\ \text{mm}$$

Der Einfluß der Dämpfung auf die Güte der Schwingungsisolierung wird nach Gl. (2) deutlich durch

$$\frac{\hat{F}_B}{\hat{F}_{B0}} = \sqrt{\left(1 - \frac{4\vartheta^2\eta^2}{\eta^2 - 1}\right)^2 + 4\,\frac{\vartheta^2\eta^6}{(\eta^2 - 1)^2}} \Bigg/ \left(1 + \frac{4\vartheta^2\eta^2}{(\eta^2 - 1)^2}\right)$$

Für $\eta^2 = 21$ zeigt folgende Tabelle einige Werte:

ϑ	0	0,05	0,1	0,2	0,4	1
$\hat{F}_B/\hat{F}_{B0}$	1	1,10	1,36	2,08	3,74	8,38

Wie ersichtlich, stören schwache Dämpfungen ($\vartheta \ll 1$) die Schwingungsisolierung nicht erheblich.

3.4.1.3. Zusammenstellung der wichtigsten Beziehungen für erzwungene Schwingungen des linearen gedämpften Schwingers mit harmonischer Erregung

Differentialgleichungen, allgemeine Form

Krafterregung:	$m\ddot{x} + b\dot{x} + cx = \hat{F} \sin \Omega t$
Federkrafterregung:	$m\ddot{x} + b\dot{x} + cx = c_1\hat{u} \sin \Omega t$
Stützenerregung:	$m\ddot{x} + b\dot{x} + cx = c\hat{u} \sin \Omega t + b\hat{u}\Omega \cos \Omega t$
Unwuchterregung:	$m\ddot{x} + b\dot{x} + cx = m_1\Omega^2\hat{u} \sin \Omega t$

Konstanten (s. Bild 3.4.1)	Einheit
Masse m (bei Unwuchterr. $m = m_0 + m_1$)	kg
Federsteifigkeit c (bei Federkrafterr. $c = c_0 + c_1$)	N/m
Dämpferkonstante b	Ns/m = kg/s
Erregerkraftamplitude: $\hat{F}$	N
Amplitude der Erregung der Feder c_1 bzw. der Stütze: $\hat{u}$	m
Radius der Unwucht: r	m

Drehschwingungen

Beim Vorliegen von Drehschwingungen sind Schwingwege (x, y) durch Schwingwinkel, Massen durch Massenträgheitsmomente, Dämpferkonstanten durch Drehdämpferkonstanten, Federsteifigkeiten durch Drehfedersteifigkeiten und Erregerkräfte durch Erregermomente zu ersetzen. Eine Unwuchterregung entfällt.

Differentialgleichungen, Normalform

Kraft- und Federkrafterregung: $\ddot{x} + 2\delta\dot{x} + \omega_0^2 x = \omega_0^2 \hat{y} \sin \Omega t$

mit $\hat{y} = \hat{F}/c$ bzw. $\hat{y} = c_1/c \cdot u$

Stützenerregung: $\ddot{x} + 2\delta\dot{x} + \omega_0^2 x = \omega_0(\omega_0 \sin \Omega t + 2\vartheta\Omega \cos \Omega t)\, \hat{y}$

mit $\hat{y} = \hat{u}$

Unwuchterregung: $\ddot{x} + 2\delta\dot{x} + \omega_0^2 x = \Omega^2 \hat{y} \sin \Omega t$

mit $\hat{y} = m_1/m \cdot r$

Stationäre (Dauer-) Schwingungen (partikuläre Lösungen)

Kraft- und Federkrafterregung:	$x(t) = V_1(\eta, \vartheta)\, \hat{y} \sin (\Omega t - \psi)$
Stützenerregung:	$x(t) = V_2(\eta, \vartheta)\, \hat{y} \sin (\Omega t - \psi)$
Unwuchterregung:	$x(t) = V_3(\eta, \vartheta)\, \hat{y} \sin (\Omega t - \psi)$

Vergrößerungsfunktionen

$V_1 = 1/\sqrt{(1 - \eta^2)^2 + 4\vartheta^2\eta^2}$; $\eta = \Omega/\omega_0$ (Abstimmungsverhältnis)

$\vartheta = \delta/\omega_0$ (Dämpfungsgrad)

$\max V_1 = 1/\left(2\vartheta \sqrt{1 - \vartheta^2}\right)$ bei $\eta = \sqrt{1 - 2\vartheta^2}$

$V_2 = \sqrt{1 + 4\vartheta^2\eta^2} \cdot V_1$; $\max V_2 \approx (1 + 5\vartheta^2/2)/2\vartheta^2$ bei $\eta \approx \sqrt{1 - 2\vartheta^2}$

$V_3 = \eta^2 V_1$; $\max V_3 = 1/\left(2 \sqrt{1 - \vartheta^2}\right)$ bei $\eta = 1/\sqrt{1 - 2\vartheta^2}$

Nacheilwinkel

$$\psi = \arctan\,[2\vartheta\eta/(1-\eta^2)] \quad \text{bei Kraft- oder Unwuchterregung}$$

$$\psi = \arctan\,[2\vartheta\eta^3/(1-\eta^2+4\vartheta^2\eta^2)] \quad \text{bei Stützenerregung}$$

3.4.1.4. Ortskurven

Die komplexe Darstellung schwingender Größen ermöglicht eine anschauliche Darstellung der Kraftwirkungen an der schwingenden Masse. Als Beispiel sei der Feder-Masse-Schwinger mit harmonischer Krafterregung gewählt (Bild 3.4.1a):

Die Erregerkraft (ohne Phasenverschiebung angesetzt)

$$F(t) = \mathrm{Im}\,(\tilde{F}\,\mathrm{e}^{\mathrm{j}\Omega t})$$

steht im Gleichgewicht mit der Summe aus der Trägheitskraft

$$m\ddot{x}(t) = m \cdot \mathrm{Im}\,(-\Omega^2\tilde{x}\,\mathrm{e}^{\mathrm{j}\Omega t})$$

der Dämpfungskraft

$$b\dot{x}(t) = b \cdot \mathrm{Im}\,(\mathrm{j}\Omega\tilde{x}\,\mathrm{e}^{\mathrm{j}\Omega t}) = b \cdot \mathrm{Im}\,(\Omega\tilde{x}\,\mathrm{e}^{\mathrm{j}\pi/2}\cdot\mathrm{e}^{\mathrm{j}\Omega t})$$

und der Federkraft

$$cx(t) = c \cdot \mathrm{Im}\,(\tilde{x}\,\mathrm{e}^{\mathrm{j}\Omega t})$$

Die graphische Darstellung dieses Zusammenhanges führt auf das im Bild 3.4.7 wiedergegebene Zeigerdiagramm. Betrachtet man einen Zeitpunkt, bei dem $\tilde{x}$ parallel zur reellen Achse liegt, so ist ersichtlich, daß der Endpunkt des Zeigers $\tilde{F}$ eine Parabel beschreibt, wenn Ω als veränderlich angesehen wird. Dividiert man alle Kräfte durch $c\tilde{x}$ und verwendet die durch die Gln. (3.3.4) bis (3.3.7) und (3.4.5) eingeführten Größen, so ergibt sich die Darstellung nach Bild 3.4.8. Die so gebildete Parabel soll Ortskurve der reduzierten Erregung genannt werden. An ihr kann das Verhältnis $\hat{y}/\hat{x}$ (Betrag des Zeigers $\tilde{y}/\tilde{x}$) und der Nacheilwinkel ψ abgelesen werden. Die Achsen-

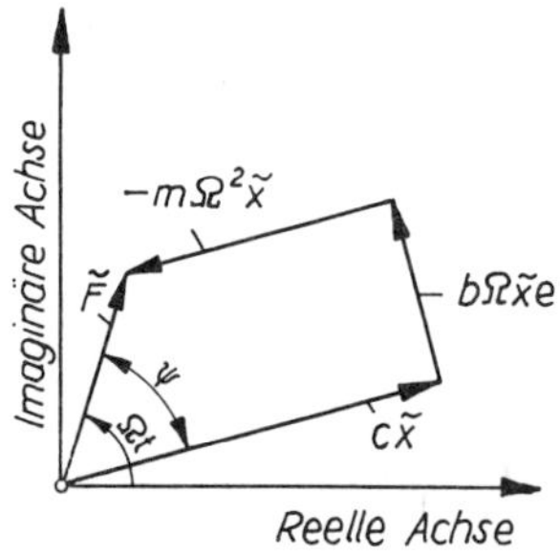

Bild 3.4.7. Zeigerdiagramm der Kräfte an einem Feder-Masse-Schwinger bei harmonischer Krafterregung

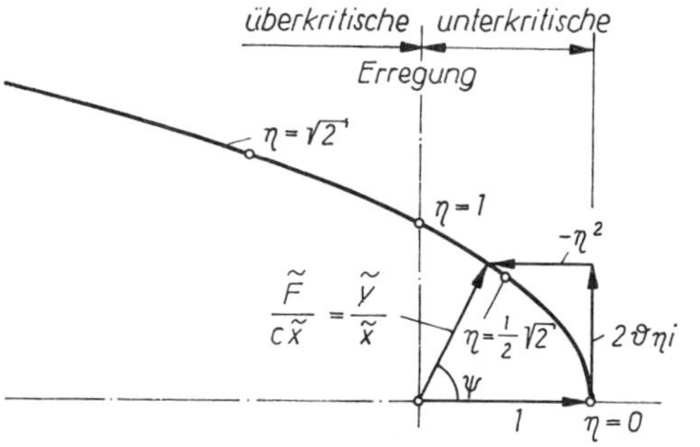

Bild 3.4.8. Ortskurve der reduzierten Erregung

gleichung der Parabel ist durch

$$\operatorname{Re}(\tilde{y}/\tilde{x}) = 1 - [\operatorname{Im}(\tilde{y}/\tilde{x})]^2/(4\vartheta^2) \tag{3.4.20}$$

gegeben. Für verschiedene Dämpfungsgrade ϑ als Parameter ergibt sich eine Schar von Parabeln mit gemeinsamem Scheitelpunkt, deren Öffnung mit wachsendem ϑ zunimmt.

Komplizierter sind die Gln. der Ortskurven des reduzierten Ausschlages, d. h. die Darstellung von $\tilde{x}/\tilde{y}$ in der komplexen Zahlenebene. Es soll deshalb auf eine Beschreibung ihrer Geometrie verzichtet werden. Die Ortskurven lassen sich punktweise unmittelbar nach der aus Gl. (3.4.11) folgenden Beziehung

$$\frac{\tilde{x}}{\tilde{y}} = \frac{1 - \eta^2 - \mathrm{j} \cdot 2\vartheta\eta}{(1 - \eta^2)^2 + 4\vartheta^2\eta^2} \tag{3.4.21}$$

konstruieren. Die Ortskurve für $\vartheta = 0{,}1$ ist im Bild 3.4.9 dargestellt. Sie zeigt deutlich die große Abhängigkeit des Nacheilwinkels vom Abstimmungsverhältnis η in der Nähe der Resonanzstelle. Für verschiedene Parameter ϑ erhält man wieder eine Schar von Ortskurven, denen die Punkte 0 und 1 auf der reellen Achse gemeinsam sind.

Es sei bemerkt, daß sowohl die Ortskurven der reduzierten Erregung als auch die Ortskurven des reduzierten Ausschlages nicht nur für die Krafterregung, sondern genauso für die übrigen in 3.4.2.2. behandelten Erregungsarten (Federkraft-, Stützen- oder Unwuchterregung) angegeben werden können. Auf ihre Wiedergabe soll hier verzichtet werden.

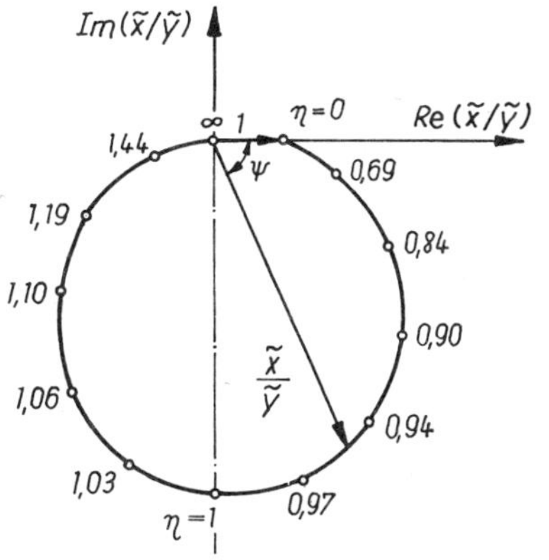

Bild 3.4.9. Ortskurve des reduzierten Ausschlages für $\vartheta = 0{,}1$

Eine dritte Art von Ortskurven ist von Bedeutung zur experimentellen Bestimmung der Parameter m, b und c eines Schwingers, der durch eine harmonische Kraft bekannter Amplitude $\hat{F}$ und veränderlicher Kreisfrequenz Ω erregt wird. Um die benötigten Beziehungen abzuleiten, wird von der Vergrößerungsfunktion $V_1(\eta, \vartheta)$ entsprechend Gl. (3.4.14) ausgegangen

$$\hat{x}/\hat{y} = V_1(\eta, \vartheta) = [(1 - \eta^2)^2 + 4\vartheta^2\eta^2]^{-1/2} \tag{3.4.22}$$

Aus Gl. (3.4.19) folgt für den Nacheilwinkel

$$\sin\psi = 2\vartheta\eta \cdot [(1 - \eta^2)^2 + 4\vartheta^2\eta^2]^{-1/2} \tag{3.4.23}$$

Die Elimination des Wurzelausdruckes in den Gln. (3.4.22) und (3.4.23) führt auf

$$\hat{x}\eta/\hat{y} = 1/(2\vartheta) \cdot \sin\psi$$

In dieser Gleichung sollen die Größen $\hat{y}$, η, ϑ entsprechend den Gln. (3.4.5), (3.3.4) bis (3.3.6) durch die Parameter $\hat{F}$, m, b, c ersetzt werden. Das führt auf

$$\hat{x}\Omega/\hat{F} = 1/b \cdot \sin\psi \tag{3.4.24}$$

Faßt man $r = \hat{x}\Omega/\hat{F}$ und ψ als Polarkoordinaten auf, so bilden die durch Gl. (3.4.24) bestimmten Ortskurven einen Kreis mit dem Durchmesser $d = 1/b$. Um die Erregerkreisfrequenzen Ω als Parameter angeben zu können, wird Gl. (3.4.19) nach η aufgelöst:

$$\eta = -\vartheta \cdot \cot\psi + \sqrt{1 + \vartheta^2 \cot^2\psi}$$

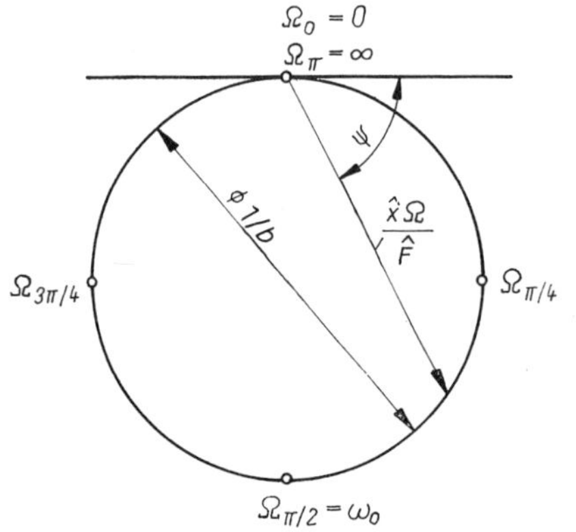

Bild 3.4.10. Kreisförmige Ortskurve

Daraus folgt für $\psi = \pi/4, \pi/2, 3\pi/4$

$$\eta_{\pi/2} = 1$$

$$\eta_{3\pi/4} - \eta_{\pi/4} = 2\vartheta$$

Durch Umrechnung mit Hilfe der Gln. (3.3.4) bis (3.3.6) und (3.4.10) erhält man daraus Gln. für die Parameter m und c:

$$\left.\begin{aligned} m &= b/(\Omega_{3\pi/4} - \Omega_{\pi/4}) \\ c &= m\Omega_{\pi/2}^2 \end{aligned}\right\} \tag{3.4.25}$$

Aus Bild 3.4.10 und den Gln. (3.4.25) ergibt sich das Vorgehen zur experimentellen Ermittlung der Parameter m, b, c eines Schwingers mit einem Freiheitsgrad: Als Meßgrößen dienen die Amplituden der Verschiebung $\hat{x}$, der Erregerkraft $\hat{F}$, der Nacheilwinkel ψ und die Erregerfrequenz Ω. Wie man aus Bild 3.4.4 sieht, liegen bei kleiner Dämpfung ($\vartheta \ll 1$) die η-Werte für $\psi = \pi/4$ und $\psi = 3\pi/4$ dicht nebeneinander. Man muß also in der Nähe der Eigenfrequenz messen. Da die Kreisform bekannt ist, genügen 3 Messungen, um den Kreis zeichnen zu können. Günstig ist es jedoch, die Erregerfrequenzen für $\psi = \pi/4$ und $\psi = 3\pi/4$ zu kennen. Man bildet also für jede Erregerfrequenz $\hat{x}\Omega/\hat{F}$ und trägt diese Strecke unter dem Winkel ψ ab. Die Dämp-

fungskonstante b ergibt sich als Kehrwert des (mit dem Maßstab von $\hat{x}\Omega/\hat{F}$ gemessenen) Kreisdurchmessers, die Masse m und die Federsteifigkeit c des Schwingers sind nach den Gln. (3.4.25) zu bestimmen.
Läßt sich eine Phasenwinkelmessung nicht durchführen, so kann man $\Omega_{\pi/2}$ als die zum Maximum von $\hat{x}\Omega/\hat{F}$ gehörige Erregerkreisfrequenz bestimmen. Entsprechend sind $\Omega_{3\pi/4}$ und $\Omega_{\pi/4}$ die Kreisfrequenzen, bei denen $\hat{x}\Omega/\hat{F}$ den $\sqrt{2}/2$-fachen Wert des Maximums annimmt.
Eine experimentelle Bestimmung der Parameter m, b, c ist insbesondere dann notwendig, wenn der Feder-Masse-Schwinger als vereinfachtes Modell eines komplizierteren Schwingungssystems dienen soll.

3.4.1.5. Leistungsbetrachtung

Einem fremderregten Schwinger wird über die Erregung ständig Energie zugeführt. Diese Energiezufuhr gleicht im stationären Zustand die Verluste im Dämpfer aus. Um das deutlich zu machen, soll wieder der Feder-Masse-Schwinger herangezogen werden (Bild 3.4.1a). Führt dieser harmonische Schwingungen $x(t) = \hat{x} \cdot \sin(\Omega t - \psi)$ aus, so beträgt die Dämpfungskraft

$$F_D = -b\dot{x} = -b\Omega x \cos(\Omega t - \psi)$$

Die Leistung dieser Dämpfung ist veränderlich und beträgt

$$P_D = F_D \cdot \dot{x} = -b\Omega^2\hat{x}^2 \cos^2(\Omega t - \psi) \tag{3.4.26}$$

Die mittlere Leistung ergibt sich durch Mittelung über eine Periode:

$$P_{D_m} = \Omega/2\pi \cdot \int_0^{2\pi/\Omega} P_D \, dt = -1/2 \cdot b\hat{x}^2\Omega^2 \tag{3.4.27}$$

Dagegen beträgt die von der Erregerkraft $F(t) = \hat{F} \sin \Omega t$ übertragene Leistung

$$P_E = F(t) \cdot \dot{x} = \hat{F}\hat{x}\Omega \sin \Omega t \cdot \cos(\Omega t - \psi) \tag{3.4.28}$$

Ihr Mittelwert ergibt sich zu

$$P_{E_m} = \Omega/2\pi \int_0^{2\pi/\Omega} P_E \, dt = 1/2 \cdot \hat{F}\hat{x}\Omega \sin \psi \tag{3.4.29}$$

Ersetzt man in dieser Gleichung mit Hilfe von Gl. (3.4.24) $\hat{F} \sin \psi$ durch $b\hat{x}\Omega$, so folgt durch Vergleich mit Gl. (3.4.27) sofort die anfangs angeführte Behauptung

$$P_{E_m} + P_{D_m} = 0 \tag{3.4.30}$$

Wie aus Gl. (3.4.29) hervorgeht, tritt die größte vom Erreger übertragbare Leistung im Resonanzfall ($\psi = \pi/2$) auf. In Analogie zur Elektrotechnik kann man

$\frac{1}{2} \hat{F}\Omega\hat{x}$ als Scheinleistung,

$$\frac{1}{2}\,\hat{F}\Omega\hat{x}\sin\psi \quad \text{als Wirkleistung und}$$

$$\frac{1}{2}\,\hat{F}\Omega\hat{x}(1-\sin\psi) \quad \text{als Blindleistung}$$

bezeichnen.

Die Summe der im Schwinger gespeicherten potentiellen und kinetischen Energie ist nur im Resonanzfall konstant, denn es gilt

$$\begin{aligned} T + U &= \frac{1}{2}\,m\dot{x}^2 + \frac{1}{2}\,cx^2 \\ &= \frac{1}{2}\,c\hat{x}^2 \cdot [1 + (\eta^2 - 1)\cos^2(\Omega t - \psi)] \end{aligned} \tag{3.4.31}$$

Der Differentialquotient von $T + U$ nach der Zeit ist gleich der Summe der momentanen Leistungen $P_E + P_D$ nach Gln. (3.4.26) und (3.4.28).

Beispiel 3.6:

Eine Schwingrinne mit der schwingenden Masse $m = 1$ t wird mit einer Frequenz $f = 5$ Hz in Resonanz betrieben. Die Amplitude wird so gewählt, daß die maximale Beschleunigung $2g$ (g Fallbeschleunigung) beträgt. Messungen haben einen Dämpfungsgrad $\vartheta = 0{,}1$ ergeben. Welche Leistung entnimmt der Antriebsmotor dem Netz im Dauerbetrieb?

Lösung:

Die Kreisfrequenz beträgt $\omega_0 = \Omega = 2\pi f$. Die maximale Beschleunigung beträgt

$$\max \ddot{x} = \hat{x}\Omega^2 = 2g$$

Daraus folgt

$$\hat{x} = 2g/\Omega^2.$$

Nach Gln. (3.3.4) und (3.3.6) ist

$$b = 2\vartheta\sqrt{m \cdot c} = 2\vartheta\omega_0 m = 2\vartheta\Omega m$$

So folgt schließlich aus Gl. (3.4.27) die gesuchte Leistung

$$\begin{aligned} P = |P_{Dm}| &= \frac{1}{2}\,b\hat{x}^2\Omega^2 \\ &= \frac{2\vartheta\Omega m \cdot 4g^2\Omega^2}{2\Omega^4} = 4\vartheta m g^2/\Omega \end{aligned}$$

Zahlenwerte:

$$\Omega = 31{,}42\ \mathrm{s}^{-1}, \quad \hat{x} = 1{,}99 \cdot 10^{-2}\ \mathrm{m} = 19{,}9\ \mathrm{mm}$$

$$P = 1224\ \mathrm{Nm/s} = 1{,}224\ \mathrm{kW}$$

3.4.2. Periodische und fastperiodische Erregung

Wie in 1.2.2. dargelegt, läßt sich eine periodische Funktion unter Voraussetzungen, die praktisch immer erfüllt sind, in eine Fourierreihe entwickeln. Es sei nun vorausgesetzt, daß anstelle der für unterschiedliche Erregungsarten in den Gln. (3.4.5) und (3.4.6) unterschiedlich definierten Funktion $y = \hat{y} \sin \Omega t$ eine periodische Funktion $y(t)$ als Erregungsfunktion vorliegt. Die Fourierzerlegung dieser Funktion ergebe die Reihe

$$y(t) = y_0 + \sum_{k=1}^{\infty} y_k \sin (\Omega_k t + \varphi_k) \qquad (3.4.32)$$

mit

$$\Omega_k = k\Omega \qquad (3.4.33)$$

Läßt man anstelle von Gl. (3.4.33) auch andere Ω_k zu, so sind mit Gl. (3.4.32) auch alle fastperiodischen Erregungsfunktionen erfaßt. Das soll im folgenden geschehen. Wegen der Linearität der Bewegungsgleichungen setzt sich die Lösung aus den Lösungsfunktionen der Dgln. mit harmonischer Erregung zusammen. So erhält man anstelle der Lösungsfunktionen

$$x(t) = \hat{x} \sin (\Omega t - \psi)$$

mit der Amplitude

$$\hat{x} = V_{1,3}(\eta, \vartheta)$$

nach Gl. (3.4.14) bzw. Gl. (3.4.16) die Lösungsfunktion

$$x(t) = V_{1,3}(0, \vartheta) + \sum_{k=1}^{\infty} V_{1,3}(\eta_k, \vartheta)\, y_k \cdot \sin (\Omega_k t + \varphi_k - \psi_k) \qquad (3.4.34)$$

mit

$$\eta_k = \Omega_k/\omega_0 \qquad (3.4.35)$$

und entsprechend Gl. (3.4.19)

$$\psi_k = \psi(\eta_k, \vartheta) \qquad (3.4.36)$$

Die Lösungsfunktion $x(t)$ ist dann, und nur dann, periodisch, wenn auch $y(t)$ eine periodische Funktion ist. Aus den Gln. (3.4.14) bzw. (3.4.16) ist ersichtlich, daß aus der Reihe für $y(t)$ in der Funktion $x(t)$ besonders die Glieder hervorgehoben werden, deren Kreisfrequenz in der Nähe der Eigenfrequenz liegt. Diese „Filterwirkung“ ist um so stärker ausgeprägt, je schwächer die Dämpfung ist.

Beispiel 3.7:

Ein Feder-Masse-Schwinger mit der Kennkreisfrequenz ω_0 und dem Dämpfungsgrad $\vartheta = 0{,}2$ wird durch eine periodische Kraft

$$F(t) = F_0 \left(\sin \Omega t + \frac{1}{3} \sin 3\Omega t\right)$$

erregt. Für $\Omega = \frac{1}{2}\,\omega_0$ ist der Schwingweg $x(t)$ anzugeben.

Lösung:

Nach Gl. (3.4.5) ist $y_1 = F_0/c$, $y_3 = F_0/(3c)$; nach Gl. (3.4.14) ergibt sich

$$V_1(\eta_k, \vartheta) = 1/\sqrt{(1-\eta_k{}^2)^2 + 4\vartheta^2\eta_k{}^2}$$

und Gl. (3.4.19a) liefert

$$\psi_k = \arctan\,[2\vartheta\eta_k/(1-\eta_k{}^2)]$$

So ergibt sich mit $\eta_1 = \Omega/\omega_0 = 1/2$; $\eta_3 = 3\Omega/\omega_0 = 3/2$ aus Gl. (3.4.35)

$$x(t) = F_0/c \cdot [V_1(0{,}5;0{,}2)\sin(\omega_0 t/2 - \psi_1) + 1/3 \cdot V_1(1{,}5;0{,}2)\sin(3\omega_0 t/2 - \psi_3)]$$

mit

$$\psi_1 = \arctan\frac{2\cdot 0{,}2\cdot 0{,}5}{1-0{,}5^2} = 0{,}0830\,\pi$$

$$\psi_3 = \arctan\frac{2\cdot 0{,}2\cdot 1{,}5}{1-1{,}5^2} = 0{,}8576\,\pi$$

Damit wird

$$x(t) = F_0/c \cdot [1{,}2883 \cdot \sin(\Omega t - 0{,}0830\,\pi) + 0{,}2404 \sin(3\Omega t - 0{,}8576\,\pi)]$$

Die Größen $F(t)$ und $x(t)$ sind im Bild 3.4.11 für eine Periode dargestellt.

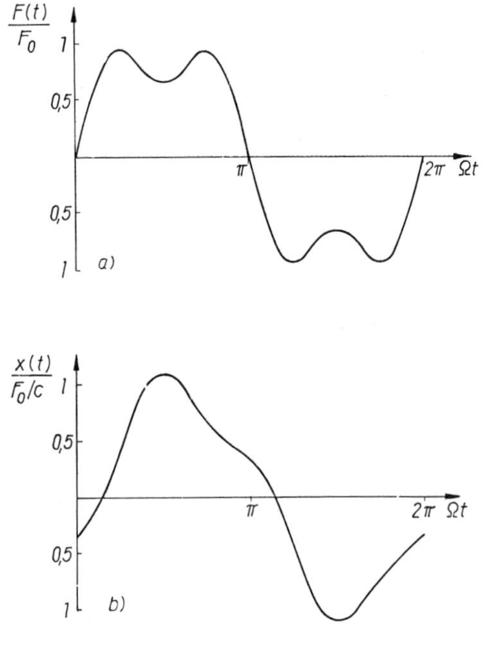

Bild 3.4.11. Einmasseschwinger mit periodischer Erregung:
a) periodische Krafterregung,
b) Schwingung

Beispiel 3.8:

Die Masse eines dämpfungsfreien Feder-Masse-Schwingers erleidet periodisch in Abständen von $2\pi/\Omega$ einen Kraftstoß, der jeweils einen gleichbleibenden Impuls I überträgt. Gesucht ist die Reaktion $x(t)$ des Schwingers.

Lösung:

Die periodische Kraftfunktion genügt der Beziehung

$$F(t) = I \cdot \sum_{j=-\infty}^{\infty} \delta(t - 2\pi j/\Omega)$$

(Hierin ist $\delta(x)$ die Diracfunktion. Für diese gilt $\delta(0) = \infty$, $\delta(x) = 0$ für $x \neq 0$, $\int_{-\varepsilon}^{\varepsilon} \delta(x)\, dx = 1$ für jedes ε.)

Die zugehörige Funktion $y(t) = F(t)/c$ ist der Fourierreihe

$$y(t) = \frac{I\Omega}{c\pi}\left(\frac{1}{2} + \sum_{k=1}^{\infty} \cos k\Omega t\right)$$

$$= \frac{I\Omega}{c\pi}\left[\frac{1}{2} + \sum_{k=1}^{\infty} \sin (k\Omega t + \pi/2)\right]$$

äquivalent. Die Vergrößerungsfunktion ist mit

$$\eta_k = k\Omega/\omega_0 = k\eta_1 \equiv k\eta$$

nach Gl. (3.4.14) durch

$$V_1(\eta_k, 0) = 1/|1 - k^2\eta^2|$$

gegeben. Die Nacheilwinkel ψ ergeben sich aus Gl. (3.4.36) für $\vartheta \to 0$ zu

$$\psi_k = 0 \quad \text{für} \quad k\eta < 1$$

$$\psi_k = \pi \quad \text{für} \quad k\eta > 1$$

So wird nach Gl. (3.4.34)

$$x(t) = \frac{I\Omega}{c\pi}\left[\frac{1}{2} + \sum_{k=1}^{\infty} |1 - k^2\eta^2|^{-1} \cdot \sin (k\Omega t + \pi/2 - \psi_k)\right]$$

$$= \frac{I}{\sqrt{cm}} \cdot \frac{\eta}{\pi}\left[\frac{1}{2} + \sum_{k=1}^{\infty} (1 - k^2\eta^2)^{-1} \cdot \cos k\Omega t\right]$$

Diese Reihe ist für alle t konvergent, soweit $k\eta \neq 1$. Sie stellt die Fourierreihe einer periodischen Funktion dar, die im Bereich $0 \leqq t \leqq 2\pi/\Omega$ durch

$$\frac{I}{\sqrt{cm}} \cdot \frac{1}{2 \sin (\pi/\eta)} \cos (\omega_0 t - \pi/\eta)$$

beschrieben wird. Bild 3.4.12 stellt diese Funktion für einige Werte von η dar. Sie hat an den Punkten $t = \pm 2k\pi/\Omega$ Knickstellen. Der Geschwindigkeitssprung an diesen Stellen beträgt gerade $\Delta\dot{x} = I/m$, entspricht also dem zugeführten Impuls während des Kraftstoßes.

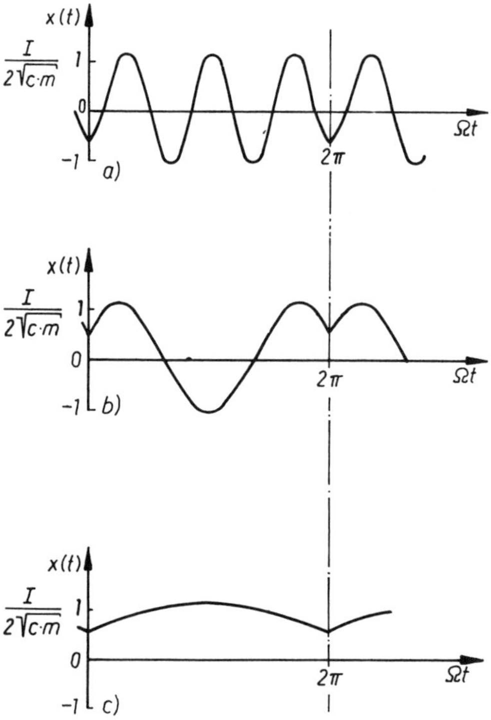

Bild 3.4.12. Periodische Schwingung infolge Stoßerregung nach Beispiel 3.8 für
a) $\eta = \frac{3}{8}$, b) $\eta = \frac{3}{4}$, c) $\eta = 3$

3.4.3. Einschaltvorgänge

Bisher wurden unter dem Begriff „erzwungene Schwingungen" nur solche Schwingungsbewegungen behandelt, die sich als „stationäre Bewegung" nach dem „Abklingen" der freien Schwingungen ausbilden. Im folgenden sollen gerade die Schwingungsvorgänge während des „Einschwingens", d. h. vor dem Abklingen der freien Schwingungen, betrachtet werden. Solche Vorgänge sollen allgemein als Einschaltvorgänge bezeichnet werden. Einen Sonderfall eines Einschaltvorganges stellt der Schwingungsvorgang im Resonanzbereich ungedämpfter Schwinger dar, für den keine stationäre Lösung existiert. Diejenigen Einschaltvorgänge, bei denen sich nach Abklingen des Anteils der freien Schwingungen ein stationärer Zustand einstellt, werden Einschwingvorgänge genannt.

3.4.3.1. Einschwingvorgänge

Es sei vorausgesetzt, daß die harmonische Fremderregung eines Schwingers mit einem Freiheitsgrad zur Zeit $t = 0$ plötzlich und sogleich mit konstanter Amplitude und Frequenz einsetzt. Der Schwinger sei bis zu diesem Zeitpunkt in Ruhe, was sich durch die Bedingungen

$$x(0) = 0; \qquad \dot{x}(0) = 0 \tag{3.4.37}$$

ausdrückt. Um ein konkretes Schwingungssystem im Auge zu haben, sollen die folgenden Betrachtungen wieder am Feder-Masse-Schwinger (Bild 3.4.1) durchgeführt werden.
Die stationären Schwingungen können allgemein nach Gl. (3.4.9) durch

$$x_S(t) = \hat{x}_S \sin(\Omega t + \varphi_S) \tag{3.4.38}$$

beschrieben werden. Diese erfüllen jedoch nicht die Anfangsbedingungen (3.4.37). Das wird erst durch Hinzunahme der freien Schwingungen nach Gl. (3.3.14)

$$x_f(t) = x_{f0}\, e^{-\delta t} \sin(\omega t + \varphi_f) \tag{3.4.39}$$

möglich. In der Summenschwingung $x(t) = x_S(t) + x_f(t)$ sind der Parameter Ω durch die Erregung allein, die Parameter δ und ω durch das Schwingungssystem allein und die Amplitude $\hat{x}_S$ und der Nullphasenwinkel φ_S durch das Schwingungssystem und die Erregung gemeinsam bestimmt. Die Größe x_{f0} und der Nullphasenwinkel φ_f sind so zu bestimmen, daß die Anfangsbedingungen (3.4.37) erfüllt sind. So erhält man folgende Beziehungen

$$\left.\begin{aligned} x(0) &= x_{f0} \sin \varphi_f + \hat{x}_S \sin \varphi_S = 0 \\ \dot{x}(0) &= x_{f0}\omega_0 \cos(\varphi_f + \Theta) + \hat{x}_S \Omega \cos \varphi_S = 0 \end{aligned}\right\} \tag{3.4.40}$$

Hierin ist Θ der Dämpfungswinkel nach Gl. (3.3.24). Aus diesen Gln. lassen sich die noch unbekannten Werte x_{f0} und φ_f für $x_f(t)$ nach Gl. (3.4.39) ermitteln:

$$\varphi_f = (n - 1/2)\,\pi + \arctan\,[\eta/(\tan \varphi_S \cdot \cos \Theta) + \tan \Theta] \tag{3.4.41}$$

$$x_{f0} = \hat{x}_S\, |\sin \varphi_S / \sin \varphi_f| \tag{3.4.42}$$

In Gl. (3.4.41) ist die natürliche Zahl n so zu wählen, daß $\sin \varphi_S \cdot \sin \varphi_f < 0$ ist. Die Größe η bezeichnet das Abstimmungsverhältnis nach Gl. (3.4.10).
Im Bild 3.4.13 ist der Einschwingungsverlauf für je eine unterkritische (a), kritische (b) und überkritische (c) Erregung wiedergegeben. Der Verlauf des Einschwingvorganges ist stark vom Phasenwinkel der Erregung φ_S abhängig. Dieser kann in der Praxis nicht immer vorbestimmt werden. Deshalb ist eine Abschätzung des Größtausschlages der Eigenschwingungen $\max x(t)$ bei Variation von φ_S zweckmäßig. Dazu soll von folgender Überlegung ausgegangen werden:

Die mechanische Energie W der freien gedämpften Schwingungen

$$W = T + U = \frac{1}{2}\,(c x_f^2 + m \dot{x}_f^2)$$

$$= \frac{1}{2}\, c(x_f^2 + \omega_0^{-2}\, \dot{x}_f^2)$$

ist nach den Darlegungen in 3.3.3. eine monoton fallende Funktion. Diese Feststellung gilt natürlich auch für die gedämpften Eigenschwingungen eines linearen fremderregten Schwingungssystems. So gilt für $t > 0$ unter Beachtung der Anfangsbedingungen

Gl. (3.4.37) und Gl. (3.4.3)

$$\frac{1}{2}c[x_f(t)]^2 \leqq \frac{1}{2}c\{[x_f(0)]^2 + \omega_0^{-2}[\dot{x}_f(0)]^2\}$$

$$= \frac{1}{2}c\{[x_S(0)]^2 + \omega_0^{-2}[\dot{x}_S(0)]^2\}$$

$$= \frac{1}{2}c\hat{x}_S^2(\sin^2\varphi_S + \eta^2\cos^2\varphi_S)$$

Daraus läßt sich schlußfolgern

$$|x_f(t)| \begin{cases} \leqq \hat{x}_S & \text{für} \quad \eta \leqq 1 \\ \leqq \eta\hat{x}_S & \text{für} \quad \eta \geqq 1 \end{cases}$$

Für die Extremwerte des Schwingungsausschlages $x(t) = x_f(t) + x_S(t)$ gilt damit

$$|x(t)| \left\{ \begin{array}{ll} \leqq 2\hat{x}_S & \text{bei unterkritischer Erregung} \\ \leqq (1+\eta)\cdot\hat{x}_S & \text{bei überkritischer Erregung} \end{array} \right\} \tag{3.4.43}$$

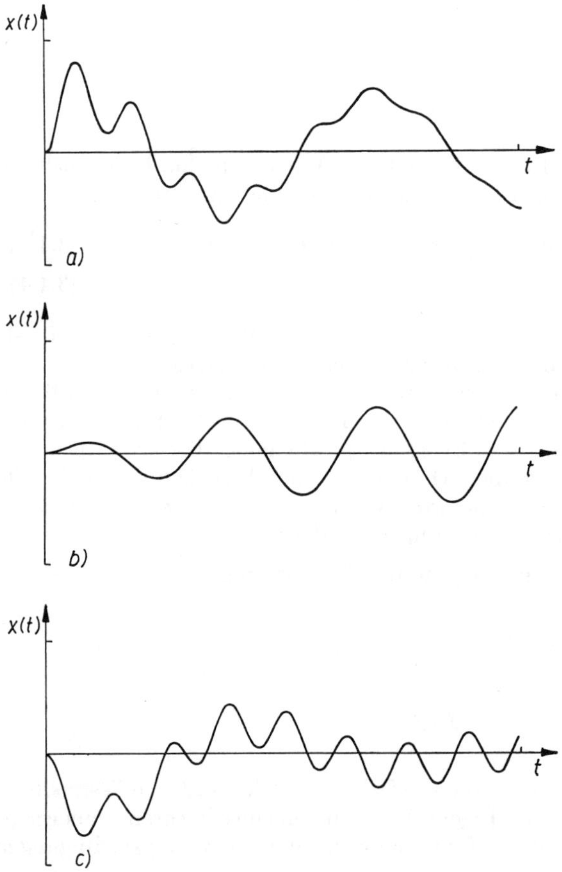

Bild 3.4.13. Einschwingvorgang eines Feder-Masse-Schwingers bei a) unterkritischer, b) kritischer, c) überkritischer harmonischer Erregung

Gl. (3.4.43) zeigt, daß während des Einschwingvorganges der Schwingungsausschlag die Amplitude der stationären Schwingung $\hat{x}_S$ wesentlich übersteigen kann. Darauf ist bei der Auslegung von Schwingungssystemen Rücksicht zu nehmen, insbesondere wenn ein überkritischer Betrieb vorgesehen ist.

3.4.3.2. Resonanzerregter ungedämpfter Schwinger

Wie bereits in 3.4.1.2. festgestellt, existiert für den mit der Eigenfrequenz erregten ungedämpften Schwinger keine stationäre Lösung. Für $\Omega = \omega_0 = \omega$ und $\vartheta = 0$ nehmen die Dgln. (3.4.5) bis (3.4.9) für die verschiedenen Erregungsarten die gleiche Form

$$\ddot{x} + \omega^2 x = \omega^2 \hat{y} \sin \omega t \tag{3.4.44}$$

an. Die allgemeine Lösung dieser Gl. läßt sich nach der Theorie der Dgln. aus der Lösung der zugehörigen homogenen Dgl.

$$x = C_1 \cos \omega t + C_2 \sin \omega t \tag{3.4.45}$$

durch Variation der Konstanten gewinnen (vgl. 3.5.1.).
Man erhält dabei, wie man durch Einsetzen nachprüfen kann,

$$x(t) = A \cos \omega t + B \sin \omega t - \frac{1}{2} \hat{y} \omega t \cos \omega t$$

Für die Anfangsbedingungen

$$x(0) = 0; \qquad \dot{x}(0) = 0 \tag{3.4.46}$$

nimmt die Lösung die Gestalt

$$x(t) = \hat{y}/2 \cdot (\sin \omega t - \omega t \cos \omega t) \tag{3.4.47}$$

an.
Wie ersichtlich, nehmen die Maximalausschläge von $x(t)$ ständig zu. Eine Grenze dieses Wachstums wird in realen Schwingungssystemen entweder durch Nichtlinearitäten, durch eine Begrenzung der Leistung des Erregers oder durch eine Zerstörung des Schwingers erreicht. In schwach gedämpften Systemen gibt Gl. (3.4.47) das Einschaltverhalten hinreichend genau wieder, solange $|x(t)| \ll \hat{x}_S$. Die Funktion $x(t)$ nach Gl. (3.4.47) ist im Bild 3.4.14 dargestellt. Die qualitative Übereinstimmung des

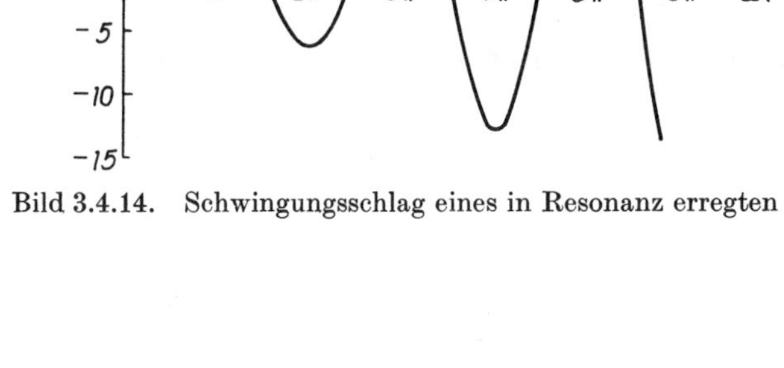

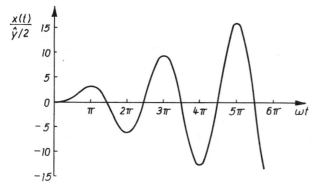

Bild 3.4.14. Schwingungsschlag eines in Resonanz erregten ungedämpften Schwingers

Schwingungsverlaufes mit dem ersten Teil des Einschwingvorganges nach Bild 3.4.13b ist ersichtlich.
Zur Ermittlung der vom Erreger aufzuwendenden Leistung wird die Energie einer Schwingung nach Gl. (3.4.47) errechnet. Diese beträgt

$$\begin{aligned} W &= \frac{1}{2}\,(m\dot{x}^2 + cx^2) \\ &= \frac{1}{2}\,m(\dot{x}^2 + \omega^2 x) \end{aligned}$$

Für $t \gg \omega^{-1}$ kann die Sinusfunktion in Gl. (3.4.47) gegen $\omega t \cdot \cos \omega t$ im Mittel vernachlässigt werden.
Damit wird die Energie für große t

$$W \approx 1/8 \cdot m\hat{y}^2\omega^4 t^2 = 1/8 \cdot c\hat{y}^2\omega^2 t^2 \tag{3.4.48}$$

Die dem Schwinger zugeführte mittlere Leistung ist der Differentialquotient dieses Ausdruckes:

$$P = 1/4 \cdot c\hat{y}^2\omega^2 t \tag{3.4.49}$$

Sieht man in Übereinstimmung mit Gl. (3.4.47) für $t \gg \omega^{-1}$

$$\hat{x}(t) = 1/2\, \hat{y}\omega t \tag{3.4.50}$$

als Amplitude einer sinusverwandten Schwingung an, so kann die Leistung auch in der Form

$$\left.\begin{aligned} P &\approx \frac{1}{2}\, c\omega\hat{y}\hat{x}(t) \\ &\approx \frac{1}{2}\, \hat{F}\omega \cdot \hat{x}(t) \end{aligned}\right\} \tag{3.4.51}$$

angegeben werden. Die letzte Form stimmt wegen $\Omega = \omega_0$, $\psi \to \pi/2$ mit Gl. (3.4.29) überein.

Beispiel 3.9:

Ein Feder-Masse-Schwinger mit extrem kleiner Dämpfung, der Masse m und der Eigenkreisfrequenz ω wird mit einer durch einen Synchronmotor angetriebenen Unwucht erregt. Die maximale Leistung des Motors sei $P_{\max}$. Wie groß ist die Unwucht $m_1 r$ zu wählen, damit eine vorgegebene Amplitude $\hat{x}$ möglichst schnell erreicht wird? Welche Zeit wird dazu benötigt?

Lösung:

Nach Gl. (3.4.7) ist $\hat{y} = \dfrac{m_1}{m}\, r$. Aus Gl. (3.4.51) folgt für die größtmögliche Erregung der Wert $\hat{y}$ zu

$$\hat{y} = \frac{2P_{\max}}{c\omega\hat{x}} \tag{1}$$

Wegen $\omega = \sqrt{c/m}$ erhält man daraus

$$m_1 r = \frac{2P_{\max}}{\omega^3 \hat{x}}$$

Die zur Erreichung von $\hat{x}$ benötigte Zeit beträgt nach den Gln. (3.4.50) und ①

$$t \approx \frac{m\omega^2 \hat{x}^2}{P_{\max}}$$

3.5. Erzwungene Schwingungen bei nichtperiodischer Erregung

Während bei der Untersuchung der linearen Schwingungen mit periodischer Erregung die partikuläre Lösung, die den „stationären" Schwingungsvorgang nach Abklingen der freien Schwingungen darstellt, von besonderer Bedeutung war, interessiert bei nichtperiodischer Erregung oft die i. allg. instationäre Gesamtlösung. Die Aufgabenstellung könnte folgendermaßen formuliert sein: Gegeben sei ein linearer Schwinger mit einem Freiheitsgrad, dessen Bewegung durch die Dgl. (3.1.4) beschrieben wird. Die Erregerfunktion $f(t)$ kann dabei eine beliebige nichtperiodische Funktion der Zeit sein. Gesucht wird die Bewegung des Schwingers zu einem beliebigen Zeitpunkt $t > 0$, wenn sein Anfangszustand durch die Bedingungen $q(0) = q_0$ und $\dot{q}(0) = \dot{q}_0$ gekennzeichnet war. Eine ähnliche Fragestellung ist bereits bei der Untersuchung instationärer Schwingungen bei periodischer Erregung behandelt worden. In den folgenden Abschnitten werden einige Methoden zur Lösung solcher Aufgabenstellungen vorgestellt.

3.5.1. Variation der Konstanten

Die Dgl.

$$a\ddot{q} + b\dot{q} + cq = f(t)$$

(s. Gl. 3.1.4) wird zunächst auf die Form

$$\ddot{q} + 2\delta\dot{q} + \omega_0^2 q = g(t) \tag{3.5.1}$$

mit den Abkürzungen nach Gl. (3.3.4) und Gl. (3.3.5) sowie $g(t) = f(t)/a$ gebracht. Zur Ermittlung der vollständigen Lösung der Dgl. (3.5.1) geht man von der Lösung der homogenen Dgl.

$$\ddot{q} + 2\delta\dot{q} + \omega_0^2 q = 0$$

aus, die für $\delta < \omega_0$ bzw. $\vartheta = \delta/\omega_0 < 1$ nach Gl. (3.3.14) die Gestalt

$$\begin{aligned} q(t) &= A\, \mathrm{e}^{-\delta t} \sin(\omega t + \varphi) \\ &= \mathrm{e}^{-\delta t} (C_1 \cos \omega t + C_2 \sin \omega t) \\ &= C_1 q_1 + C_2 q_2 \quad \text{mit} \quad \omega = \omega_0 \sqrt{1 - \vartheta^2} \end{aligned} \tag{3.5.2}$$

hat. Hierin stellen die partikulären Lösungen

$$\left.\begin{aligned} q_1 &= \mathrm{e}^{-\delta t} \cos \omega t \qquad \text{und} \\ q_2 &= \mathrm{e}^{-\delta t} \sin \omega t \end{aligned}\right\} \tag{3.5.3}$$

ein Fundamentalsystem der homogenen Dgl. dar. Man betrachtet nun die Größen C_1 und C_2 nicht als Konstanten, sondern als Funktionen der Zeit. Gl. (3.5.2) wird dabei als Lösungsansatz für die Dgl. (3.5.1) aufgefaßt, wobei bei der ersten Ableitung von Gl. (3.5.2),

$$\dot{q} = \dot{C}_1 q_1 + \dot{C}_2 q_2 + C_1 \dot{q}_1 + C_2 \dot{q}_2 \tag{3.5.4}$$

der Term $\dot{C}_1 q_1 + \dot{C}_2 q_2$ zu Null gesetzt wird.
Man erhält auf diese Weise

$$\begin{aligned} \dot{C}_1 &= -\frac{q_2}{q_1 \dot{q}_2 - \dot{q}_1 q_2}\, g(t) \\ \dot{C}_2 &= \frac{q_1}{q_1 \dot{q}_2 - \dot{q}_1 q_2}\, g(t) \end{aligned} \tag{3.5.5}$$

und durch Einsetzen von Gl. (3.5.3) in Gl. (3.5.5) entsteht

$$\left.\begin{aligned} \dot{C}_1 &= -\frac{1}{\omega}\, \mathrm{e}^{\delta t} \cdot \sin \omega t \cdot g(t) \\ \dot{C}_2 &= \frac{1}{\omega}\, \mathrm{e}^{\delta t} \cdot \cos \omega t \cdot g(t) \end{aligned}\right\} \tag{3.5.6}$$

woraus durch Integration

$$\left.\begin{aligned} C_1 &= A - \frac{1}{\omega} \int_0^t \mathrm{e}^{\delta t^*} \sin \omega t^* g(t^*)\, \mathrm{d}t^* \\ C_2 &= B + \frac{1}{\omega} \int_0^t \mathrm{e}^{\delta t^*} \cos \omega t^* g(t^*)\, \mathrm{d}t^* \end{aligned}\right\} \tag{3.5.7}$$

folgt.
Aus Gl. (3.5.2) ergibt sich damit die vollständige Lösung:

$$q(t) = \mathrm{e}^{-\delta t}(A \cos \omega t + B \sin \omega t) + \frac{1}{\omega} \int_0^t \mathrm{e}^{-\delta(t-t^*)} \sin \omega(t - t^*)\, g(t^*)\, \mathrm{d}t^* \tag{3.5.8}$$

Die partikuläre Lösung

$$q_p(t) = \frac{1}{\omega} \int_0^t \mathrm{e}^{-\delta(t-t^*)} \sin \omega(t - t^*)\, g(t^*)\, \mathrm{d}t^* \tag{3.5.9}$$

ist diejenige Teillösung der Dgl. (3.5.1), die den Anfangsbedingungen $q(0) = 0$, $\dot{q}(0) = 0$ genügt. Sie kennzeichnet die vollständige Bewegung des Schwingers, wenn

diese aus der Ruhelage heraus zur Zeit $t = 0$ beginnt. Ein solches Verhalten ist charakteristisch für Einschalt- und Anlaufvorgänge.
Die Hinzunahme der Lösung der homogenen Dgl.

$$q_h = e^{-\delta t}(A \cos \omega t + B \sin \omega t)$$

gestattet die Berücksichtigung allgemeiner Anfangsbedingungen der Gestalt

$$\begin{aligned} q(0) &= q_0 \\ \dot{q}(0) &= \dot{q}_0 \end{aligned} \tag{3.5.10}$$

Damit lassen sich die Integrationskonstanten A und B wie folgt ausdrücken:

$$\left.\begin{aligned} A &= q_0 \\ B &= \frac{1}{\omega}(\dot{q}_0 + \delta q_0) \end{aligned}\right\} \tag{3.5.11}$$

Mit diesen Konstanten erhält man aus Gl. (3.5.8):

$$\begin{aligned} q(t) = {} & e^{-\delta t}\left[q_0 \cos \omega t + \frac{1}{\omega}(\dot{q}_0 + \delta q_0) \sin \omega t\right] \\ & + \frac{1}{\omega} \int_0^t e^{-\delta(t-t^*)} \cdot \sin \omega(t - t^*)\, g(t^*)\, dt^* \end{aligned} \tag{3.5.12}$$

Entsprechende Lösungen kann man auch für die aperiodischen Bewegungen mit $\delta \geqq \omega_0$ finden, wenn man von den allgemeinen Lösungen der homogenen Dgl. nach Gl. (3.3.18) bzw. Gl. (3.3.19) ausgeht.

Beispiel 3.10:

Auf einen linearen gedämpften Schwinger (Masse m, Dämpfungskonstante b, Federsteifigkeit c) wirkt eine Kraft $f(t)$, die folgenden zeitlichen Verlauf hat (siehe Bild 3.5.1):

$$f(t) = \begin{cases} 0 & \text{für} \quad t \leqq 0 \\ \dfrac{F_0}{t_0}\, t & \text{für} \quad 0 < t \leqq t_0 \\ 0 & \text{für} \quad t > t_0 \end{cases}$$

Man bestimme die Wegfunktion des Schwingers unter der Voraussetzung, daß er sich für $t \leqq 0$ in Ruhe befindet.

Lösung:

Für $t \leqq 0$ ist der Schwinger in Ruhe, d. h., es ist

$$q(t) = 0 \quad \text{für} \quad t \leqq 0$$

Im Intervall $0 < t \leqq t_0$ läßt sich die Lösung nach (Gl. 3.5.9) in der Form

$$q(t) = \frac{F_0}{m\omega t_0} \int_0^t t^* \, e^{-\delta(t-t^*)} \sin \omega(t - t^*) \, dt^*$$

angeben. Durch die Substitution $\tau = t - t^*$ geht dieser Ausdruck in

$$q(t) = -\frac{F_0}{m\omega t_0} \int_t^0 (t - \tau) \, e^{-\delta\tau} \sin \omega\tau \, d\tau$$

$$= \frac{F_0}{m\omega t_0} \left\{ \int_0^t t \, e^{-\delta\tau} \sin \omega\tau \, d\tau - \int_0^t \tau \, e^{-\delta\tau} \sin \omega\tau \, d\tau \right\}$$

über.
Nach partieller Integration ergibt sich die Lösung zu

$$q(t) = \frac{F_0}{m\omega_0^3 t_0} \left[\omega_0 t - 2\vartheta + e^{-\delta t} \left(2\vartheta \cos \omega t - \frac{1 - 2\vartheta^2}{\sqrt{1 - \vartheta^2}} \sin \omega t \right) \right], \quad 0 < t \leqq t_0$$

Hierbei wurde wieder von den bereits mehrfach vermerkten Beziehungen $\delta = \omega_0\vartheta$ und $\omega = \omega_0\sqrt{1 - \vartheta^2}$ Gebrauch gemacht. Zur Zeit $t = t_0$ erhält man den Ausschlag

$$q(t_0) = \frac{F_0}{m\omega_0^3 t_0} \left[\omega_0 t_0 - 2\vartheta + e^{-\delta t_0} \left(2\vartheta \cos \omega t_0 - \frac{1 - 2\vartheta^2}{\sqrt{1 - \vartheta^2}} \sin \omega t_0 \right) \right]$$

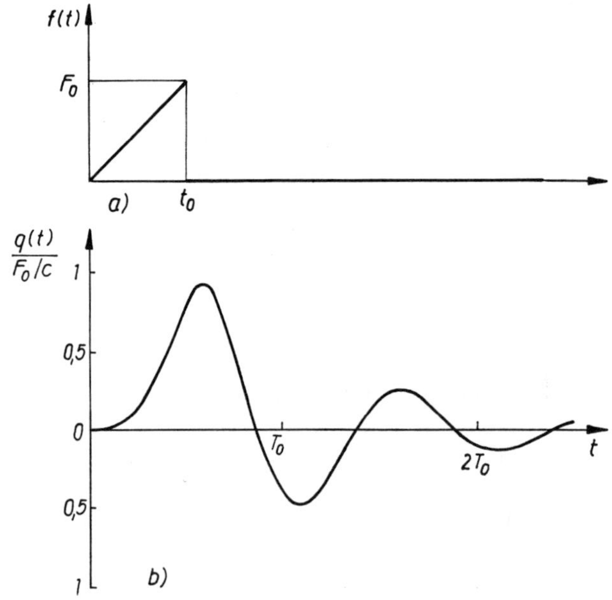

Bild 3.5.1. Zu Beispiel 3.10:
a) nichtperiodische Erregerkraft,
b) Übergangsfunktion

und die Geschwindigkeit

$$\dot{q}(t_0) = \frac{F_0}{m\omega_0^2 t_0}\left[1 - \frac{e^{-\delta t_0}}{\sqrt{1-\vartheta^2}} \cos(\omega t_0 - \Theta)\right], \qquad \Theta = \arcsin \vartheta$$

Das sind zugleich die Anfangsbedingungen für die Schwingungen im Intervall $t > t_0$. In diesem Bereich führt der Schwinger freie gedämpfte Schwingungen aus:

$$q(t) = e^{-\delta t}(A \cos \omega t + B \sin \omega t), \qquad t > t_0$$

Mit den angegebenen Anfangswerten findet man die folgenden Integrationskonstanten:

$$A = \frac{e^{\delta t_0}}{\omega} [q(t_0)(\omega \cos \omega t_0 - \delta \sin \omega t_0) - \dot{q}(t_0) \sin \omega t_0]$$

$$B = \frac{e^{\delta t_0}}{\omega} [q(t_0)(\delta \cos \omega t_0 + \omega \sin \omega t_0) + \dot{q}(t_0) \cos \omega t_0]$$

Daraus ergibt sich die Lösung zu

$$q(t) = \frac{e^{-\delta(t-t_0)}}{\sqrt{1-\vartheta^2}} \left\{q(t_0) \cos[\omega(t-t_0) - \Theta] + \frac{\dot{q}(t_0)}{\omega_0} \sin \omega(t-t_0)\right\}, \qquad t > t_0$$

Bild 3.5.1b zeigt die Lösung für $t_0/T_0 = 0{,}5$ ($T_0 = 2\pi/\omega_0$) und $\vartheta = 0{,}2$.

3.5.2. Lösung mit Hilfe der Stoßfunktion

Gl. (3.5.9) läßt sich auch auf einem anderen, physikalisch anschaulicherem Wege ableiten. Um das zu zeigen, betrachten wir im folgenden zunächst die Reaktion eines linearen gedämpften Schwingers auf einen Stoß.
Es sei demnach in Gl. (3.1.4)

$$f(t) = I\delta(t) \tag{3.5.13}$$

Hierin ist $\delta(t)$ die *Diracsche Deltafunktion*, die durch

$$\delta(t) \begin{cases} = 0 & \text{für} \quad t \neq 0 \\ = \infty & \text{für} \quad t = 0 \end{cases} \tag{3.5.14}$$

definiert ist (siehe Bild 3.5.2). Sie kennzeichnet den Einheitsstoß, d. h. einen Stoß der Intensität

$$\lim_{\varepsilon \to 0} \int_{-\varepsilon}^{\varepsilon} \delta(t)\, dt = 1 \tag{3.5.15}$$

In Gl. 3.5.13 bedeutet die Konstante I die Intensität eines beliebigen Stoßes mit unendlich kleiner Stoßdauer. Sie hat die Dimension Kraft $\times$ Zeit, z. B. Ns.
Es möge der durch die Dgl.

$$a\ddot{q} + b\dot{q} + cq = f(t) \quad \text{bzw.}$$

$$\ddot{q} + 2\delta\dot{q} + \omega_0^2 q = g(t) = \frac{I}{a}\,\delta(t) \tag{3.5.16}$$

beschriebene Schwinger für $t < 0$ in Ruhe sein. Vor dem Stoß gelten daher die Anfangsbedingungen

$$q(-0) = 0; \qquad \dot{q}(-0) = 0$$

Das Argument -0 soll zum Ausdruck bringen, daß es sich um einen Zeitpunkt unmittelbar vor dem Stoß handelt. Zur Zeit $t = 0$ wird der Stoß innerhalb eines unendlich kleinen Zeitintervalles wirksam. Unmittelbar nach dem Stoß nimmt die Anfangsgeschwindigkeit sprunghaft einen durch die Systemparameter und die Intensität des Stoßes bestimmten Wert an. Der Zeitpunkt unmittelbar nach dem Stoß soll durch das Argument $+0$ gekennzeichnet werden. Es gelten nun die Anfangsbedingungen

$$q(+0) = 0; \qquad q(+0) = \dot{q}_0 = v_0 \tag{3.5.17}$$

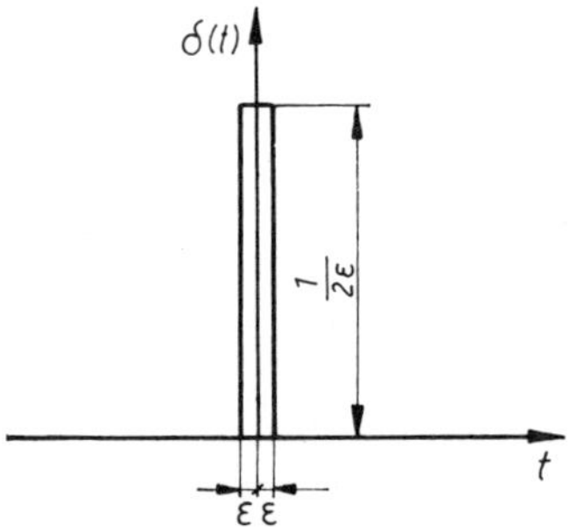

Bild 3.5.2. Diracsche Deltafunktion. Die Rechteckfunktion geht mit $\varepsilon \to 0$ in $\delta(t)$ über.

Da die Funktion $g(t)$ in der Dgl. (3.5.16) für alle Werte $t \neq 0$ verschwindet, ergibt sich die Antwort des Schwingers auf den Stoß aus der Lösung der homogenen Dgl.

$$\ddot{q} + 2\delta\dot{q} + \omega_0^2 q = 0$$

unter Berücksichtigung der Anfangsbedingungen (3.5.17).
Aus

$$q = \mathrm{e}^{-\delta t}\,(A \cos \omega t + B \sin \omega t)$$

$$\dot{q} = \mathrm{e}^{-\delta t}\,[(\omega B - \delta A) \cos \omega t - (\omega A + \delta B) \sin \omega t]$$

erhält man mit Gl. (3.5.17)

$$A = 0$$

$$B = v_0/\omega$$

und damit

$$q(t) = v_0/\omega \cdot \mathrm{e}^{-\delta t} \cdot \sin \omega t \tag{3.5.18}$$

Da an der Stelle $t = 0$ nur die Geschwindigkeit eine sprunghafte Änderung erfährt, die Änderung des Ausschlages aber stetig erfolgt, läßt sich durch einmalige Integration der Dgl. (3.5.16) die Größe der Geschwindigkeitsänderung bestimmen. Man erhält

$$\dot{q}(+0) - \dot{q}(-0) = \frac{I}{a} \lim_{\varepsilon \to 0} \int_{-\varepsilon}^{\varepsilon} \delta(t)\,\mathrm{d}t = \frac{I}{a}$$

und wegen $\dot{q}(-0) = 0$:

$$\dot{q}(+0) = v_0 = I/a \tag{3.5.19}$$

Gl. (3.5.18) stellt die Antwort des Schwingers auf einen zur Zeit $t = 0$ erfolgenden Stoß der Intensität I, die sogenannte *Stoßübergangsfunktion* dar.
Mit Gl. (3.5.19) und Gl. (3.3.11) kann sie auch in der Form

$$q(t) = \frac{I}{a\omega}\,\mathrm{e}^{-\delta t}\sin\omega t = \frac{I\,\mathrm{e}^{-\delta t}}{a\omega_0\sqrt{1-\vartheta^2}}\sin\left(\omega_0\sqrt{1-\vartheta^2}\,t\right) \tag{3.5.20}$$

geschrieben werden. Für den Einheitsstoß erhält man insbesondere die Stoßübergangsfunktion

$$q_{\mathrm{St}}(t) = q(t)/I = \frac{\mathrm{e}^{-\delta t}}{a\omega_0\sqrt{1-\vartheta^2}}\sin\omega t;\quad \delta = \vartheta\omega_0;\quad \omega = \omega_0\sqrt{1-\vartheta^2} \tag{3.5.21}$$

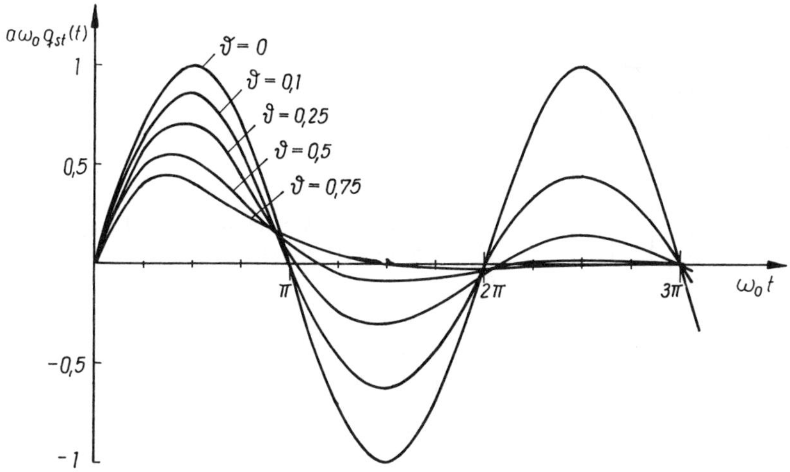

Bild 3.5.3. Stoßübergangsfunktion für den Einheitsstoß für verschiedene Werte von ϑ

Diese Funktion wird in der Regelungstechnik als Gewichtsfunktion bezeichnet [24]. Sie ist in Bild (3.5.3) in der dimensionslosen Form $a\omega_0 q_{\mathrm{St}}$ für verschiedene Werte von ϑ dargestellt.
Erfolgt der Stoß nicht zu einem Zeitpunkt $t = 0$, sondern zu einer beliebigen Zeit $t = t^*$, so erhält man die Stoßübergangsfunktion durch eine einfache Koordinatentransformation (Verschiebung der Zeitachse) aus Gl. (3.5.20)

$$q(t - t^*) = \frac{I}{a\omega}\,\mathrm{e}^{-\delta(t-t^*)}\sin\omega(t - t^*) \tag{3.5.22}$$

bzw. für den Einheitsstoß:

$$q_{\mathrm{St}}(t - t^*) = \frac{\mathrm{e}^{-\delta(t-t^*)}}{a\omega}\sin\omega(t - t^*) \tag{3.5.23}$$

Mit Hilfe der Gl. (3.5.23) läßt sich nun Gl. (3.5.9) auf anschauliche Weise neu ableiten. Dazu denkt man sich eine beliebige Erregerfunktion $f(t)$ durch eine Folge von Einzelstößen entsprechend Bild 3.5.4 angenähert. Infolge der Linearität der Dgl. (3.5.16) läßt sich die Wirkung der Einzelstöße überlagern.
Mit der Intensität $\Delta f(t_k{}^*) = f(t_k{}^*) \cdot \Delta t_k{}^*$ des $k$ten Stoßes kann die Lösung zunächst näherungsweise durch die Summe

$$q(t) \approx \sum_{k=1}^{n} \Delta f(t_k{}^*)\, q_{\text{St}}(t - t^*) = \sum_{k=1}^{n} f(t_k{}^*)\, \Delta t_k{}^* q_{\text{St}}(t - t_k{}^*)$$

dargestellt werden, durch Grenzübergang im Sinne der Definition des Riemannschen Integrals erhält man dann die Lösung

$$q(t) = \int_0^t f(t^*)\, q_{\text{St}}(t - t^*)\, \mathrm{d}t^* \tag{3.5.24}$$

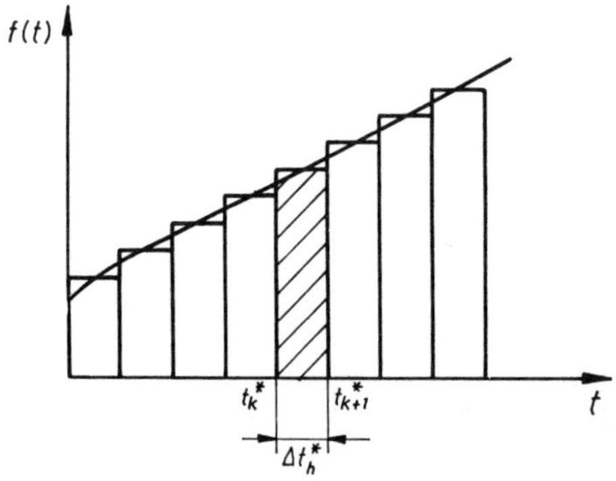

Bild 3.5.4. Annäherung einer Erregerfunktion $f(t)$ durch Einzelstöße

Bei Berücksichtigung von $g(t^*) = \dfrac{1}{a} f(t^*)$ ist Gl. (3.5.24) mit Gl. (3.5.9) identisch. Die Lösung nach Gl. (3.5.24) genügt auch denselben Anfangsbedingungen, d. h., sie beschreibt die Bewegung eines Schwingers, der zur Zeit $t < 0$ in Ruhe war. Gl. (3.5.24) ist insofern allgemeiner als Gl. (3.5.9), als sie auch bei entsprechender Wahl der Stoßübergangsfunktion die aperiodischen Bewegungen für $\delta \geqq \omega_0$ beinhaltet. Im Falle allgemeinerer Anfangsbedingungen ist zur Lösung nach Gl. (3.5.24) die Lösung der homogenen Dgl. zu addieren.

3.5.3. Lösung mit Hilfe der Sprungfunktion

Auf einen linearen Schwinger beginnt zur Zeit $t = 0$ eine konstante Kraft F_0 zu wirken. Zur Zeit $t < 0$ möge der Schwinger in Ruhe sein. Den Anfangsbedingungen $q(0) = 0$; $\dot{q}(0) = 0$ entspricht die Lösung nach Gl. (3.5.9). Das plötzliche Wirken einer konstanten Kraft kann mathematisch durch die Sprungfunktion

$$f(t) \begin{cases} = 0 & \text{für} \quad t \leqq 0 \\ = F_0 & \text{für} \quad t > 0 \end{cases} \tag{3.5.25}$$

(siehe Bild 3.5.5) beschrieben werden.

Mit $g(t) = \frac{F_0}{a}$ = konst erhält man aus Gl. (3.5.9) die Lösung

$$\begin{aligned} q(t) &= \frac{F_0}{a\omega} \int\limits_0^t \mathrm{e}^{-\delta(t-t^*)} \sin \omega(t - t^*) \, \mathrm{d}t^* \\ &= \frac{F_0}{a\omega} \cdot \frac{\delta}{\omega_0^2} \left\{ \mathrm{e}^{-\delta(t-t^*)} \left[\sin \omega(t - t^*) + \frac{\omega}{\delta} \cos \omega(t - t^*) \right] \right\} \Bigg|_{t^*=0}^{t} \\ &= \frac{F_0}{a\omega_0^2} \left\{ 1 - \mathrm{e}^{-\delta t} \left[\frac{\delta}{\omega} \sin \omega t + \cos \omega t \right] \right\} \end{aligned} \tag{3.5.26}$$

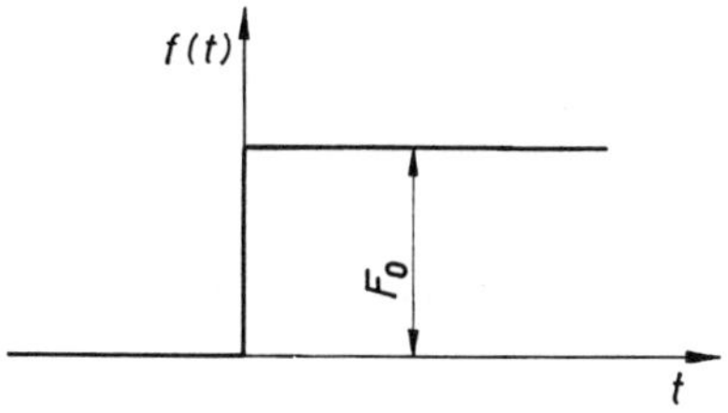

Bild 3.5.5. Sprungfunktion

Unter Verwendung der bekannten Beziehungen

$$\omega_0^2 = c/a; \quad \omega = \omega_0 \sqrt{1 - \vartheta^2}, \quad \delta = \omega_0 \vartheta; \quad \vartheta = \sin \Theta; \quad \sqrt{1 - \vartheta^2} = \cos \Theta$$

findet man schließlich

$$q(t) = \frac{F_0}{c} \left[1 - \frac{\mathrm{e}^{-\delta t}}{\sqrt{1 - \vartheta^2}} \cos (\omega t - \Theta) \right] \tag{3.5.27}$$

Gl. (3.5.27) stellt die Antwort des Schwingers auf einen Sprung der Größe F_0, die Sprungübergangsfunktion, dar (in der Regelungstechnik: Übergangsfunktion). Für den Einheitssprung erhält man die Lösung

$$q_{\mathrm{Sp}}(t) = \frac{q(t)}{F_0} = \frac{1}{c} \left[1 - \frac{\mathrm{e}^{-\delta t}}{\sqrt{1 - \vartheta^2}} \cos (\omega t - \Theta) \right]; \qquad \delta = \vartheta \omega_0; \quad \omega = \omega_0 \sqrt{1 - \vartheta^2} \tag{3.5.28}$$

In Bild 3.5.6 ist die Übergangsfunktion in der dimensionslosen Form $c q_{\mathrm{Sp}}(t) = a\omega_0^2 \times q_{\mathrm{Sp}}(t)$ für verschiedene Werte von ϑ dargestellt. Aus einem Vergleich zwischen den Gln. (3.5.23) und (3.5.28) findet man die Beziehung

$$q_{\mathrm{Sp}}(t) = \int\limits_0^t q_{\mathrm{St}}(t - t^*) \, \mathrm{d}t^* \tag{3.5.29}$$

Erfolgt der Sprung nicht, wie bei der Ableitung der Gln. (3.5.28) und (3.5.29) vorausgesetzt, zur Zeit $t = 0$, sondern zu einem beliebigen Zeitpunkt $t = t^*$, so gilt

$$q_{Sp}(t - t^*) = \frac{1}{c}\left\{1 - \frac{e^{-\delta(t-t^*)}}{\sqrt{1-\vartheta^2}} \cos\left[\omega(t - t^*) - \Theta\right]\right\} \quad \text{bzw.}$$

$$q_{Sp}(t - t^*) = \int_{t^*}^{t} q_{St}(t - t^*)\, dt^* \tag{3.5.30}$$

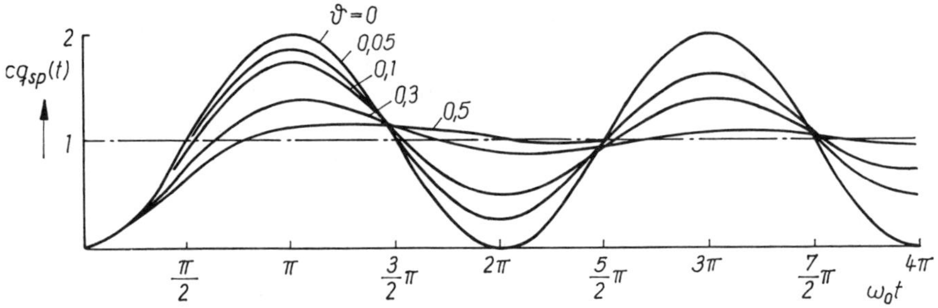

Bild 3.5.6. Sprungübergangsfunktion für den Einheitssprung für verschiedene Werte von ϑ

Mit Hilfe der Gl. (3.5.30) läßt sich eine weitere Lösungsformel für die Dgl. (3.5.1) angeben. Aus

$$\frac{d}{dt} q_{Sp}(t - t^*) = \frac{d}{dt^*}\int_{t^*}^{t} q_{St}(t - t^*)\, dt^* = q_{St}(0) - q_{St}(t - t^*) = -q_{St}(t - t^*)$$

folgt durch partielle Integration mit Gl. (3.5.24):

$$q(t) = \int_0^t f(t^*)\, q_{St}(t - t^*)\, dt^* = -\int_0^t f(t^*) \frac{d}{dt^*} q_{Sp}(t - t^*)\, dt^*$$

$$= -[f(t)\, q_{Sp}(0) - f(0)\, q_{Sp}(t)] + \int_0^t \frac{df(t^*)}{dt^*} q_{Sp}(t - t^*)\, dt^*$$

Nach Gl. (3.5.28) ist $q_{Sp}(0) = 0$, so daß sich schließlich folgende Lösungsformel ergibt:

$$q(t) = f(0)\, q_{Sp}(t) + \int_0^t \frac{df(t^*)}{dt^*} q_{Sp}(t - t^*)\, dt^* \tag{3.5.31}$$

Für $f(0) = 0$ ergibt sich die nach *Duhamel* benannte Integraldarstellung

$$q(t) = \int_0^t \frac{df(t^*)}{dt^*} q_{Sp}(t - t^*)\, dt^* \tag{3.5.32}$$

Die Gln. (3.5.31) bzw. (3.5.32) können nur unter der Voraussetzung verwendet werden, daß der Differentialquotient der Funktion $f(t^*)$ im Bereich $t^* > 0$ existiert.

Beispiel 3.11:

Auf einen zur Zeit $t < 0$ in Ruhe befindlichen linearen Schwinger wirke ein einzelner Rechteckstoß der endlichen Dauer t_s entsprechend Bild 3.5.7. Der entstehende Einschwingvorgang ist zu untersuchen.

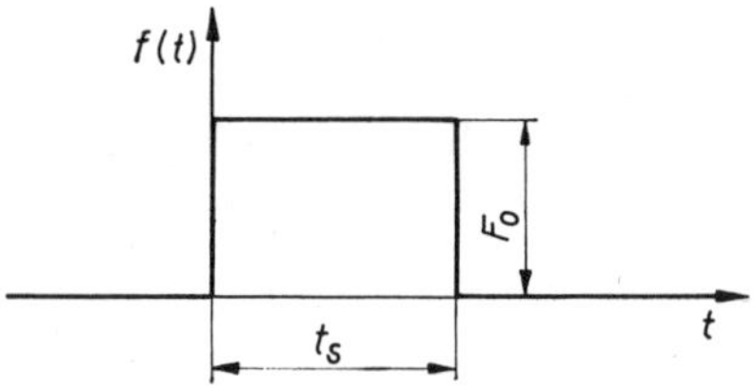

Bild 3.5.7. Rechteckstoß nach Beispiel 3.11

Lösung:

Im Zeitintervall $0 \leqq t \leqq t_s$ kann die Funktion $f(t) = F_0$ als Sprungfunktion angesehen werden. Für dieses Intervall ist die Lösung deshalb durch Gl. (3.5.27) gegeben. Das gleiche Ergebnis läßt sich auch aus Gl. (3.5.31) gewinnen. Mit $\mathrm{d}f(t^*)/\mathrm{d}t^* = 0$ folgt nämlich sofort:

$$q(t) = f(0)\, q_{\mathrm{Sp}}(t) = F_0 q_{\mathrm{Sp}}(t)$$

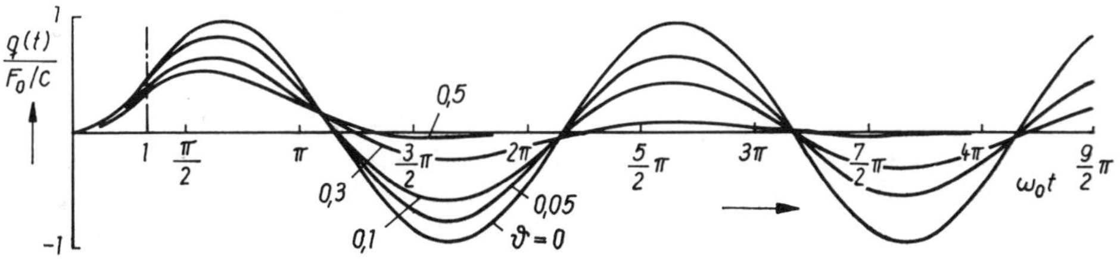

Bild 3.5.8. Einschwingvorgang entsprechend Beispiel 3.11 für $\omega_0 t_s = 1$

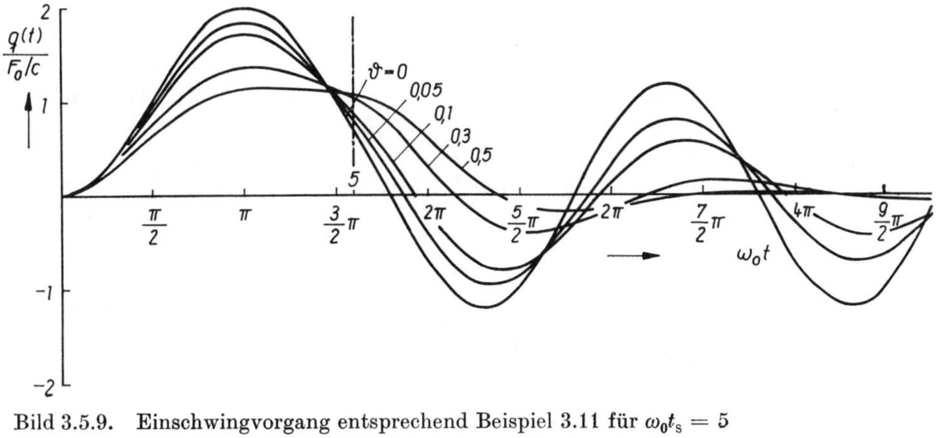

Bild 3.5.9. Einschwingvorgang entsprechend Beispiel 3.11 für $\omega_0 t_s = 5$

Für $t > t_s$ liegt eine freie gedämpfte Schwingung vor, die den Anfangsbedingungen

$$q(t_s) = \frac{F_0}{c}\left[1 - \frac{e^{-\delta t_s}}{\sqrt{1-\vartheta^2}} \cos(\omega t_s - \Theta)\right]$$

$$\dot{q}(t_s) = \frac{F_0 \omega_0}{c\sqrt{1-\vartheta^2}} e^{-\delta t_s} \sin \omega t_s$$

genügen muß. Diese Lösung entspricht der Teillösung des Beispiels 3.10 für das Intervall $t > t_0$, wenn man t_0 durch t_s ersetzt. Man erhält somit folgende Lösung:

$$q(t) \begin{cases} = 0 \quad \text{für} \quad t < 0 \\ = \dfrac{F_0}{c}\left[1 - \dfrac{e^{-\delta t}}{\sqrt{1-\vartheta^2}} \cos(\omega t - \Theta)\right] \quad \text{für} \quad 0 \leqq t \leqq t_s \\ = \dfrac{e^{-\delta(t-t_s)}}{\sqrt{1-\vartheta^2}} \left\{q(t_s) \cdot \cos[\omega(t-t_s) - \Theta] + \dfrac{\dot{q}(t_s)}{\omega_0} \sin \omega(t-t_s)\right\} \quad \text{für} \quad t > t_s \end{cases}$$

In den Bildern 3.5.8 und 3.5.9 ist diese Lösung in dimensionsloser Form für $\omega_0 t_s = 1$ und $\omega_0 t_s = 5$ für verschiedene Werte von ϑ dargestellt.

3.5.4. Laplace-Transformation

Im folgenden soll auf die Methode zur Lösung von linearen Dgln. mit konstanten Koeffizienten eingegangen werden, die besonders in der Elektrotechnik und Regelungstechnik weite Verbreitung gefunden hat: die Methode der *Laplace-Transformation.* Die Laplace-Transformation ist eine *Funktional-Transformation,* die speziell zur Klasse der *Integral-Transformationen* gehört, für die es eine weit ausgearbeitete Theorie gibt. Allgemein gilt: Durch eine Integral-Transformation wird eine Funktion $f(x)$, die *Objekt-* oder *Originalfunktion* mittels der Beziehung

$$F(s) = \int_{-\infty}^{\infty} K(s, x) f(x) \, dx \tag{3.5.33}$$

in die sogenannte *Resultat-* oder *Bildfunktion* $F(s)$ transformiert. Die Mengen, auf denen $f(x)$ bzw. $F(s)$ definiert sind, heißen *Objekt-* oder *Originalbereich* bzw. *Resultat-* oder *Bildbereich.* In der Funktion $K(s, x)$ sei x reel und $s = \sigma + j\omega$ komplex. Symbolisch kann eine beliebige Integral-Transformation mit dem Kern $K(s, x)$ in der Form

$$F(s) = \mathfrak{T}[f(x)] \tag{3.5.34}$$

geschrieben werden. Im Zusammenhang mit dieser Darstellung wird die Bildfunktion $F(s)$ auch als *$\mathfrak{T}$-Transformierte* der Funktion $f(x)$ bezeichnet. Die Integral-Transformationen sind lineare Operationen, d. h. mit beliebigen komplexen Zahlen λ_1 und λ_2 gilt:

$$\mathfrak{T}[\lambda_1 f_1(x) + \lambda_2 f_2(x)] = \lambda_1 \mathfrak{T}[f_1(x)] + \lambda_2 \mathfrak{T}[f_2(x)] \tag{3.5.35}$$

Setzt man speziell für den Kern

$$K(s, x) \begin{cases} = 0 & \text{für} \quad x < 0 \\ = \mathrm{e}^{-sx} & \text{für} \quad x > 0 \end{cases} \tag{3.5.36}$$

so erhält man die Laplace-Transformation, auch $\mathfrak{L}$-Transformation genannt in der Gestalt

$$F(s) = \mathfrak{L}[f(x)] = \int_0^\infty \mathrm{e}^{-sx} f(x) \, \mathrm{d}x \tag{3.5.37}$$

Zur Transformation (3.5.37) gibt es stets auch die zur $\mathfrak{L}$-Transformation gehörige inverse Transformation, die durch den Operator $\mathfrak{L}^{-1}$ dargestellt werden kann. Es gilt

$$f(x) = \mathfrak{L}^{-1}[F(s)] \tag{3.5.38}$$

und

$$\mathfrak{L}^{-1} \, \mathfrak{L}\{[f(x)]\} = f(x) \tag{3.5.39}$$

Das Problem, die Umkehr-Transformation zu bestimmen, ist identisch mit der Aufgabe, die Integralgleichung (3.5.37) bei bekannter Funktion $F(s)$ zu lösen. Bei vielen Anwendungen ist jedoch die inverse Transformation gar nicht notwendig, weil die Analyse des gegebenen Problems im Bildbereich der Betrachtung im Originalbereich äquivalent ist. Es soll nun die Laplace-Transformation zur Lösung gewöhnlicher linearer Dgln. mit konstanten Koeffizienten angewandt werden. Da die Laplace-Transformation (3.5.37) für Funktionen gilt, die für $x > 0$ definiert sind, ist sie besonders zur Lösung von Anfangswertproblemen geeignet. Man kann nach folgendem Lösungsschema verfahren:

1. Die Differentialgleichung ist mit vorgeschriebenen Anfangsbedingungen im Originalbereich gegeben.
2. Durch eine $\mathfrak{L}$-Transformation wird die Dgl. in eine gewöhnliche Gleichung für die $\mathfrak{L}$-Transformierte übergeführt, wobei die Anfangsbedingungen automatisch in diese Gleichungen eingehen.
3. Die Gleichung wird nach der $\mathfrak{L}$-Transformierten der Lösungsfunktion aufgelöst.
4. Durch Umkehrung der $\mathfrak{L}$-Transformation wird die zur gefundenen Bildfunktion gehörige Originalfunktion bestimmt, die die Lösung des ursprünglichen Systems darstellt. Der Zusammenhang zwischen der Originalfunktion $f(x)$ und der Bildfunktion $F(s)$ ist entsprechend Gl. (3.5.37) gegeben.

Zur Bestimmung der $\mathfrak{L}$-Transformierten von gewöhnlichen linearen Differentialgleichungen mit konstanten Koeffizienten genügt folgender Satz:
Wenn die Funktion $f(x)$ für $x > 0$ eine stetige Ableitung $(n - 1)$-ter Ordnung besitzt, dort fast überall die Ableitung n-ter Ordnung existiert und die Ableitung n-ter Ordnung, $f^{(n)}(x)$, $\mathfrak{L}$-transformierbar ist, so gilt:

$$\begin{aligned} \mathfrak{L}[f^{(n)}(x)] = {} & s^n F(s) - s^{n-1} f(0) - s^{n-2} f'(0) - s^{n-3} f''(0) \\ & - s f^{(n-2)}(0) - f^{(n-1)}(0) \end{aligned} \tag{3.5.40}$$

wobei $F(s) = \mathfrak{L}[f(x)]$ und

$$f^{(k)}(0) = \lim_{x \to +0} f^{(k)}(x), \qquad k = 1, 2, \ldots (n - 1)$$

ist.

Die $\mathfrak{L}$-Transformierte $F(s)$ einer Funktion $f(x)$ ist nur in den Punkten $s = \sigma + j\omega$ definiert, in denen das sogenannte *Laplace-Integral*

$$\int_0^\infty e^{-sx} f(x)\,dx$$

konvergiert.
Für die Existenz der $\mathfrak{L}$-Transformierten einer Funktion $f(x)$ gilt folgende hinreichende Bedingung:

Wenn für eine Funktion $f(x)$, die für $x \geqq 0$ definiert und integrierbar ist, die Beziehung

$$|f(x)| \leqq M\,e^{\varrho x} \text{ mit positiven Konstanten } M \text{ und } \varrho \qquad (3.5.41)$$

gilt, so ist $f(x)$ $\mathfrak{L}$-transformierbar.
Funktionen, wie $e^{-\alpha x}$ (α beliebig), $\sin \omega x$, $\cos \omega x$, x^n erfüllen z. B. die Bedingung (3.5.41), die Funktionen $1/x^2$, $\tan x$, e^{x^2} dagegen nicht.
Die Bestimmung der $\mathfrak{L}$-Transformierten einer Funktion $f(x)$ ist grundsätzlich nach Gl. (3.5.37) möglich. Ein großer Vorteil bei der Anwendung der Methode besteht jedoch darin, daß für eine größere Anzahl häufig vorkommender Funktionen $f(x)$ die Bildfunktionen bestimmt und in Tabellen dargestellt wurden. Solche Tabellen findet man z. B. in der angegebenen Literatur. Einige wichtige Funktionen $f(x)$ und ihre $\mathfrak{L}$-Transformierten sind in Tabelle 3.5.1 zusammengestellt. Auf die Berechnung der Bildfunktionen nach Gl. (3.5.37) und die Ausführung der Umkehroperation entsprechend Gl. (3.5.38) kann hier nicht eingegangen werden.
Es werde nun die Dgl. (3.5.1) mit den Anfangsbedingungen

$$q(0) = q_0; \qquad \dot{q}(0) = \dot{q}_0$$

betrachtet. Aus Gl. (3.5.40) ergeben sich mit den Transformationen:

$$\mathfrak{L}[q(t)] = Q(s); \qquad \mathfrak{L}[g(t)] = 1/a \cdot \mathfrak{L}[f(t)] = F(s)/a \qquad (3.5.42)$$

bei denen die Zeit t an die Stelle der Veränderlichen x tritt, die Gln.

$$\mathfrak{L}[\dot{q}(t)] = sQ(s) - q_0$$
$$\mathfrak{L}[\ddot{q}(t)] = s^2Q(s) - sq_0 - \dot{q}_0$$

Durch Einsetzen in die Dgl. (3.5.1) erhält man:

$$(s^2 + 2\delta s + \omega_0^2)\,Q(s) = sq_0 + 2\delta q_0 + \dot{q}_0 + F(s)/a \qquad (3.5.43)$$

Mit den Abkürzungen

$$D(s) = s^2 + 2\delta s + \omega_0^2; \qquad N_0(s) = sq_0 + 2\delta q_0 + \dot{q}_0 \qquad (3.5.44)$$

ergibt sich die Lösung in der Gestalt

$$Q(s) = \frac{N_0(s)}{D(s)} + \frac{F(s)}{aD(s)} \qquad (3.5.45)$$

Diese Form der Lösung ergibt sich auch bei einer Differentialgleichung n-ter Ordnung. Das erste Glied in Gl. (3.5.45) hängt von den Anfangsbedingungen ab und entspricht

Tabelle 3.5.1.
Funktionen $f(x)$ und ihre Laplace-Transformierten

$f(x)$	$F(s) = \int_0^\infty e^{-sx} f(x)\,dx$	Bemerkungen
1	$\frac{1}{s}$	
x	$\frac{1}{s^2}$	
x^n	$\frac{n!}{s^{n+1}}$	n natürliche Zahl
$e^{-\alpha x}$	$\frac{1}{s+\alpha}$	
$x^n e^{-\alpha x}$	$\frac{n!}{(s+\alpha)^{n+1}}$	n natürliche Zahl
$\frac{1}{\alpha}(1 - e^{-\alpha x})$	$\frac{1}{s(s+\alpha)}$	
$\frac{e^{-\alpha_1 x} - e^{-\alpha_2 x}}{\alpha_2 - \alpha_1}$	$\frac{1}{(s+\alpha_1)(s+\alpha_2)}$	
$\frac{1}{\alpha^2}(e^{-\alpha x} + \alpha x - 1)$	$\frac{1}{s^2(s+\alpha)}$	
$\sin \omega x$	$\frac{\omega}{s^2+\omega^2}$	
$\cos \omega x$	$\frac{s}{s^2+\omega^2}$	
$e^{-\alpha x} \sin \omega x$	$\frac{\omega}{(s+\alpha)^2+\omega^2}$	
$e^{-\alpha x} \cos \omega x$	$\frac{s+\alpha}{(s+\alpha)^2+\omega^2}$	
$x \sin \omega x$	$\frac{2\omega s}{(s^2+\omega^2)^2}$	
$x \cos \omega x$	$\frac{s^2-\omega^2}{(s^2+\omega^2)^2}$	
$\sin^2 \omega x$	$\frac{2\omega^2}{s(s^2+4\omega^2)}$	

Tabelle 3.5.1. (Fortsetzung)

$f(x)$	$F(s) = \int_0^\infty e^{-sx} f(x)\, dx$	Bemerkungen
$\cos^2 \omega x$	$\dfrac{s^2 + 2\omega^2}{s(s^2 + 4\omega^2)}$	
$\sinh \beta x$	$\dfrac{\beta}{s^2 - \beta^2}$	
$\cosh \beta x$	$\dfrac{s}{s^2 - \beta^2}$	
$x \sinh \beta x$	$\dfrac{2\beta s}{(s^2 - \beta^2)^2}$	
$x \cosh \beta x$	$\dfrac{s^2 + \beta^2}{(s^2 - \beta^2)^2}$	

der Lösung der homogenen Differentialgleichung. $D(s)$ ist ein Polynom, dessen Grad gleich der Ordnung der Differentialgleichung ist. Das Polynom $N_0(s)$ ist höchstens vom Grade $n - 1$. Beginnt die Bewegung des Schwingers aus der Ruhelage $q_0 = 0$, $\dot{q}_0 = 0$ so ist $N_0(s) \equiv 0$. Das zweite Glied in Gl. (3.5.45) hängt von den Störfunktionen ab und entspricht der partikulären Lösung der Dgl.
Die Laplace-Transformierte vieler Störfunktionen ist ebenfalls eine rationale Funktion (siehe Tabelle 3.5.1). In diesem Falle läßt sich die rechte Seite von Gl. (3.5.45) durch Partialbruchzerlegung in einfache Teilausdrücke aufspalten. Dadurch wird die Rücktransformation mittels Tabellen sehr erleichtert.
Es sei z. B. $F(s) = N(s)/M(s)$, so daß aus Gl. (3.5.45)

$$Q(s) = \frac{N_0(s)}{D(s)} + \frac{N(s)}{aM(s)\,D(s)} = \frac{N_0(s)}{D(s)} + \frac{N(s)}{a\overline{D}(s)} \tag{3.5.46}$$

mit $\overline{D}(s) = M(s)\,D(s)$ folgt.
Setzt man ferner voraus, daß die Polynome $D(s)$ und $\overline{D}(s)$ nur einfache Wurzeln s_k, $\bar{s}_k$ haben, so gelten folgende Partialbruchzerlegungen:

$$\left.\begin{aligned} \frac{N_0(s)}{D(s)} &= \sum_{k=1}^{n} \frac{N_0(s_k)}{D'(s_k)} \cdot \frac{1}{s - s_k} \\ \frac{N(s)}{\overline{D}(s)} &= \sum_{k=1}^{m} \frac{N(\bar{s}_k)}{\overline{D}'(\bar{s}_k)} \cdot \frac{1}{s - \bar{s}_k} \end{aligned}\right\} \tag{3.5.47}$$

Hierin bedeuten $D'(s)$ bzw. $\overline{D}'(s)$ die Ableitungen von $D(s)$ bzw. $\overline{D}(s)$ nach s. Die Lösung

$$q(t) = \mathfrak{L}^{-1}[Q(s)] = \mathfrak{L}^{-1}[N_0(s)/D(s)] + \mathfrak{L}^{-1}\{N(s)/[a\overline{D}(s)]\}$$

kann man nun unter Verwendung von Tabelle 3.5.1 direkt angeben. Man erhält

$$q(t) = \sum_{k=1}^{n} \frac{N_0(s_k)}{D'(s_k)} e^{s_k t} + \sum_{k=1}^{m} \frac{N(\bar{s}_k)}{a\bar{D}'(\bar{s}_k)} e^{\bar{s}_k t} \qquad (3.5.48)$$

Die Wurzeln s_k bzw. $\bar{s}_k$ sind im allgemeinen komplex. Da die Koeffizienten der Dgl. (3.5.1) reell sind, werden die Wurzeln in diesem Falle paarweise konjugiert komplex. Der Realteil der Wurzeln bestimmt das Stabilitätsverhalten der Lösung (3.5.48). Bei mehrfachen Wurzeln von $D(s)$ bzw. $\bar{D}(s)$ muß die Partialbruchzerlegung in bekannter Weise mit unbestimmten Konstanten vorgenommen werden, die sich durch Koeffizientenvergleich bestimmen lassen.

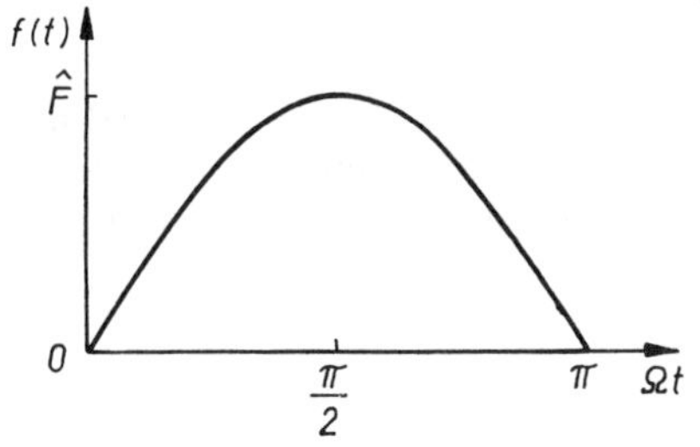

Bild 3.5.10. Sinusförmiger Stoß nach Beispiel 3.12

Beispiel 3.12:

Auf einen linearen gedämpften Schwinger wirke ein sinusförmiger Stoß

$$f(t) \begin{cases} = 0 & \text{für} \quad t < 0 \\ = \hat{F} \sin \Omega t & \text{für} \quad 0 \leqq t \leqq \pi/\Omega \\ = 0 & \text{für} \quad t > \pi/\Omega \end{cases}$$

(siehe Bild 3.5.10)
Die Antwort des Schwingers auf diesen Stoß ist für $t > 0$ mit Hilfe der Laplace-Transformation zu bestimmen. Zur Zeit $t \leqq 0$ soll der Schwinger in Ruhe sein.

Lösung:

Auf Grund der gegebenen Anfangsbedingungen $q(0) = 0$; $\dot{q}(0) = 0$ ist $N_0(s) = 0$. Im Intervall $0 \leqq t \leqq \pi/\Omega$ ergibt sich die $\mathfrak{L}$-Transformierte der gesuchten Lösung $q(t)$ nach Gl. (3.5.45) zu

$$Q(s) = F(s)/[aD(s)]$$

wobei $F(s) = \mathfrak{L}[f(t)] = \hat{F} \cdot \mathfrak{L}[\sin \Omega t]$ ist.
Aus Tabelle 3.5.1 findet man

$$F(s) = \hat{F} \frac{\Omega}{s^2 + \Omega^2}$$

d. h. $F(s)$ ist eine rationale Funktion. Man überzeugt sich leicht davon, daß der

Nenner von

$$\frac{F(s)}{D(s)} = \frac{\Omega}{(s^2 + \Omega^2)(s^2 + 2\delta s + \omega_0^2)} = \frac{N(s)}{\bar{D}(s)}$$

die konjugiert komplexen Wurzeln

$$\bar{s}_{1,2} = \pm \mathrm{j}\Omega \quad \text{und} \quad \bar{s}_{3,4} = -\left(\delta \pm \mathrm{j}\sqrt{\omega_0^2 - \delta^2}\right) = -(\delta \pm \mathrm{j}\omega)$$

d. h. nur einfache Wurzeln hat. Deshalb ist die Lösung durch Gl. (3.5.48) gegeben:

$$q(t) = \frac{\hat{F}\Omega}{a} \sum_{k=1}^{4} \frac{\mathrm{e}^{\bar{s}_k t}}{\bar{D}'(\bar{s}_k)}$$

Mit $\bar{D}(s) = (s^2 + \Omega^2)(s^2 + 2\delta s + \omega_0^2) = (s - \bar{s}_1)(s - \bar{s}_2)(s - \bar{s}_3)(s - \bar{s}_4)$ und mit den angegebenen Werten für $\bar{s}_1$ bis $\bar{s}_4$ sowie mit den Abkürzungen $\omega^2 = \omega_0^2 - \delta^2$; $\vartheta = \delta/\omega_0$; $a = c/\omega_0^2$; $\eta = \Omega/\omega_0$ ergibt sich die Lösung nach einiger Rechnung zu

$$q(t) = \frac{\hat{F}}{c} \left[\frac{(1 - \eta^2) \sin \Omega t - 2\vartheta\eta \cos \Omega t}{(1 - \eta^2)^2 + 4\vartheta^2\eta^2} + \frac{2\vartheta\eta \cos \omega t - (1 - \eta^2 - 2\vartheta^2)(1 - \vartheta^2)^{-1/2} \eta \sin \omega t}{(1 - \eta^2 - 2\vartheta^2)^2 + 4\vartheta^2 (1 - \vartheta^2)} \mathrm{e}^{-\delta t} \right],$$

$$0 \leqq t \leqq \pi/\Omega$$

Für den Bereich $t > \pi/\Omega$ wird die Bewegung wieder durch die freie gedämpfte Schwingung

$$q(t) = \frac{\mathrm{e}^{-\delta(t - \pi/\Omega)}}{\sqrt{1 - \vartheta^2}} \left\{ q\left(\frac{\pi}{\Omega}\right) \cos \left[\omega \left(t - \frac{\pi}{\Omega}\right) - \Theta \right] + \omega_0^{-1} \dot{q} \left(\frac{\pi}{\Omega}\right) \sin \omega \left(t - \frac{\pi}{\Omega}\right) \right\}$$

beschrieben. Die Anfangswerte $q(\pi/\Omega)$ und $\dot{q}(\pi/\Omega)$ ergeben sich aus der Lösung $q(t)$ im Intervall $0 \leqq t \leqq \pi/\Omega$ für $t = \pi/\Omega$.

3.6. Stochastische Schwingungen

3.6.1. Stationäre erzwungene Schwingungen

Im folgenden sollen stationäre Schwingungen $\xi(t)$ untersucht werden, die ein lineares Schwingungssystem mit einem Freiheitsgrad als Folge der Fremderregung durch einen stationären stochastischen Prozeß ausführt. Als Modell möge dafür die Darstellung nach Bild 3.4.1a dienen, wobei $F(t)$ eine zufallsveränderliche Kraft ist, deren zeitlicher Verlauf durch eine stationäre stochastische Funktion beschrieben wird. Entsprechend der Gl. (3.4.5) soll $\eta(t) = F(t)/c$ gesetzt werden. Damit erhält man die Dgl.

$$\ddot{\xi} + 2\delta\dot{\xi} + \omega_0^2\xi = \omega_0^2\eta(t) \tag{3.6.1}$$

Im strengen Sinne kann $\xi(t)$ nur stationär sein, wenn der stationäre Prozeß $\eta(t)$ schon unendlich lange Zeit wirkt. Praktisch kann man aber $\xi(t)$ als stationär ansehen, wenn eine „Einschwingzeit" vergangen ist, die sehr groß ist gegen $1/\delta$ (s. a. 3.4.3.).
Zu jeder Realisierung der Erregung $y(t)$ gehört eine Realisierung des Schwingungsausschlages $x(t)$, beide sind nach Gl. (3.6.1) durch die Beziehung

$$\ddot{x} + 2\delta\dot{x} + \omega_0^2 x = \omega_0^2 y \tag{3.6.2}$$

miteinander verknüpft. Im Sinne des in 1.4.4. Dargelegten seien nun $\tilde{x}$ und $\tilde{y}$ die komplexen Amplitudendichtespektren von Funktionen x_T und y_T, die im Intervall $(-T/2, +T/2)$ mit den Realisierungen x und y übereinstimmen und außerhalb dieses Intervalls den Wert Null haben. Dann gilt mit Gl. (1.4.26)

$$\left.\begin{aligned} x_T(t) &= \int_{-\infty}^{\infty} e^{j\Omega t}\tilde{x}(\Omega)\, d\Omega \\ y_T(t) &= \int_{-\infty}^{\infty} e^{j\Omega t}\tilde{y}(\Omega)\, d\Omega \end{aligned}\right\} \tag{3.6.3}$$

Die Funktionen x_T und y_T müssen die Gl. (3.6.2) befriedigen. So ergibt sich

$$\int_{-\infty}^{\infty} e^{j\Omega t}\,(\omega_0^2 - \Omega^2 + j\cdot 2\delta\Omega)\,\tilde{x}\, d\Omega = \omega_0^2 \int_{-\infty}^{\infty} e^{j\Omega t}\tilde{y}\, d\Omega$$

Daraus folgt wegen der Eindeutigkeit der Fouriertransformation unmittelbar

$$\tilde{x} = H(\Omega)\,\tilde{y} \tag{3.6.4}$$

mit der komplexwertigen *Übertragungsfunktion*

$$H(\Omega) = \frac{\omega_0^2}{\omega_0^2 - \Omega^2 + j\cdot 2\delta\Omega} \tag{3.6.5}$$

Der Betrag dieser Funktion ist identisch mit der in der Theorie der harmonischen Schwingungen verwendeten Vergrößerungsfunktion V_1 nach Gl. (3.4.15).
Mit Hilfe der Gl. (1.4.29) ist aus Gl. (3.6.4) der Zusammenhang zwischen den Spektraldichten der Prozesse η und ξ zu gewinnen:

$$S_\xi(\Omega) = |H(\Omega)|^2 \cdot S_\eta(\Omega) \tag{3.6.6}$$

Diese Gl. erlaubt es nun, unter Anwendung von Gl. (1.4.23) die Dispersion von ξ zu bestimmen:

$$D(\xi) = \sigma_\xi^2 = \int_{-\infty}^{\infty} |H(\Omega)|^2 \cdot S_\eta(\Omega)\, d\Omega \tag{3.6.7}$$

Weil für einen stationären Prozeß die mathematischen Erwartungen der Geschwindigkeit und der Beschleunigung verschwinden, folgt aus Gl. (3.6.1) unmittelbar

$$M(\xi) = M(\eta) \tag{3.6.8}$$

Weiter läßt sich aus Gl. (3.6.3) durch Ableitung nach der Zeit die Geschwindigkeit $\dot{x}$ zu

$$\dot{x}_T = \mathrm{j} \int\limits_{-\infty}^{\infty} \Omega \, \mathrm{e}^{\mathrm{j}\Omega t} \tilde{x} \, \mathrm{d}\Omega$$

darstellen. Damit gewinnt man auf dem oben gezeigten Weg die Dispersion der Größe $\dot{\xi}$ zu

$$D(\dot{\xi}) = \sigma_{\dot{\xi}}^2 = \int\limits_{-\infty}^{\infty} \Omega^2 \, |H(\Omega)|^2 \, S_\eta(\Omega) \, \mathrm{d}\Omega \qquad (3.6.9)$$

Es läßt sich zeigen, daß die mathematische Erwartung der Geschwindigkeit und die Kovarianz von Ausschlag und Geschwindigkeit für ein und denselben Zeitpunkt verschwinden:

$$M(\dot{\xi}) = 0; \qquad K(\xi, \dot{\xi}) = 0 \qquad (3.6.10)$$

Beispiel 3.13:

Ein Fundamentblock ist durch Federn und Dämpfer gegenüber dem Boden abgestützt. Der Boden erleidet unter dem Einfluß des Straßenverkehrs einer in der Nähe befindlichen Straße Vertikalverschiebungen, die durch einen stationären stochastischen Prozeß $\eta(t)$ mit durch Messung bekannter Spektraldichte $S_\eta(\Omega)$ beschrieben werden können. Die Streuung der Fundamentverschiebung ξ ist anzugeben. Sie stellt das quadratische Mittel der Verschiebung gegenüber der statischen Ruhelage dar.

Lösung:

Es liegt ein Fall kombinierter Feder- und Dämpfungskrafterregung vor. Die zugehörige Dgl. erhält man aus dem Kraftgleichgewicht am Fundamentblock zu (vgl. 3.4.1.)

$$m\ddot{\xi} + b\dot{\xi} + c\xi = c\eta + b\dot{\eta}$$

oder — nach Division durch m —

$$\ddot{\xi} + 2\delta\ddot{\xi} + \omega_0^2\xi = \omega_0^2\eta + 2\delta\dot{\eta}$$

Die Übertragungsfunktion bestimmt man durch Einsetzen der Gln. (3.6.3) in diese Dgl. zu

$$H(\Omega) = \frac{\omega_0^2 + \mathrm{j} \cdot 2\delta\Omega}{\omega_0^2 - \Omega^2 + \mathrm{j}2\delta\Omega}$$

Damit erhält man das Quadrat der gesuchten Streuung nach Gl. (3.6.7)

$$\sigma_\xi^2 = \int\limits_{-\infty}^{\infty} \frac{\omega_0^4 + 4\delta^2\Omega^2}{(\omega_0^2 - \Omega^2)^2 + 4\delta^2\Omega^2} \, S_\eta(\Omega) \, \mathrm{d}\Omega$$

Zur Auswertung der Integrale in Gl. (3.6.7) soll folgendes bemerkt werden:

Im allg. sind diese Integrale numerisch auszuwerten. Wenn die Spektraldichte $S_\eta(\Omega)$

jedoch durch eine ganze oder gebrochene rationale Funktion genähert werden kann, kann man sich mit Erfolg des Residuensatzes für komplexe Funktionen bedienen. Bei schwach gedämpften Systemen hängt das Integral in Gl. (3.6.7) hauptsächlich vom Verlauf der Spektraldichte in unmittelbarer Nähe der Resonanzfrequenz $\Omega = \omega_0$ ab. Man begeht deshalb keinen großen Fehler, wenn man $S_\eta(\Omega) = S_\eta(\omega_0) = \text{konst}$ setzt. Unter dieser Voraussetzung nehmen die Integrale in den Gln. (3.6.7) und (3.6.9) folgende Werte an:

$$\sigma_\xi^2 \approx \frac{\pi\omega_0^2}{2\delta} S_\eta(\omega_0) \tag{3.6.11}$$

$$\sigma_{\dot\xi}^2 \approx \frac{\pi\omega_0^4}{2\delta} S_\eta(\omega_0) \tag{3.6.12}$$

Damit kann man nach der Riceschen Formel (s. 1.4.7.) die „mittlere Frequenz“ zu

$$f_\mathrm{m} \approx \omega_0/2\pi \tag{3.6.13}$$

bestimmen.

Beispiel 3.14:

Der das Schwingfundament des Beispiels 3.13 erregende Prozeß $\eta(t)$ sei breitbandig, und seine Spektraldichtefunktion $S_\eta(\Omega)$ sei in der Nähe der Kennkreisfrequenz ω_0 nahezu konstant. Der Dämpfungsgrad $\vartheta = \delta/\omega_0$ des Schwingers ist so zu bestimmen, daß die Streuung der Fundamentbewegung σ_ξ ein Minimum annimmt.

Lösung:

Das Integral für σ_ξ^2 im Beispiel 3.13 ist durch Linearkombination der genäherten Lösungen (3.6.11) und (3.6.12) der Integrale (3.6.6) und (3.6.7) zu bestimmen:

$$\sigma_\xi^2 \approx \frac{\pi\omega_0^2}{2\delta} (1 + 4\delta^2/\omega_0^2) \cdot S_\eta(\omega_0)$$

$$\approx \frac{\pi\omega_0}{2} \cdot \frac{1 + 4\vartheta^2}{\vartheta} S_\eta(\omega_0)$$

Die günstigste Dämpfung ergibt sich zu $\vartheta = 1/2$.
Das zugehörige Streuungsminimum beträgt

$$\min \sigma_\xi = \sqrt{2\pi\omega_0 S_\eta(\omega_0)}$$

3.6.2. Nichtstationäre erzwungene Schwingungen

Im folgenden soll die Reaktion eines linearen Schwingungssystems mit einem Freiheitsgrad auf eine i. allg. nichtstationäre Erregung untersucht werden. Als Dgl. kann wieder Gl. (3.6.1) zugrunde gelegt werden:

$$\ddot\xi + 2\delta\dot\xi + \omega_0^2\xi = \omega_0^2\eta(t)$$

Für jede Realisierung $x(t)$ und $y(t)$ der stochastischen Prozesse $\xi(t)$ und $\eta(t)$ kann man nach Gl. (3.5.9) unter Benutzung der Impulsantwort schreiben

$$x(t) = \frac{\omega_0^2}{\omega} \int_0^t e^{-\delta(t-t^*)} \sin \omega(t - t^*)\, y(t^*)\, dt^*$$

Durch Bildung des ersten Moments und des zweiten zentrierten Moments findet man die mathematische Erwartung und die Dispersion des Zufallsprozesses ξ:

$$M[\xi(t)] = \frac{\omega_0^2}{\omega} \int_0^t e^{-\delta(t-t^*)} \sin \omega(t - t^*) \cdot M[\eta(t^*)]\, dt^* \tag{3.6.14}$$

$$D[\xi(t)] = \sigma_\xi^2(t)$$

$$= \frac{\omega_0^4}{\omega^2} \int_0^t \int_0^t e^{-\delta(2t-t_1^*-t_2^*)} \sin \omega(t - t_1^*) \sin \omega(t - t_2^*)\, K_\eta(t_1^*, t_2^*)\, dt_1^* dt_2^* \tag{3.6.15}$$

Diese Gleichungen gelten für die speziellen Anfangsbedingungen $\xi(0) = \dot{\xi}(0) = 0$. Sie sind für stationäre und nichtstationäre Erregerfunktionen $\eta(t)$ gültig.
Einen Sonderfall stellt die Erregung durch ein weißes Rauschen dar, das durch eine Kovarianzfunktion

$$K_\eta(t_1^*, t_2^*) = 2\pi\delta(t_2^* - t_1^*) \cdot S_\eta \tag{3.6.16}$$

mit der konstanten Spektraldichte S_η beschrieben wird. Mit dem Ansatz (3.6.16) kann unter Nutzung der Eigenschaften der Diracfunktion das Doppelintegral in Gl. (3.6.15) ausgeführt werden. So folgt

$$\sigma_\xi^2(t) = 2\pi S_\eta \left\{ \frac{\omega_0^4}{4\delta\omega^2} (1 - e^{-2\delta t}) + \frac{\omega_0^2}{4\omega^2} [e^{-2\delta t}(\delta \cos 2\omega t - \omega \sin 2\omega t) - \delta] \right\} \tag{3.6.17}$$

Dieser Ausdruck konvergiert für wachsende t gegen $\sigma_\xi^2(\infty) = \pi\omega_0^2 S_\eta/(2\delta)$. Das ist der Wert für das Quadrat der Streuung des stationären stochastischen Prozesses, der bereits in 3.6.2. abgeleitet werden konnte.

3.7. Aufgaben zum Abschnitt 3.

Aufgabe 3.1:

Eine homogene quadratische Platte der Masse m, deren Dicke gegenüber der Kantenlänge vernachlässigt werden kann, ist an den Ecken und an den Halbierungspunkten der Seiten von je einer Feder der Steifigkeit c gestützt (Bild 3.7.1). Die Platte kann folgende, voneinander unabhängige Schwingungsbewegungen ausführen:

a) Parallelverschiebung senkrecht zur Plattenfläche
(Koordinate x, $x = 0$ bedeutet statische Ruhelage),

b) Drehung um eine Achse durch 2 gegenüberliegende Seitenmitten (Drehwinkel φ),
c) Drehung um eine Diagonale (Drehwinkel ψ).

Für die 3 Schwingungsformen sind die kinetische Energie T, die potentielle Energie U und die Eigenfrequenz f anzugeben.

Aufgabe 3.2:

Eine Punktmasse m wird durch vorgespannte, um 120° versetzte Federn der Steifigkeit c gehalten (Bild 3.7.2). Die Länge der entspannten Federn ist l, die Länge der vorgespannten Federn in der statischen Ruhelage der Masse ist r. Anzugeben sind die Rückstellkraft $F = F(x)$ bei horizontaler Auslenkung der Masse und die Eigenfrequenz f für kleine Schwingungen. Gewichtskräfte sind nicht zu berücksichtigen.

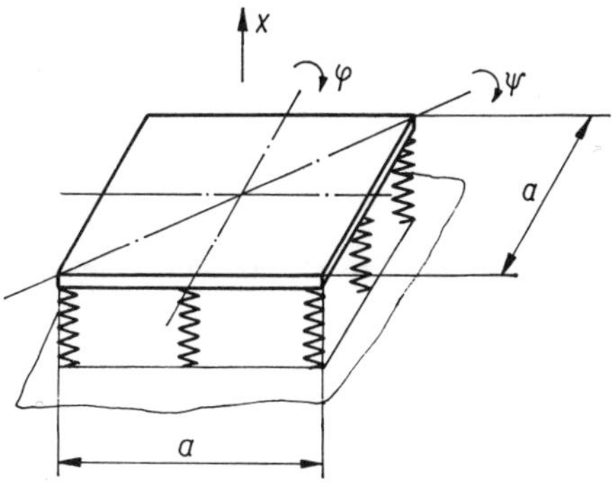

Bild 3.7.1. Starre homogene Rechteckplatte mit elastischer Abstützung nach Aufgabe 3.1

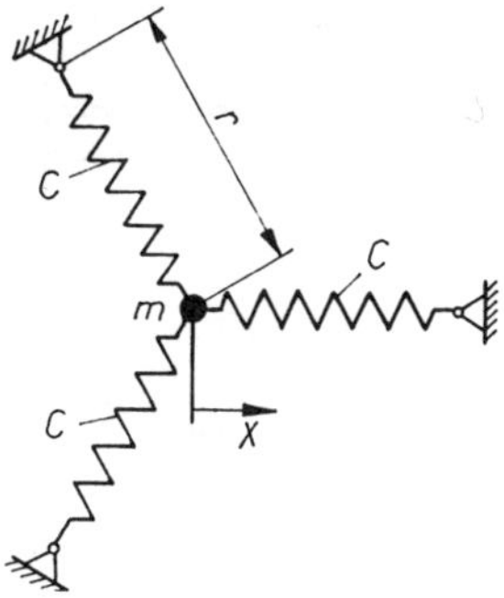

Bild 3.7.2. Gefesselte Punktmasse nach Aufgabe 3.2

Aufgabe 3.3:

Ein Rundstab aus Stahl ($E = 2 \cdot 10^{11}$ N/m², $\varrho = 7850$ kg/m³) mit einem Durchmesser von $d = 20$ mm und einer Länge $l = 1$ m ist einseitig eingespannt. Am anderen Stabende ist eine Punktmasse von $m = 2$ kg befestigt. Zu bestimmen ist die Eigenfrequenz f der Biegeschwingungen

a) ohne Berücksichtigung der Stabmasse,
b) mit genäherter Berücksichtigung der Stabmasse.

Aufgabe 3.4:

Ein Brückenkran soll als Einmassenschwinger idealisiert werden (Bild 3.7.3). Bei der statischen Belastung durch eine Gewichtskraft von $9{,}81 \cdot 10^5$ N senkt sich der Kraftangriffspunkt um 20 mm ab. Ausschwingversuche (ohne Last) ergeben eine Periodendauer von 0,25 s, wobei die Ausschlagmaxima nach jeweils einer Periodendauer auf 80% zurückgehen. Zu bestimmen sind das logarithmische Dämpfungsdekrement Λ, der Dämpfungsgrad ϑ sowie für das gewählte Schwingungsmodell die Parameter c (Federsteifigkeit), b (Dämpfungskonstante) und m (Masse).

Aufgabe 3.5:

Das luftbereifte Rad eines Fahrzeugs hat eine Masse von 10 kg. Die Abfederung des Rades durch Luftbereifung und Radfeder hat eine Federsteifigkeit von 200 N/mm, die Dämpfung soll vernachlässigt werden. Das Rad möge eine Unwucht von 0,1 kg, bezogen auf den Laufradius $R = 200$ mm haben. Welche Kreisfrequenz und welche Amplitude $\hat{x}$ haben die als Folge der Unwucht bei einer Geschwindigkeit von 90 km/h auftretenden vertikalen Schwingungen der Radachse?

Aufgabe 3.6:

Für die in der Aufgabe 3.5 beschriebene Schwingungsanordnung ist die Dämpfung zu berücksichtigen. Ausschwingversuche ergaben ein logarithmisches Dämpfungsdekrement von $\Lambda = \ln 2$. Zu bestimmen sind

a) die Schwingungsamplitude bei einer Geschwindigkeit von 90 km/h,
b) die Geschwindigkeit v, bei der die maximale Schwingungsamplitude $\hat{x}_{max}$ auftritt,
c) die maximale Amplitude $\hat{x}_{max}$.

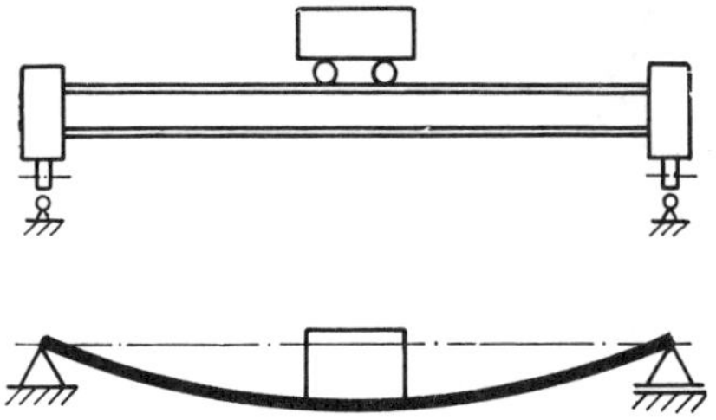

Bild 3.7.3. Laufkran als Einmassenschwinger nach Aufgabe 3.4.

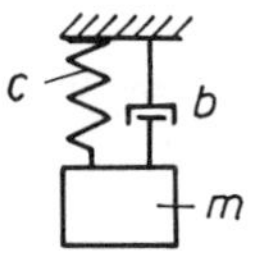

Aufgabe 3.7:

Zur Auslegung eines Bodenverdichtungsgerätes sollen die Bodeneigenschaften durch das Modell eines gedämpften Feder-Masse-Schwingers beschrieben werden. Dazu wird ein Unwuchterreger mit regelbarer Drehzahl auf den Boden aufgesetzt (Bild 3.7.4). Die Unwuchtkraft $\hat{F}(\Omega) \cdot \sin \Omega t$ ist dem Betrage nach kleiner als die Masse $m_0 = 50$ kg des Unwuchterregers multipliziert mit der Fallbeschleunigung, um ein Abheben zu vermeiden. Die Amplitude $\hat{x}$ und der Nacheilwinkel ψ sowie die Erregerkreisfrequenz Ω der Schwingungsbewegung werden gemessen. Die Aufzeichnung von $\hat{x}\Omega/\hat{F}$ als Radiusvektor und ψ als Winkelargument mit Ω als Parameter ergibt eine Ortskurve, die sich durch einen Kreis entsprechend Bild 3.4.10 annähern läßt. Der Durchmesser dieses Kreises wird zu $d = 1{,}58 \cdot 10^{-4}$ m/Ns bestimmt. Die zu den Phasenwinkeln $\pi/4$; $\pi/2$; $3\pi/4$ gehörigen Kreisfrequenzen werden zu 23,1 s^{-1}, 44,7 s^{-1}, 86,4 s^{-1} ermittelt. Gesucht sind die Dämpfungskonstante b, die Federsteifigkeit c und die Masse m (die sogenannte mitschwingende Masse) des Bodenmodells.

Aufgabe 3.8:

Eine Schwingrinne führt Schwingungen mit der Amplitude $\hat{x} = 50$ mm bei einer Frequenz von $f = 3{,}75$ Hz aus. Die Schwingungsrichtung ist um 45° gegen die Vertikale geneigt. Das Fördergut der Masse $m = 100$ kg löst sich von der Rinne, wenn die Vertikalkomponente der Beschleunigung die negative Fallbeschleunigung $-g$ unterschreitet. Unter der Voraussetzung, daß die in diesem Moment dem Fördergut eigene kinetische Energie dem Schwingungsantrieb in jeder Periode der Schwingrinnenbewegung entzogen wird und keine weiteren Energieverluste auftreten, ist zu bestimmen:

a) die Geschwindigkeit v des Gutes zum Ablösezeitpunkt,
b) die mittlere Antriebsleistung P,
c) die Dämpfungskonstante b eines geschwindigkeitsproportionalen Dämpfers, der den gleichen Energieentzug P wie das Fördergut bewirkt.

Aufgabe 3.9:

Ein gedämpfter Feder-Masse-Schwinger (Bild 3.4.1a) wird aus dem Ruhezustand heraus plötzlich mittels einer harmonischen Kraft konstanter Amplitude und Frequenz erregt. Die Phasenwinkel beim Einschalten sind unbekannt. Anzugeben ist

a) die obere Schranke des während des Einschwingvorganges auftretenden Ausschlages in Abhängigkeit vom Abstimmungsverhältnis,
b) der größtmögliche Ausschlag während des Einschwingvorganges für $\eta = 1$.

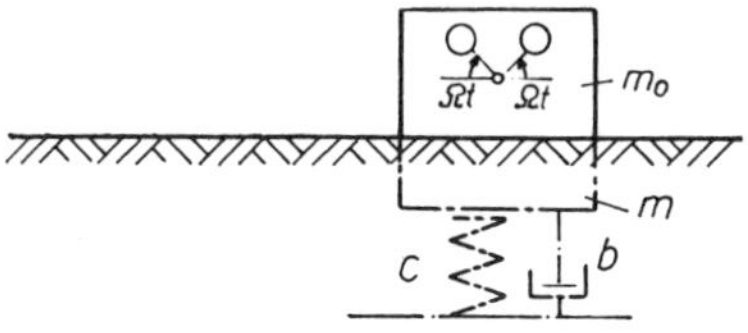

Bild 3.7.4. Unwuchterreger zur Bestimmung der Eigenschaften des Bodens nach Aufgabe 3.7

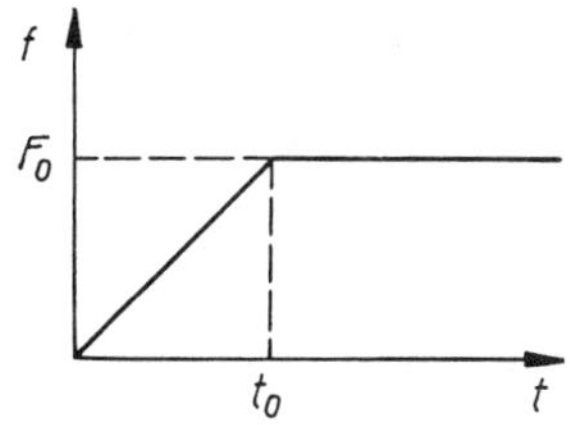

Bild 3.7.5. Nichtperiodische Erregerkraft nach Aufgabe 3.11

Aufgabe 3.10:

Der Schwingungsausschlag des resonanzerregten ungedämpften Schwingers (Gl. (3.4.47)) ist als Phasendiagramm im Bereich $0 \leqq \omega t \leqq 3\pi$ darzustellen. Die Größen x und $\dot{x}$ sind auf $\hat{y}$ bzw. $\omega\hat{y}$ zu beziehen.

Aufgabe 3.11:

Auf einen linearen gedämpften Schwinger mit der Masse m, der Federsteifigkeit c und der Dämpfungskonstante b wirke als äußere Erregung die nichtperiodische Kraft

$$f(t) \begin{cases} = F_0 t/t_0 & \text{für} \quad 0 \leqq t \leqq t_0 \\ = F_0 & \text{für} \quad t > t_0 \end{cases}$$

(siehe Bild 3.7.5). Anfangsbedingungen: $q(0) = \dot{q}(0) = 0$.
Man bestimme den zeitlichen Verlauf der Schwingung $q(t)$ und stelle diesen in der dimensionslosen Form $x(\tau) = \dfrac{q(\tau)}{F_0/m\omega_0{}^2\tau_0}$ mit $\tau = \omega_0 t$, $\tau_0 = \omega_0 t_0 = \pi$ grafisch dar. Für die Darstellung benutze man außerdem die Abkürzungen $\vartheta = \delta/\omega_0 = b/(2m\omega_0) = 0{,}3$; $\omega_0{}^2 = c/m$; $\Theta = \arcsin \vartheta = \arccos \sqrt{1 - \vartheta^2}$; $\omega = \omega_0 \sqrt{1 - \vartheta^2}$.

Aufgabe 3.12:

Eine Lokomotive setzt sich aus dem Ruhezustand mit der Beschleunigung $a = a_0 \times \exp(-\beta t)$ in Bewegung. Über elastische und dämpfende Elemente sei sie mit einem mitgeführten Eisenbahnwagen verbunden (siehe Bild 3.7.6). Unter Verwendung der Abkürzungen

$$\omega_0^2 = c/m_2; \quad \delta = b/(2m_2); \quad \tau = \omega_0 t; \quad \vartheta = \delta/\omega_0; \quad \gamma = \beta/\omega_0$$

$$x = x_1 - x_2 \text{ (Federweg)}$$

bestimme man

a) den zeitlichen Verlauf des bezogenen Federweges $\omega_0^2 x(\tau)/a_0$,
b) den Zeitpunkt τ_0, für den der Federweg ein Maximum annimmt,
c) den maximalen bezogenen Federweg.

Für die Zahlenrechnung ist $\vartheta = 0{,}5$ und $\gamma = 0{,}2$ zu setzen.

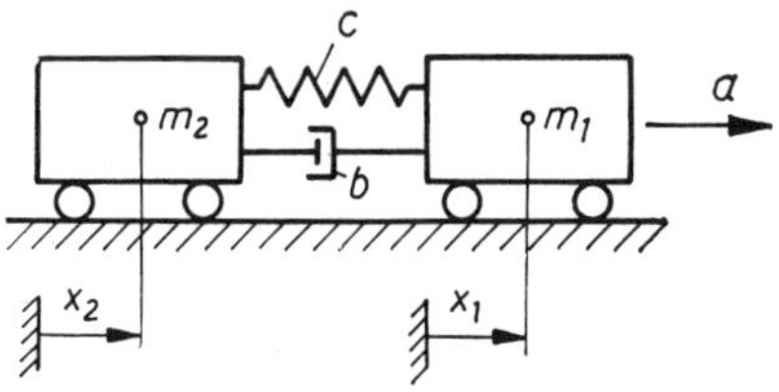

Bild 3.7.6. Modell des Schwingungssystems nach Aufgabe 3.12

Aufgabe 3.13:

Das luftbereifte Rad eines Fahrzeuges hat eine Masse von $m = 10$ kg. Die Luftbereifung hat eine Federsteifigkeit von $c = 2 \cdot 10^5$ N/m, die Dämpfungskonstante beträgt $b = 300$ Ns/m. Die Berührung zwischen Rad und Boden wird als punktförmig angesehen (Bild 3.7.7). Die Bodenunebenheiten in Fahrtrichtung werden als

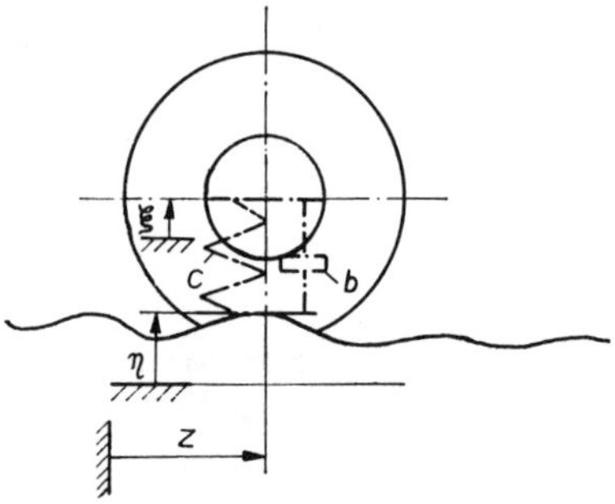

Bild 3.7.7. Modell des Schwingungssystems nach Aufgabe 3.13

stationärer stochastischer Prozeß $\eta(z)$ angesetzt. Messungen haben ergeben, daß dieser Prozeß durch eine Kovarianzfunktion $K_\eta = a^2 \exp(-\alpha|z_2 - z_1|)$ mit $a = 2$ cm, $\alpha = 0{,}5\ \text{m}^{-1}$ beschrieben werden kann.

Unter der Annahme einer konstanten Achslast und konstanter Fahrgeschwindigkeit $v = \dfrac{dz}{dt}$ ist zu bestimmen:

a) die Kovarianzfunktion des Prozesses der Wegerregung $\eta(t) = \eta(z(t))$,
b) die Spektraldichte des Prozesses $\eta(t)$,

c) die Übertragungsfunktion $H(\Omega)$,
d) die Streuung des Prozesses $\xi(t)$ (Auslenkung der Radachse),
e) die Geschwindigkeit v_0, für die σ_ξ ein Maximum annimmt und das dazugehörige σ_ξ,
f) die Streuung von $\xi(t)$ bei $v = 100$ km/h.

Für die Lösung der Teilaufgaben d) und e) ist $\eta(t)$ als weißes Rauschen anzusehen und $S_\eta = S_\eta(\omega_0)$, $\omega_0 = \sqrt{c/m}$ zu setzen!

Aufgabe 3.14:

Ein Fahrzeug der Masse $m = 1$ t wird durch eine Kraft F, die durch einen normalverteilten stationären stochastischen Prozeß $\varphi(t)$ repräsentiert wird, auf horizontaler Ebene beschleunigt. Das Fahrzeug hat zur Zeit $t = 0$ die Geschwindigkeit $v = 0$. Der Prozeß $\varphi(t)$ ist charakterisiert durch $M(\varphi) = F_0$, $K_\varphi(\tau) = \sigma_F{}^2 \exp(-\alpha|\tau|)$ mit

$$F_0 = 1000\text{ N},$$
$$\sigma_F = 20\text{ N},$$
$$\alpha = 1\text{ s}^{-1}.$$

Gesucht sind für den nichtstationären Prozeß $v(t)$

a) die mathematische Erwartung $\mu_v(t)$ nach $t = 1, 5, 25$ s,
b) die Streuung $\sigma_v(t)$ nach $t = 1, 5, 25$ s,
c) die Streuung $\sigma_{\dot{v}}(t)$,
d) die „mittlere Frequenz" der Schwankungen der Geschwindigkeit um die mathematische Erwartung f_m nach $t = 1, 5, 25$ s.

4. Schwingungen in nichtlinearen Systemen mit einem Freiheitsgrad

4.1. Bewegungsgleichungen

Wie in 3.1., wo lineare Bewegungsgleichungen behandelt wurden, soll am Beginn der Betrachtungen die allgemeine Bewegungsgleichung für Schwingungssysteme mit einem Freiheitsgrad, Gl. (3.1.1) stehen

$$a\ddot{q} + g(q, \dot{q}, t) = 0 \qquad (4.1.1)$$

Bei den in diesem Abschnitt zu behandelnden Schwingungserscheinungen und Verfahren zur Lösung von Dgln. soll wie in 3.1. vorausgesetzt werden, daß sich die explizite Abhängigkeit der Funktion $g(q, \dot{q}, t)$ von der Zeit durch ein gesondertes Glied ausdrücken läßt. Dann kann man an Stelle von Gl. (4.1.1) schreiben

$$a\ddot{q} + g(q, \dot{q}) = f(t) \qquad (4.1.2)$$

Mit Gl. (4.1.2) ist natürlich noch nicht die volle Vielfalt der nichtlinearen (auch nicht der linearen) Schwingungssysteme erschöpft, insbesondere fehlen die parametererregten Schwingungen, aber diese Einschränkung ist aus methodischen Gründen zweckmäßig. Parametererregte Schwingungen werden im Abschnitt 5. gesondert behandelt. Ist die Funktion $f(t)$ identisch Null, so liegt mit der Gleichung

$$a\ddot{q} + g(q, \dot{q}) = 0 \qquad (4.1.3)$$

die Bewegungsgleichung eines autonomen Systems vor; während Gl. (4.1.2) ein heteronomes Schwingungssystem beschreibt (s. auch Abschnitt 2.).
Ein spezielles Beispiel für die Bewegungsgleichung eines nichtlinearen autonomen Systems ist die Dgl. des schon mehrfach behandelten Pendels, Gl. (3.1.7)

$$ml^2\ddot{\varphi} + mgl \sin \varphi = 0 \qquad (4.1.4)$$

Die Nichtlinearität ist hier geometrisch bedingt. Gl. (4.1.4) charakterisiert ein konservatives System; das ist an dem Fehlen eines von $\dot{\varphi}$ abhängigen Terms sofort sichtbar. Berücksichtigt man aber noch den Luftwiderstand und setzt diesen als dem Quadrat der Geschwindigkeit proportional an, so erhält man

$$ml^2\ddot{\varphi} + bl^2\dot{\varphi}^2 \operatorname{sgn} \dot{\varphi} + mgl \sin \varphi = 0 \qquad (4.1.5)$$

Die sgn-Funktion ist hier erforderlich, weil die Dämpfungskraft ihr Vorzeichen mit der Bewegungsrichtung ändert.

Nicht immer sind die Nichtlinearitäten wie in den Gln. (4.1.4) und (4.1.5) durch „glatte“ Funktionen zu beschreiben. So ist z. B. die Funktion $g(x)$ des Schwingers mit Spiel (Bild 4.1.1) mit

$$m\ddot{x} + g(x) = 0$$

$$g(x) = \begin{cases} 0 & \text{für } -a \leqq x \leqq +a \\ c(x-a) & \text{für } x > a \\ c(x+a) & \text{für } x < a \end{cases} \qquad (4.1.6)$$

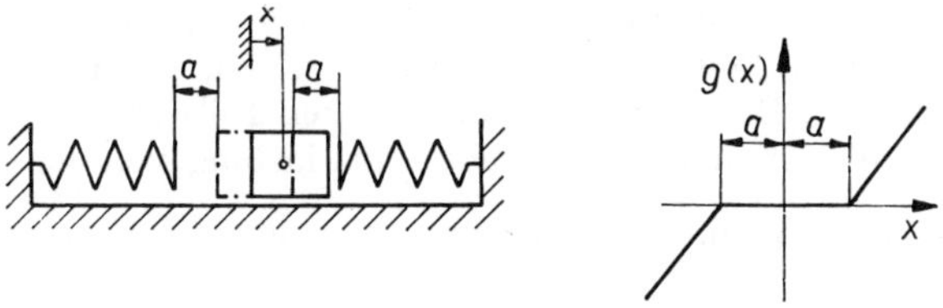

Bild 4.1.1. Schwinger mit Spiel; Rückführfunktion $g(x)$ nicht differenzierbar

an den Stellen $x = \pm a$ nicht differenzierbar. Der im Bild 4.1.2 dargestellte Schwinger mit vorgespannten Federn weist sogar ein unstetiges Rückstellglied $g(x)$ auf:

$$m\ddot{x} + g(x) = 0$$

$$g(x) = \begin{cases} cx + F_0 & \text{für } x > 0 \\ 0 & \text{für } x = 0 \\ cx - F_0 & \text{für } x < 0 \end{cases} \qquad (4.1.7)$$

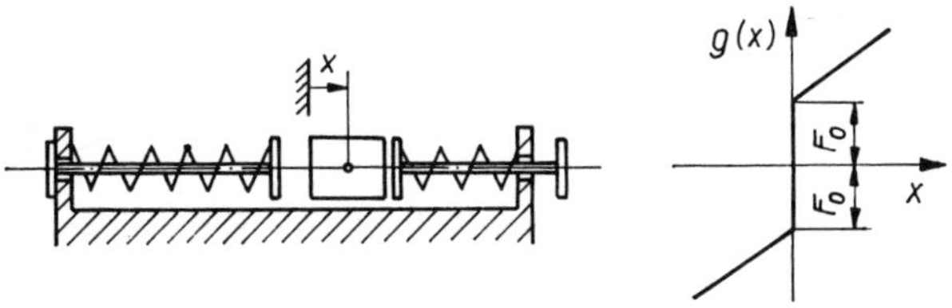

Bild 4.1.2. Nichtlinearer Schwinger mit unstetiger Rückführfunktion $g(x)$

Eine Nichtlinearität besonderer Art weist der Torsionsschwinger nach Bild 4.1.3 auf: Vorausgesetzt ist, daß sich die rechte Scheibe mit konstanter Winkelgeschwindigkeit Ω dreht. Die Coulombsche Reibung zwischen beiden Scheiben ist durch ein

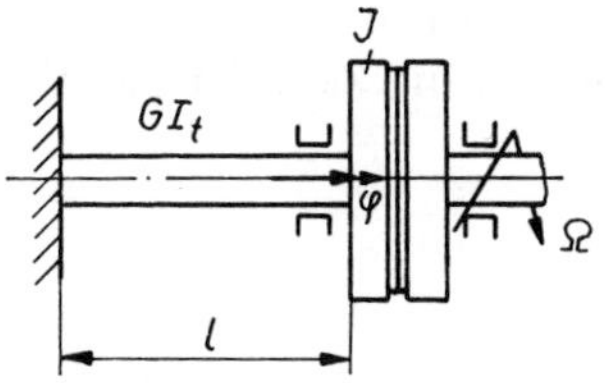

Bild 4.1.3. Torsionsschwinger mit Coulombscher Reihung

näherungsweise konstantes Reibmoment M_G im Zustand des Gleitens ($\dot{\varphi} < \Omega$) gekennzeichnet. Die dazugehörige Dgl. ist

$$I\ddot{\varphi} + \frac{GI_t}{l}\varphi = M_G, \qquad \dot{\varphi} < \Omega \qquad (4.1.8)$$

Ist dagegen einmal der Zustand gleicher Winkelgeschwindigkeit beider Scheiben erreicht, so haften die Scheiben aneinander bis das von ihnen übertragene Moment das Haftmoment M_H, das größer als M_G ist, übersteigt:

$$I\ddot{\varphi} = 0; \qquad \frac{GI_t}{l}\,\varphi \leqq M_H; \qquad M_G < M_H \tag{4.1.9}$$

Wächst also φ über den Wert $M_H l/GI_t$ an, so tritt wieder Gleiten ein, und es gilt Gl. (4.1.8). Die Gln. (4.1.8) und (4.1.9) beschreiben eine besondere Form der nichtlinearen Schwingung, die *selbsterregte* Schwingung.
Die durch die Gln. (4.1.4) bis (4.1.9) vorgestellten Beispiele erlauben es, noch eine weitere Unterscheidungsmöglichkeit der Bewegungsgleichung zu zeigen, die für die Wahl der Lösungsmethoden wichtig ist. Die Abspaltung des linearen Teils der nichtlinearen Funktionen in den Gln. (4.1.4) und (4.1.5) nach Entwicklung von $\sin\varphi = \varphi - \frac{1}{3!}\varphi^3 + \frac{1}{5!}\varphi^5 \cdots$ erlaubt eine Trennung von linearen und nichtlinearen Gliedern:

$$ml^2\ddot{\varphi} + mgl\varphi \approx \frac{1}{6}\,mgl\varphi^3 \tag{4.1.10}$$

bzw.

$$ml^2\ddot{\varphi} + mgl\varphi \approx \frac{1}{6}\,mgl\varphi^3 - bl^2\dot{\varphi}^2 \operatorname{sgn}\dot{\varphi} \tag{4.1.11}$$

Hierbei wurde die Taylorentwicklung von $\sin\varphi$ nach dem 2. Glied abgebrochen. Für kleine Amplituden können die nichtlinearen Glieder auf den rechten Seiten der Gln. als klein gegen die linearen Glieder der linken Seiten angesehen werden. Das wird im allgemeinen durch die folgende Schreibweise der Gln. ausgedrückt:

$$a\ddot{q} + cq = \varepsilon h(q, \dot{q}) \tag{4.1.12}$$

Der Parameter ε (oft als „kleiner“ Parameter bezeichnet) dient zur Kennzeichnung der nichtlinearen Glieder der Dgl.
Einige Näherungsverfahren, insbesondere die später zu behandelnde Störungsrechnung, machen Gebrauch von einer Reihenentwicklung der Lösungen nach steigenden Potenzen von ε. Die Konvergenz wird oft nicht gesondert untersucht, dafür wird gefordert, daß ε hinreichend klein sei. Allen Näherungsverfahren gemeinsam ist, daß die erzielten Lösungen für $\varepsilon \to 0$ gegen die Lösungen der linearen Dgln. konvergieren. Unstetige Funktionen $h(q, \dot{q})$, wie sie in den Gln. (4.1.6) bis (4.1.9) auftreten, lassen eine Reihenentwicklung nicht ohne weiteres zu. Das schränkt die Zahl der zur Verfügung stehenden Lösungsmethoden ein.

4.2. Freie Schwingungen in konservativen Systemen

Der Begriff der freien Schwingung wurde in Abschnitt 2.3. erklärt, und für den linearen Fall wurden freie Schwingungen in 3.2. und 3.3. ausführlich behandelt. Jetzt soll der allgemeinere Fall der nichtlinearen freien Schwingungen besprochen werden, wobei zunächst der einfachste Fall der ungedämpften Schwingungen behandelt wird. Die Bewegung eines beliebigen nichtlinearen Schwingers mit einem Freiheitsgrad, der ungedämpfte freie Schwingungen ausführt, läßt sich durch die Dgl.

$$a\ddot{q} + g(q) = 0 \tag{4.2.1}$$

beschreiben. Als Beispiel dafür wurde in 4.1. die Dgl. für das mathematische Pendel angeführt (Gl. 4.1.4). Im folgenden werden verschiedene Möglichkeiten untersucht, die Dgl. (4.2.1) zu lösen. Dabei interessieren das Zeitverhalten $q(t)$ der schwingenden Größe, die Periodendauer und oft auch die Abhängigkeit $\dot{q}(q)$, d. h. die Gl. der Phasenkurven.

4.2.1. Exakte Lösung

Eine direkte Lösung der Dgl. (4.2.1), ähnlich wie in Abschnitt 3. für den linearen Fall, ist nicht möglich. Der Umweg über die Abhängigkeit $\dot{q}(q)$ führt jedoch zum Ziel. Dazu wird von folgender Beziehung Gebrauch gemacht:

$$\ddot{q} = \frac{\mathrm{d}\dot{q}}{\mathrm{d}t} = \dot{q}\,\frac{\mathrm{d}\dot{q}}{\mathrm{d}q} = \frac{1}{2}\,\frac{\mathrm{d}(\dot{q}^2)}{\mathrm{d}q} \tag{4.2.2}$$

Setzt man Gl. (4.2.2) in Gl. (4.2.1) ein, so entsteht

$$\frac{1}{2}\,a\,\frac{\mathrm{d}(\dot{q}^2)}{\mathrm{d}q} + g(q) = 0$$

bzw. nach Multiplikation mit dq und Integration

$$\frac{1}{2}\,a\dot{q}^2 + \int\limits_{q_N}^{q} g(q^*)\,\mathrm{d}q^* = W_0 = \text{konst} \tag{4.2.3}$$

In dieser Gleichung sind

$$T(\dot{q}) = \frac{1}{2}\,a\dot{q}^2 \qquad \text{und} \qquad U(q) = \int\limits_{q_N}^{q} g(q^*)\,\mathrm{d}q^*$$

die kinetische Energie und die potentielle Energie des Schwingers. Durch $q = q_N$ ist eine ausgezeichnete Lage gekennzeichnet, für die U zu Null gesetzt ist. q_N kann mit der Anfangslage q_0 identisch sein. Man erkennt, daß W_0 eine Energiekonstante ist, die sich aus den Anfangsbedingungen $q = q_0$; $\dot{q} = \dot{q}_0$ bei $t = 0$ zu

$$W_0 = T(\dot{q}_0) + U(q_0) = \frac{1}{2}\,a\dot{q}_0^2 + \int\limits_{q_N}^{q_0} g(q^*)\,\mathrm{d}q^* \tag{4.2.4}$$

bestimmt.
Aus Gl. (4.2.3) erhält man die gesuchte Abhängigkeit

$$\dot{q}(q) = \pm\sqrt{\frac{2}{a}\,[W_0 - U(q)]} \tag{4.2.5}$$

Gl. (4.2.5) ist die Gleichung der Phasenkurven in der durch q und $\dot{q}$ gekennzeichneten Phasenebene. Man erkennt an dem doppelten Vorzeichen vor der Wurzel, daß sämtliche Phasenkurven symmetrisch zur q-Achse sein müssen. Die Gesamtenergie W_0 des Schwingungssystems erscheint als Parameter, so daß sich für verschiedene Werte von W_0 das Phasenporträt des Schwingers ergibt. Eine zeitliche Zuordnung für die Lagen des die Schwingung repräsentierenden Bildpunktes auf der Phasenkurve ist durch Gl. (4.2.5) nicht möglich. Mit $\dot{q} = \mathrm{d}q/\mathrm{d}t$ läßt sich aber Gl. (4.2.5) in der Form

$$\mathrm{d}t = \frac{\mathrm{d}q}{\dot{q}(q)} = \frac{\mathrm{d}q}{\pm\sqrt{2[W_0 - U(q)]/a}}$$

schreiben. Setzt man voraus, daß zu einem gegebenen Zeitpunkt $t = t_0$ der Ausschlag $q(t_0) = q_0$ ist, so erhält man durch Integration mit der neuen Integrationsvariablen q^* die Zeit, die der Bildpunkt beim Durchlaufen der Phasenkurve von q_0 nach q benötigt:

$$t = t_0 + \int_{q_0}^{q} \frac{\mathrm{d}q^*}{\pm\sqrt{2[W_0 - U(q^*)]/a}} \tag{4.2.6}$$

Mit Hilfe der Gl. (4.2.6) kann man jedem Bildpunkt auf der Phasenkurve auch eine Zeit zuordnen. Außerdem stellt diese Gl. das Zeitverhalten der schwingenden Größe in der Form $t = t(q)$ dar. Die Umkehrfunktion $q = q(t)$ läßt sich nicht immer explizit angeben, was aber für die Darstellung des Zeitverhaltens ohne Bedeutung ist. Bei konservativen Schwingungssystemen ist die Bewegung immer periodisch., d. h. die Phasenkurven sind geschlossen. Die Periodendauer T ist daher identisch mit der Zeit, die der Bildpunkt für einen vollen Umlauf auf der Phasenkurve benötigt. Wegen der Symmetrie der Phasenkurven zur q-Achse läßt sich die Schwingungsdauer wie folgt angeben:

$$T = 2\int_{q_{\min}}^{q_{\max}} \frac{\mathrm{d}q^*}{\pm\sqrt{2[W_0 - U(q^*)]/a}} \tag{4.2.7}$$

Hierbei wurde willkürlich $t_0 = 0$ und $q(0) = q_{\min}$ gesetzt (Bild 4.2.1). Das Minuszeichen vor der Wurzel in den Gln. (4.2.6) und (4.2.7) ist zu nehmen, wenn über ein

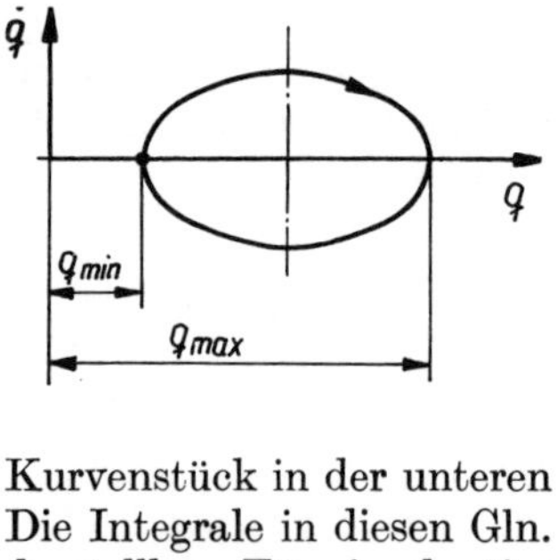

Bild 4.2.1. Zur q-Achse symmetrische Phasenkurve eines konservativen Schwingungssystems

Kurvenstück in der unteren Halbebene, d. h. von rechts nach links integriert wird. Die Integrale in diesen Gln. sind allerdings oft nicht durch elementare Funktionen darstellbar. Für eine bestimmte Klasse von Funktionen erhält man die sog. elliptischen Integrale. Darauf wird noch einzugehen sein. In vielen Fällen muß die Integration numerisch ausgeführt werden.

Beispiel 4.1:

Ein Fundamentblock werde über Gummifedern gegen den Boden abgestützt (Bild 4.2.2). Der Koordinatenanfang ist so gewählt, daß die Federn bei $q = 0$ entlastet sind. Die Federcharakteristik sei durch die Kraftfunktion

$$F(q) = -cq(1 + q^2/d^2)$$

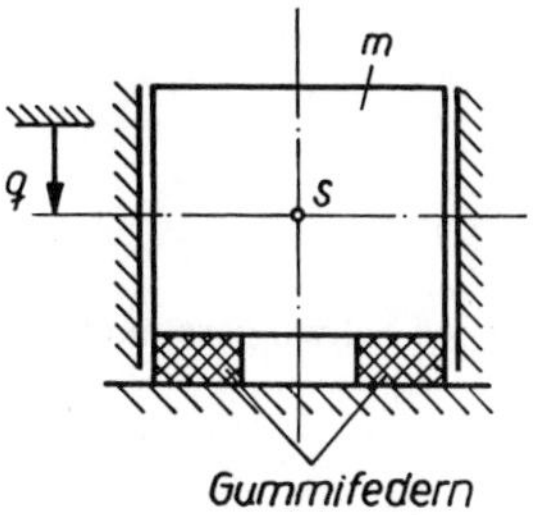

Bild 4.2.2. Fundamentblock auf Gummifedern mit nichtlinearer Charakteristik nach Beispiel 4.1

gegeben. Im vorliegenden Beispiel sei d gerade gleich der Verschiebung q in der statischen Gleichgewichtslage. Damit ist in diesem speziellen Fall das Gewicht des Fundamentblockes nach obiger Formel durch

$$-F(d) = 2cd$$

angebbar, und die Dgl. der Bewegung nimmt die Form

$$m\ddot{q} + cq(1 + q^2/d^2) = 2cd$$

an, wobei Dämpfungsfreiheit vorausgesetzt wurde. Man bestimme die Phasenkurven und die Periodendauern für die Anfangsbedingungen

$$t_0 = 0; \quad \dot{q}_0 = 0; \quad q_0 = \alpha d \quad \text{mit} \quad \alpha = 1{,}1, \ 1{,}3 \ \text{und} \ 1{,}5.$$

Lösung:

Die potentielle Energie ist

$$U(q) = \int_0^q g(q^*)\,\mathrm{d}q^* = c\int_0^q (q^* + q^{*3}/d^2 - 2d)\,\mathrm{d}q^*$$

$$= c(q^2/2 + q^4/4d^2 - 2dq)$$

Mit den Anfangsbedingungen erhält man

$$W_0 = U(\alpha d) = cd^2(\alpha^2/2 + \alpha^4/4 - 2\alpha)$$

Damit folgt aus Gl. (4.2.5):

$$\dot{q}(q) = \pm\omega_0 d\sqrt{4(q/d - \alpha) - (q^2/d^2 - \alpha^2) - (q^4/d^4 - \alpha^4)/2}$$

Dabei wurde $\omega_0 = \sqrt{c/m}$ eingeführt. Die Phasenkurven sind im Bild 4.2.3 dargestellt. Die Periodendauer ergibt sich nach Gl. (4.2.7) zu

$$T = 2\int_{q_{min}}^{q_{max}} \frac{\mathrm{d}q^*/d}{\omega_0\sqrt{4(q/d - \alpha) - (q^2/d^2 - \alpha^2) - (q^4/d^4 - \alpha^4)/2}}$$

Am einfachsten führt man die Integration numerisch durch. Dazu ist jedoch vorher eine Substitution der Integrationsvariablen notwendig, um die Singularität des Integranden an den Integrationsgrenzen zu beseitigen. Das erreicht man durch

$$q = \frac{1}{2}\,(q_{\max} + q_{\min}) - \frac{1}{2}\,(q_{\max} - q_{\min}) \cdot \cos\varphi$$

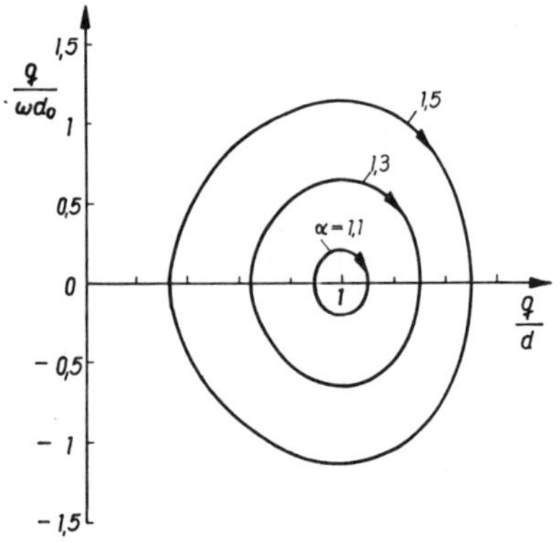

Bild 4.2.3. Phasenkurven des Schwingers nach Beispiel 4.1

Die Variable φ läuft dann von $-\pi$ bis π. Im Ergebnis der Integration erhält man

bei $\alpha = 1{,}1$: $T = 3{,}15/\omega_0$

bei $\alpha = 1{,}3$: $T = 3{,}19/\omega_0$

bei $\alpha = 1{,}5$: $T = 3{,}28/\omega_0$

Eine Entwicklung der Kraftfunktion $F(q)$ in der Nähe der statischen Ruhelage $q = d$ und Abbruch nach dem linearen Glied führt auf die lineare Dgl.

$$m\ddot{q} + 4cq = 0$$

Die dafür ermittelte Periodendauer weicht von den obenangeführten Werten kaum ab. Sie beträgt $T = \pi/\omega_0$.

Beispiel 4.2:

Für das mathematische Pendel nach Bild 4.2.4 sind zu ermitteln:

a) die Gl. der Phasenkurven in Abhängigkeit von der Anfangsbedingung $\varphi(t = 0) = \varphi_0$; $\dot{\varphi}(t = 0) = \dot{\varphi}_0$,
b) die Auslenkung $\varphi(t)$,
c) die Periodendauer T und die Eigenkreisfrequenz ω des Pendels.

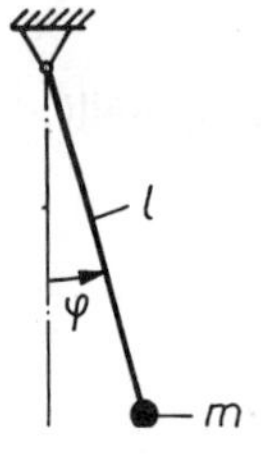

Bild 4.2.4. Mathematisches Pendel entsprechend Beispiel 4.2

Lösung:

Zu a)

Die Dgl. für die Schwingungen des mathematischen Pendels lautet nach Gl. (3.1.7)

$$ml^2\ddot{\varphi} + mgl \sin \varphi = 0$$

Nach Gl. (4.2.5) ergibt sich daraus die Beziehung

$$\dot{\varphi}(\varphi) = \pm\sqrt{2/(ml^2) \cdot [W_0 - U(\varphi)]}$$

Die potentielle Energie $U(\varphi)$ beträgt

$$U(\varphi) = mgl \int\limits_0^{\varphi} \sin \varphi^* \, d\varphi^* = mgl\,(1 - \cos \varphi)$$

Mit der Anfangsbedingung $\dot{\varphi}(\varphi_0) = \dot{\varphi}_0$ findet man die Energiekonstante:

$$W_0 = U(\varphi_0) + \frac{1}{2}\, ml^2\dot{\varphi}_0{}^2 = mgl\,(1 - \cos \varphi_0) + \frac{1}{2}\, ml^2\dot{\varphi}_0{}^2$$

Damit erhält man die Gl. der Phasenkurven in der Form

$$\dot{\varphi}(\varphi) = \pm\sqrt{\dot{\varphi}_0{}^2 + (2g/l)\,(\cos \varphi - \cos \varphi_0)}$$

oder, mit der Eigenkreisfrequenz $\omega_0 = \sqrt{g/l}$ des linearen Schwingers,

$$\frac{\dot{\varphi}(\varphi)}{\omega_0\sqrt{2}} = \pm\sqrt{\left(\frac{\dot{\varphi}_0}{\omega_0\sqrt{2}}\right)^2 + \cos \varphi - \cos \varphi_0}$$

In Bild 4.2.5 sind die Phasenkurven in dieser dimensionslosen Form für verschiedene Werte von φ_0 und $\dot{\varphi}_0$ dargestellt. Das Phasenporträt ist zu beiden Achsen symmetrisch und bezüglich φ periodisch mit der Periode 2π, da das Pendel sowohl in der positiven Zählrichtung des Winkels φ als auch in der dazu entgegengesetzten Richtung beliebig oft überschlagen, d. h. den oberen Totpunkt $\varphi = \pi$ passieren kann. Die Phasenkurven, die zu der Anfangsbedingung $\varphi_0 = \pi$, $\dot{\varphi}_0(\pi) = 0$ gehören, nehmen im Phasenporträt eine Sonderstellung ein. Allen Kurven, die innerhalb dieser Phasenkurven verlaufen, entsprechen Pendelschwingungen ohne Überschlagen des Pendels. Die

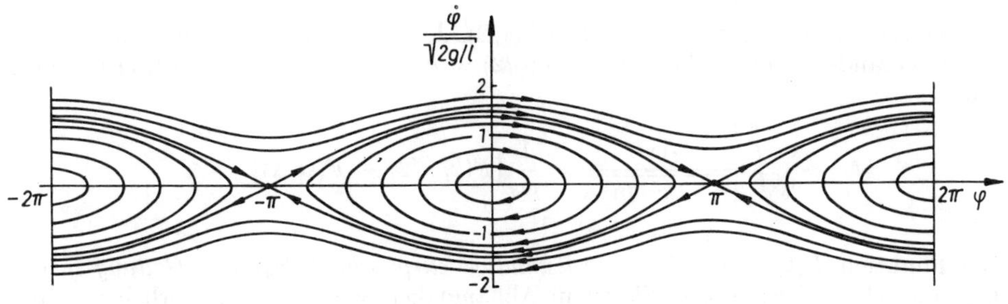

Bild 4.2.5. Phasenporträt des mathematischen Pendels nach Beispiel 4.2

Anfangsenergie W_0 ist dabei stets kleiner als die größte mögliche potentielle Energie $U(\pm\pi) = mgl$, d. h., es läßt sich stets ein Winkel $|\varphi| < \pi$ finden, für den $\dot{\varphi} = 0$ ist.
Alle Kurven außerhalb der genannten Phasenkurven entsprechen einem umlaufenden Pendel. Dazu gehört eine Anfangsenergie $W_0 > mgl$. Das ist nur möglich, wenn auch für $\varphi_0 = \pm\pi$ die Anfangsgeschwindigkeit $\dot{\varphi}_0 \neq 0$ ist.
Die Grenzkurven zwischen beiden Gebieten werden *Separatrizen* (Singular: *Separatrix*) genannt. Sie entsprechen der Bewegung des Pendels für $W_0 = mgl$. Eine solche Bewegung ergibt sich z. B., wenn man das Pendel um den Winkel $\varphi = \pm\pi$ bis zur oberen Totpunktlage, die eine *instabile Gleichgewichtslage* darstellt, auslenkt und dann ohne Anfangsgeschwindigkeit losläßt. Theoretisch benötigt dann das Pendel eine unendlich lange Zeit, um aus dieser Lage herauszukommen. Bei der Bewegung mit $W_0 = mgl$ nähert sich das Pendel der oberen Totpunktlage ebenfalls nur asymptotisch.
Die Punkte $\varphi = \pm(2n - 1)\,\pi$, $n = 1, 2, \ldots$ sind auf Grund dieser besonderen Eigenschaften singuläre Punkte. Sie heißen in diesem speziellen Fall Sattelpunkte.
Die Separatrizen sind ein Beispiel für den in 1.2.5. erwähnten Ausnahmefall von Phasenkurven, die die q-Achse nicht senkrecht schneiden.
Die Punkte $\varphi = \pm 2n\pi$, $n = 0, 1, 2, \ldots$ sind ebenfalls singuläre Punkte, die Wirbelpunkte genannt werden. Sie sind dadurch gekennzeichnet, daß die Phasenkurven ihrer Umgebung geschlossene Kurven sind. Sie sind charakteristisch für Gleichgewichtslagen eines ungedämpften freien Schwingers.

Zu b)

Die Abhängigkeit zwischen der Zeit t und dem Ausschlag φ erhält man nach Gl. (4.2.7) zu

$$t = t_0 + \int\limits_{\varphi_0}^{\varphi} \frac{d\varphi^*}{\pm\omega_0\sqrt{2}\cdot\sqrt{[\dot{\varphi}_0/(\omega_0\sqrt{2})]^2 + \cos\varphi^* - \cos\varphi_0}}$$

Im weiteren sollen nur wirkliche Pendelbewegungen (ohne Überschlag) betrachtet werden. Wie oben gezeigt, läßt sich dann der Anfangswinkel φ_0 immer so wählen, daß $\dot{\varphi}_0(\varphi_0) = 0$ wird. Das soll im folgenden vorausgesetzt werden. Ferner werde ohne Einschränkung der Allgemeinheit $t_0 = 0$ gesetzt.
Es ist dann

$$t = \frac{1}{\omega_0\sqrt{2}} \int\limits_{\varphi_0}^{\varphi} \frac{d\varphi^*}{\pm\sqrt{\cos\varphi^* - \cos\varphi_0}}$$

Mit der Substitution $\cos\varphi = 1 - 2\sin^2(\varphi/2)$, der Abkürzung $k = \sin(\varphi_0/2)$ und der neuen Veränderlichen α, die durch $\sin(\varphi/2) = k\cdot\sin\alpha$ eingeführt wird, erhält man nun

$$t = \frac{1}{\omega_0} \int\limits_{\alpha}^{\pi/2} \frac{d\alpha}{\sqrt{1 - k^2\sin^2\alpha}} = \frac{1}{\omega_0}\,[F(k, \pi/2) - F(k, \alpha)]$$

Die Funktion $F(k, \alpha)$ ist das *unvollständige elliptische Integral 1. Gattung* in der Legendreschen Normalform. Sie ist in Abhängigkeit von der Veränderlichen α und dem Parameter k tabelliert.

Mit Hilfe der sogenannten Jacobischen elliptischen Funktion sn (k, t), die die Umkehrfunktion zum elliptischen Integral $F(k, \alpha)$ darstellt, kann man auch die Beziehung $\alpha(t)$ bzw. $\varphi(t)$ gewinnen. Da der Zusammenhang aber bereits durch $t(\alpha)$ vollständig beschrieben ist, soll hier nicht näher auf die elliptischen Funktionen eingegangen werden.

Zu c)

Wegen der doppelten Symmetrie der Phasenkurven erhalten wir die Periodendauer durch Integration über die Phasenkurven im ersten Quadranten

$$\frac{T}{4} = \frac{1}{\omega_0 \sqrt{2}} \int\limits_0^{\varphi_0} \frac{d\varphi}{\sqrt{\cos\varphi - \cos\varphi_0}}$$

Mit der oben angeführten Substitution erhält man hieraus

$$T = \frac{4}{\omega_0} \int\limits_0^{\pi/2} \frac{d\alpha}{\sqrt{1 - k^2 \sin^2\alpha}} = \frac{4}{\omega_0} K(k)$$

wobei $K(k) = F(k, \pi/2)$ das vollständige Integral 1. Gattung ist.

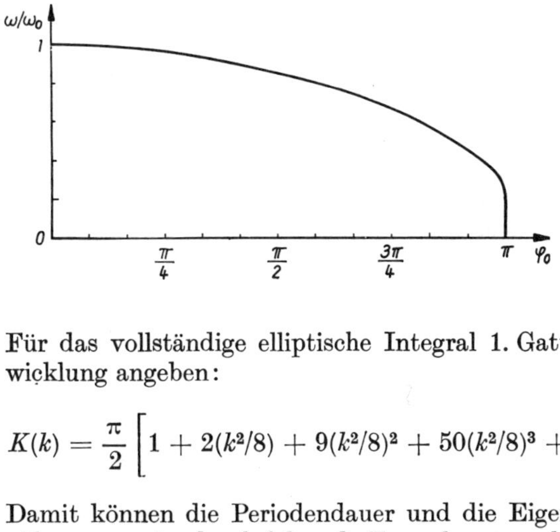

Bild 4.2.6. Abhängigkeit der Kreisfrequenz vom Größtausschlag des Pendels nach Beispiel 4.2

Für das vollständige elliptische Integral 1. Gattung läßt sich folgende Reihenentwicklung angeben:

$$K(k) = \frac{\pi}{2}\left[1 + 2(k^2/8) + 9(k^2/8)^2 + 50(k^2/8)^3 + \frac{1225}{4}(k^2/8)^4 + \cdots\right] \tag{4.2.8}$$

Damit können die Periodendauer und die Eigenkreisfrequenz des obigen Beispiels näherungsweise durch folgende Formeln angegeben werden:

$$T \approx \frac{2\pi}{\omega_0}\left[1 + 2\,\frac{\sin^2(\varphi_0/2)}{8} + 9\left(\frac{\sin^2(\varphi_0/2)}{8}\right)^2 + 50\left(\frac{\sin^2(\varphi_0/2)}{8}\right)^3\right] \tag{4.2.9}$$

$$\omega = \omega_0\left[1 + 2\,\frac{\sin^2(\varphi_0/2)}{8} + 9\left(\frac{\sin^2(\varphi_0/2)}{8}\right)^2 + 50\left(\frac{\sin^2(\varphi_0/2)}{8}\right)^3\right]^{-1} \tag{4.2.10}$$

Bild 4.2.6 zeigt die Abhängigkeit der Frequenz vom Größtausschlag φ_0 in dimensionsloser Darstellung.

Für kleine Werte von $k = \sin(\varphi_0/2) \approx \varphi_0/2$ läßt sich die Näherungsformel

$$T \approx 2\pi/\omega_0 \cdot (1 + \varphi_0^2/16)$$

verwenden. Sie läßt den Einfluß des Anfangsausschlages auf die Periodendauer unmittelbar erkennen. Für die Eigenkreisfrequenz ergibt sich

$$\omega = 2\pi/T = \pi\omega_0/\big(2K(k)\big)$$

Näherungsweise läßt sich ω durch die Formel

$$\omega \approx \frac{\omega_0}{1 + \varphi_0^2/16}$$

berechnen.
In der Tabelle 4.2.1 sind die Periodendauer und die Eigenkreisfrequenz in Abhängigkeit vom Anfangsausschlag φ_0 in dimensionsloser Darstellung angegeben. Die vorletzte Spalte gibt den relativen Fehler an, der bei Verwendung der Näherungsformel auftritt. In der letzten Spalte ist der relative Fehler angegeben, der sich bei vollständiger Linearisierung der Dgl. ergibt.

Tabelle 4.2.1.

Vergleich der auf exaktem Wege bestimmten Werte der Periodendauer und Eigenkreisfrequenz des mathematischen Pendels mit den näherungsweise ermittelten Werten dieser Größen in Abhängigkeit vom Anfangsausschlag φ_0

φ_0	$\frac{\omega_0 T}{2\pi} = \frac{2}{\pi} K(k)$	$\frac{\omega_0 T}{2\pi} = 1 + \frac{\varphi_0^2}{16}$	$\frac{\omega}{\omega_0} = \frac{\pi}{2K(k)}$	$\frac{\omega}{\omega_0} = \frac{1}{1 + \frac{\varphi_0^2}{16}}$	rel. Fehler in %	rel. Fehler bei Linearis. in %
0	1	1	1	1	0	0
10°	1,0019	1,0019	0,9981	0,9981	0,00	0,19
20°	1,0076	1,0076	0,9924	0,9924	0,00	0,75
30°	1,0174	1,0171	0,9829	0,9832	0,03	1,71
60°	1,0732	1,0685	0,9318	0,9359	0,44	6,82
90°	1,1804	1,1542	0,8472	0,8664	2,22	15,28
120°	1,3729	1,2742	0,7284	0,7848	7,19	27,16
150°	1,7622	1,4284	0,5675	0,7001	18,94	43,25
180°	∞	1,6169	0	0,6185	—	—

4.2.2. Methode der Anstückelung

Die hier zu beschreibende Methode ist besonders für die Behandlung solcher Schwinger geeignet, deren Rückführfunktionen $g(q)$ sich aus stückweise linearen Funktionen zusammensetzen. Beispiele für solche Schwinger wurden in 4.1. bereits erwähnt (siehe Bild 4.1.1 und Bild 4.1.2). Die Methode der Anstückelung liefert in diesen Fällen exakte Lösungen. Darüber hinaus kann man jede beliebige Funktion $g(q)$ näherungsweise durch Geradenzüge (Bild 4.2.7) ersetzen. Dann liefert die Methode Näherungslösungen, deren Genauigkeit ausschließlich von der Feinheit der Unterteilung, d. h. von der Anzahl der gewählten Geradenstücke abhängt.

Die Anstückelungsmethode beruht darauf, daß man in jedem Intervall, in dem die Rückführfunktion eine Gerade ist, die Lösung für den linearen ungedämpften Schwinger erhält. Durch Anpassung dieser Teillösungen an die Anfangsbedingungen und die Übergangsbedingungen an den Intervallenden lassen sich für jeden Abschnitt die Integrationskonstanten bestimmen. Auf diese Weise werden die Teillösungen, die jeweils nur für ein bestimmtes Zeit- bzw. Ausschlagintervall gelten, zur Gesamtlösung aneinander gestückelt. Die Lösung kann in der Form $q = q(t)$ bzw. in der Form $\dot{q} = \dot{q}(q)$ angegeben werden.

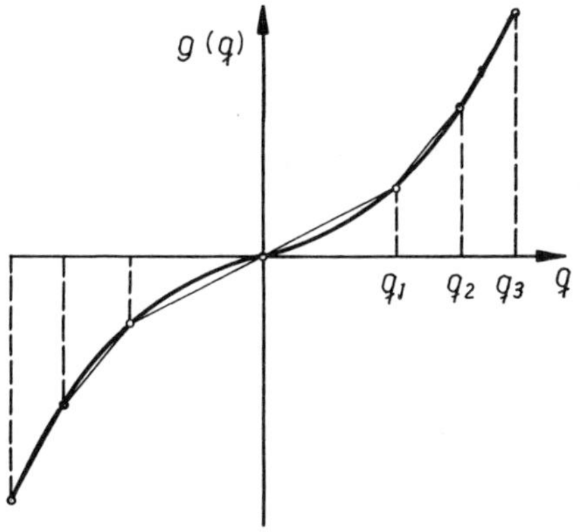

Bild 4.2.7. Approximation einer Rückführfunktion $g(q)$ durch einen Geradenzug

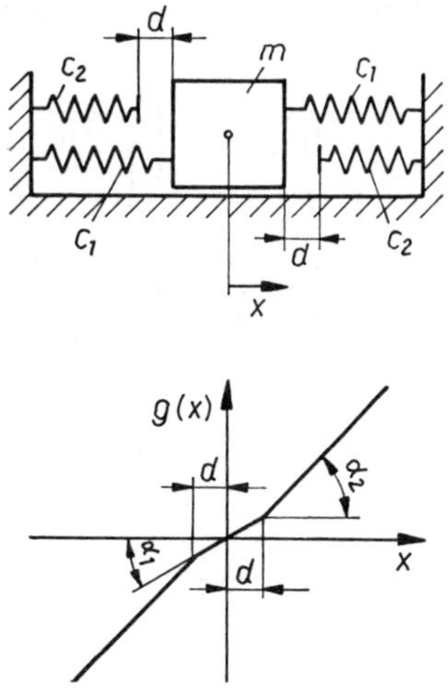

Bild 4.2.8. Schwinger mit stückweise gerader Kennlinie entsprechend Beispiel 4.3

Beispiel 4.3:

Der Schwinger nach Bild 4.2.8 werde um $x = x_{\max} > d$ ausgelenkt und zur Zeit $t = 0$ sich selbst überlassen.

Unter Vernachlässigung von Reibungs- und Dämpfungseinflüssen bestimme man die Gl. der Phasenkurve und die Periodendauer für die Zahlenwerte $m = 1$ kg; $c_1 = 1$ N/mm; $c_2 = 1{,}5$ N/mm; $x_{\max} = 20$ mm; $d = 5$ mm.

Lösung:

Die Rückführfunktion $g(x)$ ist eine ungerade Funktion. Deshalb werden die Phasenkurven auch zur x-Achse symmetrisch. Es werde daher nur die rechte Halbebene betrachtet. Die potentielle Energie findet man für einen gegebenen Ausschlag aus der Fläche unter der Funktion $g(x)$. Man erhält

$$U = \begin{cases} \frac{1}{2} c_1 x^2 & \text{für } 0 \leqq x \leqq d \\ \frac{1}{2}(c_1 + c_2)\, x^2 - c_2 d \cdot x + \frac{1}{2} c_2 d^2 & \text{für } d \leqq x \leqq x_{\max} \end{cases}$$

Ferner ist

$$W_0 = U(x_{\max}) = \frac{1}{2}(c_1 + c_2)\, x_{\max}^2 - c_2 d x_{\max} + \frac{1}{2} c_2 d^2$$

Damit erhält man die Gl. der Phasenkurven aus Gl. (4.2.5):

$$\dot{x}(x) = \begin{cases} \pm\sqrt{\dfrac{2}{m}\left[W_0 - \dfrac{1}{2}\,c_1x^2\right]} & 0 \leqq x \leqq d \\ \pm\sqrt{\dfrac{2}{m}\left[W_0 - \dfrac{1}{2}\left((c_1+c_2)\,x^2 + c_2d^2\right) + c_2d\cdot x\right]} & d \leqq x \leqq x_{\max} \end{cases}$$

Schreibt man diese Beziehung in der Form

$$\left(\frac{\dot{x}}{\sqrt{\dfrac{2W_0}{m}}}\right)^2 + \left(\frac{x}{\sqrt{\dfrac{2W_0}{c_1}}}\right)^2 = 1 \qquad 0 \leqq x \leqq d$$

$$\left(\frac{\dot{x}}{\sqrt{\dfrac{2W_1}{m}}}\right)^2 + \left(\frac{x - c_2d/(c_1+c_2)}{\sqrt{\dfrac{2W_1}{c_1+c_2}}}\right)^2 = 1 \qquad d \leqq x \leqq x_{\max}$$

mit

$$W_1 = W_0 - \frac{d^2}{2}\cdot\frac{c_1c_2}{c_1+c_2}$$

so wird ersichtlich, daß sich die Phasenkurve aus Ellipsenbögen zusammensetzt. In Bild 4.2.9 ist die Phasenkurve für die angegebenen Zahlenwerte dargestellt.

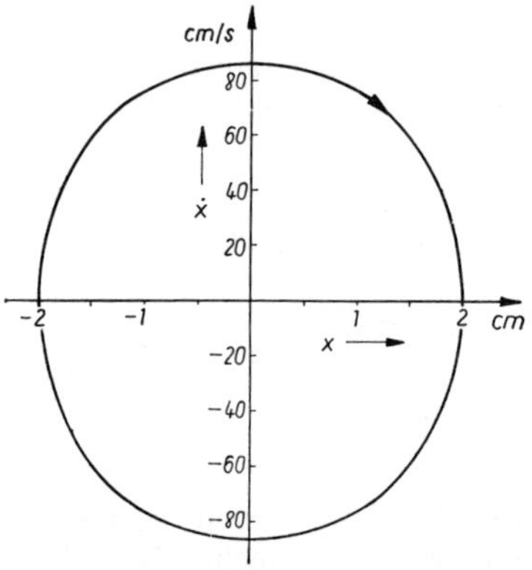

Bild 4.2.9. Phasenkurve des Schwingers nach Beispiel 4.3

Zur Bestimmung der Periodendauer verwendet man Gl. (4.2.6).
Wegen der Symmetrie der Phasenkurve zur x- und $\dot{x}$-Achse ergibt sich

$$T = 4\left\{\sqrt{\frac{m}{c_1}}\arcsin\frac{c_1d}{N_1} + \sqrt{\frac{m}{c_1+c_2}}\left[\arcsin\frac{(c_1+c_2)\,x_{\max} - c_2d}{N_2} - \arcsin\frac{c_1d}{N_2}\right]\right\}$$

mit

$$N_1 = \sqrt{2c_1W_0}, \qquad N_2 = \sqrt{2(c_1+c_2)\,(W_0 - c_2d^2) + 4c_2{}^2d^2}$$

Mit den gegebenen Zahlenwerten erhält man

$$T = 1{,}163\ \mathrm{s}$$

4.2.3. Näherungsverfahren

Die im folgenden darzulegenden Verfahren zur Untersuchung von freien Schwingungen sind in ihrer Anwendung auf solche Schwingungssysteme beschränkt, die auf schwach nichtlineare Dgln. führen. Im Falle ungedämpfter Schwingungen hat die Gl. (4.1.12) die Form

$$a\ddot{q} + cq = \varepsilon h(q) \quad \text{bzw.}$$

$$\ddot{q} + \omega_0^2 q = \varepsilon \bar{h}(q) \tag{4.2.11}$$

mit

$$\omega_0^2 = c/a \text{ und } \bar{h} = h/a$$

die eine schwach nichtlineare Schwingung beschreibt. Die Funktion $\bar{h}(q)$, für die im folgenden der Einfachheit halber wieder $h(q)$ geschrieben werden soll, möge nur nichtlineare Glieder enthalten. Da ungedämpfte freie Schwingungen stets zu periodischen Lösungen führen, bieten sich hier drei Lösungsverfahren an: das Verfahren der *äquivalenten Linearisierung*, die Methode der *Störungsrechnung* und das *Verfahren von Galerkin*. Alle drei Verfahren sind zur Bestimmung periodischer Lösungen von Gl. (4.2.11) geeignet. Sie sind aber nicht auf konservative Systeme beschränkt, sondern sie lassen sich durch eine entsprechende Verallgemeinerung zur Ermittlung periodischer Lösungen der Dgln.

$$\ddot{q} + \omega_0^2 q = \varepsilon h(q, \dot{q}, t) \tag{4.2.12}$$

verwenden. Darauf wird später einzugehen sein.

4.2.3.1. Äquivalente Linearisierung

Die Grundannahme des Verfahrens besteht darin, daß als Lösung der Dgl. (4.2.11) näherungsweise eine harmonische Funktion angesetzt werden kann. Ihre allgemeine Form ist

$$q(t) = A_0 + A\cos\omega t + B\sin\omega t \tag{4.2.13}$$

bzw. mit

$$A = C\cos\varphi;\ B = -C\sin\varphi \tag{4.2.14}$$

$$q(t) = A_0 + C\cos(\omega t + \varphi) \tag{4.2.15}$$

Setzt man die Lösung nach Gl. (4.2.13) oder (4.2.15) in die Funktion $h(q)$ der Gl. (4.2.11) ein und entwickelt diese in eine Fourierreihe, so entsteht:

$$h[A_0 + C\cos(\omega t + \varphi)] = a_0 + \sum_{k=1}^{\infty} (a_k \cos k\omega t + b_k \sin k\omega t)$$

Von dieser Reihenentwicklung verwendet man nun in erster Näherung nur die ersten Summanden:

$$h\big(A_0 + C\cos(\omega t + \varphi)\big) \approx a_0 + a_1\cos\omega t + b_1\sin\omega t \tag{4.2.16}$$

Aus Gl. (4.2.13) findet man nach einer Differentiation nach t und Auflösung beider Gleichungen nach den Winkelfunktionen:

$$\sin\omega t = (Bq - A\omega^{-1}\dot{q} - A_0B)/(A^2 + B^2)$$

$$\cos\omega t = (Aq + B\omega^{-1}\dot{q} - A_0A)/(A^2 + B^2)$$

Setzt man diese Beziehungen in Gl. (4.2.16) ein, so erhält man für h eine lineare Funktion in q und $\dot{q}$:

$$h\big(A_0 + C\cos(\omega t + \varphi)\big) \approx a_0 - \frac{A_0}{A^2 + B^2}(a_1 A + b_1 B)$$
$$+ \frac{1}{A^2 + B^2}\left[(a_1 A + b_1 B)\, q + \omega^{-1}(a_1 B - b_1 A)\, \dot{q}\right]$$

Damit geht die Dgl. (4.2.11) in die lineare Dgl.

$$\ddot{q} + \varepsilon \frac{b_1 A - a_1 B}{\omega(A^2 + B^2)} \dot{q} + \left(\omega_0^2 - \varepsilon \frac{a_1 A + b_1 B}{A^2 + B^2}\right) q = \varepsilon \left[a_0 - \frac{A_0(a_1 A + b_1 B)}{A^2 + B^2}\right]$$

bzw. mit den Abkürzungen

$$\left.\begin{aligned} 2\delta &= \varepsilon \frac{b_1 A - a_1 B}{\omega(A^2 + B^2)} \\ \omega^2 &= \omega_0^2 - \varepsilon \frac{a_1 A + b_1 B}{A^2 + B^2} \\ \varkappa_0 &= \varepsilon \left[a_0 - \frac{A_0(a_1 A + b_1 B)}{A^2 + B^2}\right] = \varepsilon a_0 + (\omega^2 - \omega_0^2)\, A_0 \end{aligned}\right\} \qquad (4.2.17)$$

in die Dgl.

$$\ddot{q} + 2\delta\dot{q} + \omega^2 q = \varkappa_0$$

über. Der Ansatz (4.2.15) erfüllt diese Dgl. jedoch nur, wenn

$$\varkappa_0 = \omega^2 A_0$$

ist. Aus Gl. (4.2.17) folgt damit

$$A_0 = \varepsilon a_0 / \omega_0^2 \qquad (4.2.18)$$

Die „äquivalent linearisierte“ Dgl. hat deshalb die Gestalt

$$\ddot{q} + 2\delta\dot{q} + \omega^2 q = \omega^2 A_0 \qquad (4.2.19)$$

Während bei der „gewöhnlichen Linearisierung“ (Entwicklung der Funktion $h(q)$ in eine Taylorreihe, von der nur die linearen Glieder berücksichtigt werden) die Parameter δ, ω und $\varkappa_0$ konstante Größen sind, hängen bei der äquivalenten Linearisierung diese Koeffizienten auch von den Konstanten A_0, A, B, d. h. insbesondere von der Amplitude der harmonischen Schwingung ab. Die Dgl. (4.2.19) ist der nichtlinearen Dgl. (4.2.11) auch bei großen Ausschlägen äquivalent. Die besonderen nichtlinearen Erscheinungen, wie z. B. die Abhängigkeit der Eigenkreisfrequenz vom Ausschlag werden durch diese Näherungsmethode qualitativ richtig wiedergegeben. Die Konstanten a_0, a_1 und b_1 sind die Fourierkoeffizienten der Reihe (4.2.16). Sie ergeben sich aus den Gln.

$$\left.\begin{aligned} a_0 &= \frac{1}{2\pi}\int\limits_0^{2\pi} h\big(A_0 + C\cos(\omega t + \varphi)\big)\,\mathrm{d}(\omega t) \\ a_1 &= \frac{1}{\pi}\int\limits_0^{2\pi} h\big(A_0 + C\cos(\omega t + \varphi)\big)\cdot\cos\omega t\,\mathrm{d}(\omega t) \\ b_1 &= \frac{1}{\pi}\int\limits_0^{2\pi} h\big(A_0 + C\cos(\omega t + \varphi)\big)\cdot\sin\omega t\,\mathrm{d}(\omega t) \end{aligned}\right\} \qquad (4.2.20)$$

Setzt man die Gln. (4.2.20) in die Gln. (4.2.17) und (4.2.18) ein und berücksichtigt dabei Gl. (4.2.14), so erhält man die sogenannten *äquivalenten Koeffizienten* der linearen Dgl.

$$\left.\begin{aligned} 2\delta &= \frac{\varepsilon}{\pi\omega C}\int\limits_0^{2\pi} h(A_0 + C\cos\omega t)\cdot\sin\omega t\,\mathrm{d}(\omega t) \\ \omega^2 &= \omega_0^2 - \frac{\varepsilon}{\pi C}\int\limits_0^{2\pi} h(A_0 + C\cos\omega t)\cdot\cos\omega t\,\mathrm{d}(\omega t) \\ A_0 &= \frac{\varepsilon}{2\pi\omega_0^2}\int\limits_0^{2\pi} h(A_0 + C\cos\omega t)\,\mathrm{d}(\omega t) \end{aligned}\right\} \qquad (4.2.21)$$

Weil sich die Integration über eine volle Periode erstreckt, konnte in der Gl. (4.2.21) der Nullphasenwinkel φ zu Null gesetzt werden.

Bei den hier vorausgesetzten konservativen Schwingern ist die rechte Seite der ersten Gl. (4.2.21) identisch Null. Das ist verständlich, weil Gl. (4.2.19) keine harmonischen Schwingungen entsprechend Gl. (4.2.15) zulassen würde, wenn δ nicht verschwände. Dennoch wurde der Parameter δ hier im Hinblick auf spätere Erweiterungen der Anwendungsmöglichkeiten dieser Methode eingeführt.

Die zweite und dritte Gl. (4.2.21) bilden gemeinsam mit den Anfangsbedingungen

$$q(0) = q_0; \qquad \dot{q}(0) = \dot{q}_0$$

bzw. nach Gl. (4.2.15),

$$A_0 + C\cos\varphi = q_0; \qquad -\omega C\sin\varphi = \dot{q}_0$$

ein System von 4 nichtlinearen Gln. zur Bestimmung der 4 Unbekannten A_0, C, ω und φ.

Ist die Rückführungsfunktion antimetrisch, d. h. gilt

$$h(q) = -h(-q); \qquad h(0) = 0$$

so genügt zur Untersuchung von Eigenschwingungen bereits der Ansatz

$$q = C \cos \omega t \tag{4.2.22}$$

Für $h(q)$ ergibt sich dann näherungsweise

$$h(C \cos \omega t) \approx a_1 \cos \omega t = a_1 q/C \tag{4.2.23}$$

In diesem Falle folgt aus Gl. (4.2.11)

$$\ddot{q} + (\omega_0{}^2 - \varepsilon a_1/C)\, q = 0 \quad \text{bzw. mit}$$

$$\omega^2 = \omega_0{}^2 - \varepsilon a_1/C$$

$$\ddot{q} + \omega^2 q = 0 \tag{4.2.24}$$

Die Eigenkreisfrequenz ergibt sich nun aus

$$\omega^2 = \omega_0{}^2 - \frac{\varepsilon}{\pi C} \int_0^{2\pi} h(C \cos \omega t) \cdot \cos \omega t \, \mathrm{d}(\omega t) \tag{4.2.25}$$

Sogenannte höhere Näherungen sind mit dieser Methode nicht zu bestimmen. Wegen ihrer Einfachheit wird diese Methode sehr oft zur Bestimmung der Eigenfrequenz eines konservativen Schwingers verwendet.

Beispiel 4.4:

Für das Beispiel 4.1 ist mit Hilfe von Gl. (4.2.25) die Eigenkreisfrequenz in erster Näherung zu bestimmen.

Lösung:

Die Dgl. des Beispiels 4.1 kann in der Form der Gl. (4.2.11) geschrieben werden:

$$\ddot{q} + \omega_0{}^2 q = \varepsilon \omega_0{}^2 (2d - q^3/d^2), \qquad \varepsilon = 1 \tag{1}$$

Die Anfangsbedingungen sind

$$q(0) = \alpha d, \qquad \dot{q}(0) = 0 \tag{2}$$

Die Gln. (4.2.21) führen damit auf folgende Beziehungen:

$$\omega^2 = \omega_0{}^2 - \frac{\omega_0{}^2}{\pi C} \int_0^{2\pi} [2d - d^{-2}(A_0 + C \cos \omega t)^3] \cos \omega t \, \mathrm{d}\omega t$$

$$= \omega_0{}^2 [1 + 3d^{-2}(A_0{}^2 + C^2/4)] \tag{3}$$

$$A_0 = \frac{1}{2\pi} \int_0^{2\pi} [2d - d^{-2}(A_0 + C \cos \omega t)^3] \, \mathrm{d}\omega t$$

$$= 2d - A_0{}^3/d^2 - \frac{3}{2} A_0 C^2/d^2 \tag{4}$$

Die Anfangsbedingungen liefern mit Gl. (4.2.15):

$$\alpha d = A_0 + C \cos \varphi \qquad (5)$$

$$0 = -\omega C \sin \varphi \qquad (6)$$

Schließt man $C = 0$ aus, so folgt aus Gl. (6) $\varphi = 0$ oder $\varphi = \pi$. Ohne Einschränkung der Allgemeinheit kann $\varphi = 0$ gesetzt werden. Das führt mit Gl. (5) auf

$$C = \alpha d - A_0 \qquad (7)$$

Hiermit kann die Amplitude C in Gl. (4) eliminiert werden. Im Ergebnis erhält man die kubische Gleichung für A_0/d:

$$\frac{5}{2} (A_0/d)^3 - 3\alpha(A_0/d)^2 + \left(1 + \frac{3}{2} \alpha^2\right) A_0/d - 2 = 0 \qquad (8)$$

Für die im Beispiel 4.1 gewählten Werte von α hat Gl. (8) nur eine reelle Wurzel. Man erhält schließlich aus den Gln. (8), (7) und (3):
für $\alpha = 1{,}1$:

$$A_0 = 0{,}996d;\ C = 0{,}104d;\ \omega/\omega_0 = 1{,}996;\ T = 3{,}15/\omega_0$$

für $\alpha = 1{,}3$:

$$A_0 = 0{,}956d;\ C = 0{,}344d;\ \omega/\omega_0 = 1{,}957;\ T = 3{,}21/\omega_0$$

für $\alpha = 1{,}5$:

$$A_0 = 0{,}849d;\ C = 0{,}651d;\ \omega/\omega_0 = 1{,}865;\ T = 3{,}37/\omega_0$$

Ein Vergleich mit den Werten der Periodendauer, die im Beispiel 4.1 mit Hilfe der Trennung der Veränderlichen bestimmt wurden, ergibt relative Fehler bis zu 2,7%. Dabei ist der Einfluß der Nichtlinearität schon relativ bedeutend, die Steilheit der Funktion $g(q)$ schwankt zwischen

$$g'(q_{\max}) = (1 + 3 \cdot 1{,}5^2)\ \omega_0^2 = 7{,}75\omega_0^2$$

und

$$g'(q_{\min}) = (1 + 3 \cdot 0{,}198^2)\ \omega_0^2 = 1{,}12\omega_0^2$$

4.2.3.2. Störungsrechnung

Der Grundgedanke dieses Verfahrens besteht darin, die Lösungen der Dgl. (4.2.11) in Form einer Potenzreihe in ε anzusetzen und auf diese Weise die gegebenen Dgln. in ein rekursives System von Dgln. einfacherer Struktur zu zerlegen. Es sei bereits hier erwähnt, daß das Verfahren außer bei Einschaltvorgängen in einem sehr kleinen Zeitintervall nur zur Bestimmung periodischer Lösungen geeignet ist. Die folgende Betrachtung ist auf diesen Fall beschränkt. Zur Durchführung des Verfahrens wird der Lösungsansatz

$$q(t) = q_0(t) + \varepsilon q_1(t) + \varepsilon^2 q_2(t) + \cdots = \sum_i \varepsilon^i q_i(t) \qquad (4.2.26)$$

gemacht.

Um periodische Lösungen mit der noch unbekannten Kreisfrequenz bestimmen zu können, wird auch für diese eine Reihe nach Potenzen von ε angesetzt:

$$\omega = \omega_0 + \varepsilon\omega_1 + \varepsilon^2\omega_2 + \cdots = \sum_k \varepsilon^k \omega_k \tag{4.2.27}$$

Wegen

$$\begin{aligned}\omega^2 &= \omega_0{}^2 + \varepsilon \cdot 2\omega_0\omega_1 + \varepsilon^2(\omega_1{}^2 + 2\omega_0\omega_2) + \cdots \\ &= \omega_0{}^2 + \varepsilon \cdot \nu_1(\omega_0, \omega_1) + \varepsilon^2\nu_2(\omega_0, \omega_1, \omega_2) + \cdots \\ &= \omega_0{}^2 + \sum_m \varepsilon^m \nu_m(\omega_0, \omega_1, \omega_2, \ldots, \omega_m)\end{aligned} \tag{4.2.28}$$

mit

$$\nu_m = \sum_{k=0}^{m} \omega_k \omega_{m-k} \tag{4.2.29}$$

ergibt sich:

$$\omega_0{}^2 = \omega^2 - \sum_m \varepsilon^m \nu_m \tag{4.2.30}$$

Die Entwicklung (4.2.27) zeigt, daß für $\varepsilon = 0$ die Eigenkreisfrequenz ω gleich der Eigenkreisfrequenz des linearen Schwingers wird. Setzt man die Reihen (4.2.26) und (4.2.30) in Gl. (4.2.11) ein, so ergibt sich:

$$\sum_i \varepsilon^i \ddot{q}_i + \left(\omega^2 - \sum_m \varepsilon^m \nu_m\right) \cdot \sum_i \varepsilon^i q_i = \varepsilon h(\varepsilon^k q_k) \tag{4.2.31}$$

Es werde nun vorausgesetzt, daß sich auch die Funktion h in eine Potenzreihe nach Potenzen von ε entwickeln läßt:

$$h\left(\sum_k \varepsilon^k q_k\right) = h_0(q_0) + \varepsilon h_1(q_0, q_1) + \cdots = \sum_m \varepsilon^m h_m(q_0, q_1, \ldots q_m) \tag{4.2.32}$$

Setzt man Gl. (4.2.32) in Gl. (4.2.31) ein und vergleicht man dann die Glieder mit gleicher Größenordnung in ε miteinander, so entsteht folgendes rekursives System von Dgln.:

$$\left.\begin{aligned} &\ddot{q}_0 + \omega^2 q_0 = 0 && \text{(Faktor von } \varepsilon^0) \\ &\ddot{q}_1 + \omega^2 q_1 = h_0 + \nu_1 q_0 && \text{(Faktor von } \varepsilon^1) \\ &\ddot{q}_2 + \omega^2 q_2 = h_1 + \nu_1 q_1 + \nu_2 q_0 && \text{(Faktor von } \varepsilon^2) \\ &\vdots \end{aligned}\right\} \tag{4.2.33}$$

Die Lösung der nullten Näherung kann in der Gestalt

$$q_0 = a_0 \cos(\omega t + \alpha_0) \tag{4.2.34}$$

geschrieben werden. Diese Lösung ist periodisch. Damit auch die Gesamtlösung $q(t)$ periodisch mit der Periode $2\pi/\omega$ wird, muß man diese Periodizität nun auch von allen weiteren Näherungen $q_1, q_2 \ldots$ verlangen.

Für die erste Näherung ergibt sich aus Gl. (4.2.33) die Dgl.

$$\ddot{q}_1 + \omega^2 q_1 = h_0(q_0) + \nu_1 q_0 = h_0\big(a_0 \cos(\omega t + \alpha)\big) + 2\omega_0\omega_1 a_1 \cos(\omega t + \alpha_0) \tag{4.2.35}$$

Da auf der rechten Seite dieser Dgl. nur bekannte Funktionen der Zeit stehen, stellt diese Gleichung eine inhomogene lineare Dgl. 2. Ordnung dar, die auf bekannte Weise gelöst werden kann. Die Dgl. (4.2.35) hat jedoch nur dann periodische Lösungen, wenn keiner der Summanden auf der rechten Seite bereits Lösung der homogenen Dgl. $\ddot{q}_1 + \omega^2 q_1 = 0$ ist. Solche Summanden würden nämlich zu partikulären Lösungen der Form $t \cdot \cos(\omega t + \alpha_0)$ bzw. $t \cdot \sin(\omega t + \alpha_0)$, den sogenannten *Säkulargliedern*, führen und die Periodizität von $q_1(t)$ verhindern. Die Forderung, daß keine Säkularglieder auftreten dürfen, ergibt eine Beziehung zwischen a_0 und ω_1 und gestattet somit die Bestimmung von ω_1 in Abhängigkeit von a_0.

Diese Vorgehensweise kann nun rekursiv bis zu einer beliebigen Näherung fortgesetzt werden, wobei vor jedem weiteren Schritt diejenigen Glieder auf der rechten Seite der Dgl., die zu Säkulargliedern führen würden, zum Verschwinden gebracht werden müssen. Auf diese Weise gewinnt man der Reihe nach die Größen und Funktionen $q_0, \omega_1, q_1, \omega_2, q_2, \ldots$, wobei der Rechenaufwand von der 2. Näherung an sehr rasch ansteigt. Man wird sich deshalb oft mit der 1. Näherung begnügen müssen. Anfangsbedingungen für die Lösung nach Gl. (4.2.26) werden durch die Bedingungen $q_0(0) = q(0)$; $\dot{q}_0(0) = \dot{q}(0)$, $q_i(0) = \dot{q}_i(0) = 0$, $i > 0$ erfüllt.

Das Verfahren soll an dem folgenden Beispiel erläutert werden.

Beispiel 4.5:

Für das mathematische Pendel nach Bild 4.2.5 ist die Dgl. der Schwingungen mit Hilfe der Störungsrechnung näherungsweise (bis zur 1. Näherung) zu lösen. Die Eigenkreisfrequenz ist ebenfalls bis zur 1. Näherung anzugeben. Der Anfangszustand des Pendels sei durch die Bedingungen $\varphi(0) = \psi_0$; $\dot{\varphi}(0) = 0$ gegeben.

Lösung:

Die Dgl. für das Pendel lautet

$$\ddot{\varphi} + g/l \cdot \sin\varphi = 0$$

Mit der Reihenentwicklung

$$\sin\varphi \approx \varphi - \varphi^3/6$$

ergibt sich daraus mit $\omega_0^2 = g/l$, $\varepsilon = 1/6$:

$$\ddot{\varphi} + \omega_0^2\varphi = \varepsilon\omega_0^2\varphi^3$$

Mit dem Lösungsansatz

$$\varphi \approx \varphi_0 + \varepsilon\varphi_1$$

$$\omega \approx \omega_0 + \varepsilon\omega_1$$

erhält man:

$$(\ddot{\varphi}_0 + \varepsilon\ddot{\varphi}_1) + (\omega^2 - \varepsilon \cdot 2\omega_0\omega_1)(\varphi_0 + \varepsilon\varphi_1) = \varepsilon\omega_0^2(\varphi_0 + \varepsilon\varphi_1)^3$$

und daraus das rekursive Differential-Gleichungssystem:

$$\ddot{\varphi}_0 + \omega^2\varphi_0 = 0$$

$$\ddot{\varphi}_1 + \omega^2\varphi_1 = \omega_0^2\varphi_0^3 + 2\omega_0\omega_1\varphi_0$$

Daraus folgt

$$\varphi_0 = a_0 \cos(\omega t + \alpha_0)$$

und unter Berücksichtigung der Anfangsbedingungen

$$\varphi_0 = \psi_0 \cos \omega t$$

$$\ddot{\varphi}_1 + \omega^2 \varphi_1 = \omega_0^2 \psi_0^3 \cos^3 \omega t + 2\omega_0 \omega_1 \psi_0 \cos \omega t$$

$$= \frac{1}{4} \omega_0^2 \psi_0^3 \cos 3\omega t + \left(2\omega_0 \omega_1 \psi_0 + \frac{3}{4} \omega_0^2 \psi_0^3\right) \cos \omega t$$

In der Dgl. für die 1. Näherung muß auf der rechten Seite der Koeffizient von $\cos \omega t$ verschwinden, damit keine säkularen Glieder auftreten. Das ergibt

$$\omega_1 = -\frac{3}{8} \omega_0 \psi_0^2$$

Die Dgl. hat jetzt die Gestalt:

$$\ddot{\varphi}_1 + \omega^2 \varphi_1 = \frac{1}{4} \omega_0^2 \psi_0^3 \cos 3\omega t$$

mit der Lösung

$$\varphi_1 = a_1 \cos(\omega t + \alpha_1) - \frac{\omega_0^2 \psi_0^3}{32\omega^2} \cos 3\omega t$$

bzw. bis auf Größen, die von höherer Ordnung klein sind:

$$\varphi_1 = a_1 \cos(\omega t + \alpha_1) - \psi_0^3/32 \cdot \cos 3\omega t$$

Unter Berücksichtigung der homogenen Bedingungen $\varphi_1(0) = \dot{\varphi}_1(0) = 0$ ergibt sich schließlich:

$$\varphi_1 = \psi_0^3/32 \cdot (\cos \omega t - \cos 3\omega t)$$

Die Lösung lautet in erster Näherung:

$$\varphi = \varphi_0 + \varepsilon \varphi_1 = (\psi_0 + \psi_0^3/192) \cos \omega t - \psi_0^3/192 \cdot \cos 3\omega t$$

$$\omega = \omega_0 + \varepsilon \omega_1 = \omega_0(1 - \psi_0^2/16)$$

Diese Gl. stimmt bis auf Größen, die von der Ordnung $(\psi_0^2/16)^2$ klein sind, mit der im Beispiel 4.2 abgeleiteten Näherungsformel überein.

4.2.3.3. Verfahren nach Galerkin

Das als Näherungsverfahren zur Lösung von Randwertaufgaben bekannte Verfahren von Galerkin läßt sich auch zur näherungsweisen Bestimmung periodischer Lösungen in der Schwingungslehre anwenden. Das Verfahren ist sehr anpassungsfähig und gestattet auch die Ermittlung höherer Näherungen.

Zur Lösung der Dgl. (4.2.11) wird zunächst ein Ansatz

$$q(t) = \sum_j a_j q_j(t) \tag{4.2.36}$$

mit noch unbestimmten Koeffizienten a_j und bekannten periodischen Funktionen $q_j(t)$ gemacht, die der Periodizitätsbedingung

$$q_j(t) = q_j(t + 2\pi/\omega) \tag{4.2.37}$$

genügen.
Setzt man die Gl. (4.2.36) in die Dgl. (4.2.11) ein, so erhält man eine Funktion der Koeffizienten a_j und der Zeit t:

$$\sum_j (\ddot{q}_j + \omega_0^2 q_j)\, a_j - \varepsilon h(a_1 q_1, a_2 q_2, \ldots) \equiv F(a_1, a_2, \ldots, t) = 0 \tag{4.2.38}$$

Diese Gl. wird i. allg. nicht erfüllt, d. h., es wird $F(a_1, a_2, \ldots, t)$ nicht gleich Null sein.
Der Grundgedanke des Verfahrens von Galerkin besteht nun darin, die Konstanten a_j so zu wählen, daß die Gl. (4.2.38) wenigstens im Mittel über eine Periode erfüllt ist. Dazu bildet man

$$\int_0^{2\pi/\omega} F(a_1, a_2, \ldots, t)\, q_j(t)\, \mathrm{d}t = 0 \tag{4.2.39}$$

mit den Gewichtsfunktionen $q_j(t)$.
Die Gln. (4.2.39) stellen die *Galerkin*sche Vorschrift zur Bestimmung der Konstanten a_j dar. Bei einem $n$gliedrigen Ansatz nach Gl. (4.2.36) ergeben sich aus Gl. (4.2.39) n Gln. zur Bestimmung der n Konstanten. In den Bestimmungsgleichungen für a_j ist die Eigenkreisfrequenz ω enthalten. Da die Gln. (4.2.39) bei Eigenschwingungen homogen sind, besitzt das Gleichungssystem genau dann eine nichttriviale Lösung, wenn ihre Koeffizientendeterminante verschwindet. Das ist eine Bedingung zur Bestimmung der Eigenkreisfrequenz.

Beispiel 4.6:

Der Schwinger nach Bild 4.2.10 führt Eigenschwingungen aus. Die Masse bewegt sich reibungsfrei auf horizontaler Ebene in x-Richtung. Die Federn sind mit einer Kraft F_0 vorgespannt. Mit Hilfe des Galerkinschen Verfahrens ist eine Näherungslösung für die Dgl. des Schwingers und für die Eigenkreisfrequenz anzugeben. Die Anfangsbedingungen sind: $x(0) = a$, $\dot{x}(0) = 0$.

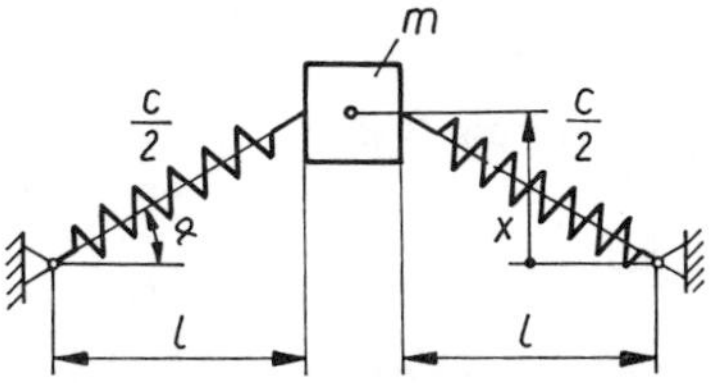

Bild 4.2.10. Schwinger entsprechend Beispiel 4.6

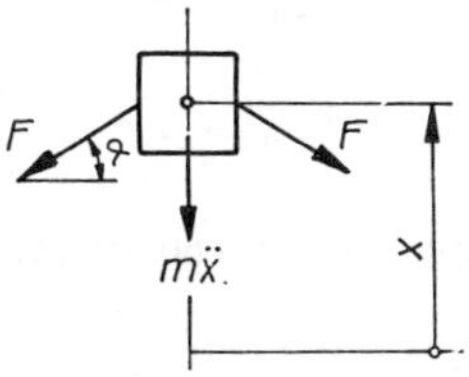

Bild 4.2.11. Kräfte an der Masse m des Schwingers nach Beispiel 4.6

Lösung:

Aus dem Gleichgewicht der Kräfte an der Masse m ergibt sich nach Bild 4.2.11

$$m\ddot{x} + 2F \sin \alpha = 0$$

Mit

$$F = F_0 + \frac{c}{2} \left(\sqrt{l^2 + x^2} - l\right)$$

und

$$\sin \alpha = x / \sqrt{l^2 + x^2}$$

ergibt sich die Bewegungsgleichung

$$m\ddot{x} + \frac{2F_0 x}{\sqrt{l^2 + x^2}} + cx\left(1 - \frac{l}{\sqrt{l^2 + x^2}}\right) = 0$$

Entwickelt man den Ausdruck

$$\frac{1}{\sqrt{l^2 + x^2}} = \frac{1}{l}\left[1 + \left(\frac{x}{l}\right)^2\right]^{-1/2}$$

in eine Potenzreihe, so ergibt sich näherungsweise

$$\frac{1}{\sqrt{l^2 + x^2}} \approx \frac{1}{l}\left[1 - \frac{1}{2}\left(\frac{x}{l}\right)^2\right]$$

Die Bewegungsgleichung erhält damit die Form

$$m\ddot{x} + \frac{2F_0}{l}\, x + \left(\frac{cl}{2} - F_0\right)\left(\frac{x}{l}\right)^3 = 0$$

bzw. mit

$$\omega_0^2 = 2F_0/(ml); \qquad \varepsilon = (cl/2 - F_0)/(ml^3):$$

$$\ddot{x} + \omega_0^2 x + \varepsilon x^3 = 0$$

Zur näherungsweisen Lösung dieser Dgl. soll entsprechend Gl. (4.2.36) ein eingliedriger harmonischer Ansatz gewählt werden, der den Anfangsbedingungen genügt:

$$x = a \cos \omega t$$

Damit ergibt sich nach Gl. (4.2.38):

$$\begin{aligned} F(a, t) &= (\omega_0^2 - \omega^2)\, a \cos \omega t + \varepsilon a^3 \cos^3 \omega t \\ &= \left(\omega_0^2 - \omega^2 + \frac{3}{4}\, \varepsilon a^2\right) a \cos \omega t + \frac{1}{4}\, \varepsilon a^3 \cos 3\omega t \end{aligned}$$

Aus der Galerkinschen Vorschrift (4.2.39) erhält man nun:

$$\int_0^{2\pi/\omega} \left[\left(\omega_0^2 - \omega^2 + \frac{3}{4}\, \varepsilon a^2\right) a \cos \omega t + \frac{1}{4}\, \varepsilon a^3 \cos 3\omega t\right] \cos \omega t \, \mathrm{d}t = 0$$

Daraus folgt nach einfacher Rechnung die Beziehung

$$\omega = \omega_0 \sqrt{1 + \frac{3\varepsilon a^2}{4\omega_0^2}}$$

$$x = a \cos \omega t$$

Damit ist die Eigenkreisfrequenz in Abhängigkeit von a und den Systemparametern bestimmt.

4.3. Freie Schwingungen gedämpfter Systeme

Bei autonomen nichtlinearen Schwingungen mit Dämpfungsgliedern, die der Dgl. (4.1.3.)

$$a\ddot{q} + g(q, \dot{q}) = 0$$

genügen, sind nur noch in Ausnahmefällen periodische Lösungen möglich. Damit kann man solche Begriffe wie Amplitude, Periode und Frequenz im strengen Sinne nicht mehr anwenden. In ähnlicher Weise wie bei den sinusverwandten Schwingungen spricht man jedoch auch hier von einer Periodendauer, vorausgesetzt, daß die Lösung überhaupt als Schwingung bezeichnet werden kann. Die Periodendauer ist als ein Zeitabschnitt anzusehen, nach dem sich der Schwingungsvorgang in abgewandelter Form wiederholt. Die dazu reziproke Größe ist dann die Frequenz, und das 2πfache der Frequenz ist die Kreisfrequenz. Im allgemeinen sind Periodendauer, Frequenz und Kreisfrequenz von Schwingungen gedämpfter Systeme zeitlich veränderliche Größen. Damit wird die Zahl der zur Verfügung stehenden Lösungsverfahren gegenüber den konservativen autonomen Systemen erheblich eingeschränkt. In den folgenden Abschnitten werden dazu einige Fälle vorgestellt, in denen die Lösung wie bei den konservativen Systemen über die Konstruktion der Phasenkurve möglich ist. Es schließt sich die Darlegung des Runge-Kutta-Verfahrens und des Verfahrens von Bogoljubov und Mitropolskij an. Beide Verfahren sind nicht auf autonome Systeme beschränkt.

4.3.1. Lösung mit Hilfe der Phasenkurven

4.3.1.1. Gleichung der Phasenkurven

Ohne Einschränkung der Allgemeinheit kann in Gl. (4.1.3) der Faktor $a = 1$ gesetzt werden:

$$\ddot{q} + g(q, \dot{q}) = 0 \tag{4.3.1}$$

Weiterhin soll die verallgemeinerte Geschwindigkeit $\dot{q}$ als gesonderte Variable angesehen und die schon bekannte Umformung

$$\ddot{q} = \frac{d\dot{q}}{dt} = \frac{d\dot{q}}{dq} \cdot \frac{dq}{dt} = \dot{q} \cdot \frac{d\dot{q}}{dq}$$

verwendet werden. Mit Gl. (4.3.1) erhält man daraus die Dgl. der Phasenkurven

$$\frac{d\dot{q}}{dq} = -\frac{g(q, \dot{q})}{\dot{q}} \tag{4.3.2}$$

Diese müssen der Anfangsbedingung $\dot{q}(q_0) = \dot{q}_0$ genügen. Weiterhin gilt die bereits bekannte Gleichung

$$t - t_0 = \int_{q_0}^{q} \frac{dq}{\dot{q}(q)} \tag{4.3.3}$$

Gelingt es also, die Dgl. (4.3.2) zu lösen, so kann die Gl. $t = t(q)$, die Umkehrfunktion der Lösung $q = q(t)$, durch eine Quadratur gewonnen werden. Leider ist die geschlossene Lösung der Dgl. der Phasenkurve auch nur in Ausnahmefällen möglich. Ein solcher Fall liegt vor, wenn die Geschwindigkeit $\dot{q}$ nur quadratisch auftritt:

$$g = \beta(q) \cdot \dot{q}^2 + \gamma(q) \tag{4.3.4}$$

Durch die Substitution $u = \dot{q}^2$ läßt sich dann die Gl. der Phasenkurve (4.3.2) in eine lineare Dgl. umformen:

$$\frac{du}{dq} + 2\beta(q)\, u + 2\gamma(q) = 0 \tag{4.3.5}$$

Diese lineare Dgl. hat die allgemeine Lösung

$$u = \dot{q}^2 = e^{-2\int \beta(q) dq} \left[C - \int \gamma(q)\, e^{2\int \beta(q) dq}\, dq\right] \tag{4.3.6}$$

mit der Integrationskonstanten C. Im allgemeinen enthält das in $\dot{q}$ quadratische Glied noch den Faktor sgn $\dot{q}$. Dann ist man gezwungen, die Lösungsformel (4.3.6) abschnittsweise anzuwenden und die Phasenkurve stückweise zusammenzusetzen. Das wird im folgenden Beispiel dargelegt.

Beispiel 4.7:

Das Phasenporträt der Schwingungsbewegung eines Pendels mit geschwindigkeitsquadratischer Dämpfung nach Gl. (4.1.5) mit der Abkürzung

$$\delta = b/(2m), \qquad \omega_0^2 = g/l$$

ist zu konstruieren.

Lösung:

Die Bewegungsdifferentialgleichung hat mit obigen Abkürzungen die Form

$$\ddot{q} + 2\delta\dot{q}^2 \operatorname{sgn} \dot{q} + \omega_0^2 \sin q = 0$$

Unter Berücksichtigung des Umstandes, daß sgn $\dot{q}$ eine stückweise konstante Funktion ist, erhält man durch Vergleich mit Gl. (4.3.4) nach Gl. (4.3.6) folgende Lösung

$$\dot{q}^2 = \exp\left(-4\delta \int \operatorname{sgn} \dot{q}\, dq\right) \left[C - 2\omega_0^2 \int \sin q \cdot \exp\left(4\delta \int \operatorname{sgn} \dot{q}\, dq\right) dq\right]$$

$$= C\, e^{-4\delta \operatorname{sgn} \dot{q} \cdot q} + \frac{2\omega_0^2}{1 + 16\,\delta^2} (\cos q - 4\delta \operatorname{sgn} \dot{q} \cdot \sin q)$$

Damit ist die Schar der Phasenkurven durch

$$\dot{q} = \pm\omega_0 \cdot \sqrt{\frac{2}{1 + 16\delta^2}} \cdot \sqrt{C\, e^{\mp 4\delta q} + \cos q \mp 4\delta \sin q}$$

gegeben. Hierin sind die oberen Vorzeichen für positive, die unteren für negative Werte von $\dot{q}$ gültig. Die Einführung eines Winkels

$$\gamma = \arctan 4\delta$$

läßt mit der neuen Integrationskonstanten C eine Vereinfachung der Schreibweise zu:

$$\dot{q} = \pm\omega_0 \sqrt{2[C\, e^{\mp q \cdot \tan\gamma} \pm \cos(q + \gamma)]}$$

Im Bild 4.3.1 sind für $\delta = 0{,}1$ die Phasenkurven dargestellt, die durch die Punkte $q = \pm\pi$, $\dot{q} = 0$ (obere Totpunkte) hindurchgehen. Das gezeichnete Phasenporträt

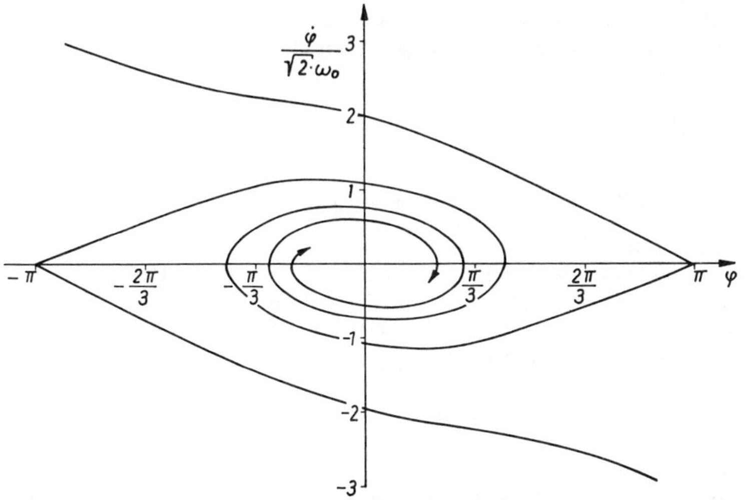

Bild 4.3.1. Phasenporträt eines Pendels mit geschwindigkeitsquadratischer Dämpfung entsprechend Beispiel 4.7

wiederholt sich in Richtung der q-Achse nach beiden Seiten ständig. Im Gegensatz zum Phasenporträt des ungedämpften Pendels gibt es keine Trennung der Ebene durch Separatrizen. Jede Phasenkurve, die dem Überschlagen des Pendels entspricht, geht infolge der Dämpfung in eine Phasenkurve des schwingenden Pendels über und nähert sich asymptotisch einem der Strudelpunkte mit den Koordinaten $\dot{q} = 0$; $q = 0, \pm 2\pi, \pm 4\pi, \ldots$

4.3.1.2. Singuläre Punkte

Singuläre Punkte der Phasenkurve repräsentieren die Gleichgewichtslagen des autonomen Systems. Sie sind durch

$$g(q, 0) = 0 \tag{4.3.7}$$

gegeben. Durch eine einfache Koordinatentransformation läßt sich immer erreichen, daß

$$g(0, 0) = 0$$

erfüllt ist. Das soll jetzt vorausgesetzt werden. Der singuläre Punkt ist also durch

$$q = 0, \qquad \dot{q} = 0$$

gekennzeichnet. Existieren mehrere solche Punkte wie z. B. beim Pendel, so sollen sie nacheinander durch eine Koordinatentransformation in den Ursprung verschoben werden.

Wie aus Gl. (4.3.2) ersichtlich, kann die Richtung der Tangente der durch den singulären Punkt gehenden Phasenkurven nicht durch einfaches Einsetzen von $q = \dot{q} = 0$ bestimmt werden.

Man kann sich jedoch dem singulären Punkt auf einer Geraden $\dot{q} = \alpha q$ nähern und feststellen, ob die Steigungen der Tangenten der dabei geschnittenen Phasenkurven gegen einen festen Wert konvergieren. Ist dieser Grenzwert α, so ist damit die Tangente der Phasenkurve im singulären Punkt gefunden. Die Bestimmungsgleichung für α ist somit nach Gl. (4.3.2)

$$\alpha^2 + \lim_{q \to 0} \frac{g(q, \alpha q)}{q} = 0 \tag{4.3.8}$$

Nach Auflösung von Gl. (4.3.8) nach α sind folgende Fälle zu unterscheiden:

1. Die Wurzeln sind reell ungleich Null.
   Es existieren eine oder mehrere Tangenten durch den singulären Punkt (Kriechvorgang). Sind alle $\alpha < 0$, so liegt ein stabiler Knotenpunkt (Bild 4.3.2a) vor, sind alle $\alpha > 0$, ein instabiler Knotenpunkt (Bild 4.3.2b). Haben die Wurzeln unterschiedliche Vorzeichen, so liegt ein Sattelpunkt vor (Bild 4.3.2c).
2. Die Wurzeln sind rein imaginär.
   Der singuläre Punkt ist ein Wirbelpunkt (ungedämpfte Schwingungen, Bild 4.3.2d).
3. Die Wurzeln sind komplex.
   Der singuläre Punkt ist ein Strudelpunkt (gedämpfte oder angefachte Schwingungen, Bild 4.3.2e u. f).
4. Die Wurzeln sind Null.
   Der Charakter des singulären Punktes ist durch den Ansatz $\dot{q} = \alpha q$ nicht zu entscheiden.

Beispiel 4.8:

Es ist zu untersuchen, ob das durch die Dgl.

$$\ddot{q} + 2\delta\dot{q} + \omega_0{}^2 q \cdot (1 + q^2/h^2) = 0$$

charakterisierte System in der Nähe des singulären Punktes $q = \dot{q} = 0$ „echte“ Schwingungen oder eine Kriechbewegung ausführt.

Lösung:

Nach Gl. (4.3.8) ergibt sich mit

$$g(q, \dot{q}) = 2\delta\dot{q} + \omega_0{}^2 q \cdot (1 + q^2/h^2)$$

für α die Bestimmungsgleichung

$$\alpha^2 + 2\delta\alpha + \omega_0{}^2 = 0$$

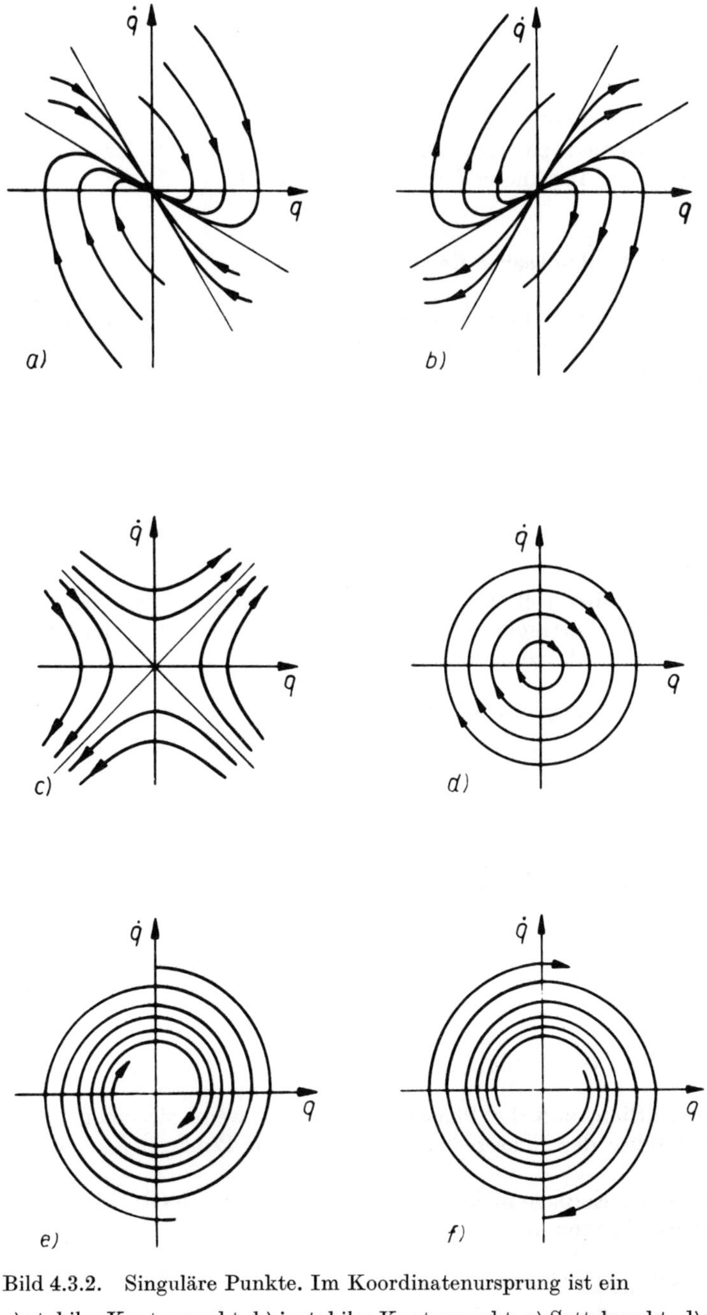

Bild 4.3.2. Singuläre Punkte. Im Koordinatenursprung ist ein

a) stabiler Knotenpunkt, b) instabiler Knotenpunkt, c) Sattelpunkt, d) Wirbelpunkt, e) und f) Strudelpunkt (gedämpfte (e) bzw. angefachte (f) Schwingungen)

Aus der Lösung ergibt sich

$$\alpha = -\delta \pm \sqrt{\delta^2 - \omega_0^2}$$

Der singuläre Punkt ist ein Strudelpunkt für $\delta < \omega_0^2$, sonst ein Knotenpunkt. Echte Schwingungen (im Unterschied zu Kriechbewegungen) treten nur für $\delta^2 < \omega_0^2$ auf. Das gilt unabhängig vom Parameter h der Nichtlinearität.

4.3.1.3. Schwinger mit Coulombscher Reibung

Eine besondere Nichtlinearität stellt die sogenannte Coulombsche Reibung oder trockene Reibung dar. Das Muster eines solchen Schwingers zeigt Bild 4.3.3. Auf einen zusätzlichen Dämpfer oder auf Nichtlinearitäten in der Feder wird hier ver-

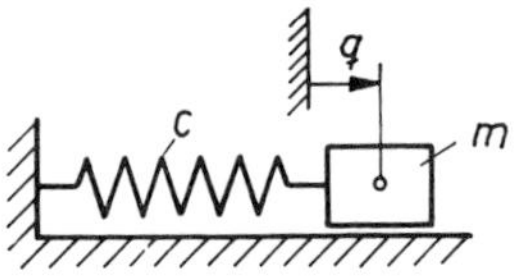

Bild 4.3.3. Schwinger mit trockener (Coulombscher) Reibung

zichtet. Der Einfachheit halber soll weiter vorausgesetzt werden, daß die Gleitreibungskraft und die größte übertragbare Haftkraft übereinstimmen und den Betrag F haben. Weiter werden die Abkürzungen

$$\omega^2 = c/m; \qquad r = F/c = F/(m\omega^2)$$

eingeführt. Dann kann der Dgl. (4.3.1)

$$\ddot{q} + g(q, \dot{q}) = 0$$

folgende nichtlineare Funktion $g(q, \dot{q})$ zugeordnet werden:

$$g(q, \dot{q}) = \begin{cases} \omega^2(q + r) & \text{für } \begin{cases} \dot{q} > 0 \text{ oder} \\ \dot{q} = 0 \text{ und } q < -r \end{cases} \\ \omega^2(q - r) & \text{für } \begin{cases} \dot{q} < 0 \text{ oder} \\ \dot{q} = 0 \text{ und } q > r \end{cases} \\ 0 & \text{für } \dot{q} = 0 \text{ und } |q| < r \end{cases} \tag{4.3.9}$$

Aus Gl. (4.3.9) ist ersichtlich, daß die Phasenkurve endet, wenn sie einen Punkt der Strecke auf der q-Achse der Phasenebene zwischen den Punkten $(-r, 0)$ und $(+r, 0)$ erreicht hat.

Solange der Schwinger diese Endlage nicht erreicht hat, ist nach den Gln. (4.3.2) und (4.3.9) die Dgl. der Phasenkurven durch

$$\frac{d\dot{q}}{dq} = -\omega^2 \frac{q + r \operatorname{sgn} \dot{q}}{\dot{q}}$$

gegeben. Das allgemeine Integral dieser Dgl. ist

$$(q + r \cdot \operatorname{sgn} \dot{q})^2 + (q/\omega)^2 = R^2$$

mit der Integrationskonstanten R. Teilt man die Achsen der Phasenebene im gleichen Maßstab für q und $\dot{q}/\omega$, so setzen sich die Phasenkurven aus Halbkreisen mit dem Mittelpunkt $(-r \operatorname{sgn} q, 0)$ zusammen (s. Bild 4.3.4). Nach jeder Halbschwingung vermindert sich der Radius dieser Halbkreise um $2r$. Sind also die Anfangsbedingungen

$$q(0) = q_0; \qquad \dot{q}(0) = 0$$

gegeben, so führt der Schwinger

$$n = \text{entier}\,(|q_0|/2r) + 1 \tag{4.3.10}$$

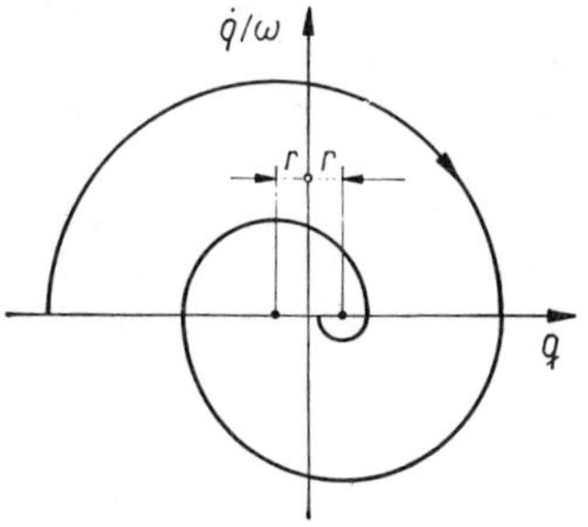

Bild 4.3.4. Phasenkurve für den Schwinger mit trockener Reibung

Halbschwingungen bis zum völligen Stillstand aus. Die Funktion entier (x) bestimmt die größte ganze Zahl, die nicht größer als x ist. Die für den Schwingungsvorgang bis zum Stillstand benötigte Zeit ist

$$t = \pi n/\omega_0, \tag{4.3.11}$$

denn jede Halbschwingung stellt die halbe Periode einer Sinusschwingung mit der Kreisfrequenz ω_0 dar.

4.3.2. Numerische Lösungsverfahren

Die geschlossene Darstellung der Lösungen der nichtlinearen Bewegungsgleichungen für gedämpfte Eigenschwingungen ist, wie im vorstehenden Abschnitt gezeigt, nur in Ausnahmefällen möglich. Die analytischen Näherungsverfahren sind im allgemeinen an „kleine" Nichtlinearitäten gebunden, so daß für stark nichtlineare Bewegungsgleichungen häufig nur die Anwendung numerischer Lösungsverfahren übrig bleibt. Mit der Entwicklung der elektronischen Rechenautomaten haben sich auch die numerischen Verfahren zur Lösung von Anfangswertproblemen sehr stark entwickelt, so daß die Literatur und die Zahl der existierenden Verfahren kaum noch zu übersehen sind. Die meisten dieser Verfahren beziehen sich auf Differentialgleichungssysteme 1. Ordnung. Das gilt insbesondere für die sogenannten Prädiktor-Korrektor-Verfahren. Der Übergang von der allgemeinen Bewegungsgleichung (4.1.1.), die hier in der nach $\ddot{q}$ aufgelösten Form

$$\ddot{q} = f(q, \dot{q}, t) \tag{4.3.12}$$

aufgeschrieben werden soll, zu einem System zweier Dgl. 1. Ordnung ist auf verschiedene Weise möglich. Die einfachste Art besteht in der Einführung der verallgemeinerten Geschwindigkeit $\dot{q}$ als neue Koordinate v. Man erhält so

$$\dot{q} = v$$

$$\dot{v} = f(q, v, t)$$

Wie man sieht, beschränken sich die Gln. (4.3.12) und (4.3.13) nicht auf autonome Systeme; für die numerische Lösung von Anfangswertproblemen ist es auch kaum zweckmäßig, hier einen Unterschied zu machen.

Im Rahmen dieses Buches soll nur auf ein Verfahren eingegangen werden, das unmittelbar auf die Dgl. 2. Ordnung in der Form der Gl. (4.3.12) zurückgreift: das bewährte Verfahren von Runge-Kutta-Nyström. Auf die Wiedergabe eines vollständigen Programmes wird hier verzichtet, weil es in den meisten Rechenzentren als Bibliotheksprogramm geführt wird. Das Verfahren geht von den Anfangswerten zur Zeit t_0 aus und bestimmt iterativ die Werte der Funktionen q und $\dot{q}$ zu einem benachbarten Zeitpunkt $t_0 + h$. Die Größe h wird als Schrittweite bezeichnet. Das Vorgehen wird so lange wiederholt, bis das Ende des vorgegebenen Zeitintervalls erreicht ist. Der zur Berechnung eines Schrittes benötigte Formelsatz läßt sich mit den abkürzenden Bezeichnungen

$$q(t_i) = q_i; \qquad \dot{q}(t_i) = \dot{q}_i; \qquad t_{i+1} - t_i = h$$

wie folgt darstellen:

$$\left.\begin{aligned}
k_1 &= \frac{h}{2} f(t_i, q_i, \dot{q}_i)\\
k_2 &= \frac{h}{2} f\left(t_i + \frac{h}{2}, q_i + \frac{h}{2}\dot{q}_i + \frac{h}{4} k_1, \dot{q}_i + k_1\right)\\
k_3 &= \frac{h}{2} f\left(t_i + \frac{h}{2}, q_i + \frac{h}{2}\dot{q}_i + \frac{h}{4} k_1, \dot{q}_i + k_2\right)\\
k_4 &= \frac{h}{2} f(t_i + h, q_i + h\dot{q}_i + hk_3, \dot{q}_i + 2k_3)\\
q_{i+1} &= q_i + h\dot{q}_i + \frac{h}{3}(k_1 + k_2 + k_3)\\
\dot{q}_{i+1} &= \dot{q}_i + \frac{1}{3}(k_1 + 2k_2 + 2k_3 + k_4)
\end{aligned}\right\} \tag{4.3.13}$$

Wenn die Funktion f nicht von $\dot{q}_i$ abhängig ist, kann wegen $k_2 = k_3$ eine Funktionsberechnung eingespart werden.

Der Fehler der so ermittelten Lösungen hängt in erster Linie von der gewählten Schrittweite h ab, er ist näherungsweise der 4. Potenz von h proportional und wächst mit dem gewählten Zeitintervall an. Die Lösung ist deshalb nur innerhalb eines begrenzten Zeitabschnitts brauchbar.

Die Anwendung des Runge-Kutta-Nyström-Verfahrens auf die Dgl. einer einfachen Sinusschwingung

$$\ddot{q} = -\omega^2 q$$

ermöglicht folgende Matrizendarstellung:

$$\begin{bmatrix} q_{i+1} \\ \dot{q}_{i+1} \end{bmatrix} = \begin{bmatrix} 1 - \frac{\omega^2 h^2}{2} + \frac{\omega^4 h^4}{24} & h - \frac{\omega^2 h^3}{6} \\ -\omega^2 h + \frac{\omega^4 h^3}{6} - \frac{\omega^6 h^5}{96} & 1 - \frac{\omega^2 h^2}{2} + \frac{\omega^4 h^4}{24} \end{bmatrix} \cdot \begin{bmatrix} q_i \\ \dot{q}_i \end{bmatrix}$$

Der Eigenwert der hier angegebenen Übertragungsmatrix wird zu

$$\lambda = 1 - \frac{\omega^2 h^2}{2} + \frac{\omega^4 h^4}{24} \pm \mathrm{j}\omega h \sqrt{1 - \frac{\omega^2 h^2}{3} + \frac{11\omega^4 h^4}{288} - \frac{\omega^6 h^6}{576}}$$

ermittelt. Die Abweichung gegenüber dem Eigenwert der Übertragungsmatrix der „exakten" Lösung,

$$\begin{bmatrix} \cos \omega h & \omega^{-1} \cdot \sin \omega h \\ -\omega \cdot \sin \omega h & \cos \omega h \end{bmatrix}$$

der den Wert $\lambda = \mathrm{e}^{\mathrm{j}\omega h}$ hat, erlaubt die folgende Fehlerabschätzung:

$$\begin{aligned} \Delta\psi &\approx -\frac{\omega^4 h^4}{320}\,\psi \\ \Delta A/A &\approx -\frac{\omega^5 h^5}{576}\,\psi \end{aligned} \tag{4.3.14}$$

Hierin ist ψ der Gesamtphasenwinkel, über den integriert wird, und A die Amplitude. Diese Abschätzung gilt nur für $\omega h < 1$. Für $\omega h > 2{,}5865$ wird das Verfahren instabil. Eine Überschreitung dieses Grenzwertes zieht in der Regel nach wenigen Rechenschritten eine Überschreitung des Zahlenbereiches des Rechners nach sich. Bei nichtlinearen Schwingungssystemen und Systemen mit mehreren Freiheitsgraden ist in die obige Abschätzung für ω die höchste Eigenfrequenz des linearisierten Systems einzusetzen. Zur Abschätzung der höchsten Eigenkreisfrequenz siehe 6.2.1.4.

Beispiel 4.9:

Zu bestimmen ist die Schwingungsbewegung eines Pendels mit geschwindigkeitsquadratischer Dämpfung nach Gl. (4.5) mit folgenden Zahlenwerten

$$\delta = b/(2m) = 0{,}1\,\mathrm{s}^{-1}; \qquad g/l = 4\pi^2\,\mathrm{s}^{-2}; \qquad \varphi(0) = \pi/2; \qquad \dot{\varphi}(0) = 0$$

Lösung:

Die Funktionen $\varphi(t)$ und $\dot{\varphi}(t)$ wurden nach dem Verfahren von Runge-Kutta-Nyström mit einer Schrittweite von 0,05 s (etwa 20 Schritte je Periode) berechnet. Durch Interpolation wurden die Maxima im Bereich von 0 bis 6 s und die zugehörigen Zeitpunkte bestimmt. Im Ergebnis erhält man die in Bild 4.3.5 dargestellte Funktion

$q(t)$. In der Tabelle 4.3.1 sind die durch Interpolation bestimmten Maxima dieser Funktion und deren Argumente angegeben. Zum Vergleich sind darunter die nach dem Verfahren von Bogoljubov-Mitropolskij (s. 4.3.3.) erhaltenen Werte aufgeführt.

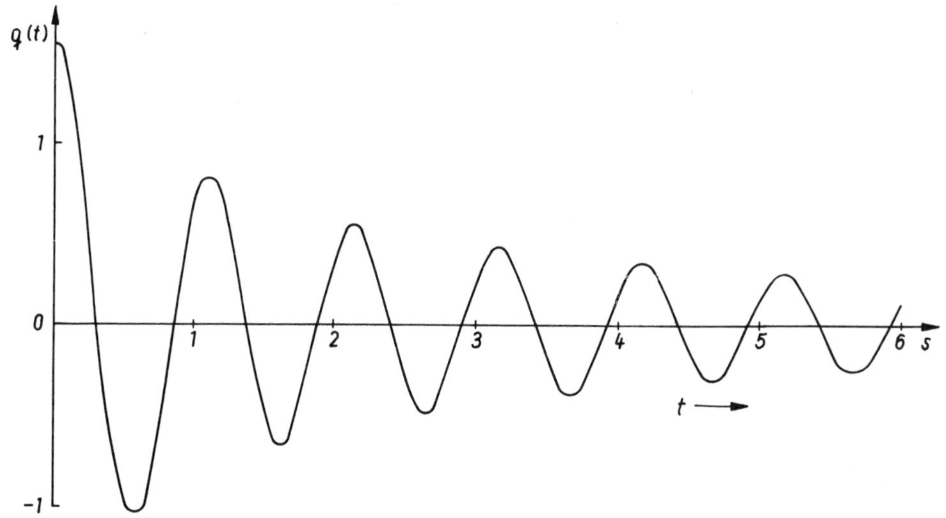

Bild 4.3.5. Schwingungsbewegung des Pendels mit geschwindigkeitsquadratischer Dämpfung entsprechend Beispiel 4.9

Tabelle 4.3.1.
Maxima der Schwingungsbewegung des Pendels nach den Beispielen 4.9 und 4.11

Verfahren	Größen	Zahlenwerte für die ersten 5 Maxima					
Runge-Kutta-Nyström	t/s	0	1,104	2,137	3,154	4,165	5,172
	max q	1,571	0,814	0,561	0,430	0,349	0,294
Bogoljubov-Mitropolskij	t/s	0	1,088	2,118	3,133	4,143	5,149
	max q	1,571	0,822	0,566	0,433	0,351	0,296

4.3.3. Verfahren von Bogoljubov und Mitropolskij

Das Verfahren verlangt das Vorliegen von Bewegungsgleichungen mit kleiner Dämpfung und kleinen Nichtlinearitäten. Es ist nicht an autonome Systeme gebunden, seine Anwendung für heteronome Systeme ist jedoch aufwendiger als für autonome. Das Verfahren ist asymptotisch, d. h., wie in der Störungsrechnung werden die Lösungen nach Potenzen des „kleinen Parameters" ε entwickelt, und es liefert häufig schon in der ersten Näherung Ergebnisse befriedigender Genauigkeit.
Im folgenden soll die Anwendung des Verfahrens von Bogoljubov-Mitropolskij auf nichtlineare autonome Systeme mit einem Freiheitsgrad beschrieben werden,

die durch Bewegungsgleichungen der Form

$$\ddot{q} + \omega_0^2 q = \varepsilon h(q, \dot{q}) \tag{4.3.15}$$

gekennzeichnet sind. Ausgangspunkt für das weitere Vorgehen ist der Ansatz einer sinusverwandten Schwingung

$$q = a(t) \cos \psi(t) \tag{4.3.16}$$

mit veränderlicher Amplitude $a(t)$ und Phase $\psi(t)$. Gl. (4.3.16) stellt damit auch die Lösung der ersten Näherung dar, für höhere Näherungen ist eine Ergänzung notwendig:

$$q(t) = a(t) \cdot \cos \psi(t) + \sum_{k=1}^{l-1} \varepsilon^k u_k(a, \psi) \tag{4.3.17}$$

Dabei sind $u_k(a, \psi)$ periodische Funktionen von ψ mit der Periode 2π. Die natürliche Zahl l ist hier der Index der Näherung, für $l = 1$ (erste Näherung) ist die Summe in Gl. (4.3.17) leer. Dieser Ansatz wird ergänzt durch 2 Dgln. für die Amplitude und Phase

$$\frac{\mathrm{d}a}{\mathrm{d}t} = \sum_{k=1}^{l} \varepsilon^k A_k(a) \tag{4.3.18}$$

$$\frac{\mathrm{d}\psi}{\mathrm{d}t} = \omega_0 + \sum_{k=1}^{l} \varepsilon^k B_k(a) \tag{4.3.19}$$

Mit Hilfe der Gln. (4.3.16) und (4.3.17) können $\dot{q}(t)$ und $\ddot{q}(t)$ in eine Potenzreihe von ε entwickelt werden. Die dabei auftretenden Ableitungen von a und ψ nach der Zeit lassen sich mit Hilfe der Gln. (4.3.18) und (4.3.19) eliminieren. Die so erhaltenen Entwicklungen für q, $\dot{q}$ und $\ddot{q}$ werden in die Dgl. (4.3.15) eingesetzt. Dann folgt ein Koeffizientenvergleich für die Potenzen von ε. Dabei wird vorausgesetzt, daß sich $h(q, \dot{q})$ in q und $\dot{q}$ nach Potenzen von ε entwickeln läßt.

Bezüglich der Herleitung der Formeln im einzelnen muß auf die Literatur [1] verwiesen werden, hier können nur die Ergebnisse der sogenannten ersten Näherung angegeben werden.

Die Lösung der ersten Näherung ist gegeben durch

$$q = a \cos \psi, \qquad \dot{q} = -a\omega_0 \sin \psi \tag{4.3.20}$$

mit

$$\left.\begin{aligned} \frac{\mathrm{d}a}{\mathrm{d}t} &= \varepsilon A_1(a) \\ \frac{\mathrm{d}\psi}{\mathrm{d}t} &= \omega_0 + \varepsilon B_1(a) \end{aligned}\right\} \tag{4.3.21}$$

und

$$\begin{aligned} A_1 &= -\frac{1}{2\pi\omega_0} \int_0^{2\pi} h(a \cos \psi, -a\omega_0 \sin \psi) \sin \psi \, \mathrm{d}\psi \\ B_1 &= -\frac{1}{2\pi a\omega_0} \int_0^{2\pi} h(a \cos \psi, -a\omega_0 \sin \psi) \cos \psi \, \mathrm{d}\psi \end{aligned} \tag{4.3.22}$$

Es ist noch zu erwähnen, daß periodische Lösungen nach dem beschriebenen Verfahren gefunden werden, wenn man in den Gln. (4.3.21)

$$\frac{da}{dt} = 0; \qquad \frac{d\psi}{dt} = \omega = \text{konst}$$

setzt. Die Ergebnisse, die auf diese Weise erhalten werden, sind in der ersten Näherung mit denen identisch, die sich nach dem Verfahren von Galerkin für einen eingliedrigen Ansatz ergeben.
Die Anwendung des Verfahrens von Bogoljubov-Mitropolskij für freie Schwingungen wird im folgenden an zwei Beispielen demonstriert. In weiteren Abschnitten wird es zur Behandlung von selbsterregten Schwingungen und in modifizierter Form auch für erzwungene und parametererregte Schwingungen Anwendung finden.

Beispiel 4.10:

Um die Leistungsfähigkeit des Verfahrens zu erproben, soll in erster Näherung der bekannte Fall des lineargedämpften Schwingers mit der Dgl.

$$\ddot{q} + 2\delta\dot{q} + \omega_0^2 q = 0$$

untersucht werden. Die Anfangsbedingungen seien durch $q(0) = q_0$; $\dot{q}(0) = 0$ gegeben. Die exakte Lösung ergibt sich nach den Gln. (3.3.14) und (3.3.15) zu

$$q = q_0 \sqrt{1 + \delta^2/\omega^2}\, e^{-\delta t} \sin\left[\sqrt{\omega_0^2 - \delta^2}\, t + \arcsin\left(1/\sqrt{1 + \delta^2/\omega_0^2}\right)\right]$$

Zur Anwendung des Verfahrens von Bogoljubov-Mitropolskij wird gesetzt

$$\ddot{q} + \omega_0^2 q = \varepsilon h(q, \dot{q})$$

mit $\varepsilon = \delta$; $h(q, \dot{q}) = -2\dot{q}$
Mit den Gln. (4.3.21) und (4.3.22) erhält man daraus

$$\frac{da}{dt} = -\varepsilon a$$

$$\frac{d\psi}{dt} = \omega_0$$

Die Lösung dieser beiden Dgln. ergibt:

$$a = a_0\, e^{-\varepsilon t}; \qquad \psi = \omega_0 t + \psi_0$$

mit den Integrationskonstanten a_0 und ψ_0. Mit Gl. (4.3.20) lautet die allgemeine Lösung der ersten Näherung

$$q = a_0\, e^{-\varepsilon t} \cos(\omega_0 t + \psi_0)$$

$$\dot{q} = -a_0\omega_0\, e^{-\varepsilon t} \sin(\omega_0 t + \psi_0)$$

Unter Berücksichtigung der Anfangsbedingungen und $\varepsilon = \delta$ folgt daraus

$$q = q_0 \, \mathrm{e}^{-\delta t} \cos \omega_0 t = q_0 \, \mathrm{e}^{-\delta t} \sin (\omega_0 t + \pi/2)$$

Die Abweichungen von der exakten Lösung ergeben sich durch den Fehler in der Kreisfrequenz. Dieser ist von der Ordnung $\delta^2 = \varepsilon^2$.

Beispiel 4.11:

Zu bestimmen ist die allgemeine Lösung der Schwingung eines Pendels mit geschwindigkeitsquadratischer Dämpfung nach Gl. (4.1.5).

Lösung:

Gl. (4.1.5) wird in folgender Form geschrieben:

$$\ddot{q} + \omega_0^2 q = \varepsilon h(q, \dot{q})$$

mit

$$q = \varphi; \quad \omega_0^2 = g/l; \quad \varepsilon = 1; \quad \delta = 1/2m \quad \text{und}$$

$$h = \omega_0^2 q^3/6 - 2\delta \dot{q}^2 \operatorname{sgn} \dot{q}$$

Hierzu wurde $\sin q$ in eine Reihe entwickelt und diese nach dem 2. Glied abgebrochen.
Aus Gl. (4.3.22) folgt

$$A_1 = -\frac{8}{3\pi} \delta a^2 \omega_0$$

$$B_1 = -\frac{1}{16} a^2 \omega_0$$

Damit ergibt sich aus den Gln. (4.3.21) für $\varepsilon = 1$:

$$\frac{\mathrm{d}a}{\mathrm{d}t} = -\frac{8}{3\pi} \delta a^2 \omega_0; \qquad \frac{\mathrm{d}\psi}{\mathrm{d}t} = \omega_0 - \frac{1}{16} a^2 \omega_0$$

Die Lösung dieser Dgln. ergibt

$$a = \frac{a_0}{1 + \dfrac{8}{3\pi} a_0 \delta \omega_0 t}$$

$$\psi = \psi_0 + \omega_0 \int_0^t \left[1 - \frac{a^2(t)}{16}\right] \mathrm{d}t = \psi_0 + \omega_0 t + \frac{3\pi a_0}{128\delta} \left[\frac{1}{1 + \dfrac{8}{3\pi} a_0 \delta \omega_0 t} - 1\right]$$

Damit ist die allgemeine Lösung $q = a \cos \psi$ gefunden. Die Kreisfrequenz

$$\omega = \frac{\mathrm{d}\psi}{\mathrm{d}t} = \omega_0 (1 - a^2/16)$$

erweist sich bei gegebener Amplitude $a(t)$ in erster Näherung als unabhängig von der Dämpfung. Die Lösung ist selbstverständlich nur für solche Winkel brauchbar, für die $\varphi - 1/6\,\varphi^3$ eine hinreichend genaue Näherung für $\sin\varphi$ darstellt. Die in erster Näherung ermittelte Kreisfrequenz ω ist mit der im Beispiel 4.2 angegebenen Näherungslösung bis auf Glieder, die klein von vierter Ordnung sind, identisch. Für die Zahlenwerte $a_0 = \pi/2$, $\psi_0 = 0$, $\omega_0 = 2\pi$, $\delta = 0{,}1$ sind die ersten 6 Maxima der Schwingungsausschläge in Tabelle 4.3.1 (zum Beispiel 4.9 gehörig) aufgeführt. Der Vergleich der mit verschiedenen Verfahren gewonnenen Werte zeigt eine für die Praxis völlig ausreichende Übereinstimmung.

4.4. Selbsterregte Schwingungen

4.4.1. Entstehung und Erscheinungen

Bei der Behandlung von freien Schwingungen in linearen und nichtlinearen Schwingungssystemen wurde bisher ohne besondere Erwähnung vorausgesetzt, daß außer den ohnehin als idealisiert gekennzeichneten ungedämpften Schwingungen alle weiteren Schwingungen autonomer Schwingungssysteme gedämpft sind. Das bedeutet, daß die mechanische Energie W, die Summe aus kinetischer und potentieller Energie, sich durch allmähliche Umwandlung in andere Energieformen (Energiedissipation), in der Regel in Wärmeenergie, ständig vermindert. Es gibt aber auch Schwingungserscheinungen, die dadurch zustande kommen, daß der Schwinger einer Energiequelle über einen speziellen Steuermechanismus im Takt seiner Eigenfrequenz Energie entnimmt.
Dadurch werden die Schwingungen angefacht. Da der Schwinger die Energiezufuhr durch seine Bewegung selbst steuert, bezeichnet man die Schwingung als selbsterregt oder selbstgesteuert.
Beispiele für selbsterregte Schwingungen sind:

die Schwingungen einer mit dem Bogen gestrichenen Violinsaite, verursacht durch die mit wachsender Relativgeschwindigkeit abnehmenden Reibkraft,
die Flatterschwingungen von Flugzeugtragflächen und schlanken Bauwerken unter der Wirkung der sie umströmenden Luft, die sich mit dem Schwingungsausschlag ändert,
Pendel- und Unruheschwingungen mechanischer Uhren.

Die schwingende Violinsaite ist ein Beispiel für eine ganze Klasse von selbsterregten Schwingungen, die man als Reibungsschwingungen bezeichnet. Dazu gehören z. B. auch das Kreischen von Bremsen, das Knarren nicht geölter Türangeln, die Ausbildung ruckender Bewegungen aufeinandergleitender Maschinenteile (Stick-slip) bei langsamen Geschwindigkeiten und die Rattererscheinungen bei der spanenden Bearbeitung von Werkstücken, die durch die Abnahme des Schnittwiderstandes mit wachsender Schnittgeschwindigkeit verursacht werden.
Ebenso gibt es zahlreiche Beispiele für strömungserregte Schwingungen.
Bei den freien gedämpften Schwingungen hatte man bei der Energiebilanz die kinetische Energie, die potentielle Energie und die Dämpfungsenergie in Betracht zu ziehen. Bei den selbsterregten Schwingungen geht noch die durch Selbststeuerung dem Schwinger zugeführte Energie in die Bilanz ein. Dadurch werden Schwingungserscheinungen möglich, die bei den freien Schwingungen nicht auftreten können. Während der Schwingung tritt eine ständige Umwandlung von kinetischer Energie

in potentielle Energie und umgekehrt ein. Durch die Dämpfung wird dem System ständig mechanische Energie entzogen und dadurch die Schwingungsamplitude verkleinert, durch die Zufuhr von Energie wird die Schwingung jedoch wieder angefacht. Die Bilanz zwischen diesen beiden Energiegrößen ist maßgebend für die sich einstellende Schwingung. Es seien W_D die während einer Schwingungsperiode dem System entzogene Dämpfungsenergie und W_Z die in der gleichen Zeit dem System zugeführte Energie.
Ist nun $W_D - W_Z > 0$, so wird dem System während einer Periode mehr Energie entzogen als zugeführt; es führt deshalb gedämpfte Schwingungen aus.
Ist dagegen $W_D - W_Z < 0$, so überwiegt während einer Periode die Energiezufuhr, und es entstehen angefachte Schwingungen.
Wenn die während einer Periode entzogene Energie gleich der zugeführten Energie, d. h. $W_D - W_Z = 0$ ist, so führt der Schwinger eine periodische Bewegung aus. Diese periodische Bewegung stellt im Phasendiagramm — wie bei den ungedämpften Schwingungen — eine geschlossene Kurve dar. Die Energien W_D und W_Z hängen im allgemeinen von der Amplitude der Schwingung ab. Deshalb ändert sich die Differenz $W_D - W_Z$ während der Schwingung, solange bis $W_D = W_Z$ ist.

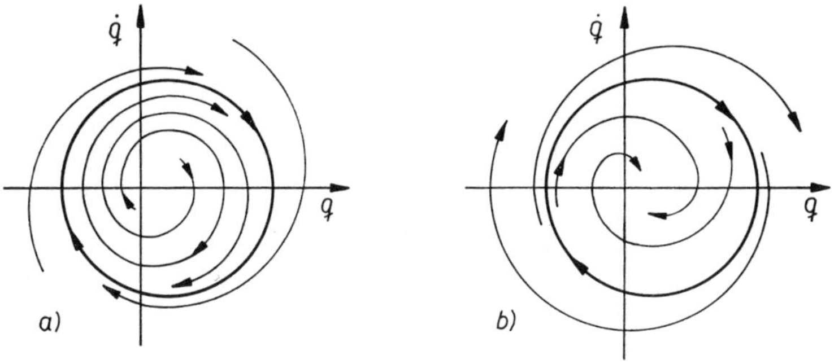

Bild 4.4.1. Grenzzykel:
a) stabil, b) instabil

Innerhalb und außerhalb der geschlossenen Kurve verlaufen die Phasenkurven spiralartig, wobei diese Gebiete Dämpfungs- oder Anfachungsgebiete sein können, je nachdem, ob die Energiedifferenz $W_D - W_Z$ größer oder kleiner als Null ist. Die geschlossene Phasenkurve, die der periodischen Bewegung des Schwingers entspricht, trennt deshalb stets ein Anfachungsgebiet von einem Dämpfungsgebiet. Man bezeichnet diese geschlossene Kurve daher auch als *Grenzzykel* (Bild 4.4.1).
Wie bereits oben erwähnt, ist die Bedingung $W_D = W_Z$, d. h. eine periodische Bewegung des Schwingers, nur für einen ganz bestimmten Wert der Amplitude erfüllbar. Dadurch unterscheidet sich die selbsterregte periodische Schwingung wesentlich von einer ungedämpften Schwingung, die ja in Abhängigkeit von den Anfangsbedingungen mit jeder beliebigen Amplitude erfolgen kann.
Es sei jedoch erwähnt, daß die Bedingung $W_D = W_Z$ für mehrere Werte der Amplitude erfüllt sein kann. Dann gibt es auch eine entsprechende Anzahl von Grenzzykeln, für die jeweils periodische Bewegungen möglich sind. In diesem Zusammenhang ist der Begriff der Stabilität eines Grenzzykels wesentlich. Ein Grenzzykel und die durch ihn beschriebene periodische Bewegung werden als *stabil* bezeichnet, wenn eine zur Zeit $t = t_0$ in der Nachbarschaft des Grenzzykels beginnende Phasenkurve auch für

alle $t > t_0$ in seiner Nachbarschaft bleibt. Verläßt die Phasenkurve für $t > t_0$ die Nachbarschaft, so ist der Grenzzykel *instabil.*
Bei einem stabilen Grenzzykel nähern sich ihm die Phasenkurven entweder asymptotisch oder sie münden in ihn ein (Bild 4.4.1a). Ein instabiler Grenzzykel wird durch die geringste Störung des periodischen Bewegungszustandes verlassen (Bild 4.4.1b).
Der hier eingeführte Begriff der Stabilität gilt auch für den singulären Punkt $q = 0$, $\dot{q} = 0$, der die Gleichgewichtslage des Schwingers kennzeichnet. Ist das Innere des kleinsten Grenzzykels ein Dämpfungsgebiet, so ist die Gleichgewichtslage stabil; der Schwinger kommt von selbst zur Ruhe, solange die Anfangsamplitude innerhalb dieses Grenzzykels bleibt. Ist dieses Gebiet dagegen ein Anfachungsgebiet, so ist die Gleichgewichtslage instabil; die geringste Störung führt zur Anfachung von Schwingungen.
Ein Schwinger mit stabiler Gleichgewichtslage wird auch als stabil im kleinen bezeichnet. Die Schwingungen klingen ab, sofern der Anfangsausschlag innerhalb des kleinsten Grenzzykels bleibt. Dagegen heißt der Schwinger im großen stabil, wenn das Äußere des größten vorkommenden Grenzzykels ein Dämpfungsgebiet ist.
Eine exakte Lösung der Dgln. selbsterregter Schwingungssysteme ist nur in Ausnahmefällen möglich. Zur genäherten Lösung ist neben rein numerischen Verfahren (z. B. Runge-Kutta-Nyström-Verfahren) das Verfahren von Bogoljubov-Mitropolskij sehr wirkungsvoll. Zur Bestimmung der Grenzzykel und ihrer Stabilität eignet sich das Verfahren der äquivalenten Linearisierung wegen seiner Einfachheit sehr gut; beliebig genaue Ergebnisse sind mit der Störungsrechnung zu erhalten. Alle diese Verfahren wurden schon in 4.3. behandelt. Auf ihre Anwendung zur Untersuchung selbsterregter Schwingungen wird in den folgenden Abschnitten näher eingegangen.
Es muß unbedingt erwähnt werden, daß selbsterregte Schwingungen nicht auf die Mechanik beschränkt sind. So sind elektronische Oszillatoren geradezu ein Musterbeispiel selbsterregter Schwingungssysteme. Aber auch elektromechanische Antriebe und Regelsysteme neigen zu selbsterregten Schwingungen, die zu sehr unliebsamen Erscheinungen Anlaß sein können.

4.4.2. Lösungsverfahren

Selbsterregte Schwingungen mit einem Freiheitsgrad gehorchen wie freie Schwingungen autonomer Systeme der Gl. (4.3.1):

$$\ddot{q} + g(q, \dot{q}) = 0$$

Um ein Beispiel vor Augen zu haben, wird die Anwendung der Lösungsverfahren in diesem Abschnitt an der *Van-der-Polschen* Differentialgleichung demonstriert, die das Verhalten eines Röhren-Generators beschreibt:

$$\ddot{q} - \varepsilon \cdot 2(1 - \beta^2 q^2)\,\dot{q} + \omega_0^2 q = 0 \tag{4.4.1}$$

Aus der Dgl. ist ersichtlich, daß die Anfachung in der Nähe der Gleichgewichstlage ($\beta q^2 < 1$) in eine Dämpfung für große Ausschläge ($\beta q^2 > 1$) übergeht. Die Existenz eines Grenzzykels ist also zu vermuten.
Zur Auffindung des Grenzzykels wird zunächst das Verfahren der *äquivalenten Linearisierung* verwendet. Mit der Funktion

$$h = 2(1 - \beta^2 q^2)\,\dot{q} \tag{4.4.2}$$

kann man die Gln. (4.2.21) anwenden, wenn man nur $h(q) = h(A_0 + C \cos \omega t)$ durch $h(q, \dot{q}) = h(A_0 + C \cos \omega t, - C\omega \cdot \sin \omega t)$ ersetzt:

$$2\delta = -\frac{\varepsilon}{\pi\omega C} \int_0^{2\pi} 2[1 - \beta^2(A_0 + C \cos \omega t)^2] \, C\omega \sin^2 \omega t \, d\omega t$$

$$\delta = -C\left[1 - \beta^2 \left(A_0^2 + \frac{1}{4} C^2\right)\right] \tag{4.4.3}$$

$$\omega^2 = \omega_0^2$$

$$A_0 = 0$$

Gl. (4.4.3) erlaubt es, den Grenzzykel für $\delta = 0$ (die äquivalente Gleichung ist ungedämpft) durch

$$C = 2/\beta$$

zu bestimmen. Die periodische Bewegung des Grenzzykels ist damit zu

$$q(t) = 2\beta^{-1} \cos (\omega_0 t + \varphi)$$

mit beliebigem Nullphasenwinkel φ und der Kreisfrequenz ω_0 näherungsweise bestimmt. Gl. (4.4.3) ermöglicht darüber hinaus noch eine Aussage zur Stabilität des Grenzzykels: Setzt man „benachbarte“ Phasenkurven näherungsweise als Phasenkurven harmonischer Schwingungen

$$q(t) = C \cos (\omega t + \varphi)$$

mit $C \gtrless 2/\beta$ an, so folgt für

$C < 2/\beta$	$\delta < 0$	Anfachung und für
$C > 2/\beta$	$\delta > 0$	Dämpfung

Der Grenzzykel ist also stabil.

Daß der Grenzzykel hier unabhängig von der Stärke der Anfachung (ausgedrückt durch ε) erscheint, liegt am gewählten Verfahren. Um ihn genauer zu bestimmen, soll im folgenden die Störungsrechnung angewendet werden. Dabei möge die erste Näherung genügen. Man erhält so nach Gl. (4.2.33) und Gl. (4.2.28) die beiden Gln.

$$\ddot{q}_0 + \omega^2 q = 0 \tag{4.4.4}$$

$$\ddot{q}_1 + \omega^2 q = 2(1 - \beta^2 q_0^2) \, \dot{q}_0 + 2\omega_0\omega_1 q_0 \tag{4.4.5}$$

Gl. (4.4.4) hat die Lösung

$$q_0 = C_0 \cos (\omega t + \varphi)$$

mit beliebigem φ und noch unbekanntem C_0. Diese Lösung wird in die rechte Seite von Gl. (4.4.5) eingesetzt.

Weil in der Lösung der Dgl. (4.4.5) keine säkularen Glieder auftreten dürfen, müssen auf der rechten Seite alle mit ω periodischen Glieder verschwinden. Das führt auf

$$C_0 = 2/\beta \quad \text{und} \quad \omega_1 = 0 \quad \text{(d. h. } \omega = \omega_0 \text{ in erster Näherung)}$$

Damit erhält man schließlich für den Grenzzykel in erster Näherung die periodische Funktion

$$q(t) = q_0(t) + \varepsilon q_1(t)$$

$$= \frac{2}{\beta}\left[\cos(\omega_0 t + \varphi) - \frac{\varepsilon}{4\omega_0}\sin 3(\omega_0 t + \varphi)\right] \tag{4.4.6}$$

Wie ersichtlich, nimmt die Abweichung vom harmonischen Schwingungsverlauf mit wachsendem ε zu.

Das Verfahren von *Bogoljubov-Mitropolskij* gestattet nicht nur die genäherte Bestimmung des Grenzzykels, sondern auch aller weiteren Phasenkurven.

Aus den Gln. (4.3.22) und (4.4.2) ergibt sich

$$A_1(a) = a(1 - \beta^2 a^2/4)$$

$$B_1(a) = 0$$

Daraus folgt mit Gl. (4.3.21)

$$\frac{\mathrm{d}a}{\mathrm{d}t} = \varepsilon a(1 - \beta^2 a^2/4) \tag{4.4.7}$$

$$\frac{\mathrm{d}\psi}{\mathrm{d}t} = \omega_0 \tag{4.4.8}$$

Der Grenzwert von a für $t \to \infty$ ist sofort abzulesen:

$$a = 2/\beta$$

Das ist die schon bekannte Amplitude des Grenzzykels in erster Näherung. Die Dgl. (4.4.7) läßt sich exakt lösen. Man erhält nach Trennung der Veränderlichen:

$$\frac{\mathrm{d}a}{a(1 - \beta^2 a^2/4)} = \varepsilon\,\mathrm{d}t$$

und nachfolgender Integration mittels Partialbruchzerlegung und Auflösung nach a

$$a(t) = [\beta^2/4 + (1/a_0^2 - \beta^2/4)\,\mathrm{e}^{-2\varepsilon t}]^{-1/2} \tag{4.4.9}$$

Für den Phasenwinkel erhält man aus Gl. (4.4.8)

$$\psi = \omega_0 t + \varphi$$

Damit sind die Phasenkurven nach Gl. (4.3.20) mit

$$\left.\begin{aligned} q &= a(t)\cos(\omega_0 t + \varphi) \\ \dot{q} &= -a(t)\,\omega_0 \sin(\omega_0 t + \varphi) \end{aligned}\right\} \tag{4.4.10}$$

gegeben.

4.4.3. Reibungsschwingungen

Durch Reibungsvorgänge verursachte selbsterregte Schwingungen treten in der Technik häufig auf. Ein Beispiel dafür ist der im Bild 4.1.3 (4.1.) dargestellte Torsionsschwinger. Abweichend von diesem Beispiel soll für das im folgenden zu behandelnde Schwingungssystem die Reibungskraft nicht unabhängig von der Relativgeschwindigkeit sein, sondern einer Kennlinie nach Bild 4.4.2 genügen. Der mit der

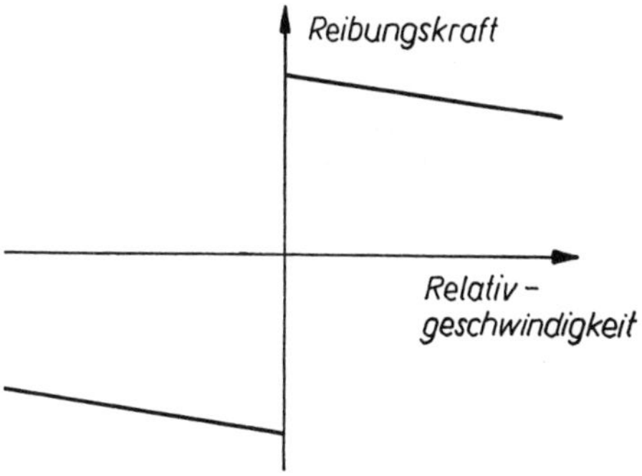

Bild 4.4.2. Abhängigkeit der Reibungskraft von der Relativgeschwindigkeit (fallende Charakteristik)

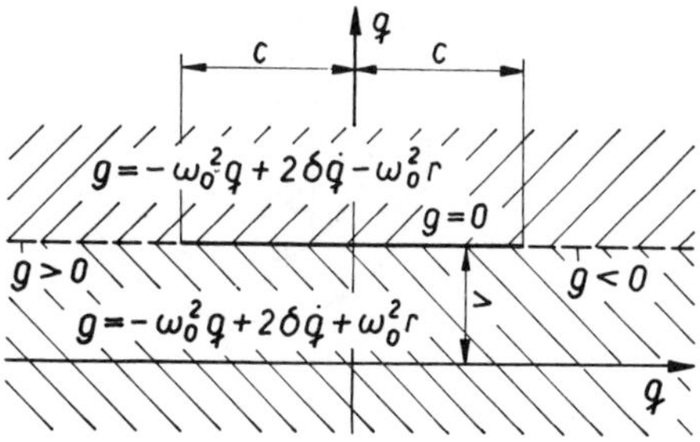

Bild 4.4.3. Darstellung der Funktion $g(q, \dot{q})$ nach Gl. (4.4.12) in der Phasenebene

Geschwindigkeit abfallende Reibungskoeffizient wirkt wie eine negative Dämpfung — also als Anfachung. Übertrifft diese Anfachung die sonst noch vorhandene Dämpfung, so kann man das Schwingungssystem im einfachsten Fall durch folgende Bewegungsgleichung charakterisieren:

$$\ddot{q} = g(q, \dot{q}) \tag{4.4.11}$$

$$g(q, \dot{q}) \begin{cases} = -\omega_0^2 q + 2\delta\dot{q} + \omega_0^2 r & \text{für } \dot{q} < v \\ = 0 & \text{für } \dot{q} = v \text{ und } |q| \leqq c \\ > 0 & \text{für } \dot{q} = v \text{ und } q < -c \\ < 0 & \text{für } \dot{q} = v \text{ und } q > +c \\ = -\omega_0^2 q + 2\delta\dot{q} - \omega_0^2 r & \text{für } \dot{q} > v \end{cases} \tag{4.4.12}$$

Die Funktion $g(q, \dot{q})$ ist im Bild 4.4.3 in der Phasenebene dargestellt. Die Konstanten r und c sind durch die Koeffizienten der Gleitreibung bzw. Haftung bestimmt. Die Lösungen der Dgl. (4.4.11) lassen sich stückweise durch Funktionen der Art

$$q(t) = A\, e^{+\delta t} \sin(\omega t + \varphi) \pm r$$

mit

$$\omega = \sqrt{\omega_0^2 - \delta^2}$$

beschreiben. Die entsprechenden Phasenkurven stellen bei geeigneter Wahl des Geschwindigkeitsmaßstabes Spiralen dar (Bild 4.4.4). Eine Ausnahme machen die Punkte auf der Strecke $-c \leqq q \leqq c$; $\dot{q} = v$. Diese bilden selbst einen Teil einer Phasenkurve entsprechend der Lösungsfunktion

$$q(t) = v(t - t_0)$$

So entsteht ein Grenzzykel — im Bild 4.4.4 dick ausgezogen — in den alle Phasenkurven einlaufen. Der Grenzzykel wird von allen Punkten der Phasenebene aus mit Ausnahme des unendlich fernen Punktes und des singulären Punktes $q = r$; $\dot{q} = 0$ in endlicher Zeit erreicht.

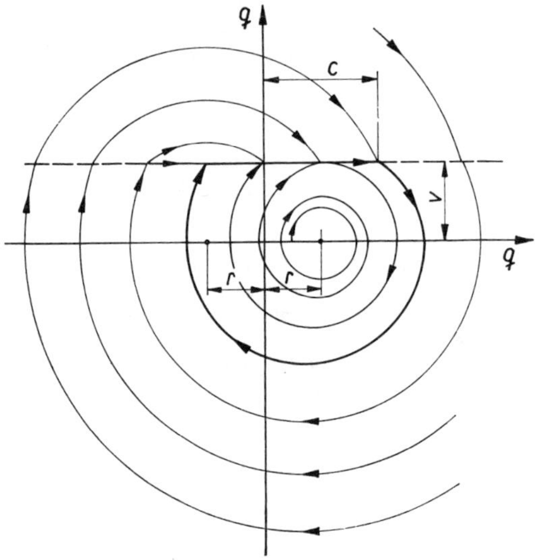

Bild 4.4.4. Phasenporträt eines Schwingers mit fallender Reibungskraft-Charakteristik

Beispiel 4.12:

Ein Maschinenteil der Masse m wird auf einer ebenen Unterlage von einem mit konstanter Geschwindigkeit v wirkenden Antrieb über ein elastisches Glied der Steifigkeit c geschoben (Bild 4.4.5). Der Reibungskoeffizient μ sei geschwindigkeitsunabhängig, der Haftkoeffizient ist durch $\mu_0 > \mu$ gegeben. Der Anfangszustand sei mit $q = 0$ (ungespannte Feder), $\dot{q} = 0$ gegeben. Der Dämpfungseinfluß ist zu vernachlässigen. Welche Größe muß v mindestens haben, damit Reibungsschwingungen (Stick-slip) vermieden werden?

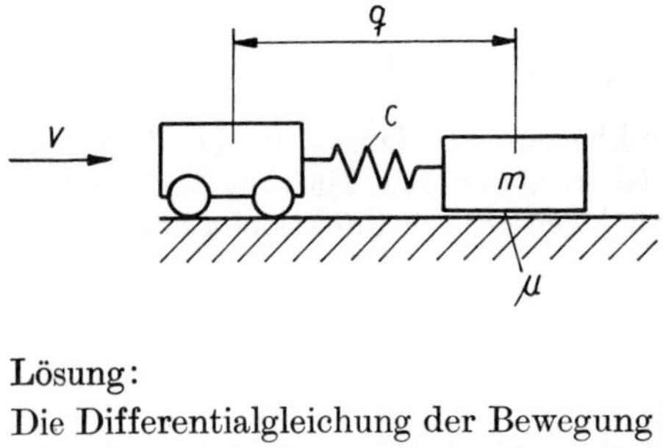

Bild 4.4.5. Zu Stick-slip-Schwingungen fähiges System entsprechend Beispiel 4.12

Lösung:

Die Differentialgleichung der Bewegung ist gegeben durch

$$\ddot{q} \begin{cases} = -\omega_0^2 \cdot (q \pm \mu m g/c) & \text{für} \quad \dot{q} \lessgtr -v \\ = 0 \quad \text{für} \quad \dot{q} = -v & \text{und} \quad |q| \leqq \mu_0 m g/c \\ > 0 \quad \text{für} \quad \dot{q} = -v & \text{und} \quad q < -\mu_0 m g/c \\ < 0 \quad \text{für} \quad \dot{q} = -v & \text{und} \quad q > \mu_0 m g/c \end{cases}$$

mit

$$\omega_0 = \sqrt{c/m}$$

In der Phasenebene, in der q und $\dot{q}/\omega_0$ in gleichem Maßstab geteilte Achsen sind, stellen damit die Phasenkurven, die die Gerade $\dot{q} = v/\omega_0$ nicht schneiden, konzentrische Kreise mit dem Mittelpunkt $q = -\mu mg/c$ dar. Von Bild 4.4.6 ist abzulesen, daß die

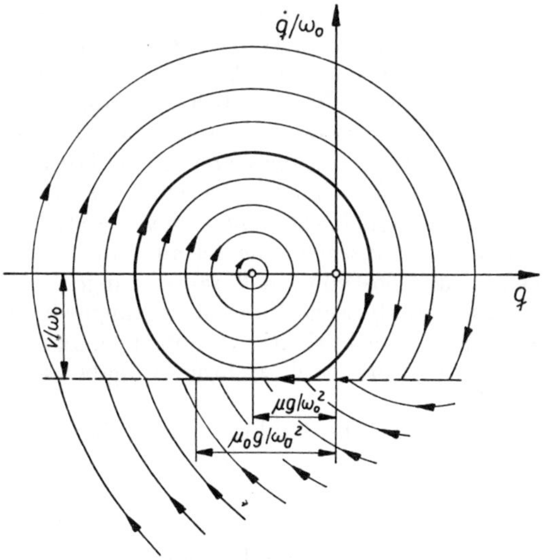

Bild 4.4.6. Phasenporträt für Stick-slip-Schwingungen nach Beispiel 4.12

vom Anfangspunkt $q = \dot{q} = 0$ ausgehende Phasenkurve völlig innerhalb des Grenzzykels verläuft, wenn

$$\mu g/\omega_0^2 < v/\omega_0$$

ist. Die Schwingungen verschwinden also nach Beginn der Bewegung durch die hier nicht berücksichtigte Dämpfung, wenn die Bedingung

$$v > \mu g/\omega_0$$

erfüllt ist. Anderenfalls treten selbsterregte Schwingungen auf. Ihre Amplitude ist

$$A = \sqrt{(\mu_0 g/\omega_0^2 - \mu g/\omega_0^2)^2 + v^2/\omega_0^2}$$

$$= \frac{g}{\omega_0^2}\sqrt{(\mu_0 - \mu)^2 + v^2\omega_0^2/g^2}$$

Diese bei kleinen mittleren Gleitgeschwindigkeiten auftretenden ruckartigen Schwingungen (sog. Stick-slip-Bewegungen) sind in der Technik i. allg. sehr unerwünscht und schädlich.

4.5. Erzwungene Schwingungen bei periodischer Erregung

Erzwungene Schwingungen werden, wie in 4.1. dargelegt, durch die Differentialgleichung (4.1.2) beschrieben:

$$a\ddot{q} + g(q, \dot{q}) = f(t)$$

Von der Differentialgleichung, die autonome Schwingungen beschreibt, unterscheidet sie sich durch die Zeitfunktion $f(t)$.
Die Lösung der Dgl. (4.1.2) ist sehr schwierig und — abgesehen von einigen Sonderfällen — nicht exakt möglich. Insbesondere läßt sich die Lösung auch nicht, wie im linearen Fall, durch Überlagerung der Lösung der homogenen Differentialgleichung und einer partikulären Lösung der vollständigen Differentialgleichung finden. Die Darstellung der Lösung in der Phasenebene, die sich für autonome Systeme als sehr vorteilhaft erwiesen hat, ist für erzwungene Schwingungen zwar auch noch möglich, aber nicht mehr so aussagekräftig. Im allgemeinen muß die Dgl. (4.1.2) numerisch gelöst werden. Dazu ist u. a. das im Abschnitt 4.3.2. beschriebene Verfahren von Runge-Kutta-Nyström geeignet. Dieses Verfahren ist ohne weiteres auch auf die Dgl. (4.1.2) anwendbar. Darauf soll hier nicht weiter eingegangen werden. Trotz der grundsätzlichen Möglichkeit, die Dgl. (4.1.2) numerisch zu lösen, sind analytische Lösungen von großem Interesse. Neben dem Vorteil einer geschlossenen Darstellung der Lösung ermöglichen sie eine Reihe qualitativer Aussagen, die sich aus numerischen Lösungen nur schwer erschließen lassen. Unter bestimmten Voraussetzungen können, wie im folgenden noch gezeigt werden soll, analytische Näherungslösungen angegeben werden, die das nichtlineare Verhalten qualitativ richtig wiedergeben. Je nach dem Grad der Näherung lassen sich für viele und praktisch wichtige Aufgaben auch quantitativ befriedigende Ergebnisse erzielen.
Im folgenden soll vorausgesetzt werden, daß sich von der Funktion $g(q, \dot{q})$ ein linearer Anteil in q abspalten läßt:

$$g(q, \dot{q}) = cq + \varepsilon h_1(q, \dot{q}) \tag{4.5.1}$$

Durch die Schreibweise $\varepsilon h_1(q, \dot{q})$ soll ausgedrückt werden, daß die Dämpfung und alle nichtlinearen Glieder der Rückstellkräfte klein gegenüber den linearen Gliedern sind. Gl. (4.1.2) läßt sich dann in der Form

$$\ddot{q} + \omega_0^2 q = a^{-1}[f(t) - \varepsilon h_1(q, \dot{q})] = \varepsilon h(q, \dot{q}, t) \tag{4.5.2}$$

mit

$$\omega_0^2 = c/a \quad \text{und} \quad \varepsilon h(q, \dot{q}, t) = a^{-1}[f(t) - \varepsilon h_1(q, \dot{q})]$$

schreiben. Es ist aber zu beachten, daß im vorliegenden Abschnitt nur solche Differentialgleichungen betrachtet werden, bei denen die Zeitfunktion in $h(q, \dot{q}, t)$ additiv auftritt. Allgemeine Funktionen h beschreiben parametererregte Schwingungen, die in Abschnitt 5. behandelt werden. Im folgenden werden nur periodische Erregungen betrachtet, d. h. die Funktion $h(q, \dot{q}, t)$ kann bezüglich t als periodisch mit der Periodendauer

$$T = 2\pi/\Omega \tag{4.5.3}$$

vorausgesetzt werden.
Wie bei den linearen erzwungenen Schwingungen interessieren auch bei den nichtlinearen Schwingungen besonders die periodischen Schwingungsvorgänge, weil sie nach Beendigung einer Einschwingphase als sogenannte Dauerschwingungen übrigbleiben.
Das Aufsuchen periodischer Lösungen der Dgl. (4.5.2) ist bedeutend einfacher als die Ermittlung nichtperiodischer Lösungen. Insbesondere sind zur Bestimmung periodischer Lösungen die zum ersten Male in 4.2.3. eingeführten Verfahren geeignet. Ihre Anwendung soll im folgenden dargestellt werden. Zur Bestimmung nichtperiodischer Lösungen eignet sich das in Abschnitt 4.3.3. behandelte Verfahren von Bogoljubov-Mitropolskij.

Bei der Darstellung der Lösungsverfahren und ihrer Erläuterung anhand von Beispielen wird die Diskussion der sogenannten *nichtlinearen Erscheinungen* eine besondere Rolle spielen.

4.5.1. Bestimmung periodischer Näherungslösungen

Zur Bestimmung periodischer Näherungslösungen sind die im Abschnitt 4.2.3. dargestellten Verfahren geeignet: die äquivalente Linearisierung, die Störungsrechnung und das Verfahren von Galerkin. In dieser Reihenfolge sollen diese Verfahren hier besprochen werden.
Das Verfahren der äquivalenten Linearisierung zeichnet sich durch besondere Einfachheit aus. Das ist ein wesentlicher Vorteil. Von Nachteil ist, daß es nur eine erste Näherung zuläßt und wenig anpassungsfähig ist.
Die Grundgedanken der äquivalenten Linearisierung wurden bereits in 4.2.3.1. ausführlich dargestellt. Anstelle des Ansatzes (4.2.15) ist bei den erzwungenen Schwingungen ein harmonischer Lösungsansatz zu machen, der die Kreisfrequenz der Erregung enthält:

$$q(t) = A_0 + C \cos(\Omega t + \varphi) \tag{4.5.4}$$

Es sei jedoch bereits hier erwähnt, daß die nichtlineare Dgl. (4.5.2) auch periodische Lösungen haben kann, die die Kreisfrequenz $M/N \cdot \Omega$ (M, N sind teilerfremde ganze Zahlen) besitzen. Werden solche Lösungen gesucht, so ist in Gl. (4.5.4) $M/N \cdot \Omega$ statt Ω zu setzen. Setzt man den Ansatz (4.5.4) in die Funktion $h(q, \dot{q}, t)$ ein, und entwickelt man diese in eine Fourierreihe, so erhält man

$$h[A_0 + C \cos(\Omega t + \varphi), -\Omega C \sin(\Omega t + \varphi), t]$$

$$= a_0 + \sum_{k=1}^{\infty} (a_k \cos k\Omega t + b_k \sin k\Omega t)$$

Geht man nun vor, wie in 4.2.3.1. dargelegt, so erhält man die der Dgl. (4.5.2) äquivalente lineare Dgl.

$$\ddot{q} + 2\delta\dot{q} + \Omega^2 q = \Omega^2 A_0 \tag{4.5.5}$$

Die äquivalenten Koeffizienten dieser Dgl. ergeben sich aus den Beziehungen

$$2\delta = \frac{\varepsilon}{\pi \Omega C} \int_0^{2\pi} h \sin(\Omega t + \varphi)\, \mathrm{d}(\Omega t)$$

$$\Omega^2 = \omega_0^2 - \frac{\varepsilon}{\pi C} \int_0^{2\pi} h \cos(\Omega t + \varphi)\, \mathrm{d}(\Omega t) \tag{4.5.6}$$

$$A_0 = \frac{\varepsilon}{2\pi\omega_0^2} \int_0^{2\pi} h\, \mathrm{d}(\Omega t)$$

In diesen Gln. bedeutet

$$h = h[A_0 + C \cos(\Omega t + \varphi), -\Omega C \sin(\Omega t + \varphi), t]$$

Die Dgl. (4.5.5) ergibt nur dann periodische Lösungen, wenn $\delta = 0$ ist. In diesem Falle lassen sich aus den Gln. (4.5.6) die unbekannten Größen A_0, C und φ in Abhängigkeit von der Erregerfrequenz Ω angeben. Da in den Gln. (4.5.6) die Funktion h auch explizit von der Zeit abhängt, kann der Nullphasenwinkel hier nicht, wie in den Gln. (4.2.21), Null gesetzt werden.
Die Störungsrechnung hat gegenüber dem Verfahren der äquivalenten Linearisierung den Vorteil, daß man auch Näherungslösungen höherer Ordnung, d. h. eine größere Genauigkeit erzielen kann. Der Rechenaufwand ist jedoch bedeutend höher.
Das in 4.2.3.2. dargestellte Verfahren der Störungsrechnung kann zur Bestimmung periodischer Lösungen der Dgl. (4.5.2) direkt übernommen werden. Anstelle der Reihenentwicklung (4.2.27) ist nun aber die Erregerfrequenz zu entwickeln:

$$\Omega = \omega_0 + \varepsilon\omega_1 + \varepsilon^2\omega_2 + \cdots = \sum_i \varepsilon^i\omega_i \tag{4.5.7}$$

Die Größe ω_0 ist in dieser Darstellung die Eigenkreisfrequenz des linearen ungedämpften Schwingers: $\omega_0 = \sqrt{c/a}$.
Obwohl die Erregerfrequenz Ω in Gl. (4.5.7) eine gegebene Größe ist, ist diese Reihenentwicklung zur Bestimmung der periodischen Lösungen mit der Periode $2\pi/\Omega$ notwendig. Das rekursive Gleichungssystem zur Ermittlung der einzelnen Näherungen hat in Analogie zu Gl. (4.2.33) die Form

$$\begin{aligned} &\ddot{q}_0 + \Omega^2 q_0 = 0 \\ &\ddot{q}_1 + \Omega^2 q_1 = h_0 + \nu_1 q_0 \\ &\ddot{q}_2 + \Omega^2 q_2 = h_1 + \nu_1 q_1 + \nu_2 q_2 \\ &\vdots \end{aligned} \tag{4.5.8}$$

wobei sich die h_0, h_1 ... aus der Reihenentwicklung

$$\begin{aligned} h(q, \dot{q}, t) &= h\Big(\sum_k \varepsilon^k q_k;\ \sum_k \varepsilon^k \dot{q}_k,\ t\Big) \\ &= h_0(q_0, \dot{q}_0, t) + \varepsilon h_1(q_0, q_1, \dot{q}_0, \dot{q}_1, t) + \cdots \\ &= h_0 + \varepsilon h_1 + \varepsilon^2 h_2 + \cdots \end{aligned} \tag{4.5.9}$$

und $\nu_1, \nu_2, \ldots$ aus Gl. (4.2.29) ergeben.
Das Verfahren von Galerkin (siehe 4.2.3.3.) ist zur Ermittlung periodischer Lösungen bei erzwungenen Schwingungen sehr vielseitig anwendbar. Dabei kann unmittelbar von der Galerkinschen Vorschrift (4.2.39) ausgegangen werden, wenn man beachtet, daß die Gewichtsfunktionen $q_j(t)$ im Ansatz (4.2.36) nun periodisch mit $2\pi/\Omega$ gewählt werden müssen.

Beispiel 4.13:

Der Schwinger nach Bild 4.5.1 habe eine nichtlineare Federkennlinie der Form

$$g(q) = cq + dq^3$$

und werde durch eine harmonische Kraft $F(t) = \hat{F} \cos \Omega t$ zu erzwungenen Schwingungen angeregt. Die Dämpfungscharakteristik sei linear. Man bestimme mit

Hilfe des Galerkinschen Verfahrens näherungsweise eine periodische (harmonische) Lösung der Bewegungsgleichung und gebe den Zusammenhang zwischen der Amplitude der Schwingung, dem Nullphasenwinkel und der Erregerfrequenz an.

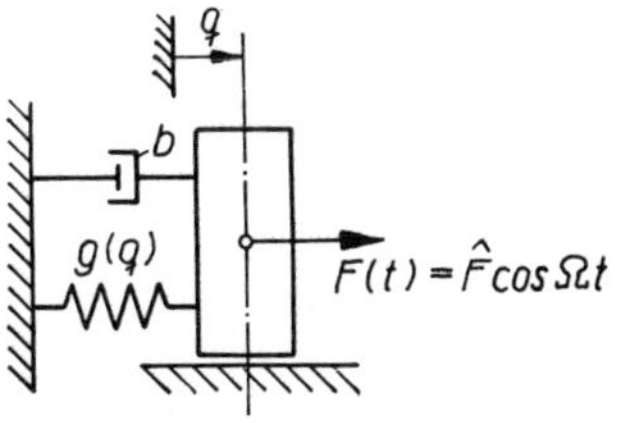

Bild 4.5.1. Nichtlinearer Schwinger entsprechend Beispiel 4.13

Lösung:

Die Dgl. für den in Bild **4.5.1** dargestellten Schwinger lautet

$$m\ddot{q} + b\dot{q} + cq + dq^3 = \hat{F} \cos \Omega t$$

Durch $x = \beta q$ soll die dimensionslose Koordinate x eingeführt werden. Die Dgl. läßt sich dann in der Form

$$\ddot{x} + \omega_0^2 x = y\omega_0^2 \cos \Omega t - 2\vartheta\omega_0\dot{x} - \alpha\omega_0^2 x^3$$

schreiben, wobei die Abkürzungen

$$\omega_0^2 = c/m; \quad y = \hat{F}\beta/c; \quad 2\vartheta = b/(m\omega_0); \quad \alpha = d/(c\beta^2)$$

verwendet werden.
Wählt man entsprechend Gl. (4.2.36) den Ansatz

$$x(t) = A \cos \Omega t + B \sin \Omega t = C \cos (\Omega t + \varphi)$$

so ergibt die Galerkinsche Vorschrift (4.2.39) die Gln.

$$\int_0^{2\pi} \{(\omega_0^2 - \Omega^2)\, C \cos (\Omega t + \varphi) - y\omega_0^2 \cos \Omega t - 2\vartheta\omega_0\Omega C \sin (\Omega t + \varphi) + \alpha\omega_0^2 C^3/4 \cdot [3 \cos (\Omega t + \varphi) + \cos 3\,(\Omega t + \varphi)]\} \sin \Omega t \,\mathrm{d}(\Omega t) = 0$$

$$\int_0^{2\pi} \{(\omega_0^2 - \Omega^2)\, C \cos (\Omega t + \varphi) - y\omega_0^2 \cos \Omega t - 2\vartheta\omega_0\Omega C \sin (\Omega t + \varphi) + \alpha\omega_0^2 C^3/4 \cdot [3 \cos (\Omega t + \varphi) + \cos 3(\Omega t + \varphi)]\} \cos \Omega t \,\mathrm{d}(\Omega t) = 0$$

Die Integration liefert:

$$-(\omega_0^2 - \Omega^2)\, C \sin \varphi - 2\vartheta\omega_0\Omega C \cos \varphi - {}^3/_4 \cdot \alpha\omega_0^2 C^3 \sin \varphi = 0$$

$$(\omega_0^2 - \Omega^2)\, C \cos \varphi - 2\vartheta\omega_0\Omega C \sin \varphi + {}^3/_4 \cdot \alpha\omega_0^2 C^3 \cos \varphi - y\omega_0^2 = 0$$

Daraus findet man die Gln.

$$-2\vartheta\eta C = y \sin \varphi$$

$$(1 - \eta^2)\, C + {}^3/_4 \cdot \alpha C^3 = y \cos \varphi; \qquad \eta = \Omega/\omega_0$$

Nach Elimination von φ ergibt sich daraus:

$$\eta_{1,2} = \sqrt{1 + {}^3/_4 \cdot \alpha C^2 - 2\vartheta^2 \pm \sqrt{(y/C)^2 - 4\vartheta^2(1 + {}^3/_4 \cdot \alpha C^2 - \vartheta^2)}} \tag{4.5.10}$$

Den Phasenwinkel erhält man aus der Beziehung

$$\tan \varphi = -\frac{2\vartheta\eta}{1 - \eta^2 + {}^3/_4 \cdot \alpha C^2}$$

Führt man, wie in 3.4.1.2., den Nacheilwinkel $\psi = -\varphi$ ein, so ergibt sich

$$\psi = \arctan \frac{2\vartheta\eta}{1 - \eta^2 + {}^3/_4 \cdot \alpha C^2}, \qquad 0 \leqq \psi \leqq \pi \tag{4.5.11}$$

Es sei erwähnt, daß man durch äquivalente Linearisierung zu dem gleichen Ergebnis kommt. Dem Leser wird empfohlen, zur Übung dieses Beispiel auch mit Hilfe der äquivalenten Linearisierung und der Störungsrechnung zu behandeln.

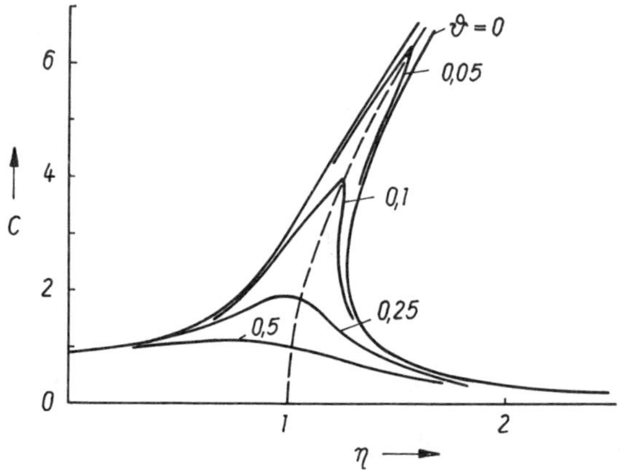

Bild 4.5.2. Vergrößerungsfunktion für $y = 1$ und $\alpha = 0{,}05$

Im weiteren soll etwas näher auf die im Beispiel 4.13 abgeleiteten Zusammenhänge zwischen der Amplitude C, dem Nacheilwinkel ψ und der Abstimmung η eingegangen werden. Die Gln. (4.5.10) und (4.5.11) gelten für jeden nichtlinearen Schwinger mit kubischer Rückstellkraft und geschwindigkeitsproportionaler Dämpfung, der durch eine harmonische Kraft erregt wird. Gl. (4.5.10) bzw. die Umkehrfunktion $C(\eta)$ stellt die Abhängigkeit der Amplitude des nichtlinearen Schwingers von der Erregerfrequenz dar.

In Bild 4.5.2 sind einige dieser Kurven für feste Werte von y und α mit ϑ als Parameter dargestellt. Für $\vartheta = 0$ folgt aus Gl. (4.5.10)

$$\eta_{1,2} = \sqrt{1 + {}^3/_4 \cdot \alpha \cdot C^2 \pm y/C} \tag{4.5.12}$$

Setzt man auch die Amplitude der Erregung gleich Null, so erhält man die Abhängigkeit der Eigenfrequenz der freien Schwingung von der Amplitude (η ist in diesem Falle als dimensionslose Eigenfrequenz zu verstehen)

$$\eta = \sqrt{1 + {}^3/_4 \cdot \alpha C^2} \tag{4.5.13}$$

Gl. (4.5.13) stellt die Gl. der sogenannten Skelettlinie dar.

Wie aus Bild 4.5.2 zu ersehen ist, gehören zu bestimmten Werten von η drei verschiedene Werte von C. Das ist typisch für schwach gedämpfte nichtlineare Schwingungen. Durch die Abhängigkeit der Eigenfrequenz von der Amplitude werden die Skelettlinien und damit alle durch die Vergrößerungsfunktion gegebenen Kurven gegenüber dem linearen Fall für $\alpha > 0$ nach rechts und für $\alpha < 0$ nach links verbogen, wobei es bei entsprechend kleiner Dämpfung zu einem „Überhängen" der Kurvenspitzen kommt. Es läßt sich jedoch zeigen, daß nicht zu allen Punkten der Kurve eine stabile

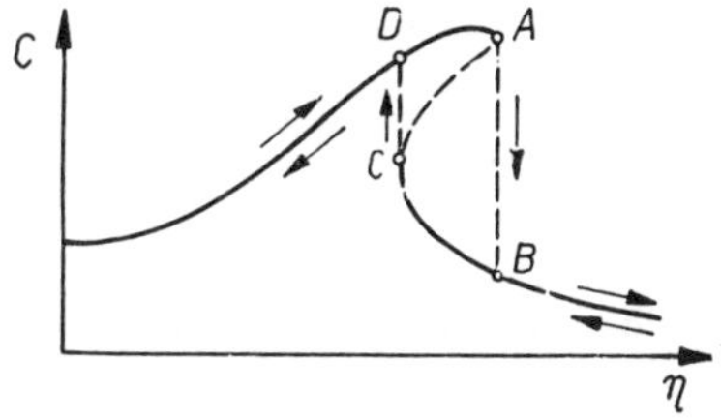

Bild 4.5.3. „Springen" der Amplitude bei nichtlinearen erzwungenen Schwingungen

periodische Bewegung gehört. Läßt man bei einem Schwinger die Erregerfrequenz sehr langsam anwachsen, so ändert sich die Amplitude entsprechend der Kurve in Bild 4.5.3, wobei diese von links nach rechts durchlaufen wird. Im Punkt A, in dem die Kurve eine vertikale Tangente hat, fällt die Amplitude plötzlich auf den Wert bei B ab. Bei weiterer Erhöhung der Erregerfrequenz ändert sich die Amplitude entsprechend dem Verlauf des unteren Kurvenastes. Im umgekehrten Fall, wenn man

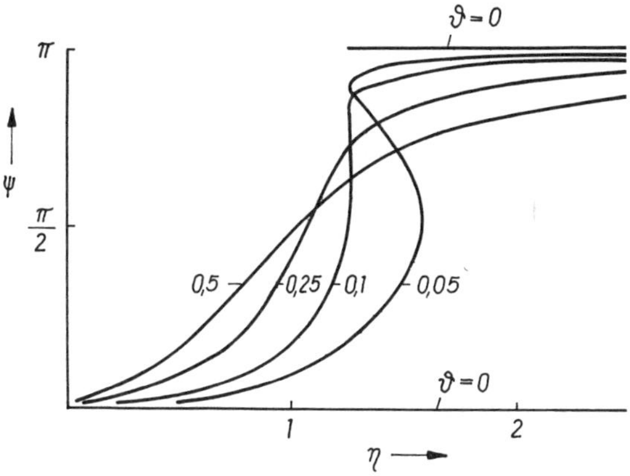

Bild 4.5.4. Nullphasenwinkel in Abhängigkeit von η für $y = 1$ und $\alpha = 0{,}05$

die Erregerfrequenz von größeren Werten langsam abnehmen läßt, so wird der untere Kurvenast bis zum Punkt C durchlaufen. Bei weiterer Verkleinerung der Frequenz springt die Amplitude auf den zu D gehörigen Wert. Auch im Punkt C ist die Tangente an die Kurve vertikal. Die Pfeile in Bild 4.5.3 kennzeichnen den Durchlaufsinn der Kurve beim Vergrößern bzw. Vermindern der Erregerfrequenz. Der Kurvenast zwischen den Punkten A und C wird offensichtlich überhaupt nicht durchlaufen. Zu ihm gehören keine stabilen periodischen Lösungen.

In Bild 4.5.4 ist der Nullphasenwinkel als Nacheilwinkel ψ in Abhängigkeit von η entsprechend Gl. (4.5.11) für verschiedene Werte der Dämpfung dargestellt. Auch hier können zu einem Wert von η drei verschiedene Werte von ψ gehören, die ebenfalls nicht alle stabilen Lösungen entsprechen.

Bild 4.5.5 zeigt die Vergrößerungsfunktion nach Gl. (4.5.10) und Bild 4.5.6 den Verlauf des Phasenwinkels nach Gl. (4.5.11) für den Fall einer unterlinearen Kennlinie mit $\alpha < 0$.

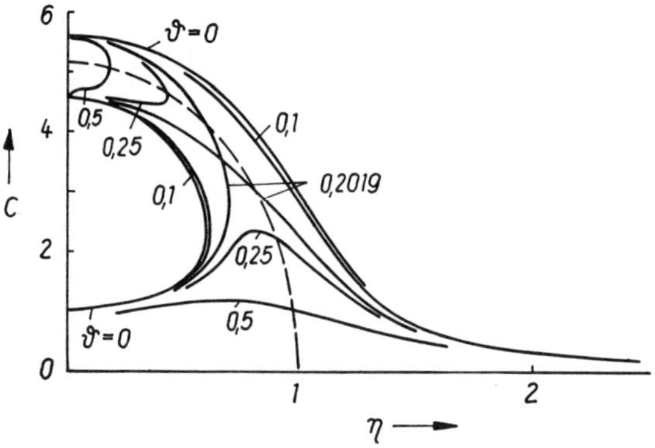

Bild 4.5.5. Vergrößerungsfunktion für $y = 1$ und $\alpha = -0{,}05$

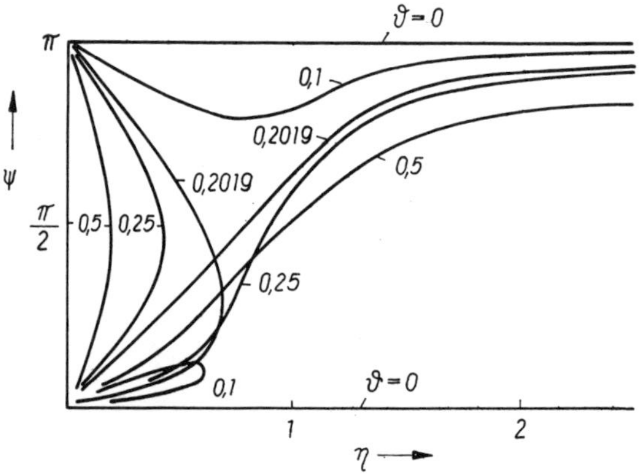

Bild 4.5.6. Nullphasenwinkel in Abhängigkeit von η für $y = 1$ und $\alpha = -0{,}05$

Beispiel 4.14:

Für den Schwinger nach Bild 4.5.7 sind unter Berücksichtigung der Coulombschen Reibung (Gleitreibungskoeffizient μ) Amplitude und Nullphasenwinkel der stationären erzwungenen Schwingung mit Hilfe der äquivalenten Linearisierung anzugeben.

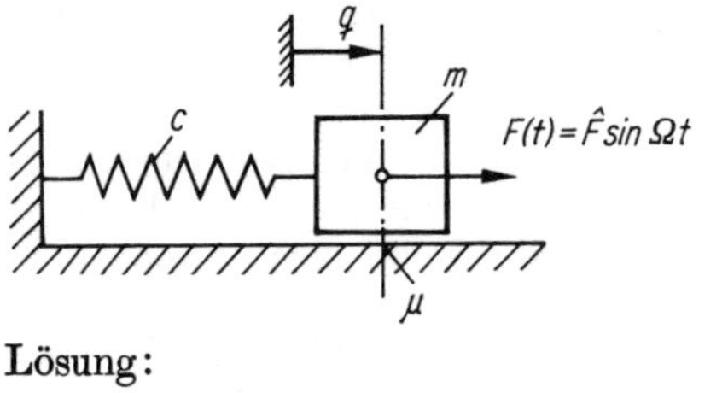

Bild 4.5.7. Schwingungssystem mit Coulombscher Reibung entsprechend Beispiel 4.14

Lösung:

Die Dgl. der Bewegung ergibt sich in der Form

$$m\ddot{q} + \mu m g \operatorname{sgn} \dot{q} + cq = \hat{F} \sin \Omega t$$

bzw.

$$\ddot{q} + \mu g \operatorname{sgn} \dot{q} + c/m \cdot q = \hat{F}/m \cdot \sin \Omega t$$

Mit der dimensionslosen Koordinate $x = \beta q$ und den Abkürzungen

$$\gamma = \mu g \beta; \qquad \omega_0^2 = c/m; \qquad y = \hat{F}\beta/c$$

erhält man die Dgl.

$$\ddot{x} + \gamma \operatorname{sgn} \dot{x} + \omega_0^2 x = y\omega_0^2 \sin \Omega t$$

Die äquivalente lineare Dgl. hat nach Gl. (4.5.5) die Gestalt

$$\ddot{x} + 2\delta\dot{x} + \Omega^2 x = \Omega^2 A_0$$

mit

$$A_0 = 0$$

$$2\delta = \frac{1}{\pi\Omega C}\int_0^{2\pi} \left[y\omega_0^2 \sin \Omega t + \gamma \operatorname{sgn}\left(\sin(\Omega t + \varphi)\right)\right] \sin(\Omega t + \varphi)\, \mathrm{d}(\Omega t)$$

$$= \frac{1}{\pi\Omega C}\,(y\omega_0^2\pi \cos\varphi + 4\gamma)$$

$$\Omega^2 = \omega_0^2 - \frac{1}{\pi C}\int_0^{2\pi} \left[y\omega_0^2 \sin \Omega t + \gamma \operatorname{sgn}\left(\sin(\Omega t + \varphi)\right)\right] \cos(\Omega t + \varphi)\, \mathrm{d}(\Omega t)$$

$$= \omega_0^2 + y\omega_0^2/C \cdot \sin\varphi$$

Periodische Lösungen der äquivalenten linearen Dgl. existieren nur für $\delta = 0$. Damit erhält man die beiden Gl.

$$-4\gamma/\pi = y\omega_0^2 \cos\varphi$$

$$-(\omega_0^2 - \Omega^2)\, C = y\omega_0^2 \sin\varphi$$

zur Bestimmung von Amplitude und Nullphasenwinkel. Mit $\eta = \Omega/\omega_0$ erhält man

$$C = \frac{y}{|1 - \eta^2|}\sqrt{1 - \left(\frac{4\gamma}{\pi\omega_0^2 y}\right)^2}$$

und

$$\varphi = \arctan \frac{\pi\omega_0 C(1 - \eta^2)}{4\gamma}$$

Trotz vorhandener Gleitreibung geht die Amplitude C gegen ∞, wenn η gegen 1 geht. Voraussetzung dafür, daß die angegebene Lösung überhaupt sinnvoll ist, ist die Erfüllung der Bedingung

$$\gamma < \pi\omega_0^2 y/4$$

d. h., der Gleitreibungskoeffizient darf eine bestimmte, durch die Ungleichung gegebene Größe nicht überschreiten. Amplituden- und Phasenfrequenzgang stimmen in erster Näherung qualitativ mit denen des ungedämpften, harmonisch erregten linearen Schwingers überein (siehe 3.4.1.2.).

4.5.2. Bestimmung nichtperiodischer Näherungslösungen

Zur näherungsweisen Ermittlung nichtperiodischer Lösungen der Dgl. (4.5.2) soll hier ausschließlich das bereits in 4.3.3. zur Behandlung autonomer Systeme eingeführte Verfahren von Bogoljubov und Mitropolskij herangezogen werden, wobei die Periodizität der Funktion h bezüglich t entsprechend Gl. (4.5.3) weiterhin vorausgesetzt wird. Die Lösungen werden bei diesem Verfahren in Form asymptotischer Reihen gesucht, deren Glieder nach Potenzen von ε geordnet sind. Der Reihenansatz wird so gewählt, daß die erste Näherung die Form einer sinusverwandten Schwingung hat (siehe Gl. 4.9.1). Dabei muß vorausgesetzt werden, daß sich Amplitude und Phase im Verhältnis zur Schwingungsperiode der stationären Schwingung zeitlich nur langsam ändern. Mit diesem Verfahren kann man deshalb neben stationären (periodischen) Näherungslösungen solche instationären (nichtperiodischen) Lösungen erhalten, bei denen sich Amplitude und Phase zeitlich langsam verändern. In Verallgemeinerung der in 4.3.3. angegebenen Beziehungen kann man von folgendem Lösungsansatz ausgehen:

$$q(t) = a(t) \cos \psi(t) + \sum_{k=1}^{l-1} \varepsilon^k u_k(a, \psi, t) \tag{4.5.14}$$

mit

$$\psi = \frac{M}{N} \Omega t + \varphi \tag{4.5.15}$$

$$\frac{\mathrm{d}a}{\mathrm{d}t} = \sum_{k=1}^{l} \varepsilon^k A_k(a, \varphi) \tag{4.5.16}$$

$$\frac{\mathrm{d}\varphi}{\mathrm{d}t} = \omega_0 - \frac{M}{N} \Omega + \sum_{k=1}^{l} \varepsilon^k B_k(a, \varphi) \tag{4.5.17}$$

Dabei bedeuten $a(t)$ die Amplitude und $\psi(t)$ die Gesamtphase der sinusverwandten Schwingung der ersten Näherung und

$$\varphi = \psi - \frac{M}{N} \Omega t$$

den zeitlich veränderlichen Nullphasenwinkel einer mit der Kreisfrequenz $M/N \cdot \Omega$ verlaufenden Schwingung.

Durch diesen Ansatz wird die Lösung der Dgl. (4.5.2) bei bekannten Funktionen u_k, A_k und B_k auf die Lösung der Dgln. (4.5.16) und (4.5.17) zurückgeführt. Mit $\mathrm{d}a/\mathrm{d}t = 0$ und $\mathrm{d}\varphi/\mathrm{d}t = 0$ lassen sich aus diesen beiden Gln. auch die Amplitude und der Phasenwinkel für den Fall stationärer (periodischer) Lösungen ermitteln:

$$\left.\begin{aligned} &\sum_{k=1}^{l} \varepsilon^k A_k(a, \varphi) = 0 \\ &\omega_0 - \frac{M}{N} \Omega + \sum_{k=1}^{l} \varepsilon^k B_k(a, \varphi) = 0 \end{aligned}\right\} \tag{4.5.18}$$

Setzt man den Lösungsansatz (4.5.14) unter Berücksichtigung der Gln. (4.5.15) bis (4.5.17) in die Dgl. (4.5.2) ein, so erhält man für den Ausdruck auf der linken Seite

$$\left.\begin{aligned} \ddot{q} + \omega_0^2 q = \varepsilon \Biggl\{ & \left(\omega_0 - \frac{M}{N}\,\Omega\right)^2 \frac{\partial u_1}{\partial \vartheta} + 2\left(\omega_0 - \frac{M}{N}\,\Omega\right) \frac{\partial^2 u_1}{\partial \varphi\,\partial t} \\ & + \omega_0^2 u_1 + \left[\left(\omega_0 - \frac{M}{N}\,\Omega\right) \frac{\partial A_1}{\partial \varphi} - 2a\omega_0 B_1\right] \cos\psi \\ & - \left[a\left(\omega_0 - \frac{M}{N}\,\Omega\right) \frac{\partial B_1}{\partial \varphi} + 2\omega_0 A_1\right] \sin\psi \Biggr\} + \varepsilon^2 \cdots \end{aligned}\right\} \tag{4.5.19}$$

Entwickelt man nun die rechte Seite der Dgl. (4.5.2) ebenfalls in eine Reihe nach Potenzen von ε und berücksichtigt die Gln. (4.5.15) bis (4.5.17), so läßt sich schreiben

$$h(q, \dot{q}, t) = h_0(a, \psi, t) + \varepsilon h_1(a, \psi, t) + \varepsilon^2 \cdots \tag{4.5.20}$$

Durch Vergleich der Glieder mit gleichen Potenzen von ε entstehen auf diese Weise Gln. der ersten, zweiten usw. Nähérung. Für die erste Näherung erhält man:

$$\begin{aligned} & \left(\omega_0 - \frac{M}{N}\,\Omega\right) \frac{\partial^2 u_1}{\partial \varphi^2} + 2\left(\omega_0 - \frac{M}{N}\,\Omega\right) \frac{\partial^2 u_1}{\partial \varphi\,\partial t} + \frac{\partial^2 u_1}{\partial t^2} + \omega_0^2 u_1 \\ & + \left[\left(\omega_0 - \frac{M}{N}\,\Omega\right) \frac{\partial A_1}{\partial \varphi} - 2a\omega_0 B_1\right] \cos\psi \\ & - \left[a\left(\omega_0 - \frac{M}{N}\,\Omega\right) \frac{\partial B_1}{\partial \varphi} + 2\omega_0 A_1\right] \sin\psi = h_0(a, \psi, t) \end{aligned} \tag{4.5.21}$$

Die Funktion $h_0(a, \psi, t)$ ergibt sich, indem man die Beziehungen (4.5.15) bis (4.5.17) in $h(q, \dot{q}, t)$ einsetzt und dabei $\varepsilon = 0$ annimmt:

$$h_0(a, \psi, t) = h(a \cos\psi, -\omega_0 a \sin\psi, t) \tag{4.5.22}$$

Im weiteren soll nur noch die erste Näherung betrachtet werden. Diese ist durch folgende Ansätze gekennzeichnet:

$$q(t) = a(t) \cos\left(\frac{M}{N}\,\Omega t + \varphi\right) \tag{4.5.23}$$

$$\left.\begin{aligned} \frac{\mathrm{d}a}{\mathrm{d}t} &= \varepsilon A_1(a, \varphi) \\ \frac{\mathrm{d}\varphi}{\mathrm{d}t} &= \omega_0 - \frac{M}{N}\,\Omega + \varepsilon B_1(a, \varphi) \end{aligned}\right\} \tag{4.5.24}$$

Zur Bestimmung der Größen $A_1(a, \varphi)$ und $B_1(a, \varphi)$ werden die Funktionen h_0 und u_1 bezüglich ψ und Ωt in Fourierreihen mit der Periode 2π entwickelt:

$$\left.\begin{aligned} h_0(a, \psi, t) &= \sum_{\mu=-\infty}^{\infty} \sum_{\nu=-\infty}^{\infty} h_{\mu\nu}(a) \cdot \exp\left[\mathrm{j}(\mu\Omega t + \nu\psi)\right] \\ u_1(a, \psi, t) &= \sum_{\mu=-\infty}^{\infty} \sum_{\nu=-\infty}^{\infty} v_{\mu\nu}(a) \cdot \exp\left[\mathrm{j}(\mu\Omega t + \nu\psi)\right] \end{aligned}\right\} \tag{4.5.25}$$

Setzt man die Fourierreihen (4.5.25) in die Gl. (4.5.21) ein, so ergibt ein Vergleich der Koeffizienten von $\exp[\mathrm{j}(\mu\Omega t + \nu\psi)]$ zwei lineare inhomogene Dgln. für $A_1(a, \varphi)$ und $B_1(a, \varphi)$. Auf ähnliche Weise, aber mit bedeutend höherem Aufwand kann man auch die zweite und höhere Näherungen ermitteln. Auf die Angabe der Differentialgleichungen für die Größen A_1 und B_1 soll hier verzichtet werden. Ihre Lösung lautet (siehe [1]):

$$\left.\begin{aligned} A_1(a, \varphi) &= \frac{1}{2\pi^2} \sum_\sigma E(\sigma, \varphi) \cdot \left[\mathrm{j}N\sigma\left(\omega_0 - \frac{M}{N}\,\Omega\right) I_{1\sigma} - 2\omega_0 I_{2\sigma}\right] \\ B_1(a, \varphi) &= -\frac{1}{2\pi^2 a} \sum_\sigma E(\sigma, \varphi) \cdot \left[\mathrm{j}N\sigma\left(\omega_0 - \frac{M}{N}\,\Omega\right) I_{2\sigma} + 2\omega_0 I_{1\sigma}\right] \end{aligned}\right\} \tag{4.5.26}$$

mit

$$E(\sigma, \varphi) = \frac{\exp(\mathrm{j}N\sigma\varphi)}{4\omega_0^2 - N^2\sigma^2\left(\omega_0 - \frac{M}{N}\,\Omega\right)^2}$$

$$\left.\begin{aligned} I_{1\sigma} &= \int_0^{2\pi}\int_0^{2\pi} h_0(a, \psi, t) \cdot \mathrm{e}^{-\mathrm{j}N\sigma\left(\psi - \frac{M}{N}\Omega t\right)} \cos\psi \, \mathrm{d}(\Omega t)\, \mathrm{d}\psi \\ I_{2\sigma} &= \int_0^{2\pi}\int_0^{2\pi} h_0(a, \psi, t) \cdot \mathrm{e}^{-\mathrm{j}N\sigma\left(\psi - \frac{M}{N}\Omega t\right)} \sin\psi \, \mathrm{d}(\Omega t)\, \mathrm{d}\psi \end{aligned}\right\} \tag{4.5.27}$$

In Gl. (4.5.26) sind die Summen über alle ganzzahligen Werte von σ im Bereich von $-\infty$ bis $+\infty$ zu erstrecken, für die die Doppelintegrale (4.5.27) nicht verschwinden. Die Funktion $h_0(a, \psi, t)$ ist entsprechend Gl. (4.5.27) zu bilden.

Gl. (4.5.26) gilt für den allgemeinen Fall einer Funktion $h(q, q, t)$. Bei erzwungenen Schwingungen tritt jedoch die Zeitfunktion, wie bereits zu Beginn von 4.5. hervorgehoben wurde, in h additiv auf. Es läßt sich daher setzen:

$$h(q, \dot{q}, t) = \bar{h}(q, \dot{q},) + \bar{\bar{h}}(t) \tag{4.5.28}$$

wobei die Funktionen $\bar{h}(q, \dot{q})$ und $\bar{\bar{h}}(t)$ bis auf konstante Faktoren mit den durch Gl. (4.1.2) gegebenen Funktionen $g(q, \dot{q})$ und $f(t)$ übereinstimmen. Berücksichtigt man Gl. (4.5.28), so vereinfacht sich Gl. (4.5.26) wesentlich. Man erhält für diesen Fall

$$\left.\begin{aligned} A_1(a, \varphi) &= -\frac{1}{2\pi\omega_0}\int_0^{2\pi} \bar{h}(a\cos\psi, -a\omega_0\sin\psi)\sin\psi\,\mathrm{d}\psi \\ &\quad - \frac{1}{\pi(\omega_0 + M\Omega)}\int_0^{2\pi} \bar{\bar{h}}(t)\sin(M\Omega t + \varphi)\,\mathrm{d}(\Omega t) \\ B_1(a, \varphi) &= -\frac{1}{2\pi\omega_0 a}\int_0^{2\pi} \bar{h}(a\cos\psi, -a\omega_0\sin\psi)\cos\psi\,\mathrm{d}\psi \\ &\quad - \frac{1}{\pi a(\omega_0 + M\Omega)}\int_0^{2\pi} \bar{\bar{h}}(t)\cos(M\Omega t + \varphi)\,\mathrm{d}(\Omega t) \end{aligned}\right\} \tag{4.5.29}$$

Während die über ψ auszuführenden Integrale für beliebige Werte von M und N existieren können (sie sind von diesen Größen völlig unabhängig), sind die über t zu nehmenden Integrale nur für $N = 1$ von Null verschieden. Für $M \neq 1$ verschwinden diese Integrale nur dann nicht, wenn in der Funktion $\bar{\bar{h}}(t)$ Harmonische mit der Kreisfrequenz $M\Omega t$ enthalten sind.

Unter Verwendung der in 4.2.3.1. eingeführten „äquivalenten Koeffizienten" (siehe Gl. 4.2.21) kann man mit $A_0 = 0$; $C = a$ und $h = \bar{h}(a \cos\psi, -a\omega_0 \sin\psi)$ schreiben:

$$\delta(a) = \frac{\varepsilon}{2\pi\omega_0 a} \int_0^{2\pi} \bar{h}(a \cos\psi, -a\omega_0 \sin\psi) \sin\psi \, d\psi \tag{4.5.30}$$

$$\omega^2(a) = \omega_0^2 - \frac{\varepsilon}{\pi a} \int_0^{2\pi} \bar{h}(a \cos\psi, -a\omega_0 \sin\psi) \cos\psi \, d\psi \tag{4.5.31}$$

Aus der letzten Gl. findet man wegen

$$\omega^2(a) - \omega_0^2 = [\omega(a) - \omega_0] \cdot [\omega(a) + \omega_0] \approx 2\omega_0[\omega(a) - \omega_0]$$

$$\omega(a) = \omega_0 - \frac{\varepsilon}{2\pi\omega_0 a} \int_0^{2\pi} \bar{h}(a \cos\psi, -a\omega_0 \sin\psi) \cos\psi \, d\psi \tag{4.5.32}$$

Der Fehler, der beim Übergang von Gl. (4.5.31) zu Gl. (4.5.32) entsteht, ist von der Größenordnung ε^2. Die Gln. der ersten Näherung (4.5.23) und (4.5.24) lassen sich für den Fall erzwungener Schwingungen mit Gln. (4.5.29), (4.5.30) und (4.5.32) wie folgt explizit angeben:

$$\left.\begin{aligned}
q(t) &= a(t) \cos\left[\frac{M}{N}\,\Omega t + \varphi(t)\right] \\
\frac{da}{dt} &= -\delta(a)\,a - \frac{\varepsilon}{\pi(\omega_0 + M\Omega)} \int_0^{2\pi} \bar{\bar{h}}(t) \sin(M\Omega t + \varphi)\, d(\Omega t) \\
\frac{d\varphi}{dt} &= \omega(a) - \frac{M}{N}\,\Omega - \frac{\varepsilon}{\pi a(\omega_0 + M\Omega)} \int_0^{2\pi} \bar{\bar{h}}(t) \cos(M\Omega t + \varphi)\, d(\Omega t)
\end{aligned}\right\} \tag{4.5.33}$$

Beispiel 4.15:

Der Schwinger nach Bild 4.5.1 (siehe Beispiel 4.13) befinde sich zur Zeit $t = 0$ in der statischen Gleichgewichtslage $(q(0) = 0,\ \dot{q}(0) = 0)$. Man untersuche mit Hilfe des Verfahrens von Bogoljubov und Mitropolskij in erster Näherung den Einschwingvorgang bis zum Erreichen des stationären (periodischen) Zustandes.

Für die Zahlenrechnung seien gegeben:

$$\Omega = \omega_0 = \sqrt{c/m} = 50\ \mathrm{s}^{-1}; \quad y = \hat{F}\beta/c = 1/50;$$

$$\delta = b/(2m) = 0{,}1\ \mathrm{s}^{-1}; \quad \alpha = 0{,}2$$

Lösung:

Die Dgl. für das Beispiel 4.13 lautet

$$\ddot{x} + \omega_0^2 x = y\omega_0^2 \cos \Omega t - 2\delta\dot{x} - \alpha\omega_0^2 x^3$$

Es ist also:

$$\varepsilon\bar{h}(x, \dot{x}) = -\alpha\omega_0^2 x^3 - 2\delta\dot{x}$$

$$\varepsilon h_0 = -\alpha\omega_0^2 a^3 \cos^3 \psi + 2\delta a\omega_0 \sin \psi$$

$$\varepsilon\bar{\bar{h}} = y\omega_0^2 \cos \Omega t$$

Aus den Gln. (4.5.33) erhält man unter Berücksichtigung von Gln. (4.5.30) und (4.5.32) mit $M = N = 1$

$$\mathrm{d}a/\mathrm{d}t = -\delta a - y\omega_0^2/(\omega_0 + \Omega) \cdot \sin \varphi$$

$$\mathrm{d}\varphi/\mathrm{d}t = \omega_0(1 + 3\alpha a^2/8) - \Omega - y\omega_0^2/[a(\omega_0 + \Omega)] \cdot \cos \varphi$$

Die Lösung ergibt sich nach Gl. (4.5.23) zu

$$x(t) = a(t) \cdot \cos [\Omega t + \varphi(t)]$$

Im Ergebnis der numerischen Integration erhält man die Funktionen $a(t)$ und $\varphi(t)$, die in Bild 4.5.8 dargestellt sind.

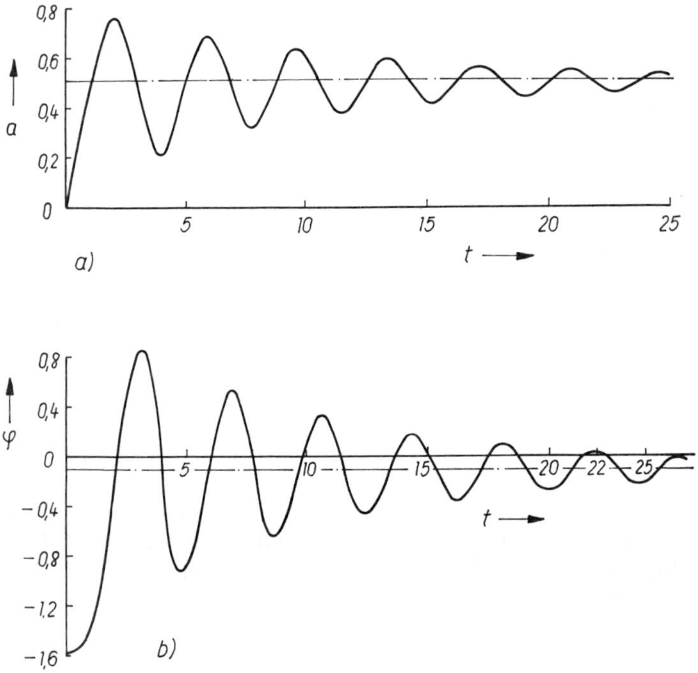

Bild 4.5.8. Zeitlicher Verlauf:
a) der Amplitude, b) des Nullphasenwinkels des Einschwingvorgangs nach Beispiel 4.15

4.6. Erzwungene Schwingungen bei nichtperiodischer Erregung

Von den erzwungenen Schwingungen mit nichtperiodischer Erregung sind besonders diejenigen von Interesse, bei denen die Nichtperiodizität der Erregung aus der Zeitabhängigkeit der Erregerfrequenz herrührt. Wenn z. B. ein unwuchtbehafteter Motor aus dem Stillstand anläuft, so entsteht eine sinusverwandte Erregerkraft, deren Amplitude und Phase mit der Zeit anwächst. Solche Vorgänge treten in der Praxis häufig auf, wobei die Untersuchung der Schwingungserscheinungen beim Durchfahren der Resonanz von besonderer Bedeutung ist.
Im folgenden soll die Anwendbarkeit des Verfahrens von Bogoljubov-Mitropolskij auf solche Vorgänge erweitert werden.
Die zu untersuchende Dgl. möge die Gestalt

$$\ddot{q} + \omega_0^2 q = \varepsilon[\bar{h}(q, \dot{q}) + \bar{\bar{h}}(\tau, t)] \tag{4.6.1}$$

haben, wobei $\tau = \varepsilon t$ sein soll. Durch die Zeit τ werden zeitlich langsam veränderliche Größen beschrieben, z. B. die zeitliche Änderung der Erregerfrequenz $\Omega(\tau)$. Damit ist die Anwendbarkeit des Verfahrens auf sinusverwandte Funktionen $h(\tau, t)$ beschränkt, deren Amplituden und Phasen sich nur langsam mit der Zeit verändern.
Die Lösung der Dgl. (4.6.1) lautet in erster Näherung

$$q = a(t) \cos \psi = a(t) \cos \left(\frac{M}{N} \Omega t + \varphi\right) \tag{4.6.2}$$

wobei die Amplitude a und der Phasenwinkel φ aus den Gln.

$$\left.\begin{aligned} \frac{\mathrm{d}a}{\mathrm{d}t} &= \varepsilon A_1(\tau, a, \varphi) \\ \frac{\mathrm{d}\varphi}{\mathrm{d}t} &= \omega_0 - \frac{M}{N} \Omega(\tau) + \varepsilon B_1(\tau, a, \varphi) \end{aligned}\right\} \tag{4.6.3}$$

zu bestimmen sind.
Die Funktionen A_1 und B_1 ergeben sich aus zu den Gln. (4.5.29) analogen Gln.

$$\left.\begin{aligned} A_1(\tau, a, \varphi) = &-\frac{1}{2\pi\omega_0} \int_0^{2\pi} \bar{h}(a \cos \psi, -a\omega_0 \sin \psi) \sin \psi \, \mathrm{d}\psi \\ &- \frac{1}{\pi\big(\omega + M\Omega(\tau)\big)} \int_0^{2\pi} \bar{\bar{h}}(\tau, t) \sin (M\Omega t + \varphi) \, \mathrm{d}(\Omega t) \\ B_1(\tau, a, \varphi) = &-\frac{1}{2\pi\omega_0 a} \int_0^{2\pi} \bar{h}(a \cos \psi, -a\omega_0 \sin \psi) \cos \psi \, \mathrm{d}\psi \\ &- \frac{1}{\pi a\big(\omega_0 + M\Omega(\tau)\big)} \int_0^{2\pi} \bar{\bar{h}}(\tau, t) \cos (M\Omega t + \varphi) \, \mathrm{d}(\Omega t) \end{aligned}\right\} \tag{4.6.4}$$

Bezüglich der Größen M und N gilt hier das in 4.5.2. Gesagte ebenfalls. Die Zeit τ wird bei der Integration über Ωt wie eine Konstante behandelt.

Unter Verwendung der Gln. (4.5.30) und (4.5.32) erhält man aus Gl. (4.6.3)

$$\left.\begin{aligned}\frac{\mathrm{d}a}{\mathrm{d}t} &= -\delta(a)\,a - \frac{\varepsilon}{\pi\big(\omega_0 + M\Omega(\tau)\big)}\int_0^{2\pi} \bar{h}(\tau, t)\sin(M\Omega t + \varphi)\,\mathrm{d}(\Omega t)\\ \frac{\mathrm{d}\varphi}{\mathrm{d}t} &= \omega(a) - \frac{M}{N}\,\Omega(\tau) - \frac{\varepsilon}{\pi a\big(\omega_0 + M\Omega(\tau)\big)}\int_0^{2\pi} \bar{h}(\tau, t)\cos(M\Omega t + \varphi)\,\mathrm{d}(\Omega t)\end{aligned}\right\} \quad (4.6.5)$$

Beispiel 4.16:

Ein Motor der Masse m befinde sich auf einem masselosen Träger der Federsteifigkeit c und der Dämpfung b (Bild 4.6.1). Der Motor erzeugt infolge einer vorhandenen Unwucht eine vertikal wirkende Erregerkraft $F(t) = m_u r\Omega^2 \cos \Omega t$. Die Drehzahl sei

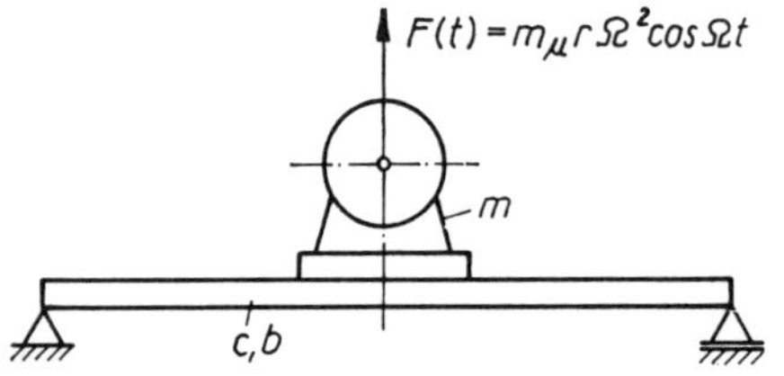

Bild 4.6.1. Schwingungssystem entsprechend Beispiel 4.16

linear veränderlich, so daß sich für die Erregerkreisfrequenz $\Omega(t) = \Omega_0 + kt$, $k > 0$ ergibt. Man untersuche das Verhalten des Schwingungssystems beim Durchfahren der Resonanz für unterschiedliche Geschwindigkeiten.

Zahlenwerte:

$$\omega_0 = \sqrt{c/m} = 20\ \mathrm{s}^{-1};\quad \Omega_0 = 10\ \mathrm{s}^{-1};\quad m_u r/m = 0{,}1\ \mathrm{cm};$$

$$\delta = b/(2m) = 1\ \mathrm{s}^{-1};\quad k = 2\ \mathrm{s}^{-2}\ \text{und}\ 5\ \mathrm{s}^{-2}$$

Als Anfangswerte wähle man die Werte der stationären Amplitude a_{St} und des stationären Phasenwinkels φ_{St} für $\eta_0 = \Omega_0/\omega_0 = 0{,}5$

Lösung:

Die Dgl. für den Schwinger nach Bild 4.6.1 lautet:

$$m\ddot{x} + b\dot{x} + cx = m_u r\Omega^2 \cos \Omega t$$

bzw.

$$\ddot{x} + \omega_0{}^2 x = m_u r/m \cdot \Omega^2 \cos \Omega t - 2\delta\dot{x}$$

Da es sich hier um eine lineare Schwingung handelt, ist $\varepsilon\bar{h}(x, \dot{x}) = -2\delta\dot{x}$ und mit Gl. (4.5.30) bzw. Gl. (4.5.32) ergibt sich: $\delta(a) = \delta$, $\omega(a) = \omega_0$

Mit $M = N = 1$ findet man aus Gl. (4.5.33)

$$\left.\begin{aligned} \frac{\mathrm{d}a}{\mathrm{d}t} &= -\delta a - \frac{m_u r}{m} \frac{\Omega^2(t)}{\omega_0 + \Omega(t)} \sin\varphi \\ \frac{\mathrm{d}\varphi}{\mathrm{d}t} &= \omega_0 - \Omega(t) - \frac{m_u r}{ma} \frac{\Omega^2(t)}{\omega_0 + \Omega(t)} \cos\varphi \end{aligned}\right\} \qquad (1)$$

Hieraus folgen die Werte a_{St} und φ_{St} wegen $\dot{a} = 0$; $\dot{\varphi} = 0$ zu:

$$a_{\mathrm{St}} = 0{,}0332; \qquad \varphi_{\mathrm{St}} = -0{,}0997$$

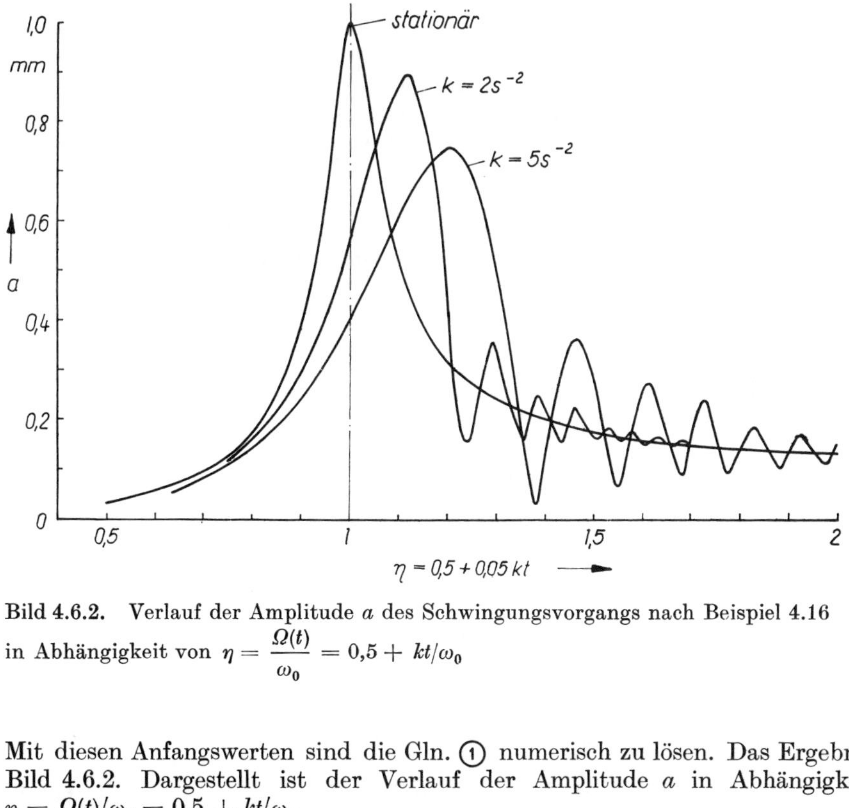

Bild 4.6.2. Verlauf der Amplitude a des Schwingungsvorgangs nach Beispiel 4.16 in Abhängigkeit von $\eta = \dfrac{\Omega(t)}{\omega_0} = 0{,}5 + kt/\omega_0$

Mit diesen Anfangswerten sind die Gln. (1) numerisch zu lösen. Das Ergebnis zeigt Bild 4.6.2. Dargestellt ist der Verlauf der Amplitude a in Abhängigkeit von $\eta = \Omega(t)/\omega_0 = 0{,}5 + kt/\omega_0$.

Zum Vergleich wurden auch die stationären Werte von a aufgezeichnet. Man erkennt, daß in hinreichend großer Entfernung von der Resonanzstelle die Unterschiede zwischen stationärer und instationärer Amplitude klein sind. Beim Durchfahren der Resonanz treten jedoch Störungen auf, die in Abhängigkeit von der Geschwindigkeit, mit der die Resonanz durchlaufen wird, zu erheblichen Schwankungen der Amplitude führen. Auf die Darstellung des Phasenwinkels wurde verzichtet.

4.7. Erzwungene Schwingungen mit stochastischer Erregung

Das Verhalten nichtlinearer Schwingungssysteme mit einem Freiheitsgrad, die unter dem Einfluß einer stochastischen Erregung stehen, kann durch die der Gl. (4.1.2) entsprechende Gl.

$$a\ddot{\xi} + g(\xi, \dot{\xi}) = \eta(t) \tag{4.7.1}$$

beschrieben werden. Bei der Bestimmung der statistischen Charakteristika des Ausgangsprozesses $\xi(t)$ ist man i. allg. auf Näherungsmethoden angewiesen. Insbesondere für Schwingungssysteme mit großer Nichtlinearität ist die Entwicklung von Lösungsverfahren zur Zeit noch im Fluß. Eine Möglichkeit ist die Erzeugung von Realisierungen des Ausgangsprozesses $\xi(t)$ durch Realisierungen des Eingangsprozesses $\eta(t)$. Für ergodische[1] stationäre Prozesse genügt dazu eine Realisierung von $\eta(t)$, für nichtergodische stationäre und nichtstationäre Ausgangsprozesse werden mehrere Realisierungen benötigt. Die Realisierungen werden nach vorgegebenen Kriterien (Verteilungsfunktion, Kovarianzfunktion bzw. Spektraldichte) auf Rechenautomaten erzeugt. Die Integration der Bewegungsgleichungen wird dann ebenfalls numerisch vorgenommen. Anschließend werden die Charakteristiken des Ausgangsprozesses $\xi(t)$ aus den berechneten Realisierungen gewonnen. Zur Gewährleistung der statistischen Sicherheit der Ergebnisse sind noch weitere Untersuchungen vorzunehmen, auf die hier nicht eingegangen werden kann. Im folgenden soll nur das für schwach nichtlineare Systeme anwendbare Verfahren der äquivalenten statistischen Linearisierung behandelt werden.
Für deterministische Prozesse wurde die „schwach nichtlineare“ inhomogene Dgl.

$$\ddot{q} + \omega_0^2 q = \varepsilon h(q, \dot{q}, t)$$

mit der (bis auf ein konstantes Glied) homogenen Dgl. (4.5.5)

$$\ddot{q} + 2\delta\dot{q} + \Omega^2 q = \Omega^2 A_0$$

verglichen. Aus diesem Vergleich ergaben sich die Parameter der Näherungslösung. Eine solche Vorgehensweise ist bei stochastischen Prozessen nicht möglich, weil ein stochastischer Prozeß nicht Lösungsfunktion einer homogenen Dgl. mit konstanten Koeffizienten sein kann. Aus diesem Grunde dient als „äquivalente“ lineare Dgl. eine inhomogene Dgl. mit stochastischer Erregung. Es ist deshalb auch nicht notwendig, den Erregerprozeß als „mit ε klein“ anzusehen. Ausgangsgleichung für die folgenden Betrachtungen soll daher die nichtlineare Dgl.

$$\ddot{\xi} + 2\delta\dot{\xi} + \omega_0^2\xi = \varepsilon h(\xi, \dot{\xi}) + \omega_0^2\eta(t) \tag{4.7.2}$$

sein, worin $\eta(t)$ einen normalverteilten stationären stochastischen Prozeß darstellt. Als „äquivalente“ lineare Dgl. dient

$$\ddot{\xi} + (2\delta - \varepsilon h_2)\,\dot{\xi} + (\omega_0^2 - \varepsilon h_1)\,\xi = \varepsilon h_0 + \omega_0^2\eta(t) \tag{4.7.3}$$

[1] Als „ergodisch“ werden Prozesse bezeichnet, bei denen die Mittelung über unendlich viele Realisierungen zu **einem** Zeitpunkt durch die Mittelung **einer** Realisierung über ein unendliches Zeitintervall ersetzt werden kann.

Nach Vergleich beider Dlgn. erkennt man, daß die nichtlineare Funktion $h(\xi, \dot{\xi})$ durch den linearen Ansatz

$$h_0 + h_1\xi + h_2\dot{\xi}$$

mit konstanten Parametern h_0, h_1 und h_2 ersetzt wurde. Als Kriterium für die Bestimmung dieser Parameter dient die Forderung, daß die mathematische Erwartung des Quadrates der Abweichung von $h(\xi, \dot{\xi})$ von der Näherung $h_0 + h_1\xi + h_2\dot{\xi}$ ein Minimum annimmt:

$$M\{[h(\xi, \dot{\xi}) - (h_0 + h_1\xi + h_2\dot{\xi})]^2\} = \mathrm{Min} \tag{4.7.4}$$

Durch partielle Differentiation dieser Gl. nach den Linearisierungsparametern h_0, h_1, h_2 erhält man 3 Bestimmungsgleichungen für diese Parameter. Ihre Auflösung liefert bei Nutzung der bereits eingeführten Formelzeichen

$$\mu_\xi = M[\xi]; \qquad \sigma_\xi = \sqrt{D[\xi]}; \qquad \sigma_{\dot{\xi}} = \sqrt{D[\dot{\xi}]}$$

die folgenden Gln.:

$$\left.\begin{aligned} h_0 &= \sigma_\xi^{-2}\{(\mu_\xi^2 + \sigma_\xi^2)\, M[h(\xi, \dot{\xi})] - \mu_\xi M[\xi \cdot h(\xi, \dot{\xi})]\} \\ h_1 &= \sigma_\xi^{-2}\{M[\xi \cdot h(\xi, \dot{\xi}) - \mu_\xi M[h(\xi, \dot{\xi})]\} \\ h_2 &= \sigma_{\dot{\xi}}^{-2} \cdot M[\dot{\xi} \cdot h(\xi, \dot{\xi})] \end{aligned}\right\} \tag{4.7.5}$$

Bei der Aufstellung dieser Gln. wurde berücksichtigt, daß die mathematische Erwartung für die Geschwindigkeit $\dot{\xi}$ eines stationären stochastischen Prozesses Null ist.
Bei der Auswertung der Gln. (4.7.5) ergibt sich die Schwierigkeit, daß weder die Größen μ_ξ, σ_ξ, $\sigma_{\dot{\xi}}$ noch die zur Bestimmung der Terme

$$M[h(\xi, \dot{\xi})]; \qquad M[\xi h(\xi, \dot{\xi})]; \qquad M[\dot{\xi} h(\xi, \dot{\xi})]$$

benötigten Verteilungsfunktionen von ξ und $\dot{\xi}$ bekannt sind. Man setzt deshalb gewöhnlich voraus, daß der Ausgangsprozeß normalverteilt ist, obwohl diese Bedingung nur für lineare Systeme mit normalverteilter Erregung streng erfüllt ist. Weiterhin werden die Gln. (4.7.5) iterativ angewendet, wobei auf den rechten Seiten in erster Näherung für μ_ξ, σ_ξ und $\sigma_{\dot{\xi}}$ die Ergebnisse der linearen Theorie ($\varepsilon = 0$) eingesetzt werden. Bei der Berechnung der Linearisierungsparameter kann mit Vorteil die Tabelle 4.7.1 genutzt werden. Die lineare Dgl. (4.7.3) ersetzt nun die ursprüngliche

Tabelle 4.7.1.

Linearisierungsparameter einiger nichtlinearer Funktionen für normalverteilte stationäre Prozesse ξ mit $M[\xi] = \mu_\xi$, $D[\xi] = \sigma_\xi^2$, $D[\dot{\xi}] = \sigma_{\dot{\xi}}^2$

$h(\xi, \dot{\xi})$	h_0	h_1	h_2
ξ^2	$\sigma_\xi^2 - \mu_\xi^2$	$2\mu_\xi$	0
$\xi\dot{\xi}$	0	0	μ_ξ
$\dot{\xi}^2$	$\sigma_{\dot{\xi}}^2$	0	0
ξ^3	$-2\mu_\xi^3$	$3(\sigma_\xi^2 + \mu_\xi^2)$	0
$\xi^2\dot{\xi}$	0	0	$\sigma_\xi^2 + \mu_\xi^2$
$\xi\dot{\xi}^2$	0	$\sigma_{\dot{\xi}}^2$	0
$\dot{\xi}^3$	0	0	$3\sigma_{\dot{\xi}}^2$

nichtlineare Dgl. (4.7.2) und gestattet in erster Näherung die Bestimmung der Charakteristiken des Ausgangsprozesses nach der für lineare Gln. geltenden Korrelationstheorie. Danach kann die Anwendung der Gln. (4.7.5) wiederholt werden, i. allg. ist jedoch die erste Näherung als ausreichend zu betrachten.

Beispiel 4.17:

Ein Schwinger mit unsymmetrischer Federkennlinie wird durch einen zentrierten stochastischen Prozeß $\eta(t)$ mit der Spektraldichte $S_\eta =$ konst (weißes Rauschen) erregt. Die Dgl. hat die Form

$$\ddot{\xi} + 2\delta\dot{\xi} + \omega_0^2\xi = \varepsilon\omega_0^2\xi^2 + \omega_0^2\eta(t)$$

Mit der Methode der äquivalenten statistischen Linearisierung ist der Mittelwert des Ausgangsprozesses zu bestimmen.

Lösung:

Für $\varepsilon = 0$ erhält man nach Gl. (3.6.8) und Gl. (3.6.11)

$$\mu_\xi = 0; \qquad \sigma_\xi^2 = \pi\omega_0^2 S_\eta/(2\delta)$$

Nach Tabelle 4.7.1 und Gl. (4.7.3) folgt daraus die statistisch äquivalente lineare Dgl.

$$\ddot{\xi} + 2\delta\dot{\xi} + \omega_0^2\xi = \varepsilon\pi\omega_0^2 S_\eta/(2\delta) + \omega_0^2\eta(t)$$

Daraus ergibt sich der Mittelwert von ξ zu

$$\mu_\xi = \varepsilon\pi S_\eta/(2\delta)$$

Die Streuung wird bei der Erregung durch weißes Rauschen durch diese Nichtlinearität nicht geändert.

4.8. Aufgaben zum Abschnitt 4.

Aufgabe 4.1:

Eine homogene zylindrische Walze rollt in einer vertikalen Ebene so, daß ihre Achse eine durch die Funktion $y = x^2/l$ gegebene Kurve beschreibt (Bild 4.8.1).

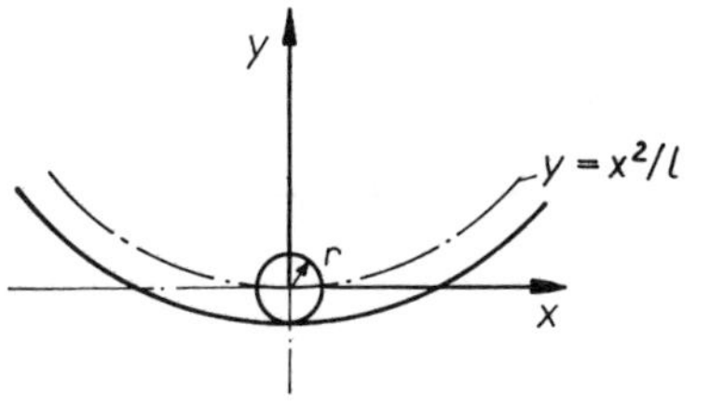

Bild 4.8.1. Schwingungssystem entsprechend Aufgabe 4.1

Gegeben ist:

v_0 Geschwindigkeit der Walze bei $x = 0$
$g = 9{,}81$ m/s² (Fallbeschleunigung)
$r = 0{,}05$ m (Walzenradius)
$l = 10$ r

m Walzenmasse
$I = mr^2/2$ (Massenträgheitsmoment der Walze, bezogen auf ihre Achse)

Gesucht ist die Periodendauer der rollenden Walze (für kleine v_0).

Aufgabe 4.2:

Die Bewegung des Schwingers nach Bild 4.2.10 (Beispiel 4.6) läßt sich unter bestimmten Voraussetzungen durch die Dgl.

$$\ddot{x} + \omega_0^2 x + \varepsilon x^3 = 0 \quad \text{mit} \quad \omega_0^2 = 2F_0/(ml); \quad \varepsilon = (cl/2 - F_0)/(ml^3)$$

beschreiben.
Man ermittle die Eigenfrequenz des Schwingers auf exaktem Wege. Für einen Ausschlag $a = 5$ cm bestimme man das Verhältnis ω/ω_0 und vergleiche den erhaltenen Wert mit demjenigen Wert, der sich aus der Näherungsformel des Beispiels 4.6 ergibt. Welchen relativen Fehler ergibt die Näherungslösung?

Zahlenwerte: $\omega_0 = 10\ \mathrm{s^{-1}}$; $\varepsilon = 1\ \mathrm{mm^{-2}\,s^{-2}}$

Aufgabe 4.3:

Ein Körper fällt auf eine als masselos angesehene Feder (Bild 4.8.2). Zu bestimmen ist die Frequenz der entstehenden ungedämpften Schwingungen nach der Anstückelungsmethode in Abhängigkeit von folgenden Größen:

h Fallhöhe (größte Höhe über der entspannten Feder), m Masse, c Federsteifigkeit.

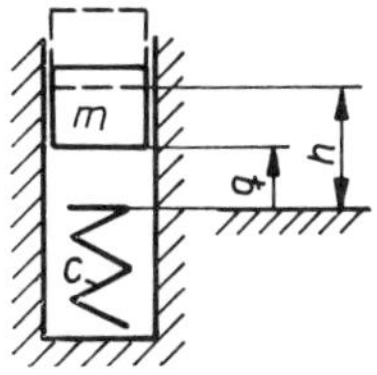

Bild 4.8.2. Schwingungssystem entsprechend Aufgabe 4.3

Aufgabe 4.4:

Der Schwinger mit Spiel nach Bild 4.8.3 werde um $x_{max} > d$ ausgelenkt und dann sich selbst überlassen. Unter Vernachlässigung von Reibungs- und Dämpfungsverlusten bestimme man mit Hilfe der Anstückelungsmethode die Gleichung der Phasenkurven und die Periodendauer. Die Phasenkurve ist für die gegebenen Zahlenwerte zu zeichnen.

Zahlenwerte: $c_1 = 10$ N/cm; $c_2 = 100$ N/cm; $x_{max} = 2$ cm; $d = 0{,}5$ cm; $m = 1$ kg

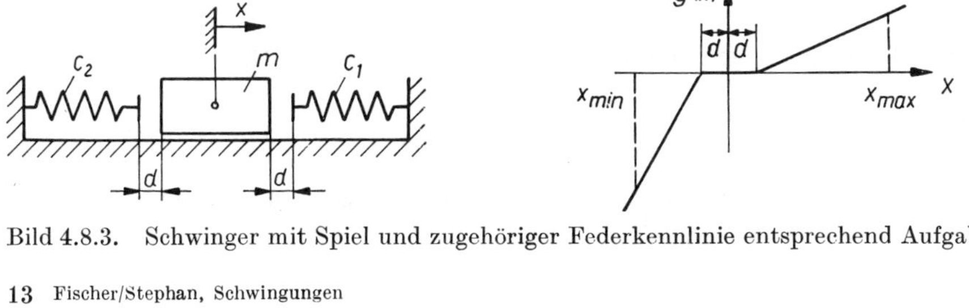

Bild 4.8.3. Schwinger mit Spiel und zugehöriger Federkennlinie entsprechend Aufgabe 4.4

Aufgabe 4.5:

Für einen Schwinger mit unstetigem Rückstellglied nach Bild 4.1.2, Gl. (4.1.7) soll die Periodendauer

a) exakt,
b) nach der Methode der äquivalenten Linearisierung

bestimmt werden. Man setze

$\omega_0^2 = c/m$, $\varepsilon = F_0/c$, a größter Ausschlag (Amplitude) der Schwingungen.

Die relative Abweichung der Näherung von der exakten Lösung für die Periodendauer ist für $\varepsilon/a = 0{,}25;\ 0{,}5;\ 1;\ 2;\ 4$ in Prozenten anzugeben.

Aufgabe 4.6:

Ein Massestück ist fest mit beidseitig eingespannten dünnen Blattfedern mit konstantem Querschnitt der Dicke h und der Breite b verbunden (Bild 4.8.4). Infolge der bei einer Auslenkung q des Massestückes in vertikaler Richtung auftretenden

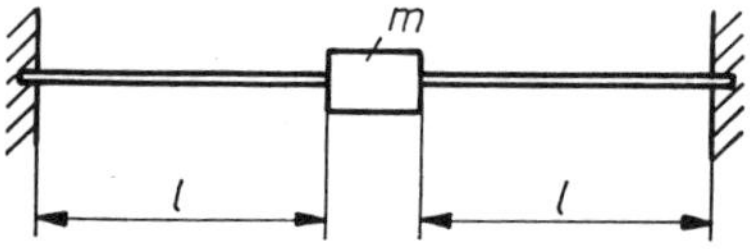

Bild 4.8.4. Schwingungssystem entsprechend Aufgabe 4.6

Zugspannungen in der Feder ist die Rückstellkraft nichtlinear und beträgt näherungsweise:

$$F = \frac{24EI}{l^3}\, q \left(1 + \frac{3}{50}\,\frac{Aq^2}{I}\right)$$

wobei

E	den Elastizitätsmodul,
$A = bh$	die Querschnittsfläche,
$I = bh^3/12$	das äquatoriale Flächenträgheitsmoment,
l	die Länge

der Blattfedern darstellen. Zu bestimmen ist

a) die Eigenkreisfrequenz ω_0 für kleine Schwingungen,
b) nach der Störungsrechnung in erster Näherung der Größtausschlag a einer Schwingung, deren Eigenkreisfrequenz $\omega = 2\omega_0$ ist,
c) die Funktion $q(t)$ in erster Näherung für $\omega = 2\omega_0$.

Bei der Lösung der Teilaufgaben b) und c) soll vorausgesetzt werden, daß die Anfangsbedingungen

$$q(0) = a$$
$$\dot{q}(0) = 0$$

bereits von der Lösung der nullten Näherung erfüllt werden. Die Gewichtskraft ist zu vernachlässigen.

Aufgabe 4.7:

Für das Schwingungssystem nach Aufgabe 4.6 ist die allgemeine Gleichung der Phasenkurven mit dem Größtausschlag a als Parameter anzugeben.

Aufgabe 4.8:

Für die Dgl. der Aufgabe 4.2 gebe man mit Hilfe der Störungsrechnung unter Berücksichtigung der Anfangsbedingungen $x(0) = a$; $\dot{x}(0) = 0$ die Lösung $x(t)$ und die Eigenkreisfrequenz ω in zweiter Näherung an.

Aufgabe 4.9:

Für das in Bild 4.8.5 dargestellte Schwingungssystem sind anzugeben:

a) die Dgl. der Bewegung,
b) die singulären Punkte im Bereich $0 \leqq q < 2\pi$,
c) für den stabilen singulären Punkt, ob er Strudelpunkt oder Knotenpunkt ist.

Ein Schwerkrafteinfluß soll nicht berücksichtigt werden.

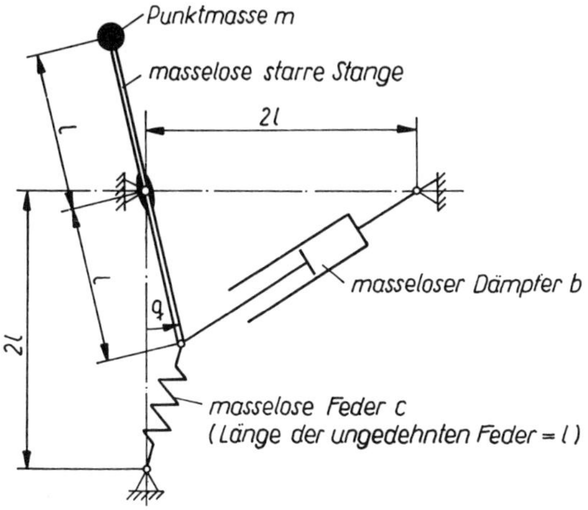

Bild 4.8.5. Schwingungssystem entsprechend Aufgabe 4.9

Aufgabe 4.10:

Für einen Schwinger mit nichtlinearem Dämpfer, der der Bewegungs-Dgl.

$$\ddot{q} + \varepsilon|\dot{q}|^{\varkappa} \cdot \operatorname{sgn} \dot{q} + \omega_0^2 q = 0, \qquad \varkappa > 1$$

gehorcht, ist mit Hilfe der Methode von Bogoljubov-Mitropolskij eine den Anfangsbedingungen

$$q(0) = a_0, \qquad \dot{q}(0) = 0$$

genügende Näherungslösung anzugeben.

Aufgabe 4.11:

Für den Schwinger nach Bild 4.8.6 mit der Rückführfunktion $f(x) = cx + dx^3$ und geschwindigkeitsproportionaler Dämpfung bestimme man in erster Näherung (durch äquivalente Linearisierung) die maximale Amplitude und den Wert von η, für den sich diese Amplitude ergibt. Zur Darstellung der Ergebnisse sind die Abkürzungen $\omega_0^2 = c/m$; $\vartheta = b/(2m\omega_0)$; $y = \hat{F}/(m\omega_0^2)$, $\varkappa = d/c$ zu verwenden.

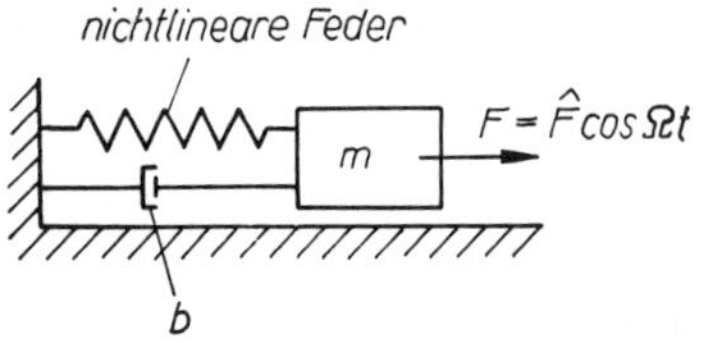

Bild 4.8.6. Schwingungssystem entsprechend Aufgabe 4.11

Aufgabe 4.12:

Eine Maschine, die durch nichtlineare Federelemente mit der Charakteristik $f(x) = cx + dx^3$ abgestützt ist, werde durch zwei gegenläufige Unwuchten zu Vertikalschwingungen erregt (Bild 4.8.7). Man bestimme die Abhängigkeit der Amplitude

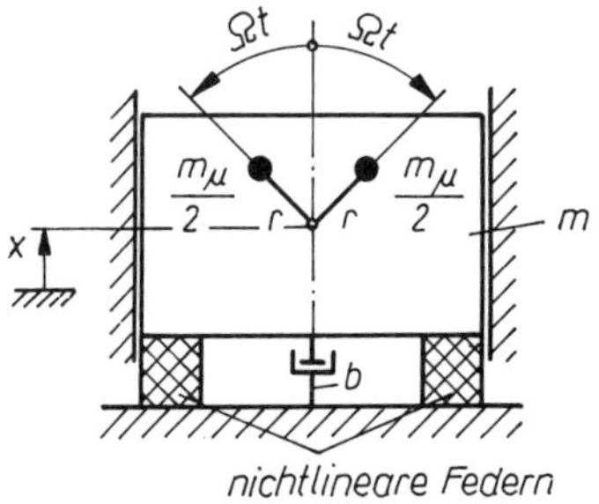

Bild 4.8.7. Unwuchterregter Feder-Masse-Schwinger entsprechend Aufgabe 4.12

von der Erregerfrequenz und stelle sie graphisch dar. Beim Aufstellen der Bewegungsgleichungen verwende man die Abkürzungen

$$\omega_0^2 = c/m; \quad \vartheta = b/(2m\omega_0); \quad e = m_u r/m; \quad \eta = \Omega/\omega_0; \quad \varkappa = d/c$$

und die Beziehung $m_u \ll m$.
Für die graphische Darstellung wähle man $\vartheta = 0{,}2$; $e = 1$ cm, $\varkappa = 0{,}1\ \text{cm}^{-2}$; $\omega_0 = 30\ \text{s}^{-1}$.

Aufgabe 4.13:

Man zeige, daß sich aus den Gln. (4.5.33) für den linearen ungedämpften Schwinger mit harmonischer Erregung $F(t) = \hat{F}\cos\Omega t$ im Resonanzfall ($\eta = \Omega/\omega_0 = 1$) die exakte Lösung ergibt. Als Anfangsbedingungen wähle man $x(0) = 0$; $\dot{x}(0) = 0$.

Aufgabe 4.14:

Ein Torsionsschwingungssystem mit nichtlinearer Kupplung gehorcht folgender Differentialgleichung

$$\ddot{\xi} + 2\delta\dot{\xi} + \omega_0^2\xi = -\varepsilon\omega_0^2\xi^3 + \omega_0^2\eta(t)$$

mit einem normalverteilten stationären Eingangsprozeß, der durch

$$\mu_\eta \neq 0,\ S_\eta(\omega) = S_0 = \text{konst}$$

bestimmt ist. Zu ermitteln sind

$$\mu_\xi,\ \sigma_\xi,\ \sigma_{\dot{\xi}}$$

in nullter (für $\varepsilon = 0$) und erster Näherung.

5. Parametererregte Schwingungen

5.1. Entstehung und Erscheinungen

Bei der Behandlung von freien Schwingungen wurde bisher vorausgesetzt, daß die Parameter, die als Koeffizienten der verallgemeinerten Koordinaten und ihrer Ableitungen in die Dgln. eingehen, Konstante sind. Treten jedoch in schwingungsfähigen Systemen veränderliche Parameter auf, so können durch diese spezielle

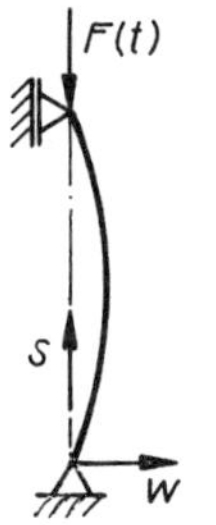

Bild 5.1.1. Parametererregte Schwingungen eines Druckstabes

Schwingungserscheinungen verursacht werden, die sogenannten parametererregten Schwingungen. Ein Beispiel aus den technischen Anwendungen soll hier vorgestellt werden.

Bild 5.1.1 zeigt einen homogenen Stab der Steifigkeit EI mit der Dichte ϱ und der Querschnittsfläche A. Der Stab wird durch eine periodische Druckkraft $F(t)$ belastet. Es zeigt sich, daß er Querschwingungen der Form

$$w(s, t) = q_k(t) \sin (k\pi s/l)$$

ausführen kann, deren Koeffizienten der Dgl.

$$\ddot{q}_k + \frac{k^4\pi^4}{l^4} \frac{EI}{\varrho A} \left(1 - \frac{l^2}{k^2\pi^2} \frac{F(t)}{EI}\right) q_k = 0 \tag{5.1.1}$$

genügen. Weitere Beispiele für parametererregte Schwingungen sind Torsionsschwingungen von Gelenkwellenantrieben und Biegeschwingungen von Wellen mit zwei unterschiedlichen Flächenträgheitsmomenten. Die Dgln. können linear oder nichtlinear sein, auch Kombinationen von erzwungenen und parametererregten Schwingungen treten auf. Wie bei erzwungenen Schwingungen können auch bei parametererregten Schwingungen gefährliche Resonanzerscheinungen auftreten. Es zeigt sich, daß bei bestimmten Parameterkombinationen nur gedämpfte Schwingungen auftreten, eine geringe Änderung der Parameterfrequenz jedoch zu stark anwachsenden (bei linearen Dgln. zu unbegrenzt wachsenden) Schwingungen führen kann. Im Rahmen dieses Buches ist es nur möglich, lineare Dgln. mit periodischer Parametererregung zu behandeln.

5.2. Lineare Differentialgleichungen mit periodischen Koeffizienten

Viele mechanische Probleme führen auf Dgln. der Form

$$\ddot{q} + 2\delta\,[1 + \varkappa(t)]\,\dot{q} + \omega_0^2[1 + \varphi(t)]\,q = 0 \tag{5.2.1}$$

Hierin seien $\varkappa(t)$ und $\varphi(t)$ periodische Funktionen mit dem Mittelwert Null und der Periode τ. Diese lineare Dgl. hat wie jede Dgl. 2. Ordnung 2 Fundamentallösungen. Sie sollen mit $q_1(t)$ und $q_2(t)$ bezeichnet werden und mögen die Anfangsbedingungen

$$\left.\begin{aligned} q_1(0) &= 1, \quad \dot{q}_1(0) = 0 \\ q_2(0) &= 0, \quad \dot{q}_2(0) = 1 \end{aligned}\right\} \tag{5.2.2}$$

erfüllen. Jede Lösung der Dgl. (5.2.1) läßt sich als Linearkombination der beiden Fundamentallösungen darstellen:

$$q(t) = A q_1(t) + B q_2(t) \tag{5.2.3}$$

Gesucht wird nun eine Funktion $q(t)$, die gemeinsam mit ihrer Ableitung nach Ablauf einer vollen Periode τ den λfachen Wert annimmt:

$$\begin{aligned} q(t + \tau) &= \lambda q(t) \\ \dot{q}(t + \tau) &= \lambda \dot{q}(t) \end{aligned} \tag{5.2.4}$$

Setzt man $t = 0$ und verwendet die Beziehungen (5.2.3) und (5.2.2), so folgt

$$q(\tau) = \lambda A; \qquad \dot{q}(\tau) = \lambda B$$

Andererseits gilt nach Gl. (5.2.3)

$$q(\tau) = A q_1(\tau) + B q_2(\tau); \qquad \dot{q}(\tau) = A \dot{q}_1(\tau) + B \dot{q}_2(\tau)$$

Die Elimination von $q(\tau)$ und $\dot{q}(\tau)$ liefert ein homogenes Gleichungssystem für A und B, das in Matrizenform geschrieben werden soll:

$$\begin{bmatrix} q_1(\tau) - \lambda & q_2(\tau) \\ \dot{q}_1(t) & \dot{q}_2(\tau) - \lambda \end{bmatrix} \cdot \begin{bmatrix} A \\ B \end{bmatrix} = \begin{bmatrix} 0 \\ 0 \end{bmatrix} \tag{5.2.5}$$

Diese Gleichung stellt ein Eigenwertproblem dar. Nichttriviale (von Null verschiedene) Lösungen der Gl. (5.2.5) sind bekanntlich nur dann vorhanden, wenn die Determinante der Koeffizientenmatrix verschwindet:

$$\lambda^2 - [q_1(\tau) + \dot{q}_2(\tau)]\,\lambda + q_1(\tau)\,\dot{q}_2(\tau) - \dot{q}_1(\tau)\,q_2(\tau) = 0 \tag{5.2.6}$$

Die Eigenwerte λ sind entweder beide reell oder konjugiert komplex. Wie aus Gl. (5.2.4.) hervorgeht, ist der Betrag von λ maßgebend für das Stabilitätsverhalten der Lösungen der Dgl. (5.2.1).
Für

$$|\lambda| > 1$$

wachsen anfängliche Störungen unbegrenzt an (instabiles Verhalten). Für

$$|\lambda| < 1$$

klingen anfängliche Störungen auf Null ab (stabiles Verhalten). Die Grenze zwischen stabilen und instabilen Gebieten wird durch $|\lambda| = 1$ gebildet. Ist speziell

$$\lambda = 1$$

so treten mit τ oder ganzzahligen Teilen von τ periodische Lösungen auf. Bei

$$\lambda = -1$$

treten Lösungen auf, die mit 2τ oder ganzen ungeradzahligen Teilen von 2τ periodisch sind. Die Fundamentallösungen $q_1(t)$, $q_2(t)$ mit den Anfangsbedingungen (5.2.2) können auf numerischem Wege oder mit einem analytischen Näherungsverfahren bestimmt werden. In Ausnahmefällen ist auch die Konstruktion exakter Lösungen möglich (z. B. mit dem Anstückelungsverfahren).

5.3. Stabilitätsverhalten der Schwingungen mit harmonischer Parametererregung

Etwas ausführlicher soll im folgenden die sogenannte Mathieusche Dgl.

$$\ddot{q} + 2\delta\dot{q} + \omega_0^2(1 + \varepsilon \cos \Omega t)\, q = 0 \tag{5.3.1}$$

mit dem kleinen Parameter ε behandelt werden. Für $\delta = 0$ können mit einer Variante der Störungsrechnung die Fundamentallösungen mit den Anfangsbedingungen (5.2.2) in erster Näherung verhältnismäßig leicht gefunden werden. Dazu werden die Lösungen in eine Reihe

$$q_1 = q_1^{(0)} + \varepsilon q_1^{(1)} + \cdots; \quad q_2 = q_2^{(0)} + \varepsilon q_2^{(1)} + \cdots$$

entwickelt. Von einer Reihenentwicklung der Eigenkreisfrequenz kann abgesehen werden. Aus den nach Einsetzen dieser Ansätze in Gl. (5.3.1) und anschließendem Vergleich der Koeffizienten von ε erhaltenen Gln.

$$\begin{aligned} &\ddot{q}_{1,2}^{(0)} + \omega_0^2 q_{1,2}^{(0)} = 0 \\ &\ddot{q}_{1,2}^{(1)} + \omega_0^2 q_{1,2}^{(1)} = -\omega_0^2 q_{1,2}^{(0)} \cos \Omega t \\ &\vdots \end{aligned}$$

und den Anfangsbedingungen (5.2.2) findet man die Fundamentallösungen

$$q_1 = \left(1 - \frac{\varepsilon\omega_0^2}{\Omega^2 - 4\omega_0^2}\right) \cos \omega_0 t + \frac{\varepsilon\omega_0^2}{2\Omega} \left[\frac{\cos(\omega_0 + \Omega)t}{\Omega + 2\omega_0} + \frac{\cos(\omega_0 - \Omega)t}{\Omega - 2\omega_0}\right]$$

$$q_2 = \left(1 + \frac{\varepsilon\omega_0^2}{\Omega^2 - 4\omega_0^2}\right) \frac{\sin \omega_0 t}{\omega_0} + \frac{\varepsilon\omega_0}{2\Omega} \left[\frac{\sin(\omega_0 + \Omega)\, t}{\Omega + 2\omega_0} + \frac{\sin(\omega_0 - \Omega)\, t}{\Omega - 2\omega_0}\right]$$

Unter Berücksichtigung von $\Omega\tau = 2\pi$ führt die Auswertung der Gl. (5.2.5) schließlich auf

$$\lambda_{1,2} = \cos \omega_0\tau \pm \mathrm{j} \sqrt{1 - \frac{4\varepsilon^2\omega_0^4}{(\Omega^2 - 4\omega_0^2)^2}} \cdot \sin \omega_0\tau \tag{5.3.2}$$

Trägt man in einem Koordinatensystem Ω als Abszisse und ε als Ordinate an, so können nach Gl. (5.3.2) jedem Punkt der Ebene die Werte λ_1 und λ_2 zugeordnet werden. Man unterscheidet nun solche Gebiete der Ebene, in denen die Beträge von λ_1 und λ_2 kleiner Eins sind (Stabilitätsgebiete), von denjenigen, in welchen mindestens der Betrag eines Eigenwertes λ größer Eins ist (Instabilitätsgebiete). Die Instabilitätsgebiete sind dadurch gekennzeichnet, daß die stets vorhandenen Störungen unbegrenzt wachsen. Bei den zu Stabilitätsgebieten gehörenden Parameterkombinationen bleiben anfängliche Störungen beschränkt bzw. klingen ab.

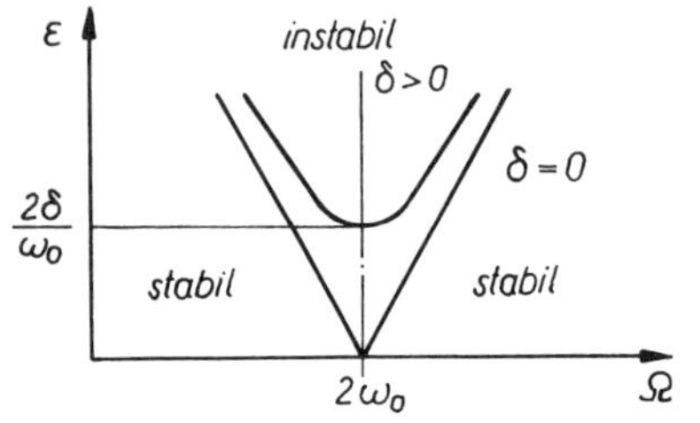

Bild 5.3.1. Stabilitäts- und Instabilitätsgebiete der Mathieuschen Differentialgleichung in 1. Näherung

Es ist ersichtlich, daß ein Eigenwert mit dem Betrag größer Eins in Gl. (5.3.2) nur auftreten kann, wenn der Radikand negativ ist. In der Tat ist die Bedingung

$$1 - \frac{4\varepsilon^2\omega_0^4}{(\Omega^2 - 4\omega_0^2)^2} = 0$$

in erster Näherung die Gleichung der Grenzkurven, die die Stabilitätsgebiete von den Instabilitätsgebieten trennen. Unter der Voraussetzung $\varepsilon \ll 1$ lassen sich die Grenzkurven durch die Geraden

$$\Omega = 2\omega_0(1 \pm \varepsilon/4) \tag{5.3.3}$$

annähern. Ist Dämpfung vorhanden, so ist anstelle von Gl. (5.3.3) zu schreiben:

$$\Omega = 2\omega_0 \left(1 \pm \frac{1}{4} \sqrt{\varepsilon^2 - 16\delta^2/\omega_0^2}\right) \tag{5.3.4}$$

Instabilitäten können hier nur auftreten, wenn der Parameter ε den Schwellenwert $4\delta/\omega_0$ überschreitet (Bild 5.3.1). Berücksichtigt man höhere Näherungen, so zeigt sich, daß die durch Gl. (5.3.3) gegebenen Geraden in gekrümmte Linien übergehen, deren Tangenten im Punkt $\varepsilon = 0$, $\Omega = 2\omega_0$ durch Gl. (5.3.3) gegeben sind. Außerdem kommen weitere Instabilitätsgebiete hinzu, deren Schwellenwerte aber bei gleicher Dämpfung wesentlich höher liegen als die des durch Gl. (5.3.4) gegebenen Hauptinstabilitätsgebietes. Bild 5.3.2 zeigt einen Ausschnitt aus der Stabilitätskarte für die Mathieusche Dgl. (ohne Dämpfung) [5], [20]. Auffällig ist, daß auch für den Fall $\omega_0^2 \leq 0$ ein Stabilitätsgebiet existiert. Das heißt, auch ein statisch instabiler Zustand kann durch eine Parametererregung stabilisiert werden. Das ist u. a. am Beispiel des einseitig gelenkig gelagerten, aufrecht stehenden Stabes mit vertikal oszillierendem Stützpunkt experimentell nachweisbar.

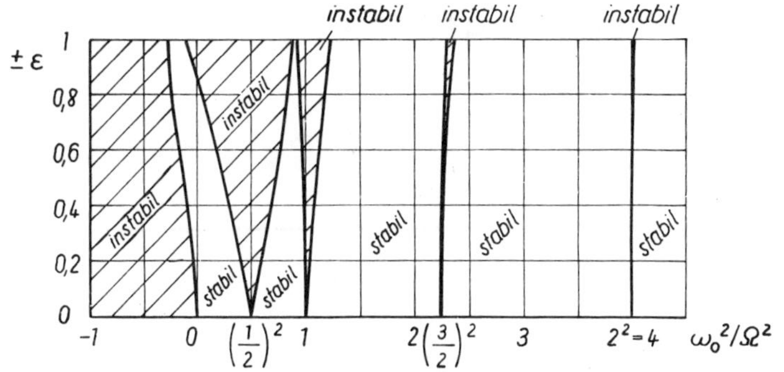

Bild 5.3.2. Instabilitätsgebiete der Mathieuschen Differentialgleichung (schraffiert)

5.4. Aufgaben zum Abschnitt 5.

Aufgabe 5.1:

Gegeben ist ein Gelenkwellenantrieb nach Bild 5.4.1. Die angetriebene Masse hat das Massenträgheitsmoment J, das Massenträgheitsmoment der antreibenden Masse kann als praktisch unendlich groß angesehen werden. Die resultierende Torsionsfedersteifigkeit des Gelenkwellenantriebes ist im Mittel c_T, sie verändert sich sinusförmig und nimmt während eines Umlaufes 2 Maxima und 2 Minima an. Die Umlauffrequenz ist f. Von welchen Werten $\sqrt{c_T/J}$ gehen die Instabilitätsgebiete der parametererregten Schwingungen aus? Welcher Wert von $\sqrt{c_T/J}$ entspricht dem Hauptinstabilitätsgebiet?

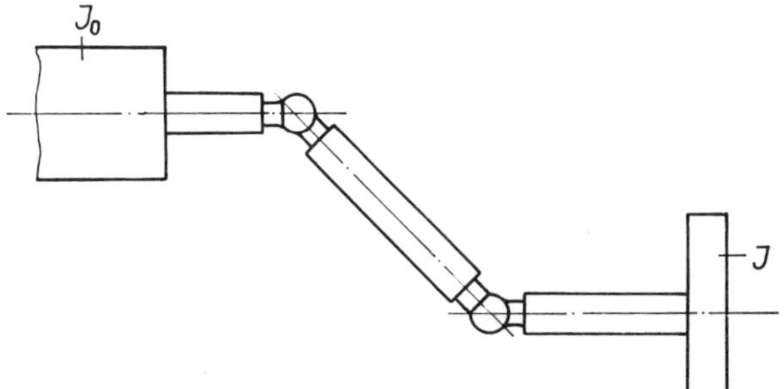

Bild 5.4.1. Gelenkwellenantrieb entsprechend Aufgabe 5.1

6. Schwingungen in linearen Systemen mit mehreren Freiheitsgraden

Im folgenden werden Schwingungen mit mehr als einem, jedoch mit endlich vielen Freiheitsgraden betrachtet. Von besonderer Bedeutung sind dabei solche Schwingungssysteme, die sich durch lineare Dgln. mit konstanten Koeffizienten beschreiben lassen. Bei beliebig großen Schwingungsausschlägen macht sich fast immer der nichtlineare Charakter der elastischen Elemente des Schwingers oder der Dämpfung bemerkbar. Führt ein Schwinger jedoch nur kleine Schwingungen aus, d. h. solche, deren Maximalausschläge als hinreichend klein angesehen werden können, so ist sehr oft eine Linearisierung der Bewegungsgleichungen durch die Vernachlässigung aller nichtlinearen Glieder möglich. Nur solche Schwingungssysteme sollen in diesem Abschnitt behandelt werden. Bei den Systemen mit einem Freiheitsgrad war es meist sehr einfach, für ein gegebenes Modell die Dgln. der Bewegung aufzustellen. Bei den Systemen mit mehreren Freiheitsgraden kann das bedeutend komplizierter und sehr aufwendig sein. Es erscheint deshalb zweckmäßig, auf einige Methoden zur Aufstellung von Bewegungsgleichungen näher einzugehen.

Wie bei den Schwingern mit einem Freiheitsgrad wird auch hier vorausgesetzt, daß bereits ein Berechnungsmodell vorliegt, das mit den Methoden der Maschinendynamik (Modellfindung) ermittelt wurde.

6.1. Aufstellung von Bewegungsgleichungen

Die Auswahl der Methoden zur Aufstellung von Bewegungsgleichungen wird durch den Aufbau und die Struktur des zu untersuchenden Schwingungssystems bestimmt. Für Systeme, die aus „konzentrierten Elementen", d. h. Massenpunkten, starren Körpern, diskreten Federn und Dämpfern bestehen, eignen sich die sogenannten analytischen Verfahren sehr gut, worunter hier speziell die *Lagrangeschen Bewegungsgleichungen 2. Art* verstanden werden sollen. Auch das Vorhandensein von Zwangskräften erschwert das Aufstellen der Bewegungsgleichungen nach dieser Methode nicht, da Zwangskräfte in den Lagrangeschen Beziehungen von vornherein nicht vorkommen. Müssen dagegen die elastischen Eigenschaften des Systems erst durch statische Untersuchungen bestimmt werden, so eignen sich zur Aufstellung der Bewegungsgleichungen besonders die als Kraftgrößenmethode und Deformationsmethode bezeichneten Verfahren. Bei der Anwendung der Deformationsmethode ist auch die Diskretisierung verteilter Massen auf einfache Weise möglich. Im folgenden werden diese Verfahren näher beschrieben.

6.1.1. Lagrangesche Bewegungsgleichungen 2. Art

Es möge ein aus diskreten Elementen bestehendes Schwingungsmodell mit n Freiheitsgraden gegeben sein. Zur Beschreibung seiner Bewegung werden n Koordinaten $q_1, q_2, \dots q_n$ eingeführt, die *verallgemeinerte Koordinaten* genannt werden. Oft ist es zweckmäßig, zunächst $m > n$ Koordinaten einzuführen. Zwischen diesen müssen dann noch genau $r = m - n$ *Bedingungsgleichungen* oder *Zwangsbedingungen* bestehen.

Im weiteren sollen nur *holonome Systeme* betrachtet werden. Dann sind die Zwangsbedingungen von der Form

$$F_j(q_1, q_2, \dots q_m, t) = 0, \qquad j = 1, 2, \dots, r \tag{6.1.1}$$

Kommt in den f_j die Zeit nicht explizit vor, so heißen die Systeme *holonom-skleronom*, bei explizierter Zeitabhängigkeit *holonom-rheonom*. Mit Hilfe der Zwangsbedingungen (6.1.1) lassen sich r überzählige Koordinaten eliminieren, so daß genau n verallgemeinerte Koordinaten $q_1, q_2, \dots, q_n$ übrigbleiben. Schreibt man nun die kinetische Energie des Systems als Funktion der n voneinander unabhängigen verallgemeinerten Koordinaten und deren Ableitungen auf, so gelten die Lagrangeschen Bewegungsgleichungen 2. Art in der Form

$$\frac{\mathrm{d}}{\mathrm{d}t}\frac{\partial T}{\partial \dot{q}_k} - \frac{\partial T}{\partial q_k} = F_k^{(e)}, \qquad k = 1, 2, \dots, n \tag{6.1.2}$$

Die Größen $F_k^{(e)}$ sind die verallgemeinerten eingeprägten Kräfte, die aus der virtuellen Arbeit der eingeprägten Kräfte bestimmt werden können:

$$\delta W^{(e)} = \sum_{k=1}^{n} F_k^{(e)} \delta q_k \tag{6.1.3}$$

Die verallgemeinerten Kräfte sind im allgemeinen von den Koordinaten q_k, deren Ableitungen $\dot{q}_k$ und der Zeit t abhängig:

$$F_k^{(e)} = F_k^{(e)}(q_1, q_2, \dots q_n; \dot{q}_1, \dot{q}_2, \dots \dot{q}_n, t) \tag{6.1.4}$$

Bei Schwingungssystemen, die gedämpfte erzwungene Schwingungen ausführen, ist folgende Zerlegung der Kräfte $F_k^{(e)}$ möglich:

$$F_k^{(e)}(q_1, \dots q_n, \dot{q}_1, \dots \dot{q}_n, t) = F_k^{(P)}(q_1, \dots q_n) + F_k^{(D)}(\dot{q}_1, \dots \dot{q}_n) + F_k(t) \tag{6.1.5}$$

In Gl. (6.1.5) bedeuten:

$F_k^{(P)}$ diejenigen Kräfte, die sich in eindeutiger Weise von einem zeitunabhängigen *Potential* $U = U(q_1, q_2, \dots q_n)$ ableiten lassen:

$$F_k^{(P)} = -\frac{\partial U}{\partial q_k}, \qquad k = 1, 2, \dots n \tag{6.1.6}$$

$F_k^{(D)}$ die Kräfte, die sich eindeutig aus einer zeitunabhängigen *Dissipationsfunktion* $F = F(\dot{q}_1, \dot{q}_2, \dots \dot{q}_n)$ entsprechend

$$F_k^{(D)} = -\frac{\partial F}{\partial \dot{q}_k} \tag{6.1.7}$$

ergeben,

$F_k(t)$ diejenigen Kräfte, die nur von der Zeit abhängen (Erregerkräfte). Bestimmt man die $F_k(t)$ aus Gl. (6.1.3), so darf in $\delta W^{(e)}$ die virtuelle Arbeit der Potential- und Dissipationskräfte nicht enthalten sein.
Mit der *Lagrangeschen Funktion* $L = T - U$ und unter Berücksichtigung der Gln. (6.1.5), (6.1.6) und (6.1.7) erhält man aus Gl. (6.1.2):

$$\frac{\mathrm{d}}{\mathrm{d}t}\frac{\partial L}{\partial \dot q_k} - \frac{\partial L}{\partial q_k} + \frac{\partial F}{\partial \dot q_k} = F_k(t), \qquad k = 1, 2, \ldots, n \tag{6.1.8}$$

Am Beispiel einer unverzweigten Schwingungskette mit zwei Freiheitsgraden (Bild 6.1.1) soll die Anwendung der Gl. (6.1.8) erläutert werden. Für $q_1 = 0$, $q_2 = 0$ befinde sich der Schwinger in der statischen Gleichgewichtslage (Federn entspannt).

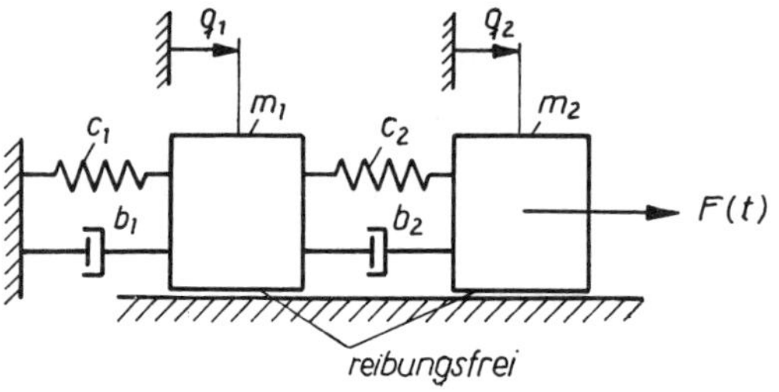

Bild 6.1.1. Unverzweigte gedämpfte Schwingungskette mit zwei Freiheitsgraden

Mit

$$L = \frac{1}{2}\,[m\,\dot q^{\,2} + m_2\dot q_2^2 - c_1 q_1^2 - c_2(q_2 - q_1)^2]$$

$$F = \frac{1}{2}\,[b_1\dot q_1^2 + b_2(\dot q_2 - \dot q_1)^2], \qquad F_1 = 0, \qquad F_2 = F(t)$$

erhält man aus Gl. (6.1.8)

$$m_1\ddot q_1 + b_1\dot q_1 - b_2(\dot q_2 - \dot q_1) + c_1 q_1 - c_2(q_2 - q_1) = 0$$

$$m_2\ddot q_2 + b_2(\dot q_2 - \dot q_1) + c_2(q_2 - q_1) = F(t)$$

bzw. – nach Umordnung –

$$\left.\begin{aligned} m_1\ddot q_1 + (b_1 + b_2)\,\dot q_1 - b_2\dot q_2 + (c_1 + c_2)\,q_1 - c_2 q_2 &= 0 \\ m_2\ddot q_2 - b_2\dot q_1 + b_2\dot q_2 - c_2 q_1 + c_2 q_2 &= F(t) \end{aligned}\right\} \tag{6.1.9}$$

Mit den Matrizen bzw. Spaltenvektoren

$$\boldsymbol{A} = \begin{bmatrix} m_1 & 0 \\ 0 & m_2 \end{bmatrix}, \qquad \boldsymbol{B} = \begin{bmatrix} b_1 + b_2 & -b_2 \\ -b_2 & b_2 \end{bmatrix}, \qquad \boldsymbol{C} = \begin{bmatrix} c_1 + c_2 & -c_2 \\ -c_2 & c_2 \end{bmatrix}$$

$$\boldsymbol{q} = \begin{bmatrix} q_1 \\ q_2 \end{bmatrix}, \qquad \boldsymbol{f} = \begin{bmatrix} 0 \\ F \end{bmatrix}$$

schreibt man Gl. (6.1.9) einfacher auch in der Form

$$\boldsymbol{A}\ddot{\boldsymbol{q}} + \boldsymbol{B}\dot{\boldsymbol{q}} + \boldsymbol{C}\boldsymbol{q} = \boldsymbol{f} \tag{6.1.10}$$

Es sei hervorgehoben, daß die Funktionen T, U und F sogenannte quadratische Formen in q_k bzw. $\dot{q}_k$ sind:

$$\left.\begin{aligned} T &= \frac{1}{2}\sum_{i=1}^{n}\sum_{k=1}^{n} a_{ik}\dot{q}_i\dot{q}_k \\ F &= \frac{1}{2}\sum_{i=1}^{n}\sum_{k=1}^{n} b_{ik}\dot{q}_i\dot{q}_k \\ U &= \frac{1}{2}\sum_{i=1}^{n}\sum_{k=1}^{n} c_{ik}q_iq_k \end{aligned}\right. \tag{6.1.11}$$

Im vorliegenden Beispiel ist $n = 2$ und

$$\begin{aligned} &a_{11} = m_1; && a_{12} = a_{21} = 0; && a_{22} = m_2 \\ &b_{11} = b_1 + b_2; && b_{12} = b_{21} = -b_2; && b_{22} = b_2 \\ &c_{11} = c_1 + c_2; && c_{12} = c_{21} = -c_2, && c_{22} = c_2 \end{aligned}$$

Mit $\boldsymbol{A} = (a_{ik})$, $\boldsymbol{B} = (b_{ik})$, $\boldsymbol{C} = (c_{ik})$ und

$$\boldsymbol{q} = [q_1, q_2, \dots q_n]^{\mathrm{T}}$$

lassen sich die quadratischen Formen (6.1.11) wie folgt darstellen:

$$\left.\begin{aligned} T &= \frac{1}{2}\,\dot{\boldsymbol{q}}^{\mathrm{T}}\boldsymbol{A}\dot{\boldsymbol{q}} \\ F &= \frac{1}{2}\,\dot{\boldsymbol{q}}^{\mathrm{T}}\boldsymbol{B}\dot{\boldsymbol{q}} \\ U &= \frac{1}{2}\,\boldsymbol{q}^{\mathrm{T}}\boldsymbol{C}\boldsymbol{q} \end{aligned}\right\} \tag{6.1.12}$$

Die betrachtete Schwingungskette mit zwei Freiheitsgraden steht als Beispiel für Systeme mit endlich vielen Freiheitsgraden, die kleine Schwingungen um eine Gleichgewichtslage ausführen. Denn für die meisten realen Schwingungssysteme sind die sich aus der Elastizität der Federn ergebenden Rückstellkräfte nur für kleine Ausschläge q_k mit hinreichender Genauigkeit als linear in den q_k anzusehen. Dasselbe gilt für Rückstellkräfte aus der Schwerkraft (bei Pendelschwingungen). In solchen Fällen ist eine Linearisierung der Bewegungsgleichungen gerechtfertigt. Die Gl. (6.1.8) führt, wie aus der Ableitung von Gl. (6.1.10) ersichtlich, genau dann auf lineare Bewegungsgleichungen mit konstanten Koeffizienten, wenn T, F und U algebraische Ausdrücke in q_k bzw. $\dot{q}_k$ von höchstens zweitem Grade mit ebenfalls konstanten Koeffizienten sind.

Die kinetische Energie T ist in vielen Fällen eine quadratische Form in der Geschwindigkeit, die Dissipationsfunktion F bei Annahme einer geschwindigkeitsproportionalen Dämpfung ebenfalls. In T können jedoch auch lineare Glieder in den Geschwindigkeiten auftreten, die Bedingung, daß höchstens Glieder zweiten Grades auftreten, ist aber immer erfüllt.

Die potentielle Energie U ist im allgemeinen eine beliebige Funktion der Koordinaten: $U = U(q_1, q_2, \dots q_n)$. Bei der Linearisierung wird U — sofern diese Funktion die entsprechenden Voraussetzungen erfüllt — in der Umgebung der Gleichgewichtslage $q_1 = q_2 = \cdots = q_n = 0$ in eine Taylor-Reihe entwickelt, die nach den quadratischen Gliedern abzubrechen ist:

$$U(q_1, q_2, \dots q_n) \approx U(0, 0, \dots 0) + \sum_{i=1}^{n} \left(\frac{\partial U}{\partial q_i}\right)_{q_1=\cdots=q_n=0} \cdot q_i$$
$$+ \frac{1}{2} \sum_{i,k=1}^{n} \left(\frac{\partial^2 U}{\partial q_i \partial q_k}\right)_{q_1=\cdots=q_n=0} \cdot q_i q_k$$

$U(0, 0, \dots 0)$ kann durch entsprechende Wahl der verallgemeinerten Koordinate immer zum Verschwinden gebracht werden.
Mit

$$\left(\frac{\partial U}{\partial q_i}\right)_{q_1=q_2=\cdots=q_n=0} = k_i; \quad \left(\frac{\partial^2 U}{\partial q_i \partial q_k}\right)_{q_1=q_2=\cdots=q_n=0} = c_{ik}$$

läßt sich die potentielle Energie dann in der Form

$$U = \boldsymbol{k}^{\mathrm{T}}\boldsymbol{q} + \frac{1}{2}\,\boldsymbol{q}^{\mathrm{T}}\boldsymbol{C}\boldsymbol{q} \tag{6.1.13}$$

darstellen. Die potentielle Energie U enthält neben den Gliedern zweiten Grades im allgemeinen auch lineare Ausdrücke in den q. Durch die Ableitung der Gl. (6.1.13) aus der Taylor-Reihe der Funktion U ist gewährleistet, daß die Elemente von $\boldsymbol{k}$ und $\boldsymbol{C}$ konstante Größen sind.
Die Elemente der Matrix $\boldsymbol{A}$ der kinetischen Energie T sind im allgemeinen Funktionen der verallgemeinerten Koordinaten. Für die Linearisierung ist es erforderlich, alle nicht konstanten Anteile in den a_{ik} als kleine Größen zu vernachlässigen.
Es ist von wesentlicher Bedeutung, daß bei der Beschreibung kleiner Schwingungen um eine Gleichgewichtslage die Matrizen $\boldsymbol{A}$, $\boldsymbol{B}$ und $\boldsymbol{C}$ symmetrisch sind. Bei einem System mit n Freiheitsgraden haben diese Matrizen das Format (n, n).
Für qualitative Untersuchungen sind folgende Begriffe von Bedeutung:
Eine beliebige *quadratische Form*

$$\Phi = \boldsymbol{q}^{\mathrm{T}}\boldsymbol{K}\boldsymbol{q} \quad \text{mit} \quad \boldsymbol{K} = (k_{ij}), \quad k_{ij} \text{ reell}, \quad \boldsymbol{q} = [q_1, q_2, \dots q_n]^{\mathrm{T}}$$

heißt *definit*, wenn die Werte, die sie für alle reellen Werte $\boldsymbol{q}$ annimmt, stets dasselbe Vorzeichen haben und wenn sie nur für $q_1 = q_2 = \cdots = q_n = 0$ verschwinden. Ist dieses Vorzeichen positiv, so heißt die Form *positiv definit*, im umgekehrten Falle *negativ definit*.
Formen, die sowohl positive als auch negative Werte annehmen können, heißen *indefinit*. Die definiten und diejenigen indefiniten Formen, bei denen die Determinante von $\boldsymbol{K}$ nicht verschwindet, werden als *nichtsingulär* bezeichnet. Verschwindet die Determinante von $\boldsymbol{K}$, so heißt die Form *singulär*. In diesem Fall kann die Form auch dann den Wert Null annehmen, wenn nicht alle q_j verschwinden. Nimmt eine singuläre Form außer dem Wert Null nur Werte eines Vorzeichens an, so heißt sie *semidefinit* (positiv oder negativ).
Die kinetische Energie ist laut Definition eine positive Form, die fast immer positiv definit ist. In Ausnahmefällen wird sie singulär und ist dann positiv semidefinit. Die Funktionen F und U können positiv oder negativ definit, indefinit oder singulär werden. Bei positivem F wird dem System Energie entzogen (Dämpfung), bei negativem F Energie zugeführt (Anfachung).

Beispiel 6.1:

Für das Modell eines einfachen Übersetzungsgetriebes nach Bild 6.1.2 sind die Bewegungsgleichungen aufzustellen. Als Koordinaten mögen die zu den Massen gehörigen Drehwinkel φ_1, φ_2, φ_3, φ_4 gewählt werden, die alle im gleichen Sinne wie die eingetragenen Momente positiv gezählt werden sollen. Die Momente M_2 und M_3 werden als geschwindigkeitsproportional angesehen:

$$M_2 = -b_2\dot{\varphi}_2; \qquad M_3 = -b_3\dot{\varphi}_3$$

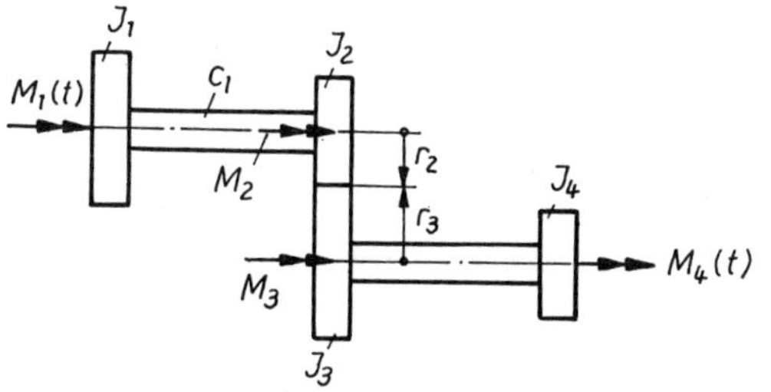

Bild 6.1.2 Übersetzungsgetriebe entsprechend Beispiel 6.1

Lösung:

Das Getriebe hat als Schwingungssystem drei Freiheitsgrade. Mit Hilfe der Zwangsbedingung $r_2\varphi_2 = -r_3\varphi_3$ kann eine Koordinate, z. B. φ_3 eliminiert werden. Man erhält zunächst

$$L = T - U = \frac{1}{2}\,[J_1\dot{\varphi}_1{}^2 + J_2\dot{\varphi}_2{}^2 + J_3\dot{\varphi}_3{}^2 + J_4\dot{\varphi}_4{}^2 - c_1(\varphi_2 - \varphi_1)^2 - c_2(\varphi_4 - \varphi_3)^2]$$

$$F = \frac{1}{2}\,[b_2\dot{\varphi}_2{}^2 + b_3\dot{\varphi}_3{}^2]; \qquad \delta W^{(e)} = M_1(t)\cdot\delta\varphi_1 + M_4(t)\cdot\delta\varphi_4$$

Unter Berücksichtigung der Zwangsbedingung ergibt sich:

$$L = \frac{1}{2}\left\{J_1\dot{\varphi}_1{}^2 + \left[J_2 + \left(\frac{r_2}{r_3}\right)^2 J_3\right]\dot{\varphi}_2{}^2 + J_4\dot{\varphi}_4{}^2 - c_1(\varphi_2 - \varphi_1)^2 - c_2\left(\varphi_4 + \frac{r_2}{r_3}\,\varphi_2\right)^2\right\}$$

$$F = \frac{1}{2}\left[b_2 + b_3\left(\frac{r_2}{r_3}\right)^2\right]\dot{\varphi}_2{}^2$$

Der Ausdruck für $\delta W^{(e)}$ bleibt unverändert.
Aus Gl. (6.1.8) findet man nun unter Beachtung von Gl. (6.1.3)

$$J_1\ddot{\varphi}_1 - c_1(\varphi_2 - \varphi_1) = M_1(t)$$

$$[J_2 + (r_2/r_3)^2\,J_3]\,\ddot{\varphi}_2 + [b_2 + b_3(r_2/r_3)^2]\,\dot{\varphi}_2$$

$$+ c_1(\varphi_2 - \varphi_1) + c_2 r_2/r_3\,[\varphi_4 + (r_2/r_3)\,\varphi_2] = 0$$

$$J_4\ddot{\varphi}_4 + c_2[\varphi_4 + (r_2/r_3)\,\varphi_2] = M_4(t)$$

bzw. mit

$$\boldsymbol{A} = \begin{bmatrix} J_1 & 0 & 0 \\ 0 & J_2 + (r_2/r_3)^2 J_3 & 0 \\ 0 & 0 & J_4 \end{bmatrix}, \quad \boldsymbol{B} = \begin{bmatrix} 0 & 0 & 0 \\ 0 & b_2 + b_3(r_2/r_3)^2 & 0 \\ 0 & 0 & 0 \end{bmatrix}$$

$$\boldsymbol{C} = \begin{bmatrix} c_1 & -c_1 & 0 \\ -c_1 & c_1 + (r_2/r_3)^2 c_2 & r_2/r_3 \cdot c_2 \\ 0 & r_2/r_3 \cdot c_2 & c_2 \end{bmatrix}$$

$$\boldsymbol{q} = [\varphi_1, \varphi_2, \varphi_4], \qquad \boldsymbol{f} = [M_1(t), 0, M_4(t)]$$

die Darstellung

$$\boldsymbol{A}\ddot{\boldsymbol{q}} + \boldsymbol{B}\dot{\boldsymbol{q}} + \boldsymbol{C}\boldsymbol{q} = \boldsymbol{f}$$

In diesem Beispiel ist T eine positiv definite quadratische Form, während U und F positiv semidefinit sind.

Beispiel 6.2:

Ein Fundamentblock der Masse m ist in horizontaler und vertikaler Richtung elastisch abgestützt (Bild 6.1.3). Im Abstand e vom Schwerpunkt greift in vertikaler Richtung eine periodisch veränderliche Kraft $F(t)$ an. Es sind die Bewegungsglei-

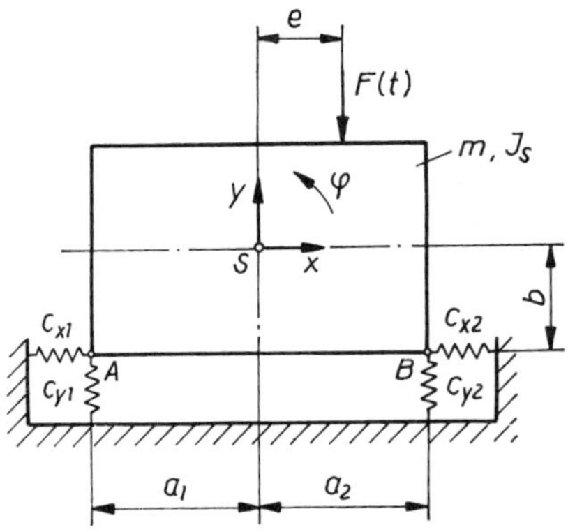

Bild 6.1.3. Elastisch abgestützter Fundamentblock entsprechend Beispiel 6.2

chungen für kleine Schwingungen um die Gleichgewichtslage anzugeben. Dabei werde vorausgesetzt, daß die Bewegung in der Zeichenebene erfolgt und daß sämtliche Federn in der gezeichneten Lage entspannt sind.

Lösung:

Die Bewegung des Fundaments werde durch das raumfeste Koordinatensystem x, y, dessen Ursprung im Zustand der entspannten Federn mit dem Schwerpunkt S zusammenfällt, und dem Winkel φ beschrieben. Es seien die Längenänderungen der Federn, die bei einer allgemeinen Verschiebung des Fundamentblockes in der Ebene auftreten Δl_{x1}; Δl_{x2}; Δl_{y1}, Δl_{y2} (siehe Bild 6.1.4): dann erhält man:

$$L = T - U = \frac{1}{2}\,[m(\dot{x}^2 + \dot{y}^2) + J_S\dot{\varphi}^2 - c_{x1}\Delta l_{x1}^2 - c_{x2}\Delta l_{x2}^2 - c_{y1}\Delta l_{y1}^2 - c_{y2}\Delta l_{y2}^2 - 2mgy]$$

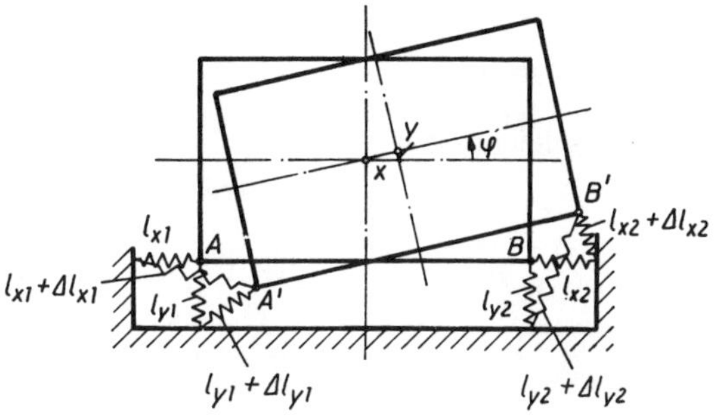

Bild 6.1.4. Allgemeine ausgelenkte Lage des Fundamentblockes in der Ebene

Bezeichnet man die Komponenten der Verschiebung des Punktes A nach A' mit $\bar{x}_1$ und $\bar{y}_1$ und die Verschiebungskomponenten des Punktes B nach B' mit $\bar{x}_2$ und $\bar{y}_2$, so gilt

$$\bar{x}_1 = x + a_1(1 - \cos\varphi) + b\sin\varphi;\quad \bar{y}_1 = y - a_1\sin\varphi + b(1 - \cos\varphi)$$

$$\bar{x}_2 = x - a_2(1 - \cos\varphi) + b\sin\varphi;\quad \bar{y}_2 = y + a_2\sin\varphi + b(1 - \cos\varphi)$$

Damit findet man

$$\Delta l_{x1}^2 = l_{x1}^2\left[\sqrt{1 + (\bar{x}_1{}^2 + \bar{y}_1{}^2 + 2l_{x.}\bar{x}_1)/l_{x1}^2} - 1\right]^2$$

$$\Delta l_{y1}^2 = l_{y1}^2\left[\sqrt{1 + (\bar{x}_1{}^2 + \bar{y}_1{}^2 - 2l_{y1}\bar{y}_1)/l_{y1}^2} - 1\right]^2$$

$$\Delta l_{x2}^2 = l_{x2}^2\left[\sqrt{1 + (\bar{x}_2{}^2 + \bar{y}_2{}^2 - 2l_{x2}\bar{x}_2)/l_{x2}^2} - 1\right]^2$$

$$\Delta l_{y2}^2 = l_{y2}^2\left[\sqrt{1 + (\bar{x}_2{}^2 + \bar{y}_2{}^2 + 2l_{y2}\bar{y}_2)/l_{y2}^2} - 1\right]^2$$

Die Größen $l_{x1}, l_{y1}, \ldots$ bezeichnen die Längen der Federn im unverformten Zustand.
Da nur kleine Schwingungen um die Gleichgewichtslage betrachtet werden sollen, dürfen die Differentialgleichungen der Bewegung linearisiert werden.
T ist bereits eine quadratische Form mit konstanten Koeffizienten. Um U auf die Form (6.1.13) zu bringen, genügt es, die Ausdrücke Δl_{x1}^2, Δl_{x2}^2 usw. in Taylor-Reihe zu entwickeln und diese nach den quadratischen Gliedern abzubrechen.
Man findet dann:

$$\Delta l_{x1}^2 \approx \bar{x}_1{}^2;\quad \Delta l_{x2}^2 \approx \bar{x}_2{}^2;\quad \Delta l_{y1}^2 \approx \bar{y}_1{}^2;\quad \Delta l_{y2}^2 \approx \bar{y}_2{}^2$$

Mit $\cos\varphi \approx 1$[1], $\sin\varphi \approx \varphi$ ergibt sich schließlich

$$\Delta l x_{x1}^2 \approx (x + b\varphi)^2,\quad \Delta l_{y1}^2 \approx (y - a_1\varphi)^2$$

$$\Delta l_{x2}^2 \approx (x + b\varphi)^2,\quad \Delta l_{y2} \approx (y + a_2\varphi)^2$$

[1] Diese Näherung reicht im vorliegenden Fall aus, wie man sich überzeugen möge. Im allg. ist jedoch $\cos\varphi \approx 1 - \varphi^2/2$ zu ersetzen.

Die Lagrangesche Funktion ergibt sich damit zu:

$$L = \frac{1}{2}\,[m(\dot{x}^2 + \dot{y}^2) + J_S\dot{\varphi}^2 - c_{x1}(x + b\varphi)^2 - c_{x2}(x + b\varphi)^2$$
$$- c_{y1}(y - a_1\varphi)^2 - c_{y2}(y + a_2\varphi)^2 - 2mgy]$$

Ferner gilt:

$$\delta W^{(e)} = -F(t)\cdot\delta y - F(t)\,e\delta\varphi; \quad F \equiv 0$$

Aus Gl. (6.1.8) erhält man nun die Bewegungsgleichungen

$$\boldsymbol{A}\ddot{\boldsymbol{q}} + \boldsymbol{C}\boldsymbol{q} = \boldsymbol{f}$$

mit

$$\boldsymbol{A} = \begin{bmatrix} m & 0 & 0 \\ 0 & m & 0 \\ 0 & 0 & J_S \end{bmatrix}$$

$$\boldsymbol{C} = \begin{bmatrix} (c_{x1} + c_{x2}) & 0 & (c_{x1} + c_{x2})\,b \\ 0 & (c_{y1} + c_{y2}) & (a_2c_{y2} - a_1c_{y1}) \\ (c_{x1} + c_{x2})\,b & a_2c_{y2} - a_1c_{y1} & [(c_{x1} + c_{x2})\,b^2 + a_1{}^2c_{y1} + a_2{}^2c_{y2}] \end{bmatrix}$$

$$\boldsymbol{q} = \begin{bmatrix} x \\ y \\ \varphi \end{bmatrix}, \qquad \boldsymbol{f} = -\begin{bmatrix} 0 \\ mg + F(t) \\ eF(t) \end{bmatrix}$$

6.1.2. Kraftgrößenmethode

Die Aufstellung Lagrangescher Bewegungsgleichungen ist mit Schwierigkeiten verbunden, wenn die elastischen Elemente des Schwingungssystems nicht konzentriert sind. Das gilt z. B. für elastische Tragwerke, die aus Balken bestehen. So ist es verhältnismäßig kompliziert, die in einem verformten Balken gespeicherte potentielle Energie als Funktion verallgemeinerter Koordinaten aufzustellen. Für einfache ungedämpfte Tragwerke mit konzentrierten Massen, die noch von Hand oder mit Rechenautomaten ohne die Zuhilfenahme spezieller Programmsysteme untersucht werden können, hat sich die sogenannte Kraftgrößenmethode gut bewährt. Die Kraftgrößenmethode ist insbesondere für den Maschineningenieur wegen ihrer engen Beziehung zu dem bekannten Verfahren von Castigliano leicht zugänglich.

Um bei den folgenden Darlegungen ein bestimmtes Modell vor Augen zu haben, soll Bild 6.1.5 betrachtet werden. Der masselose biegeelastische Balken trägt 2 Massenpunkte (Bild 6.1.5a). Das ebene Schwingungssystem hat 2 Freiheitsgrade, die entsprechenden Koordinaten werden durch die Verschiebungen q_1 und q_2 dargestellt. Infolge der Beschleunigungen der Massen m_1 und m_2 treten d'Alembertsche Trägheitskräfte $-m_1\ddot{q}_1$ und $-m_2\ddot{q}_2$ auf, die anstelle der Punktmassen zusätzlich zu den äußeren Kräften $\boldsymbol{F}_1$ und $\boldsymbol{F}_2$ eingetragen werden (Bild 6.1.5b). Es muß beachtet werden, daß der eingetragene Richtungssinn mit dem Richtungssinn der Koordinaten q_1 und q_2 übereinstimmt. Allgemein kann man den Zusammenhang zwischen den Kräften und Beschleunigungen durch die Gl.

$$\boldsymbol{f}^* = -\boldsymbol{A}\ddot{\boldsymbol{q}} + \boldsymbol{f} \qquad (6.1.14)$$

ausdrücken. Hierin ist $\boldsymbol{q} = [q_1, q_2, \ldots q_n]^T$ der Spaltenvektor der verallgemeinerten Koordinaten, $\boldsymbol{A}$ ist die Massenmatrix und $\boldsymbol{f}^* = [F_1{}^*, F_2{}^*, \ldots F_n{}^*]^T$ der Spaltenvektor von Kräften, die sich aus d'Alembertschen Trägheitskräften und äußeren eingeprägten Kräften zusammensetzen. Der Spaltenvektor $\boldsymbol{f} = [F_1, F_2, \ldots F_n]^T$ enthält die verallgemeinerten äußeren eingeprägten Kräfte. Ein Element $F_i{}^*$ bzw. F_i stellt eine

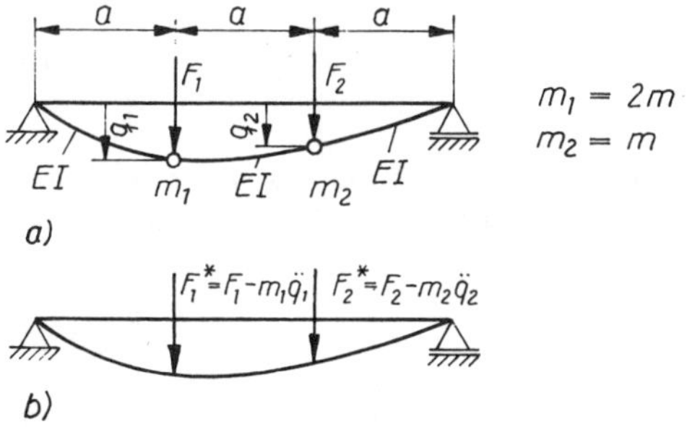

Bild 6.1.5. Masseloser biegeelastischer Balken mit zwei Einzelmassen:
a) Schwingungsmodell,
b) äquivalentes statisches Modell

wirkliche Kraft dar, wenn q_i eine Wegkoordinate ist. Stellt dagegen q_i einen Winkel dar, so sind $F_i{}^*$ und F_i Momente. In unserem Beispiel nimmt Gl. (6.1.14) die Form

$$\begin{bmatrix} F_1{}^* \\ F_2{}^* \end{bmatrix} = -\begin{bmatrix} m_1 & 0 \\ 0 & m_2 \end{bmatrix} \cdot \begin{bmatrix} \ddot{q}_1 \\ \ddot{q}_2 \end{bmatrix} + \begin{bmatrix} F_1 \\ F_2 \end{bmatrix} = -m \begin{bmatrix} 2 & 0 \\ 0 & 1 \end{bmatrix} \cdot \begin{bmatrix} \ddot{q}_1 \\ \ddot{q}_2 \end{bmatrix} + \begin{bmatrix} F_1 \\ F_2 \end{bmatrix} \quad (6.1.15)$$

an.

Das durch Bild (6.1.5b) dargestellte System wird nun als statisch angesehen, und es werden die Verschiebungen q_1 und q_2 in Abhängigkeit von den Kräften $F_1{}^*$ und $F_2{}^*$ ermittelt. Diese lineare Abhängigkeit kann in der Form

$$q_1 = h_{11}F_1{}^* + h_{12}F_2{}^*$$

$$q_2 = h_{21}F_1{}^* + h_{22}F_2{}^*$$

mit den Konstanten h_{ij}, den sogenannten *Verschiebungseinflußzahlen*, ausgedrückt werden. Diese Einflußzahlen bilden die *Nachgiebigkeitsmatrix*:

$$\boldsymbol{H} = (h_{ij})$$

Bekanntlich ist die Nachgiebigkeitsmatrix für elastische Systeme stets symmetrisch, d. h., es gilt $h_{ij} = h_{ji}$. Die Elemente der Nachgiebigkeitsmatrix können in vielen Fällen Taschenbüchern entnommen werden, oder man berechnet sie mit Hilfe der Sätze von Castigliano. Auch ist die Messung der Einflußzahlen an realen Tragwerken möglich. So erhält man allgemein die Beziehung zwischen dem Spaltenvektor der verallgemeinerten Koordinaten und dem Spaltenvektor der verallgemeinerten Kräfte zu

$$\boldsymbol{q} = \boldsymbol{H}\boldsymbol{f}^* \quad (6.1.16)$$

Für unser Beispiel nach Bild 6.1.5b gilt

$$\begin{bmatrix} q_1 \\ q_2 \end{bmatrix} = \frac{a^3}{18\,EI} \begin{bmatrix} 8 & 7 \\ 7 & 8 \end{bmatrix} \cdot \begin{bmatrix} F_1{}^* \\ F_2{}^* \end{bmatrix} \quad (6.1.17)$$

Die Gln. (6.1.14) und (6.1.16) gestatten nun die Formulierung der Bewegungsgleichungen in Matrizenschreibweise durch Eliminierung des Vektors $\boldsymbol{f}^*$:

$$\boldsymbol{H}\boldsymbol{A}\ddot{\boldsymbol{q}} + \boldsymbol{q} = \boldsymbol{H}\boldsymbol{f} \quad (6.1.18)$$

Diese Form der Dgln. ist gut geeignet zur iterativen Bestimmung der kleinsten Eigenfrequenzen mit Hilfe der reziproken Vektoriteration (s. Abschnitt 6.2.1.). Für viele Lösungsverfahren ist jedoch von Nachteil, daß die Produktmatrix $\boldsymbol{HA}$ im allgemeinen unsymmetrisch ist. Multipliziert man dagegen die Gl. (6.1.18) von links mit der Inversen von $\boldsymbol{H}$, $\boldsymbol{C} = \boldsymbol{H}^{-1}$, so erhält man die der Gl. (6.1.12) entsprechende Dgl. mit symmetrischen Koeffizientenmatrizen:

$$\boldsymbol{A}\ddot{\boldsymbol{q}} + \boldsymbol{C}\boldsymbol{q} = \boldsymbol{f} \tag{6.1.19}$$

Hierin ist $\boldsymbol{C}$ die Steifigkeitsmatrix.
Für einige Lösungsverfahren ist störend, daß die Koeffizientenmatrix $\boldsymbol{A}$ der Beschleunigungsglieder keine Einheitsmatrix ist. Man beseitigt diesen Nachteil durch eine Koordinatentransformation. Dazu wird $\boldsymbol{A}$ in zwei zueinander transportierte Matrizen zerlegt,

$$\boldsymbol{A} = \boldsymbol{R}^{\mathrm{T}} \cdot \boldsymbol{R} \tag{6.1.20}$$

Dafür gibt es mehrere Möglichkeiten. Günstig ist im allgemeinen die sogenannte *Cholesky-Zerlegung*, wobei $\boldsymbol{R}$ eine Matrix darstellt, bei der alle Elemente unterhalb der Hauptdiagonalen Nullen sind. In vielen Fällen ist $\boldsymbol{A}$ eine Diagonalmatrix, dann ist auch $\boldsymbol{R}$ eine Diagonalmatrix. Ihre Elemente werden aus den Wurzeln der Diagonalelemente von $\boldsymbol{A}$ gebildet. Führt man nun vermittels

$$\boldsymbol{q} = \boldsymbol{R}^{-1}\boldsymbol{u}, \quad \boldsymbol{u} = \boldsymbol{R}\boldsymbol{q} \tag{6.1.21}$$

in Gl. (6.1.19) neue Koordinaten $u_1, u_2, \ldots u_n$ ein und multipliziert diese Gl. von links mit $\boldsymbol{R}^{\mathrm{T}-1}$, so erhält man die Beziehung

$$\ddot{\boldsymbol{u}} + \boldsymbol{C}'\boldsymbol{u} = \boldsymbol{f}' \tag{6.1.22}$$

mit der symmetrischen Matrix

$$\boldsymbol{C}' = \boldsymbol{R}^{\mathrm{T}-1}\boldsymbol{C}\boldsymbol{R}^{-1} \tag{6.1.23}$$

und dem Spaltenvektor

$$\boldsymbol{f}' = \boldsymbol{R}^{-1\mathrm{T}}\boldsymbol{f} \tag{6.1.24}$$

Durch die Koordinatentransformation

$$\boldsymbol{q} = \boldsymbol{A}^{-1}\boldsymbol{v}, \quad \boldsymbol{v} = \boldsymbol{A}\boldsymbol{q} \tag{6.1.25}$$

ergibt sich eine weitere Möglichkeit, zu Bewegungsgleichungen mit symmetrischen Matrizen zu kommen. Man erhält aus Gl. (6.1.18) unmittelbar

$$\boldsymbol{H}\ddot{\boldsymbol{v}} + \boldsymbol{A}^{-1}\boldsymbol{v} = \boldsymbol{H}\boldsymbol{f} \tag{6.1.26}$$

Man vermeidet so die Inversion der Nachgiebigkeitsmatrix und gewinnt nach Lösung der Gl. (6.1.26) die Koordinaten q durch die Transformation (6.1.25).
Für das gewählte Beispiel kann man bei fehlenden äußeren Kräften ($F_1 = F_2 = 0$) nach oben ausgeführtem folgende Formen der Dgln. aufstellen:

Gl. (6.1.18):

$$\frac{ma^3}{18EI}\begin{bmatrix} 16 & 7 \\ 14 & 8 \end{bmatrix} \cdot \begin{bmatrix} \ddot{q}_1 \\ \ddot{q}_2 \end{bmatrix} + \begin{bmatrix} q_1 \\ q_2 \end{bmatrix} = \begin{bmatrix} 0 \\ 0 \end{bmatrix} \tag{6.1.27}$$

Gl. (6.1.19):

$$m\begin{bmatrix}2 & 0\\ 0 & 1\end{bmatrix}\cdot\begin{bmatrix}\ddot{q}_1\\ \ddot{q}_2\end{bmatrix}+\frac{6EI}{5a^3}\begin{bmatrix}8 & -7\\ -7 & 8\end{bmatrix}\cdot\begin{bmatrix}q_1\\ q_2\end{bmatrix}=\begin{bmatrix}0\\ 0\end{bmatrix} \tag{6.1.28}$$

Gl. (6.1.22):

$$\begin{bmatrix}\ddot{u}_1\\ \ddot{u}_2\end{bmatrix}+\frac{6EI}{5ma^3}\begin{bmatrix}4 & -7\sqrt{2}/2\\ -7\sqrt{2}/2 & 8\end{bmatrix}\cdot\begin{bmatrix}u_1\\ u_2\end{bmatrix}=\begin{bmatrix}0\\ 0\end{bmatrix} \tag{6.1.29}$$

mit $u_1 = \sqrt{2m}\cdot q_1,\quad u_2 = \sqrt{m}\cdot q_2$

Gl. (6.1.26):

$$\frac{a^3}{18EI}\begin{bmatrix}8 & 7\\ 7 & 8\end{bmatrix}\begin{bmatrix}v_1\\ v_2\end{bmatrix}+\frac{1}{2m}\begin{bmatrix}1 & 0\\ 0 & 2\end{bmatrix}\begin{bmatrix}v_1\\ v_2\end{bmatrix}=\begin{bmatrix}0\\ 0\end{bmatrix} \tag{6.1.30}$$

mit $v_1 = 2mq_1,\quad v_2 = mq_2$

Am Ende dieses Abschnittes soll ein Beispiel stehen, bei dem in Erweiterung des bisher dargelegten infolge von Kreiselwirkungen die verallgemeinerten Trägheitskräfte nicht nur von den Beschleunigungen, sondern auch von den Geschwindigkeiten abhängen.

Beispiel 6.3:

Eine biegeelastische Achse mit kreisrundem Querschnitt von der Biegesteifigkeit EI, die als masselos angesehen wird, trägt eine Scheibe mit der Masse m (Bild 6.1.6). Das Massenträgheitsmoment, bezogen auf die Figurenachse ist $J_z = mR^2/2$, die anderen Hauptträgheitsmomente (bezogen auf Achsen durch den Massenmittelpunkt senkrecht zur Figurenachse) betragen $J_x = J_y = mR^2/4$. Die Achse läuft mit der konstanten Winkelgeschwindigkeit Ω um. Gesucht sind die Bewegungsgleichungen.

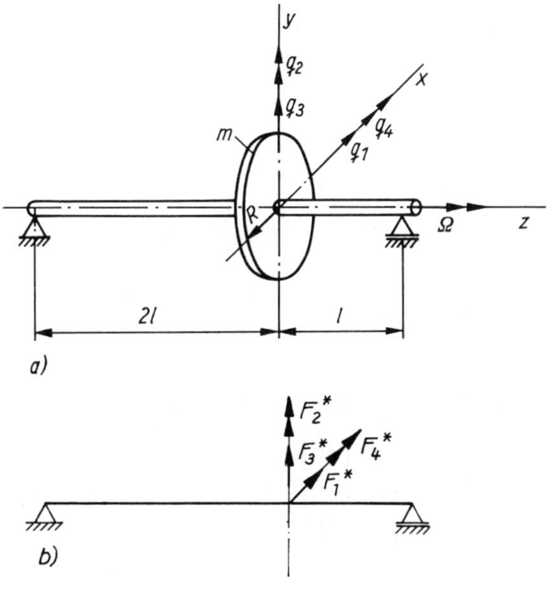

Bild 6.1.6. Rotierende biegeelastische Achse mit starrer Scheibe entsprechend Beispiel 6.3:

a) Schwingungsmodell,

b) äquivalentes statisches Modell

Lösung:

Als Koordinaten werden die Verschiebungen q_1 und q_3 sowie die Winkel q_2 und q_4 gewählt. Dementsprechend werden die Kräfte F_1^* und F_3^* sowie die Momente F_2^* und F_4^* eingeführt.
Man erhält für die Kräfte

$$F_1^* = -m\ddot{q}_1, \quad F_3^* = -m\ddot{q}_2$$

Die Massenbeschleunigungsmomente erhält man zunächst in vektorieller Form aus

$$F_4^*\boldsymbol{e}_x + F_2^*\boldsymbol{e}_y = -\dot{\boldsymbol{D}}$$

(Mit $\boldsymbol{e}_x$, $\boldsymbol{e}_y$, $\boldsymbol{e}_z$ sind die Einheitsvektoren in Richtung der Koordinatenachsen bezeichnet.) Der Drallvektor $\boldsymbol{D}$ läßt sich für kleine Winkel q_2 und q_4 durch die Beziehung

$$\boldsymbol{D} = (J_z\Omega q_2 + J_x\dot{q}_4)\,\boldsymbol{e}_x + (-J_z\Omega q_4 + J_y\dot{q}_2)\,\boldsymbol{e}_y + J_z\Omega\boldsymbol{e}_z$$

ausdrücken. Durch Koeffizientenvergleich erhält man nach Differentiation

$$F_2^* = -J_y\ddot{q}_2 + J_z\Omega\dot{q}_4; \quad F_4^* = -J_x\ddot{q}_4 - J_z\Omega\dot{q}_2$$

Mit den gegebenen Werten für J_x, J_y, J_z lassen sich die gefundenen Beziehungen in die Form

$$\begin{bmatrix} F_1^* \\ F_2^* \\ F_3^* \\ F_4^* \end{bmatrix} = -m\begin{bmatrix} 1 & 0 & 0 & 0 \\ 0 & R^2/4 & 0 & 0 \\ 0 & 0 & 1 & 0 \\ 0 & 0 & 0 & R^2/4 \end{bmatrix} \cdot \begin{bmatrix} \ddot{q}_1 \\ \ddot{q}_2 \\ \ddot{q}_3 \\ \ddot{q}_4 \end{bmatrix} + \frac{mR^2\Omega}{2}\begin{bmatrix} 0 & 0 & 0 & 0 \\ 0 & 0 & 0 & 1 \\ 0 & 0 & 0 & 0 \\ 0 & -1 & 0 & 0 \end{bmatrix} \cdot \begin{bmatrix} \dot{q}_1 \\ \dot{q}_2 \\ \dot{q}_3 \\ \dot{q}_4 \end{bmatrix}$$

bringen. Die Nachgiebigkeitsmatrix ermittelt man zu

$$\boldsymbol{H} = \frac{1}{9EI}\begin{bmatrix} 4l^3 & -2l^2 & 0 & 0 \\ -2l^2 & 3l & 0 & 0 \\ 0 & 0 & 4l^3 & 2l^2 \\ 0 & 0 & 2l^2 & 3l \end{bmatrix}$$

Die Inversion von $\boldsymbol{H}$ ist verhältnismäßig einfach. Man erhält schließlich die Dgl.

$$m\begin{bmatrix} 1 & 0 & 0 & 0 \\ 0 & R^2/4 & 0 & 0 \\ 0 & 0 & 1 & 0 \\ 0 & 0 & 0 & R^2/4 \end{bmatrix}\begin{bmatrix} \ddot{q}_1 \\ \ddot{q}_2 \\ \ddot{q}_3 \\ \ddot{q}_4 \end{bmatrix} + \frac{mR^2\Omega}{2}\begin{bmatrix} 0 & 0 & 0 & 0 \\ 0 & 0 & 0 & -1 \\ 0 & 0 & 0 & 0 \\ 0 & 1 & 0 & 0 \end{bmatrix}\begin{bmatrix} \dot{q}_1 \\ \dot{q}_2 \\ \dot{q}_3 \\ \dot{q}_4 \end{bmatrix}$$

$$+ \frac{9EI}{8l^3}\begin{bmatrix} 3 & 2l & 0 & 0 \\ 2l & 4l^2 & 0 & 0 \\ 0 & 0 & 3 & -2l \\ 0 & 0 & -2l & 4l^2 \end{bmatrix}\begin{bmatrix} q_1 \\ q_2 \\ q_3 \\ q_4 \end{bmatrix} = \begin{bmatrix} 0 \\ 0 \\ 0 \\ 0 \end{bmatrix}$$

6.1.3. Deformationsmethode

Zur Erfassung der Wirkung verteilter Massen und zur Berechnung hochgradig statisch unbestimmter Tragwerke sowie zur Behandlung komplizierterer Strukturen ist die Kraftgrößenmethode nur bedingt geeignet. Hierfür bietet sich die Deformationsmethode an.
Zur Anwendung der Deformationsmethode werden die schwingungsfähigen Systeme in Elemente zerlegt, für die auf Grund von mehrparametrigen Verformungsansätzen Element-Massenmatrizen und Element-Steifigkeitsmatrizen ermittelt werden. Die verwendeten Parameter sind in der Regel Verschiebungen oder Verdrehungen an ausgezeichneten Punkten, den Knoten des Elements. Durch diese Vorgehensweise wird ein System mit ursprünglich unendlich vielen Freiheitsgraden diskretisiert und

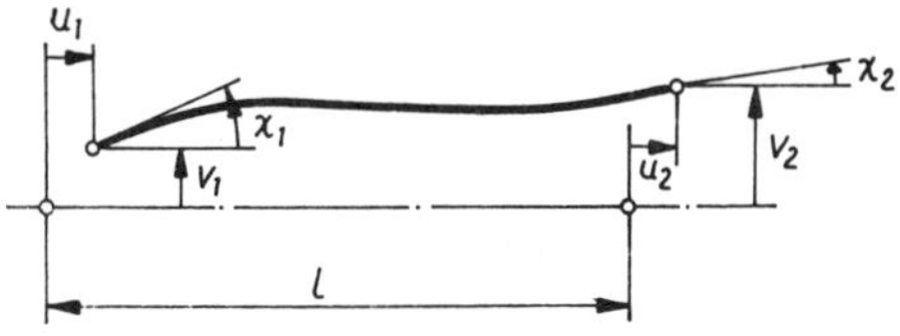

Bild 6.1.7. In der Ebene verformtes Balkenelement

einer Berechnung auf Rechenautomaten zugänglich gemacht. Eine solche Anwendung der Deformationsmethode führt unmittelbar auf die sogenannte *Finite-Element-Methode*. Die Eigenschaften des Kontinuums werden um so besser durch das endliche Differentialgleichungssystem wiedergegeben, je feiner die gewählte Unterteilung ist. Die weiteren Ausführungen müssen jedoch aus Platzgründen auf Schwingungen des Balkenmodelles in der Ebene beschränkt bleiben. Für das im Bild 6.1.7 dargestellte Balkenelement und den zugehörigen Spaltenvektor der verallgemeinerten Koordinaten

$$\boldsymbol{q}_\mathrm{e} = [u_1, v_1, \chi_1, u_2, v_2, \chi_2]^\mathrm{T} \tag{6.1.31}$$

können für Bewegungen in der Ebene die Element-Massenmatrix $\boldsymbol{A}_\mathrm{e}$ und die Element-Steifigkeitsmatrix $\boldsymbol{C}_\mathrm{e}$ wie folgt angegeben werden

$$\boldsymbol{C}_\mathrm{e} = \frac{EI}{l^3}\begin{bmatrix} Al^2/I & 0 & 0 & -Al^2/I & 0 & 0 \\ 0 & 12 & 6l & 0 & -12 & 6l \\ 0 & 6l & 4l^2 & 0 & -6l & 2l^2 \\ -Al^2/I & 0 & 0 & Al^2/I & 0 & 0 \\ 0 & -12 & -6l & 0 & 12 & -6l \\ 0 & 6l & 2l^2 & 0 & -6l & 4l^2 \end{bmatrix} \tag{6.1.32}$$

$$\boldsymbol{A}_\mathrm{e} = \frac{\varrho A l}{420}\begin{bmatrix} 140 & 0 & 0 & 70 & 0 & 0 \\ 0 & 156 & 22l & 0 & 54 & -13l \\ 0 & 22l & 4l^2 & 0 & 13l & -3l^2 \\ 70 & 0 & 0 & 140 & 0 & 0 \\ 0 & 54 & 13l & 0 & 156 & -22l \\ 0 & -13l & -3l^2 & 0 & -22l & 4l^2 \end{bmatrix} \tag{6.1.33}$$

Hierin sind

E der Elastizitätsmodul
I das Flächenträgheitsmoment des Querschnitts
A der Flächeninhalt des Querschnitts
ϱ die Dichte
l die Länge des Balkenelementes

Für die ebene Bewegung eines starren Körpers mit der Masse m und dem auf eine Achse durch den Massenmittelpunkt M senkrecht zur Bewegungsebene bezogenen Massenträgheitsmoment J (Bild 6.1.8) genügen 3 verallgemeinerte Koordinaten

$$\boldsymbol{q}_e = [u, v, \chi]^T \tag{6.1.34}$$

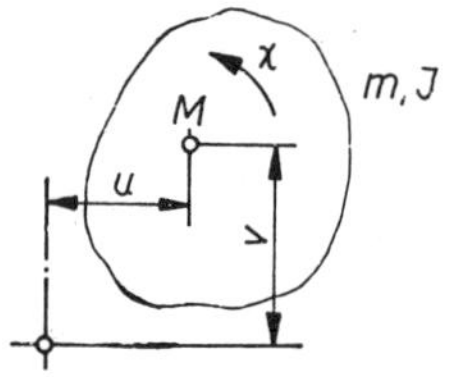

Bild 6.1.8. Ebene Bewegung des starren Körpers

Die Element-Massenmatrix ist

$$\boldsymbol{A}_e = \begin{bmatrix} m & 0 & 0 \\ 0 & m & 0 \\ 0 & 0 & J \end{bmatrix} \tag{6.1.35}$$

Die Dgln. der Bewegung werden nun in der Form der Gl. (6.1.19)

$$\boldsymbol{A}\ddot{\boldsymbol{q}} + \boldsymbol{C}\boldsymbol{q} = \boldsymbol{f}$$

aufgestellt. Dabei setzen sich Massenmatrix $\boldsymbol{A}$ und Steifigkeitsmatrix $\boldsymbol{C}$ aus den Elementmatrizen $\boldsymbol{A}_e$ und $\boldsymbol{C}_e$ zusammen. Der Platz der jeweiligen Elemente bestimmt sich aus den Beziehungen zwischen den „lokalen" Koordinaten u, v, χ der Elemente und den „globalen" Koordinaten des Systems. Bei rechtwinkligen Verbindungen der Elemente sind diese Beziehungen am einfachsten, da die lokalen Koordinaten mit entsprechenden globalen gleichgesetzt werden können. Auf kompliziertere Beziehungen kann in diesem Rahmen nicht eingegangen werden. Fallen zwei oder mehrere lokale Koordinaten mit einer globalen Koordinate zusammen, so werden die entsprechenden Matrixelemente addiert. Matrixelemente, deren zugehörige lokale Koordinaten wegen entsprechender Randbedingungen keiner globalen Koordinate entsprechen, entfallen. Die rechten Seiten des Gleichungssystems (6.1.19) werden durch die äußeren Kräfte bzw. Momente gebildet, die der jeweiligen Koordinate entsprechen.

Beispiel 6.4:

Für das aus zwei biegesteif miteinander verbundenen Balken mit einer Punktmasse am Ende bestehende Schwingungssystem (Bild 6.1.9) sind die Bewegungsgleichungen aufzustellen. Dabei soll die Dehnung der Balken durch Längskräfte unberücksichtigt bleiben.

Lösung:

Zur Beschreibung ebener Bewegungen des Schwingungssystems genügen die vier Koordinaten q_1 bis q_4 (in Bild 6.1.9 in das unverformte System gezeichnet). Für die benutzten 3 Elemente ergeben sich folgende Beziehungen zwischen lokalen und globalen Koordinaten:

Element 1: $u_1 = u_2 = v_1 = \chi_1 = 0;\quad v_2 = q_1;\quad \chi_2 = q_2$
Element 2: $u_1 = u_2 = -q_1;\quad v_1 = q_3;\quad v_2 = 0;\quad \chi_1 = q_4;\quad \chi_2 = q_2$
Punktmasse: $u = -q_1;\quad v = q_3;\quad \chi = q_4$

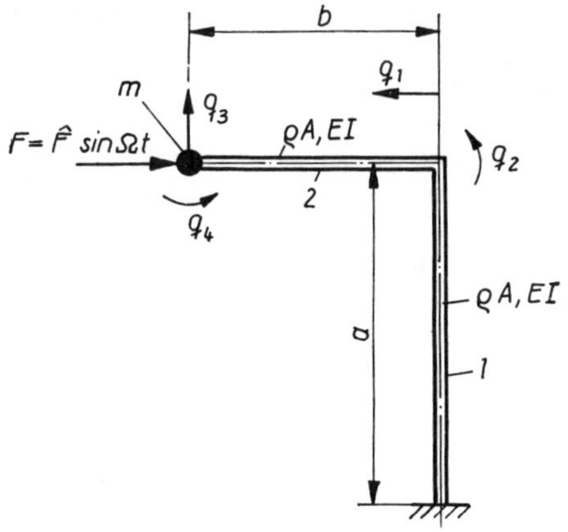

Bild 6.1.9. Schwingungssystem entsprechend Beispiel 6.4

Nach diesen Beziehungen ergibt sich z. B. das dritte Diagonalelement der Gesamtmassenmatrix, a_{33}, aus dem Element $a_{e11}^{(2)}$ der Massenmatrix des zweiten Balkenelementes. Das Element a_{13} ergibt sich aus $-a_{e12}^{(2)} - a_{e42}^{(2)}$ und a_{11} aus $(a_{e11}^{(2)} + a_{e44}^{(2)} + a_{e14}^{(2)} + a_{e41}^{(2)}) + a_{e55}^{(1)}$. Gleiches gilt für die Steifigkeitsmatrix. Auf diese Weise erhält man Schritt für Schritt die Gesamtmassenmatrix und die Gesamtsteifigkeitsmatrix:

$$\boldsymbol{A} = \begin{bmatrix} \varrho A\left(\frac{13}{35}a + b\right) + m & -\frac{11}{210}\varrho A a^2 & 0 & 0 \\ & \frac{1}{105}\varrho A(a^3 + b^3) & -\frac{13}{420}\varrho A b^2 & -\frac{1}{140}\varrho A b^3 \\ & & \frac{13}{35}\varrho A b^2 + m & \frac{11}{210}\varrho A b^2 \\ & \text{(symmetrisch)} & & \frac{1}{105}\varrho A b^3 \end{bmatrix}$$

$$\boldsymbol{C} = \begin{bmatrix} 12EI/a^3 & -6EI/a^2 & 0 & 0 \\ & 4EI\left(\frac{1}{a} + \frac{1}{b}\right) & 6EI/b^2 & 2EI/b \\ & & 12EI/b^3 & 6EI/b^2 \\ & \text{(symmetrisch)} & & 4EI/b \end{bmatrix}$$

Die rechte Seite der Dgl. (6.1.19) ist durch

$$f = [-\hat{F} \sin \Omega t, 0, 0, 0]^T$$

bestimmt.

6.2. Freie Schwingungen

6.2.1. Eigenfrequenzen und Eigenschwingungsformen

Wie in 6.1. gezeigt wurde, werden erzwungene Schwingungen in linearen Systemen mit endlich vielen Freiheitsgraden durch die Dgl. (6.1.10) beschrieben. Das System führt freie Schwingungen aus, wenn der Vektor der äußeren Erregerkräfte verschwindet: $\boldsymbol{f} = \boldsymbol{0}$.

Die folgenden Betrachtungen gelten für freie Schwingungen um eine Gleichgewichtslage, wobei zunächst vorausgesetzt wird, daß die Matrix $\boldsymbol{B}$ eine Dämpfungsmatrix ist. Auf allgemeinere Fälle wird in 6.2.1.5. eingegangen.

Bereits bei den Systemen mit einem Freiheitsgrad wurde gezeigt, daß bei hinreichend schwacher Dämpfung ihr Einfluß auf den Wert der Eigenfrequenz klein ist. Es kann vorausgesetzt werden, daß das bei den Systemen mit mehreren Freiheitsgraden ebenfalls zutrifft. Die zu untersuchenden Eigenschwingungen werden dann durch die Dgl.

$$\boldsymbol{A}\ddot{\boldsymbol{q}} + \boldsymbol{C}\boldsymbol{q} = \boldsymbol{0} \tag{6.2.1}$$

beschrieben, wobei man, wie in 6.1. gezeigt wurde, ohne Beschränkung der Allgemeinheit die Matrizen $\boldsymbol{A}$ und $\boldsymbol{C}$ als symmetrisch ansehen kann.

Zur Lösung der Dgl. (6.2.1) macht man den Ansatz

$$\boldsymbol{q} = \boldsymbol{x}\, e^{j\omega t}, \quad \boldsymbol{x} = [x_1, x_2, \ldots x_n]^T \tag{6.2.2}$$

durch den Gl. (6.2.1) auf ein gewöhnliches Gleichungssystem zurückgeführt wird:

$$(\boldsymbol{C} - \omega^2 \boldsymbol{A})\,\boldsymbol{x} = \boldsymbol{0} \tag{6.2.3}$$

Gl. (6.2.3) stellt ein sog. *allgemeines Matrizeneigenwertproblem* dar: Es existieren nur für ganz bestimmte Werte des Eigenwertes $\lambda = \omega^2$ nichttriviale, d. h. von Null verschiedene Lösungen für den Vektor $\boldsymbol{x}$, die *Eigenvektoren*.

Nichttriviale Lösungen der Gl. (6.2.3) existieren genau dann, wenn die Determinante der charakteristischen Matrix $\boldsymbol{C} - \lambda \boldsymbol{A}$ verschwindet:

$$\det (\boldsymbol{C} - \lambda \boldsymbol{A}) = 0 \tag{6.2.4}$$

Gl. (6.2.4) heißt *charakteristische Gleichung* des Eigenwertproblems. Ist die Matrix $\boldsymbol{A}$ regulär, was fast immer erfüllt ist, so stellt Gl. (6.2.4) eine algebraische Gleichung $n$ten Grades dar, die genau n Wurzeln λ_k besitzt. Dabei sind mehrfache Wurzeln entsprechend oft zu zählen. Unter bestimmten Voraussetzungen, die noch zu besprechen sind, bestimmt Gl. (6.2.3) für jeden Eigenwert λ_k genau einen Eigenvektor $\boldsymbol{x}_k$. Wegen der Homogenität der Gl. (6.2.3) sind die $\boldsymbol{x}_k$ allerdings nur bis auf einen konstanten Faktor festgelegt, der willkürlich bleibt. Diese Willkür kann durch geeignete Normierung der Eigenvektoren beseitigt werden. Die allgemeine Lösung der Dgl. (6.2.1) läßt sich dann durch Linearkombinationen der $2n$ voneinander linear unabhängigen Partikulärlösungen (6.2.2) konstruieren:

$$\boldsymbol{q} = \sum_{k=1}^{n} \boldsymbol{x}_k (c_k' \, \mathrm{e}^{\mathrm{j}\omega_k t} + c_k'' \, \mathrm{e}^{-\mathrm{j}\omega_k t}) \tag{6.2.5}$$

wobei $\omega_k = +\sqrt{\lambda_k}$ gesetzt wurde.
Als Beispiel sei noch einmal die Schwingungskette nach Bild 6.1.1 betrachtet. Vernachlässigt man in Gl. (6.1.9) die Dämpfungsglieder, so hat man die Dgl.

$$\begin{bmatrix} m_1 & 0 \\ 0 & m_2 \end{bmatrix} \cdot \begin{bmatrix} \ddot{q}_1 \\ \ddot{q}_2 \end{bmatrix} + \begin{bmatrix} c_1 + c_2 & -c_2 \\ -c_2 & c_2 \end{bmatrix} \begin{bmatrix} q_1 \\ q_2 \end{bmatrix} = \begin{bmatrix} 0 \\ 0 \end{bmatrix} \tag{6.2.6}$$

zu lösen. Die Matrizen $\boldsymbol{A}$ und $\boldsymbol{C}$ sind in diesem Beispiel symmetrisch und positiv definit.
Mit dem Ansatz (6.2.2) geht die Dgl. (6.2.6) in das lineare homogene Gleichungssystem

$$\left\{ \begin{bmatrix} c_1 + c_2 & -c_2 \\ -c_2 & c_2 \end{bmatrix} - \omega^2 \begin{bmatrix} m_1 & 0 \\ 0 & m_2 \end{bmatrix} \right\} \begin{bmatrix} x_1 \\ x_2 \end{bmatrix} = \begin{bmatrix} 0 \\ 0 \end{bmatrix} \tag{6.2.7}$$

über. Die charakteristische Matrix erhält man mit $\lambda = \omega^2$ in der Form

$$\boldsymbol{C} - \lambda \boldsymbol{A} = \begin{bmatrix} c_1 + c_2 - m_1 \lambda & -c_2 \\ -c_2 & c_2 - m_2 \lambda \end{bmatrix} \tag{6.2.8}$$

und die charakteristische Gl. lautet:

$$\begin{vmatrix} c_1 + c_2 - m_1 \lambda & -c_2 \\ -c_2 & c_2 - m_2 \lambda \end{vmatrix} = 0 \tag{6.2.9}$$

Daraus folgt eine quadratische Gleichung in λ:

$$\lambda^2 - \left(\frac{c_1 + c_2}{m_1} + \frac{c_2}{m_2} \right) \lambda + \frac{c_1 c_2}{m_1 m_2} = 0$$

mit den reellen Wurzeln

$$\lambda_{1,2} = \frac{1}{2} \left(\frac{c_1 + c_2}{m_1} + \frac{c_2}{m_2} \right) \pm \sqrt{\frac{1}{4} \left(\frac{c_1 + c_2}{m_1} + \frac{c_2}{m_2} \right)^2 - \frac{c_1 c_2}{m_1 m_2}} \tag{6.2.10}$$

Aus Gl. (6.2.7) erhält man nun unter Berücksichtigung von Gl. (6.2.8) mit (6.2.10) die Komponenten der Eigenvektoren:

$$x_{21} = \frac{c_1 + c_2 - m_1 \lambda_1}{c_2} x_{11} = \frac{c_2}{c_2 - m_2 \lambda_1} x_{11}$$

$$x_{22} = \frac{c_1 + c_2 - m_1 \lambda_2}{c_2} x_{12} = \frac{c_2}{c_2 - m_2 \lambda_2} x_{12}$$

In dieser Darstellung kennzeichnet x_{ij} das i-te Element des Eigenvektors $\boldsymbol{x}_j$. Es ist deshalb

$$\begin{aligned} \boldsymbol{x}_1 &= \begin{bmatrix} 1 \\ (c_1 + c_2 - m_1 \lambda_1)/c_2 \end{bmatrix} x_{11} = \begin{bmatrix} 1 \\ c_2/(c_2 - m_2 \lambda_1) \end{bmatrix} x_{11} \\ \boldsymbol{x}_2 &= \begin{bmatrix} 1 \\ (c_1 + c_2 - m_1 \lambda_2)/c_2 \end{bmatrix} x_{12} = \begin{bmatrix} 1 \\ c_2/(c_2 - m_2 \lambda_2) \end{bmatrix} x_{12} \end{aligned} \tag{6.2.11}$$

Die Größen x_{11} und x_{12} sind hier die erwähnten willkürlichen konstanten Faktoren.

Die allgemeine Lösung ergibt sich wegen $e^{\pm j\omega t} = \cos \omega t \pm j \sin \omega t$ nach einer entsprechenden Umformung und mit neuen Konstanten aus Gl. (6.2.5) zu

$$\boldsymbol{q} = \boldsymbol{x}_1(A_1 \cos \omega_1 t + B_1 \sin \omega_1 t) + \boldsymbol{x}_2(A_2 \cos \omega_2 t + B_2 \sin \omega_2 t) \qquad (6.2.12)$$

Die Lösung setzt sich also aus zwei harmonischen Anteilen in unterschiedlicher Phasenlage zusammen. Man erkennt, daß die Eigenkreisfrequenzen, deren Anzahl mit der der Eigenwerte übereinstimmt, identisch mit den Größen $\omega_k = \sqrt{\lambda_k}$ sind. Die Gesamtschwingung ergibt sich demnach aus der Superposition einzelner Harmonischer der Eigenschwingungen. Wie in 6.2.2. gezeigt wird, lassen sich die Integrationskonstanten A_k und B_k in Gl. (6.2.12) aus den Anfangsbedingungen bestimmen. Bei geeigneter Wahl dieser Anfangsbedingungen läßt sich erreichen, daß das System rein harmonische Schwingungen ausführt, d. h., es werden entweder A_1 und B_1 oder A_2 und B_2 gleich Null. Für jede Harmonische wird durch den entsprechenden Eigenvektor ein Verhältnis der Amplituden festgelegt, das nicht von der Zeit abhängt, also konstant ist. Dadurch ist für jede Harmonische die Form der Schwingung bezüglich der Amplituden der verallgemeinerten Koordinaten festgelegt, wenn auch die absolute Größe der Amplituden dabei unbestimmt bleibt. Auch die Lage der sogenannten Schwingungsknoten, d. h. der Punkte des Systems, die bei Schwingungen in der betrachteten Harmonischen in Ruhe bleiben, wird durch die Amplitudenverhältnisse bestimmt. In Bild 6.2.1 sind die für das betrachtete Beispiel möglichen Schwingungsformen qualitativ dargestellt. Dabei wurde ein Ausschlag nach rechts von der Bezugslinie aus nach oben, ein Ausschlag nach links nach unten abgetragen. Für beide Schwingungsformen wurden die Amplituden von q_1 willkürlich gleich Eins angenommen. Die 1. Schwingungsform kennzeichnet die Grundschwingung, die keine Schwingungsknoten zeigt (abgesehen von dem konstruktiv bedingten Festpunkt der Feder c_1), weil sich hierbei die Massen gleichsinnig nach rechts oder links bewegen, während bei der 1. Oberschwingung, dargestellt durch die 2. Schwingungsform, die Bewegung der Massen gegensinnig ist und deshalb ein Schwingungsknoten auftritt.

Im weiteren sollen die bisherigen Aussagen zur Lösung des Eigenwertproblems präzisiert und ergänzt werden.

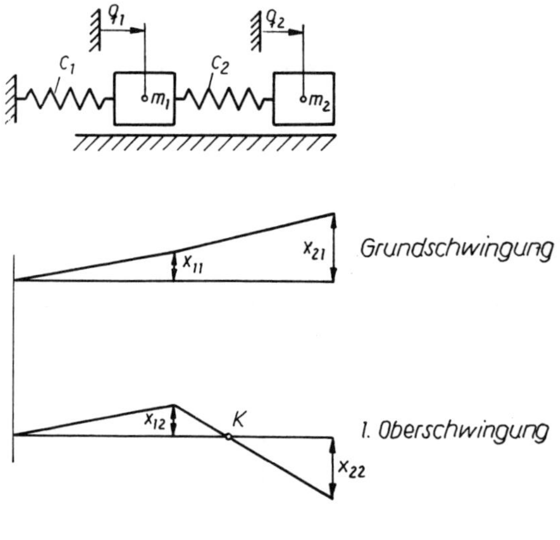

Bild 6.2.1. Schwingungskette mit zwei Freiheitsgraden und zugehörigen Eigenschwingungsformen

6.2.1.1. Spezielle Eigenwertprobleme mit regulärer symmetrischer Matrix

Es werde das allgemeine Eigenwertproblem Gl. (6.2.3) betrachtet. Die Matrizen $\boldsymbol{A}$ und $\boldsymbol{C}$ seien als symmetrisch und wenigstens eine der beiden Matrizen als regulär vorausgesetzt. In diesem Falle läßt sich das allgemeine Eigenwertproblem immer auf ein sogenanntes *spezielles Eigenwertproblem* der Form

$$(\boldsymbol{C}' - \lambda \boldsymbol{E})\, \boldsymbol{x} = \boldsymbol{0} \tag{6.2.13}$$

bzw.

$$(\boldsymbol{A}' - \mu \boldsymbol{E})\, \boldsymbol{x} = \boldsymbol{0} \tag{6.2.14}$$

mit $\lambda = \omega^2$ und $\mu = 1/\lambda$ zurückführen. $\boldsymbol{E}$ ist dabei die Einheitsmatrix. Ist z. B. $\boldsymbol{A}$ regulär, so erhält man durch Multiplikation der Gl. (6.2.3) mit $\boldsymbol{A}^{-1}$ von links mit $\boldsymbol{C}' = \boldsymbol{A}^{-1}\boldsymbol{C}$ und $\boldsymbol{A}^{-1}\boldsymbol{A} = \boldsymbol{E}$ Gl. (6.2.13).
Ist aber $\boldsymbol{C}$ regulär, so folgt durch Linksmultiplikation von Gl. (6.2.3) mit $\boldsymbol{C}^{-1}$ Gl. (6.2.14), wenn man $\boldsymbol{A}' = \boldsymbol{C}^{-1}\boldsymbol{A}$ setzt.
Diese Vorgehensweise ist für symmetrische Matrizen $\boldsymbol{A}$ und $\boldsymbol{C}$ unzweckmäßig, weil die Matrizen $\boldsymbol{A}'$ und $\boldsymbol{C}'$ im allgemeinen nicht mehr symmetrisch sind. Die Matrix $\boldsymbol{A}$ kann jedoch nach Gl. (6.1.20) in das Produkt zweier zueinander transponierter Matrizen zerlegt werden (Cholesky-Zerlegung).
Man erhält dann durch Linksmultiplikation der Gl. (6.2.3) mit $\boldsymbol{R}^{\mathrm{T}-1}$ und Ausklammern von $\boldsymbol{R}$:

$$(\boldsymbol{R}^{\mathrm{T}-1}\boldsymbol{C}\boldsymbol{R}^{-1} - \lambda \boldsymbol{E})\, \boldsymbol{R}\boldsymbol{x} = \boldsymbol{0}$$

bzw. mit

$$\boldsymbol{C}' = \boldsymbol{R}^{\mathrm{T}-1}\boldsymbol{C}\boldsymbol{R}^{-1}; \qquad \boldsymbol{x}' = \boldsymbol{R}\boldsymbol{x}$$

das spezielle Eigenwertproblem

$$(\boldsymbol{C}' - \lambda \boldsymbol{E})\, \boldsymbol{x}' = \boldsymbol{0} \tag{6.2.15}$$

mit der symmetrischen Matrix $\boldsymbol{C}'$. Die Eigenwerte von Gl. (6.2.15) stimmen mit denen von Gl. (6.2.3) überein, während die ursprünglichen Eigenvektoren aus Gl. (6.2.15) durch die Beziehung

$$\boldsymbol{x} = \boldsymbol{R}^{-1}\boldsymbol{x}' \tag{6.2.16}$$

gewonnen werden.

Beispiel 6.5:

Für die in Bild 6.2.2 dargestellte Schwingungskette mit 3 Freiheitsgraden sind die Bewegungsgleichungen aufzustellen. Durch Zerlegung der Massenmatrix sind diese so umzuformen, daß ihre Lösung auf ein spezielles Eigenwertproblem mit symmetrischer Matrix $\boldsymbol{C}'$ führt.

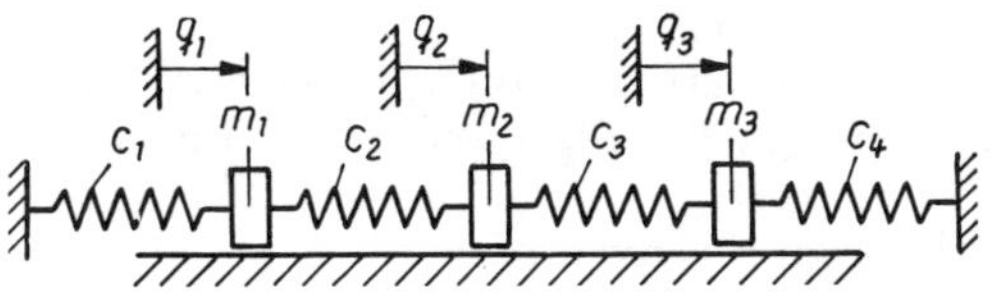

Bild 6.2.2. Schwingungskette mit drei Freiheitsgraden entsprechend Beispiel 6.5

Lösung:

Mit Hilfe der Lagrangeschen Bewegungsgleichungen 2. Art findet man die Bewegungsgleichungen in der Form

$$\begin{bmatrix} m_1 & 0 & 0 \\ 0 & m_2 & 0 \\ 0 & 0 & m_2 \end{bmatrix} \cdot \begin{bmatrix} \ddot{q}_1 \\ \ddot{q}_2 \\ \ddot{q}_3 \end{bmatrix} + \begin{bmatrix} c_1 + c_2 & -c_2 & 0 \\ -c_2 & c_2 + c_3 & -c_3 \\ 0 & -c_3 & c_3 + c_4 \end{bmatrix} \cdot \begin{bmatrix} q_1 \\ q_2 \\ q_3 \end{bmatrix} = \begin{bmatrix} 0 \\ 0 \\ 0 \end{bmatrix}$$

oder — symbolisch geschrieben —

$$\boldsymbol{A}\ddot{\boldsymbol{q}} + \boldsymbol{C}\boldsymbol{q} = \boldsymbol{0}$$

Wegen $\boldsymbol{A} = \boldsymbol{R}^{\mathrm{T}} \cdot \boldsymbol{R}$ findet man leicht die Zerlegung

$$\boldsymbol{R}^{\mathrm{T}} = \boldsymbol{R} = \begin{bmatrix} \sqrt{m_1} & 0 & 0 \\ 0 & \sqrt{m_2} & 0 \\ 0 & 0 & \sqrt{m_3} \end{bmatrix} \quad \text{und} \quad \boldsymbol{R}^{-1} = \begin{bmatrix} 1/\sqrt{m_1} & 0 & 0 \\ 0 & 1/\sqrt{m_2} & 0 \\ 0 & 0 & 1/\sqrt{m_3} \end{bmatrix}$$

Die Transformation $\boldsymbol{q}' = \boldsymbol{R}\boldsymbol{q}$, $\boldsymbol{q} = \boldsymbol{R}^{-1}\boldsymbol{q}'$ führt unter Berücksichtigung der Zerlegung von $\boldsymbol{A}$ auf die Dgl.

$$\boldsymbol{R}^{\mathrm{T}}\boldsymbol{R}\boldsymbol{R}^{-1}\ddot{\boldsymbol{q}}' + \boldsymbol{C}\boldsymbol{R}^{-1}\boldsymbol{q}' = \boldsymbol{0}$$

Durch Linksmultiplikation mit $\boldsymbol{R}^{\mathrm{T}-1}$ erhält man daraus schließlich

$$\boldsymbol{E}\ddot{\boldsymbol{q}} + \boldsymbol{C}'\boldsymbol{q}' = \boldsymbol{0}$$

mit

$$\boldsymbol{C}' = \boldsymbol{R}^{\mathrm{T}-1}\boldsymbol{C}\boldsymbol{R}^{-1} = \begin{bmatrix} \dfrac{c_1 + c_2}{m_1} & -\dfrac{c_2}{\sqrt{m_1 m_2}} & 0 \\ -\dfrac{c_2}{\sqrt{m_1 m_2}} & \dfrac{c_2 + c_3}{m_2} & -\dfrac{c_3}{\sqrt{m_2 m_3}} \\ 0 & -\dfrac{c_3}{\sqrt{m_2 m_3}} & \dfrac{c_3 + c_4}{m_3} \end{bmatrix}$$

Der Lösungsansatz $\boldsymbol{q}' = \boldsymbol{x}'\mathrm{e}^{\mathrm{j}\omega t}$ führt auf das spezielle Eigenwertproblem

$$(\boldsymbol{C}' - \omega^2\boldsymbol{E})\,\boldsymbol{x}' = \boldsymbol{0}$$

mit symmetrischer Matrix $\boldsymbol{C}'$.

Für das spezielle Eigenwertproblem (6.2.16) gelten unter den oben gemachten Voraussetzungen folgende wichtige Sätze, die hier ohne Beweis mitgeteilt werden

1. Sämtliche n Eigenwerte λ_k, $k = 1, 2, \ldots n$ sind reell.
2. Ist die Matrix positiv definit, so sind alle Eigenwerte λ_k positiv, ist sie semidefinit mit dem Rangabfall (Defekt) d_k, so tritt ein $d_k$facher Eigenwert $\lambda = 0$ auf.
3. Sämtliche Eigenvektoren sind reell.
4. Es existieren stets genau n linear unabhängige Eigenvektoren $\boldsymbol{x}_k'$.

5. Je zwei Eigenvektoren, die zu verschiedenen Eigenwerten gehören, sind zueinander orthogonal:

$$\boldsymbol{x}_i'^{\mathrm{T}}\boldsymbol{x}_k' = 0 \quad \text{für} \quad \lambda_i \neq \lambda_k \tag{6.2.17}$$

6. Es existiert eine Ähnlichkeitstransformation der Matrix $\boldsymbol{C}'$ mit einer Matrix $\boldsymbol{X}'$, so daß

$$\boldsymbol{X}'^{\mathrm{T}}\boldsymbol{C}'\boldsymbol{X}' = \boldsymbol{\Lambda} \tag{6.2.18}$$

mit der Diagonalmatrix (Spektralmatrix)

$$\boldsymbol{\Lambda} = \begin{bmatrix} \lambda_1 & 0 & 0 \cdots & 0 \\ 0 & \lambda_2 & 0 \cdots & 0 \\ 0 & 0 & \lambda_3 \cdots & 0 \\ \vdots & & & \\ 0 & 0 & 0 \cdots & \lambda_n \end{bmatrix} \tag{6.2.19}$$

gilt.
Die Spalten der Matrix $\boldsymbol{X}'$, der sogenannten *Modalmatrix*, sind dabei die Eigenvektoren der Matrix $\boldsymbol{C}'$, die so normiert sind, daß neben Gl. (6.2.17) auch $\boldsymbol{x}_i'^{\mathrm{T}}\boldsymbol{x}_i' = 1$ gilt.
Von besonderer Bedeutung für die Abschätzung von Eigenwerten ist der *Rayleighsche Quotient:*

$$R(\boldsymbol{x}') = \frac{\boldsymbol{x}'^{\mathrm{T}}\boldsymbol{C}'\boldsymbol{x}'}{\boldsymbol{x}'^{\mathrm{T}}\boldsymbol{x}'} \tag{6.2.20}$$

für symmetrische Matrix $\boldsymbol{C}'$.
Es läßt sich zeigen, daß für $\boldsymbol{x}' = \boldsymbol{x}_k'$, d. h. für den Fall, daß der Vektor $\boldsymbol{x}'$ ein Eigenvektor ist, der Wert des Rayleighschen Quotienten gleich dem zugehörigen Eigenwert ist:

$$R(\boldsymbol{x}_k') = \frac{\boldsymbol{x}_k'^{\mathrm{T}}\boldsymbol{C}'\boldsymbol{x}_k'}{\boldsymbol{x}_k'^{\mathrm{T}}\boldsymbol{x}_k'} = \lambda_k \tag{6.2.21}$$

Ordnet man die Eigenwerte nach ihrer Größe, $\lambda_1 \leqq \lambda_2 \leqq \lambda_3 \leqq \cdots \leqq \lambda_n$, so erhält man insbesondere

$$\left.\begin{aligned} R(\boldsymbol{x}_1') &= \lambda_1 = \lambda_{\min} \\ R(\boldsymbol{x}_n') &= \lambda_n = \lambda_{\max} \end{aligned}\right\} \tag{6.2.22}$$

und es gilt stets

$$\lambda_{\min} \leqq R(\boldsymbol{x}') \leqq \lambda_{\max} \tag{6.2.23}$$

Der kleinste und der größte Eigenwert sind zugleich die Extremwerte des Rayleighschen Quotienten, wenn man diesen als Funktion des Vektors $\boldsymbol{x}'$ auffaßt.
Die Bedeutung des Rayleighschen Quotienten besteht darin, daß man mit seiner Hilfe einzelne Eigenwerte der Matrix $\boldsymbol{C}'$ relativ leicht bestimmen kann. Hat man irgend einen Eigenvektor $\boldsymbol{x}_k'$ auf anderem Wege bestimmt, so erhält man mit Gl. (6.2.21) den zugehörigen Eigenwert. Kennt man einen Eigenvektor nur näherungsweise, so erhält man zwar auch den Eigenwert nur angenähert, der Fehler des Eigen-

wertes ist aber um eine Größenordnung kleiner als der des Eigenvektors. Häufig interessiert man sich besonders für den kleinsten bzw. für den größten Eigenwert. Es seien $\tilde{\boldsymbol{x}}_1$ und $\tilde{\boldsymbol{x}}_n$ Näherungen für die Eigenvektoren $\boldsymbol{x}_1'$ und $\boldsymbol{x}_n'$. Dann folgen aus Gl. (6.2.23) die wichtigen Beziehungen

$$R(\tilde{\boldsymbol{x}}_1') > \lambda_1$$

$$R(\tilde{\boldsymbol{x}}_n') < \lambda_n$$

d. h., der kleinste Eigenwert wird durch den Rayleighschen Quotienten von oben, der größte Eigenwert von unten angenähert.

6.2.1.2. Allgemeine Eigenwertprobleme

In manchen Fällen, z. B. bei einfacheren Problemen, die von Hand gelöst werden sollen, ober bei der Anwendung numerischer Verfahren (siehe Abschnitt 6.2.1.3.) ist die Reduktion des allgemeinen Eigenwertproblems auf ein spezielles nicht immer zweckmäßig.
In solchen Fällen wird das allgemeine Eigenwertproblem (6.2.3) direkt gelöst. Sind dabei $\boldsymbol{C}$ und $\boldsymbol{A}$ wieder symmetrisch und $\boldsymbol{A}$ außerdem regulär, so gelten für die Eigenwerte $\lambda = \omega^2$ und die Eigenvektoren die in Abschnitt 6.2.1.1. angegebenen ersten vier Sätze ohne Einschränkung. Die Orthogonalität zweier Eigenvektoren, die zu verschiedenen Eigenwerten gehören, gilt jetzt in einem verallgemeinerten Sinne. Es ist

$$\boldsymbol{x}_i^{\mathrm{T}}\boldsymbol{A}\boldsymbol{x}_k = 0 \quad \text{für} \quad \lambda_i \neq \lambda_k \tag{6.2.24}$$

Die Spalten der Modalmatrix $\boldsymbol{X}$ ergeben sich aus den Eigenvektoren des allgemeinen Eigenwertproblems, wenn man diese so normiert, daß neben Gl. (6.2.24) auch noch die Beziehung

$$\boldsymbol{x}_i^{\mathrm{T}}\boldsymbol{A}\boldsymbol{x}_i = 1$$

gilt. Daraus ergibt sich

$$\left.\begin{aligned} \boldsymbol{X}^{\mathrm{T}}\boldsymbol{A}\boldsymbol{X} &= \boldsymbol{E} \\ \boldsymbol{X}^{\mathrm{T}}\boldsymbol{C}\boldsymbol{X} &= \boldsymbol{\Lambda} \end{aligned}\right\} \tag{6.2.25}$$

Der Rayleighsche Quotient hat für das allgemeine Eigenwertproblem die Form

$$R(\boldsymbol{x}) = \frac{\boldsymbol{x}^{\mathrm{T}}\boldsymbol{C}\boldsymbol{x}}{\boldsymbol{x}^{\mathrm{T}}\boldsymbol{A}\boldsymbol{x}} \tag{6.2.26}$$

Seine Anwendung erfolgt wie beim speziellen Eigenwertproblem. Auch die dort genannten Eigenschaften (6.2.22) und (6.2.23) gelten für die verallgemeinerte Form des Rayleighschen Quotienten (6.2.26).

6.2.1.3. Numerische Lösung von Eigenwertproblemen

Die Bestimmung der Eigenwerte aus der charakteristischen Gleichung von Gl. (6.2.3) bzw. Gl. (6.2.15) und die Bestimmung der Eigenvektoren aus diesen Gleichungen bezeichnet man als direktes Verfahren zur Lösung des Eigenwertproblems.

Diese Methode läßt sich bei Systemen mit wenigen Freiheitsgraden (etwa $n \leqq 3$) bequem anwenden. Bei Systemen größerer Ordnung wird dieser Weg sehr aufwendig, da neben der Lösung einer Gleichung $n$ten Grades in λ bereits das Aufstellen der charakteristischen Gleichung mit hohem Aufwand verbunden ist.
Hinzu kommt die Empfindlichkeit dieser Methoden gegen numerische Ungenauigkeiten. Deshalb wird den *iterativen* Verfahren der Vorzug gegeben.

6.2.1.3.1. Verfahren nach Jacobi

Nach Gl. (6.2.18) ist das spezielle Eigenwertproblem (6.2.15) vollständig gelöst, wenn es gelingt, die Modalmatrix $\boldsymbol{X}$ zu bestimmen. Nach Jacobi kann dieses Problem iterativ gelöst werden. Dazu wird die Matrix $\boldsymbol{C}'$ einer unendlichen Folge von Orthogonaltransformationen mit Matrizen $\boldsymbol{T}^{(j)}$ der Ordnung n unterworfen, die sich nur in jeweils 4 Elementen von der Einheitsmatrix unterscheiden. Diese Elemente sind

$$t_{ii}^{(j)} = t_{kk}^{(j)} = \cos\varphi_j,\ t_{ik}^{(j)} = -t_{ki}^{(j)} = \sin\varphi_j \tag{6.2.27}$$

Diese Transformationen bewirken ebene Drehungen des Bezugssystems um den Winkel φ_j.
Durch die Transformationen

$$\boldsymbol{T}^{(j)\mathrm{T}}\boldsymbol{C}'^{(j-1)}\boldsymbol{T}^{(j)} = \boldsymbol{C}'^{(j)};\quad j = 1, 2, \ldots;\quad \boldsymbol{C}'^{(0)} = \boldsymbol{C}' \tag{6.2.28}$$

werden jeweils nur die Elemente von $\boldsymbol{C}'^{(j-1)}$ in den $i$ten und $k$ten Zeilen und Spalten verändert. Der Winkel wird nun so gewählt, daß bei jeder Transformation eines der Nichtdiagonalelemente $c'_{ik} = c'_{ki}$ verschwindet. Es kann gezeigt werden, daß bei jedem Iterationsschritt die Quadratsumme der Diagonalelemente (die auch als *Innennorm* bezeichnet wird) um $2c'^2_{ik}$ zunimmt, während die Quadratsumme der Nichtdiagonalelemente (die *Außennorm*) um denselben Betrag abnimmt, da die Gesamtnorm gegenüber Orthogonaltransformationen invariant ist.
Bei entsprechender Wahl der Indizes i, k können also mit einer hinreichend großen Zahl von Iterationsschritten alle Nichtdiagonalelemente zum Verschwinden gebracht werden. Dabei kann z. B. die Größe der Außennorm als Abbruchkriterium bei der numerischen Rechnung verwendet werden.
Von einem bestimmten j an gilt nun mit einer vorgegebenen Genauigkeit

$$\boldsymbol{T}^{(j)\mathrm{T}}\boldsymbol{C}'^{(j-1)}\boldsymbol{T}^{(j)} = \boldsymbol{T}^{\mathrm{T}}\boldsymbol{C}'\boldsymbol{T} = \boldsymbol{\Lambda} \tag{6.2.29}$$

Die Spektralmatrix $\boldsymbol{\Lambda}$ liefert die Eigenwerte in einer beliebigen Reihenfolge. Die Modalmatrix $\boldsymbol{X}$, deren Spalten die Eigenvektoren sind, ergibt sich aus der Beziehung

$$\boldsymbol{X} = \boldsymbol{T}^{(1)} \cdot \boldsymbol{T}^{(2)} \ldots \boldsymbol{T}^{(j)} \tag{6.2.30}$$

Das Verfahren gestattet es, alle Eigenwerte und Eigenvektoren zu berechnen. Die Eigenwerte ergeben sich mit etwa gleicher absoluter Genauigkeit.

Die Reihenfolge, in der die Nichtdiagonalelemente zum Verschwinden gebracht werden, ist für die Effektivität des Verfahrens von Bedeutung. Der Aufwand ist jedoch sehr groß, so daß der Einsatz eines Rechenautomaten notwendig ist. Bezüglich der Auswahlstrategie bei der Anwendung des Verfahrens sowie weiterer Modifikationen und Verallgemeinerungen sei auf die angegebene Literatur verwiesen.

6.2.1.3.2. Vektoriteration nach v. Mises

Von großer Bedeutung für die numerische Lösung von Eigenwertaufgaben ist die *v.-Misessche Vektoriteration.* Das Verfahren liefert den betragsgrößten Eigenwert und den zugehörigen Eigenvektor. Durch entsprechende Modifikation des Verfahrens ist es aber auch möglich, den betragskleinsten Eigenwert mit zugehörigem Eigenvektor sowie weitere Eigenwerte und Eigenvektoren entweder nacheinander oder gleichzeitig zu berechnen.

Die Bestimmung des kleinsten Eigenwertes ist in der Schwingungslehre meist von besonderem Interesse.

Das Verfahren werde zunächst für das spezielle Eigenwertproblem (6.2.15) erläutert.

Die folgenden Betrachtungen gelten für den allgemeinen Fall diagonalähnlicher reeller Matrizen $\boldsymbol{C}'$, d. h. für Matrizen $\boldsymbol{C}'$ der Ordnung n, die unabhängig von der Vielfachheit der Eigenwerte genau n Eigenvektoren besitzen. Die symmetrischen Matrizen gehören zur Klasse der diagonalähnlichen Matrizen.

Der Grundgedanke des Verfahrens besteht darin, von einem beliebigen $n$reihigen reellen Vektor $\boldsymbol{z}_0$ ausgehend, nacheinander iterierte Vektoren der Form

$$\boldsymbol{z}_\nu = \boldsymbol{C}'\boldsymbol{z}_{\nu-1}, \quad \nu = 1, 2, \ldots \tag{6.2.31}$$

zu bilden. Nach dem Entwicklungssatz läßt sich $\boldsymbol{z}_0$ nach den (natürlich nicht bekannten) Eigenvektoren $\boldsymbol{x}_i'$ der Matrix $\boldsymbol{C}'$ entwickeln:

$$\boldsymbol{z}_0 = c_1\boldsymbol{x}_1' + c_2\boldsymbol{x}_2' + \cdots + c_n\boldsymbol{x}_n' \tag{6.2.32}$$

Aus Gl. (6.2.15) folgt:

$$\boldsymbol{C}'\boldsymbol{x}_i' = \lambda_i\boldsymbol{x}_i' \tag{6.2.33}$$

Mit Gln. (6.2.33) und (6.2.32) erhält man aus Gl. (6.2.31)

$$\boldsymbol{z}_\nu = c_1\lambda_1^\nu\boldsymbol{x}_1' + c_2\lambda_2^\nu\boldsymbol{x}_2' + \cdots + c_n\lambda_n^\nu\boldsymbol{x}_n' \tag{6.2.34}$$

Es möge nun

$$|\lambda_1| < |\lambda_2| \leqq \cdots \leqq |\lambda_{n-1}| < |\lambda_n|$$

sein. Mit zunehmender Iterationsstufe ν wird der Summand mit dem dominanten Eigenwert λ_n in Gl. (6.2.34) entscheidend für den Wert der ganzen Summe, so daß schließlich gilt:

$$\boldsymbol{z}_\nu \approx c_n\lambda_n^\nu\boldsymbol{x}_n' \approx \lambda_n\boldsymbol{z}_{\nu-1} \tag{6.2.35}$$

Von einem bestimmten Wert ν an ist das Verhältnis der Elemente zweier aufeinander folgender iterierter Vektoren näherungsweise gleich dem dominanten Eigenwert.

Der iterierte Vektor $\boldsymbol{z}_\nu$ selbst konvergiert dabei gegen den dominanten Eigenvektor $\boldsymbol{x}_n'$. Voraussetzung für die Konvergenz des Verfahrens ist, daß der Anfangsvektor $\boldsymbol{z}_0$ nicht zufällig zu $\boldsymbol{x}_n'$ orthogonal ist, was gleichbedeutend mit $c_n = 0$ wäre.
Da die Vektorkomponenten schnell sehr große oder sehr kleine Werte annehmen können, ist es für die Durchführung des Verfahrens zweckmäßig, die iterierten Vektoren nach jedem Iterationsschritt in geeigneter Weise zu normieren. Entsprechend Gl. (6.2.35) gilt für jede nicht verschwindende Komponente der iterierten Vektoren:

$$\lambda_n \approx z_\nu^{(j)}/z_{\nu-1}^{(j)} \tag{6.2.36}$$

wobei die Komponente $z_\nu^{(j)}$ nicht normiert wird.
Falls die iterierten Vektoren noch Anteile an den nichtdominanten Eigenvektoren enthalten, wird das Verhältnis (6.2.36) für jedes j etwas unterschiedliche Werte liefern.
Bei symmetrischer Matrix $\boldsymbol{C}'$ ergibt der Rayleighsche Quotient

$$\tilde{\lambda}_n = R(\boldsymbol{z}_\nu) = \frac{\boldsymbol{z}_\nu^{\mathrm{T}}\boldsymbol{C}'\boldsymbol{z}_\nu}{\boldsymbol{z}_\nu^{\mathrm{T}}\boldsymbol{z}_\nu} = \frac{\boldsymbol{z}_\nu^{\mathrm{T}}\boldsymbol{z}_{\nu+1}}{\boldsymbol{z}_\nu^{\mathrm{T}}\boldsymbol{z}_\nu} \tag{6.2.37}$$

einen wesentlich genaueren Näherungswert für λ_n mit der Eigenschaft $\tilde{\lambda}_n \leqq \lambda_n$. In Gl. (6.2.37) ist $\boldsymbol{z}_\nu$ normiert, während $\boldsymbol{z}_{\nu+1}$ der nichtnormierte iterierte Vektor ist.
Für im allgemeinen diagonalähnliche Matrix $\boldsymbol{C}'$ ergibt der folgende abgewandelte Rayleigh-Quotient ähnlich gute Ergebnisse wie Gl. (6.2.37)

$$\tilde{\lambda}_n = R(\boldsymbol{y}_\mu, \boldsymbol{z}_\nu) = \frac{\boldsymbol{y}_\mu^{\mathrm{T}}\boldsymbol{C}'\boldsymbol{z}_\nu}{\boldsymbol{y}_\mu^{\mathrm{T}}\boldsymbol{z}_\nu} = \frac{\boldsymbol{y}_\mu^{\mathrm{T}}\boldsymbol{z}_{\nu+1}}{\boldsymbol{y}_\mu^{\mathrm{T}}\boldsymbol{z}_\nu} \tag{6.2.38}$$

Die Vektoren $\boldsymbol{y}_\mu$ sind aus der sogenannten Linksiteration

$$\boldsymbol{y}_\mu = \boldsymbol{C}^{\mathrm{T}}\boldsymbol{y}_{\mu-1}, \qquad \mu = 1, 2, \ldots \tag{6.2.39}$$

mit beliebigen Anfangsvektoren $\boldsymbol{y}_0$ zu bestimmen. Im Normalfall wird man $\mu = \nu$ wählen. Will man den Eigenwert λ_n bei nichtsymmetrischer Matrix $\boldsymbol{C}'$ aus dem Rayleighschen Quotienten (6.2.38) bestimmen, so ist ein doppelter Aufwand gegenüber der Iteration bei symmetrischer Matrix erforderlich. Außerdem bleibt die Richtung der Annäherung unbestimmt.
Das beschriebene Verfahren kann in der Schwingungslehre unmittelbar zur Berechnung der kleinsten Eigenkreisfrequenz verwendet werden, wenn die Bewegungsgleichungen mit Hilfe der Kraftgrößenmethode (siehe 6.1.2.) aufgestellt werden. Diese Methode führt entsprechend Gl. (6.1.18) auf Bewegungsgleichungen der Form

$$\boldsymbol{H}\boldsymbol{A}\ddot{\boldsymbol{q}} + \boldsymbol{q} = \boldsymbol{0} \tag{6.2.40}$$

wobei $\boldsymbol{H}$ und $\boldsymbol{A}$ symmetrisch und positiv definit sind. Die Matrix $\boldsymbol{C}' = \boldsymbol{H}\boldsymbol{A}$ erfüllt deshalb die oben gemachten Voraussetzungen. Mit $\boldsymbol{q} = \boldsymbol{x}\,\mathrm{e}^{\mathrm{j}\omega t}$ geht Gl. (6.2.40) in das spezielle Eigenwertproblem

$$(\omega^2\boldsymbol{H}\boldsymbol{A} - \boldsymbol{E})\,\boldsymbol{x} = \boldsymbol{0} \tag{6.2.41}$$

über. Setzt man noch $\mu = 1/\lambda = 1/\omega^2$, so erhält man die der Gl. (6.2.15) entsprechende Eigenwertaufgabe

$$(\boldsymbol{H}\boldsymbol{A} - \mu\boldsymbol{E})\,\boldsymbol{x} = \boldsymbol{0} \tag{6.2.42}$$

Die Vektoriteration

$$\boldsymbol{z}_\nu = \boldsymbol{H}\boldsymbol{A}\boldsymbol{z}_{\nu-1}$$

liefert den dominanten Eigenwert μ_1, da von einem bestimmten ν an die Beziehung

$$\boldsymbol{z}_\nu \approx \mu_1 \boldsymbol{z}_{\nu-1} \tag{6.2.43}$$

gilt. Mit weniger Iterationsschritten bei gleicher Genauigkeit des Eigenwertes kommt man aus, wenn man diesen aus Gl. (6.2.38) bestimmt. Dazu ist dann allerdings noch die Linksiteration entsprechend Gl. (6.2.39) durchzuführen.
Wegen $\lambda_1 = 1/\mu_1$ erhält man aus Gl. (6.2.43) bzw. aus Gl. (6.2.38) und Gl. (6.2.39) mit μ_1 zugleich den eigentlich interessierenden kleinsten Eigenwert λ_1.
Liegt das Eigenwertproblem in der Form (6.2.15) vor, so ist, falls man sich für den kleinsten Eigenwert interessiert, eine sogenannte *inverse* oder *reziproke Vektoriteration* notwendig. Aus

$$(\boldsymbol{C}' - \lambda \boldsymbol{E})\, \boldsymbol{x}' = \boldsymbol{0}$$

ergibt sich nach Multiplikation mit $-\lambda^{-1}\boldsymbol{C}'^{-1}$

$$\left(\boldsymbol{C}'^{-1} - \frac{1}{\lambda}\, \boldsymbol{E}\right) \boldsymbol{x} = \boldsymbol{0}$$

bzw.

$$(\boldsymbol{C}'^{-1} - \mu \boldsymbol{E})\, \boldsymbol{x} = \boldsymbol{0} \tag{6.2.44}$$

wobei wieder $\mu = 1/\lambda$ gesetzt wurde.
Gl. (6.2.31) führt auf die Iterationsvorschrift

$$\boldsymbol{z}_\nu = \boldsymbol{C}'^{-1}\boldsymbol{z}_{\nu-1}$$

oder — um die Inversion der Matrix $\boldsymbol{C}'$ zu vermeiden — auf

$$\boldsymbol{C}'\boldsymbol{z}_\nu = \boldsymbol{z}_{\nu-1} \tag{6.2.45}$$

Der Rayleigh-Quotient (6.2.37) bzw. (6.2.38) liefert dann den dominanten Eigenwert $\mu_1 = 1/\lambda_1$ und damit auch den gesuchten kleinsten Eigenwert λ_1 des ursprünglichen Problems.
Die Eigenvektoren $\boldsymbol{x}_k$ des Eigenwertproblems (6.2.15) bleiben beim Übergang zum inversen Eigenwertproblem (6.2.44) unverändert. Bei symmetrischer Matrix $\boldsymbol{C}'$ stellt der mit Hilfe des Rayleighschen Quotienten ermittelte Näherungswert $\tilde{\lambda}_1$ immer eine obere Schranke dar:

$$\tilde{\lambda}_1 \geqq \lambda_1$$

Es werde nun noch das allgemeine Eigenwertproblem (6.2.3) mit symmetrischen Matrizen $\boldsymbol{A}$ und $\boldsymbol{C}$ betrachtet, wobei $\boldsymbol{A}$ außerdem positiv definit sein soll. Da in der Schwingungslehre besonders der kleinste Eigenwert interessiert, soll hier nur die inverse Vektoriteration behandelt werden. Das allgemeine Eigenwertproblem

$$(\boldsymbol{C} - \lambda \boldsymbol{A})\, \boldsymbol{x} = \boldsymbol{0}$$

führt durch Linksmultiplikation mit $\boldsymbol{A}^{-1}$ auf das bereits behandelte spezielle Eigenwertproblem

$$(\boldsymbol{A}^{-1}\boldsymbol{C} - \lambda \boldsymbol{E})\, \boldsymbol{x} = \boldsymbol{0} \tag{6.2.46}$$

Den kleinsten Eigenwert $\lambda_1 = 1/\mu_1$ liefert demnach die inverse Vektoriteration

$$\boldsymbol{z}_\nu = (\boldsymbol{A}^{-1}\boldsymbol{C})^{-1}\,\boldsymbol{z}_{\nu-1}$$

bzw.

$$\boldsymbol{C}\boldsymbol{z}_\nu = \boldsymbol{A}\boldsymbol{z}_{\nu-1} \tag{6.2.47}$$

Einen verbesserten Eigenwert erhält man aus dem verallgemeinerten Rayleighschen Quotienten

$$\tilde{\mu}_1 = R(\boldsymbol{z}_\nu) = \frac{\boldsymbol{z}_\nu^{\mathrm{T}}\boldsymbol{C}\boldsymbol{z}_\nu}{\boldsymbol{z}_\nu^{\mathrm{T}}\boldsymbol{A}\boldsymbol{z}_\nu} = \frac{\boldsymbol{z}_\nu^{\mathrm{T}}\boldsymbol{A}\boldsymbol{z}_{\nu-1}}{\boldsymbol{z}_\nu^{\mathrm{T}}\boldsymbol{A}\boldsymbol{z}_\nu} \tag{6.2.48}$$

Hierin bezieht sich der Index $\nu - 1$ auf normierte, der Index ν auf nichtnormierte Vektoren.
Bei nichtsymmetrischen (diagonalähnlichen) Matrizen ist unter Verwendung der linksiterierten Vektoren $\boldsymbol{y}_\mu$ der Quotient

$$\tilde{\mu}_1 = R(\boldsymbol{y}_\mu, \boldsymbol{z}_\nu) = \frac{\boldsymbol{y}_\mu\boldsymbol{C}\boldsymbol{z}_\nu}{\boldsymbol{y}_\mu^{\mathrm{T}}\boldsymbol{z}_\nu} = \frac{\boldsymbol{y}_\mu\boldsymbol{A}\boldsymbol{z}_{\nu-1}}{\boldsymbol{y}_\mu\boldsymbol{A}\boldsymbol{z}_\nu} \tag{6.2.49}$$

zu verwenden.
Abschließend sei erwähnt, daß mit Hilfe der Vektoriteration auch mehrere Eigenwerte und die zugehörigen Eigenvektoren nacheinander oder auch gleichzeitig *(Simultaniteration)* ermittelt werden können.
Hier soll darauf nicht näher eingegangen werden.

Beispiel 6.6:

Für den Schwinger des Beispiels 6.5 (siehe Bild 6.2.2) sind für $m_1 = m_2 = m_3 = m$; $c_1 = c_2 = c_4 = c$; $c_3 = 2c$ zu bestimmen:

1. Die Eigenkreisfrequenzen und Eigenvektoren auf direktem Wege (die Schwingungsformen sind grafisch darzustellen).
2. Die größte und die kleinste Eigenkreisfrequenz und die zugehörigen Eigenvektoren mit Hilfe der Vektoriteration.

Lösung:

Es werde von der im Beispiel 6.5 abgeleiteten speziellen Eigenwertaufgabe

$$(\boldsymbol{C}' - \omega^2\boldsymbol{E})\,\boldsymbol{x}' = \boldsymbol{0} \tag{1}$$

mit

$$\boldsymbol{C}' = \frac{c}{m}\cdot\begin{bmatrix} 2 & -1 & 0 \\ -1 & 3 & -2 \\ 0 & -2 & 3 \end{bmatrix}$$

ausgegangen.

1. Mit $\bar{\lambda} = \lambda/\lambda_0 = \omega^2/\omega_0^2$; $\lambda_0 = \omega_0^2 = c/m$ ergibt sich aus Gl. (1)

$$\begin{bmatrix} 2-\bar{\lambda} & -1 & 0 \\ -1 & 3-\bar{\lambda} & -2 \\ 0 & -2 & 3-\bar{\lambda} \end{bmatrix}\cdot\begin{bmatrix} x_1' \\ x_2' \\ x_3' \end{bmatrix} = \begin{bmatrix} 0 \\ 0 \\ 0 \end{bmatrix} \tag{2}$$

und daraus die charakteristische Gleichung

$$\bar{\lambda}^3 - 8\bar{\lambda}^2 + 16\bar{\lambda} - 7 = 0$$

mit den Wurzeln

$$\bar{\lambda}_1 = 0{,}6086$$
$$\bar{\lambda}_2 = 2{,}2271$$
$$\bar{\lambda}_3 = 5{,}1642$$

Die Eigenfrequenzen haben somit die Werte

$$\omega_1 = 0{,}7801\sqrt{c/m}$$
$$\omega_2 = 1{,}4924\sqrt{c/m}$$
$$\omega_3 = 2{,}2725\sqrt{c/m}$$

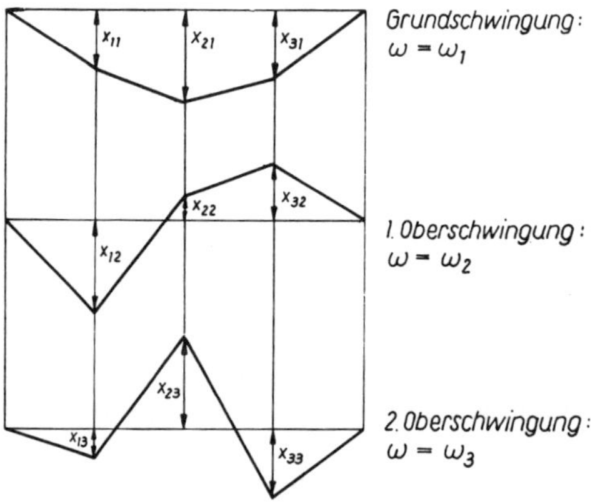

Bild 6.2.3. Schwingungsformen zu Beispiel 6.6

Die Eigenvektoren, die hier so normiert werden, daß die betragsgrößten Komponenten gleich eins sind, erhält man aus Gl. ② zu

$$\boldsymbol{x}_1' = \begin{bmatrix} 0{,}71871 \\ 1 \\ 0{,}83634 \end{bmatrix}; \quad \boldsymbol{x}_2' = \begin{bmatrix} 1 \\ -0{,}22713 \\ -0{,}58776 \end{bmatrix}; \quad \boldsymbol{x}_3' = \begin{bmatrix} -0{,}31603 \\ 1 \\ -0{,}92411 \end{bmatrix}$$

In Bild 6.2.3 sind die zu den Schwingungsformen gehörigen Ausschläge senkrecht zur Schwingungsrichtung dargestellt.

2. Den größten Eigenwert erhält man entsprechend Gl. (6.2.31) aus der Iterationsvorschrift

$$\boldsymbol{z}_\nu = \boldsymbol{C}'\boldsymbol{z}_{\nu-1}$$

Tabelle 6.2.1 enthält die Vektoren $\boldsymbol{z}_\nu$ für die einzelnen Iterationsstufen, und zwar im oberen Teil, die auf $\max |z_\nu^{(j)}| = 1$ normierten darunter die nicht normierten

Tabelle 6.2.1.
Iterierte Vektoren zur Bestimmung des größten Eigenwertes entsprechend Beispiel 6.6

ν	0	1	2	3	4	5	6	7	8
	−1	−0,5	−0,3871	−0,34591	−0,32885	−0,32156	−0,31841	−0,31705	−0,316474
	1	1	1	1	1	1	1	1	1
	−1	−0,83333	−0,87097	−0,89937	−0,91320	−0,91937	−0,92206	−0,92323	−0,92373
$z\nu$									
	−1	−3	−2	−1,7742	−1,69182	−1,65770	−1,64311	−1,63683	−1,63412
	1	6	5,16667	5,12903	5,14465	5,15526	5,16030	5,16254	5,16351
	−1	−5	−4,5	−4,61290	−4,69811	−4,73961	−4,75812	−4,76619	−4,76968

Vektoren. Als Anfangsvektor wurde

$$z_0 = [-1, 1, -1]^T$$

gewählt.
Die Eigenwerte ergeben sich nach Gl. (6.2.37).
Es möge $\bar{\lambda}_3^{(\nu)} = (z_\nu^T z_{\nu+1})/(z_\nu^T z_\nu)$ der Näherungswert sein, der zur $(\nu + 1)$-ten Iterationsstufe gehört. Dann ergeben sich der Reihe nach folgende Eigenwerte

$$\bar{\lambda}_3^{(0)} = 4,6667 \qquad \bar{\lambda}_3^{(3)} = 5,1621$$

$$\bar{\lambda}_3^{(1)} = 5,1 \qquad \bar{\lambda}_3^{(4)} = 5,1638$$

$$\bar{\lambda}_3^{(2)} = 5,1527 \qquad \bar{\lambda}_3^{(5)} = 5,1642$$

Die letzte Näherung stimmt bereits in allen angegebenen Stellen mit der exakten Lösung überein.
Die Genauigkeit bei den Eigenvektoren ist nicht so gut. Nach entsprechender Rundung gibt es nach 8 Iterationen nur eine Übereinstimmung in 3 Dezimalen. Zur Bestimmung des kleinsten Eigenwertes geht man von Gl. (6.2.45) aus:

$$C' z_\nu = z_{\nu-1}$$

Die iterierten Vektoren sind in Tabelle 6.2.2 angegeben. Der Anfangsvektor wurde zu

$$z_0 = [1, 1, 1]^T$$

Tabelle 6.2.2.
Iterierte Vektoren zur Bestimmung des kleinsten Eigenwertes entsprechend Beispiel 6.6

ν	0	1	2	3	4	5
	1	0,76923	0,72897	0,72130	0,71939	0,71889
	1	1	1	1	1	1
	1	0,84616	0,8355	0,83576	0,83614	0,83628
$z\nu$						
	1	1,42857	1,21978	1,18798	1,18257	1,18132
	1	1,85714	1,67033	1,64699	1,64385	1,64325
	1	1,57143	1,39561	1,37649	1,37449	1,37421

gewählt. Den Eigenwert $\bar{\lambda}_1$ findet man wegen $\bar{\lambda}_1 = 1/\bar{\mu}_1$ aus

$$\bar{\lambda}_1^{(\nu)} = (z_\nu^{\mathrm{T}} z_\nu)/(z_\nu^{\mathrm{T}} z_{\nu+1})$$

Man erhält für die einzelnen Iterationsstufen:

$$\bar{\lambda}_1^{(0)} = 0{,}6176 \qquad \bar{\lambda}_1^{(2)} = 0{,}6086$$

$$\bar{\lambda}_2^{(1)} = 0{,}6090$$

Hier wird eine Genauigkeit auf 4 Dezimalstellen bereits nach der 3. Iteration erreicht. Auch die Genauigkeit des zugehörigen Eigenvektors ist größer als im oben betrachteten Fall.

6.2.1.4. Abschätzung von Eigenfrequenzen

In der Schwingungslehre ist es oft von Interesse, die größte oder kleinste Eigenfrequenz möglichst einfach und schnell abzuschätzen, weil die Lage der Eigenfrequenzen bei Vorhandensein periodischer Erregerkräfte wesentlichen Einfluß auf das dynamische Verhalten des Schwingungssystems hat. Dazu bietet sich die Norm der Matrix an, zu der die Eigenwerte gehören: Für das spezielle Eigenwertproblem (6.2.15) ist das die Norm der Matrix $\boldsymbol{C}'$. Allgemein gilt nun:

$$|\lambda| \leqq \|\boldsymbol{C}'\| \tag{6.2.50}$$

d. h., der Betrag jedes Eigenwertes ist kleiner oder gleich einer beliebigen Norm der Matrix $\boldsymbol{C}'$. Die wichtigsten Matrixnormen sind:

$$\left.\begin{array}{l}
\text{1. Gesamtnorm:} \quad M(\boldsymbol{C}') = n \cdot \max\limits_{i,k} |c'_{ik}| \\
\quad \text{wobei } n \text{ die Ordnung der Matrix } \boldsymbol{C}' \text{ ist} \\
\text{2. Zeilennorm:} \quad Z(\boldsymbol{C}') = \max\limits_{i} \sum\limits_{k} |c'_{ik}| \\
\text{3. Spaltennorm:} \quad S(\boldsymbol{C}') = \max\limits_{k} \sum\limits_{i} |c'_{ik}| \\
\text{4. Euklidische Norm:} \quad N(\boldsymbol{C}') = \sqrt{\mathrm{Sp}\,(\boldsymbol{C}'^{\mathrm{T}} \cdot \boldsymbol{C}')} = \sqrt{\sum\limits_{i,k} c'^2_{ik}}
\end{array}\right\} \tag{6.2.51}$$

Die kleinste dieser Normen liefert den besten Wert für eine obere Schranke des größten Eigenwertes. Für den größten Eigenwert des Beispiels 6.6 findet man z. B. als obere Schranken

$$M(\boldsymbol{C}') = 9, \quad Z(\boldsymbol{C}') = 6, \quad S(\boldsymbol{C}') = 6, \quad N(\boldsymbol{C}') = 5{,}6568$$

Wegen $\bar{\lambda}_3 = 5{,}1642$ ist $\mathrm{N}(\boldsymbol{C}')$ hier bereits als gute Näherung zu betrachten.
Den kleinsten Eigenwert kann man abschätzen, wenn man die Norm der inversen Matrix $\boldsymbol{C}'^{-1}$ betrachtet.
Wegen

$$|\mu| = 1/|\lambda| \leqq \|\boldsymbol{C}'^{-1}\|$$

folgt

$$|\lambda| \geqq \frac{1}{\|\boldsymbol{C}'^{-1}\|}$$

Für das Beispiel 6.6 liefern die einzelnen Normen:

$$1/M(\boldsymbol{C}'^{-1}) = 0{,}3888; \quad 1/Z(\boldsymbol{C}'^{-1}) = 1/S(\boldsymbol{C}'^{-1}) = 0{,}5385$$

$$1/N(\boldsymbol{C}'^{-1}) = 0{,}5833$$

Die Euklidische Norm ergibt auch hier die gute Abschätzung $\bar{\lambda}_1 \geqq 0{,}5833$. Der genaue Wert war zu $\bar{\lambda}_1 = 0{,}6086$ ermittelt worden.
Es sei hervorgehoben, daß sich bei Anwendung des Kraftgrößenverfahrens zur Aufstellung der Bewegungsgleichungen das entstehende Eigenwertproblem (6.2.42) so ergibt, daß die dargestellten Abschätzungen ohne Matrizeninversion die kleinste Eigenkreisfrequenz annähern:

$$\lambda = \omega_1^2 \geqq \frac{1}{\|\boldsymbol{H} \cdot \boldsymbol{A}\|} \tag{6.2.52}$$

Zurmühl zeigt, daß durch eine sogenannte Spektralverschiebung eine weitere Verbesserung der Abschätzung des größten bzw. kleinsten Eigenwertes erreicht werden kann. Dazu ist die Euklidische Norm der Matrix $\boldsymbol{C}'' = \boldsymbol{C}' - s\boldsymbol{E}$ mit $s = \frac{1}{n} \times \operatorname{Sp}(\boldsymbol{C}') = \frac{1}{n} \sum_i c'_{ii}$ zu bilden, und es gilt dann:

$$|\lambda_{C''}| \leqq \sqrt{\frac{n-1}{n}}\, N(\boldsymbol{C}'') \tag{6.2.53}$$

Gl. (6.2.53) liefert die obere Schranke für den größten Eigenwert der Matrix $\boldsymbol{C}''$ d. h. $\lambda_{C''}$. Der zur Matrix $\boldsymbol{C}'$ gehörige Eigenwert ergibt sich nun aus der Beziehung

$$|\lambda_{C'}| = s + |\lambda_{C''}| \leqq s + \sqrt{\frac{n-1}{n}} \cdot \sqrt{\operatorname{Sp}\left[(\boldsymbol{C}' - s\boldsymbol{E})^{\mathrm{T}} \cdot (\boldsymbol{C}' - s\boldsymbol{E})\right]} \tag{6.2.54}$$

Es möge auch Gl. (6.2.53) auf die Abschätzung der Eigenwerte im Beispiel 6.6 angewandt werden. Dann ergibt sich:

$$N(\boldsymbol{C}'') = 3{,}2659 \qquad s = 8/3 = 2{,}6667$$

$$\lambda_{C''} = 2{,}6667$$

$$\lambda_{C'} = \bar{\lambda}_3 \leqq 2{,}6667 + 2{,}6667 = 5{,}3334$$

Wendet man das Verfahren auf die reziproke Matrix, $\boldsymbol{C}'^{-1}$, an, so folgt:

$$\bar{\mu}_1 \geqq 1{,}6553$$

$$\bar{\lambda}_1 = 1/\bar{\mu}_1 \geqq 0{,}6041$$

Abschließend sei eine weitere, allerdings meist recht grobe Abschätzung des größten bzw. kleinsten Eigenwertes genannt. Man erhält die entsprechenden Beziehungen aus der Betrachtung der Spur der Matrix $\boldsymbol{C}'$:

$$\operatorname{Sp}(\boldsymbol{C}') = \sum_i c'_{ii} = \lambda_1 + \lambda_2 + \cdots + \lambda_n \tag{6.2.55}$$

Dominiert λ_n als größter Eigenwert deutlich, so folgt die Abschätzung

$$\lambda_n < \mathrm{Sp}\,(\boldsymbol{C}') \tag{6.2.56}$$

Für den kleinsten Eigenwert findet man aus

$$\mathrm{Sp}\,(\boldsymbol{C}'^{-1}) = \mu_1 + \mu_2 + \cdots + \mu_n$$

die Abschätzung

$$\lambda_1 = 1/\mu_1 > 1/\mathrm{Sp}\,(\boldsymbol{C}'^{-1}) \tag{6.2.57}$$

falls hierbei μ_1 der dominante Eigenwert ist. Bei Anwendung des Kraftgrößenverfahrens findet man den kleinsten Eigenwert wieder ohne Matrizeninversion

$$\lambda_1 = \omega_1{}^2 > 1/\mathrm{Sp}(\boldsymbol{H} \cdot \boldsymbol{A}) \tag{6.2.58}$$

Die durch die Gln. (6.2.57) bzw. (6.2.58) gegebenen Abschätzungen bezeichnet man auch als *Verfahren von Dunkerley*. Für die Eigenwerte des Beispiels 6.6 liefert dieses Verfahren die recht groben Abschätzungen

$$\bar{\lambda}_3 < 8, \quad \bar{\lambda}_1 > 0{,}437$$

6.2.1.5. Freie Schwingungen von Systemen mit Dämpfungs-, Anfachungs- und gyroskopischen Gliedern

Im folgenden soll die Lösung der Dgl. (6.1.10) für den Fall freier Schwingungen ($f = 0$) betrachtet werden:

$$\boldsymbol{A}\ddot{\boldsymbol{q}} + \boldsymbol{B}\dot{\boldsymbol{q}} + \boldsymbol{C}\boldsymbol{q} = \boldsymbol{0} \tag{6.2.59}$$

Dabei können allgemein die Elemente der Matrix $\boldsymbol{B}$ aus einer Dämpfung, aus einer (linearisierten) Anfachung oder aus der Berücksichtigung gyroskopischer Glieder herrühren. Während die Matrizen $\boldsymbol{A}$ und $\boldsymbol{C}$ immer symmetrisch oder symmetrisierbar sind, kann die Matrix $\boldsymbol{B}$ entweder symmetrisch (Dämpfungs-, Anfachungsglieder) oder antimetrisch (gyroskopische Glieder) oder unsymmetrisch sein. Für die folgenden Betrachtungen werde nur vorausgesetzt, daß alle drei Matrizen reell sind. Zur Lösung der Dgl. (6.2.59) macht man den Lösungsansatz

$$\boldsymbol{q} = \boldsymbol{x}\,\mathrm{e}^{\lambda t} \tag{6.2.60}$$

In Gl. (6.2.59) eingesetzt, ergibt sich das Eigenwertproblem

$$(\boldsymbol{A}\lambda^2 + \boldsymbol{B}\lambda + \boldsymbol{C})\,\boldsymbol{x} = \boldsymbol{0} \tag{6.2.61}$$

Nichttriviale Lösungen für den Eigenvektor $\boldsymbol{x}$ existieren genau dann, wenn

$$\det\,(\boldsymbol{A}\lambda^2 + \boldsymbol{B}\lambda + \boldsymbol{C}) = 0 \tag{6.2.62}$$

ist. Gl. (6.2.62) stellt die charakteristische Gleichung des Eigenwertproblems (6.2.61) dar. Der Grad der charakteristischen Gleichung in λ ist $p \leqq 2n$, wenn n die Anzahl der Freiheitsgrade des Schwingungssystems darstellt. Bei nichtsingulärer Matrix $\boldsymbol{A}$ ist $p = 2n$. Es seien λ_j die Wurzeln der charakteristischen Gl., s_j ihre Vielfachheit.

Es gibt immer genau p Wurzeln, die entweder reell oder konjugiert komplex sein können, $\sum_i s_j = p$. Ist der Rangabfall σ_j der zum Eigenwert λ_j gehörigen charakteristischen Matrix

$$(\boldsymbol{A}\lambda_j^2 + \boldsymbol{B}\lambda_j + \boldsymbol{C})$$

gleich der Vielfachheit s_j des Eigenwertes, so findet man aus Gl. (6.2.61) auch $s_j = \sigma_j$ Eigenvektoren $\boldsymbol{x}_j$, die ebenfalls reell oder konjugiert komplex sind. Gilt die Beziehung $s_j = \sigma_j$ für jeden Eigenwert, so lassen sich aus dem Eigenwertproblem (6.2.61) genau p Eigenvektoren bestimmen.
Im allgemeinen kann $\sigma_j < s_j$ sein. In einem solchen Falle liefert Gl. (6.2.61) zum Eigenwert λ_j nur σ_j Eigenvektoren.
Ist für alle Eigenwerte die Bedingung $s_j = \sigma_j$ erfüllt, so läßt sich die vollständige Lösung der Dgl. (6.2.59) in der Form

$$\boldsymbol{q} = \sum_{j=1}^{p} C_j \boldsymbol{x}_j \, \mathrm{e}^{\lambda_j t} \tag{6.2.63}$$

angeben, wobei die C_j willkürliche Konstanten sind, die aus den Anfangsbedingungen bestimmt werden können (siehe Abschnitt 6.2.2.). Wenn für einen Eigenwert λ_j die Bedingung $\sigma_j < s_j$ gilt, so muß zur Bestimmung der s_j partikulären Lösungen der Dgl. (6.2.59) ein Lösungsansatz der Form

$$\boldsymbol{q}_j = \mathrm{e}^{\lambda_j t} \sum_{k=0}^{s_j - \sigma_j} \boldsymbol{x}_j^{(k)} t^k \tag{6.2.64}$$

gemacht werden. Geht man mit diesem Ansatz in die Dgl. (6.2.59), so lassen sich s_j Eigenvektoren $\boldsymbol{x}_j^{(k)}$ bestimmen. Bestimmt man für alle Wurzeln λ_j die partikuläre Lösung nach Gl. (6.2.64), so läßt sich die vollständige Lösung mit den willkürlichen Konstanten $C_j^{(k)}$ folgendermaßen schreiben:

$$\boldsymbol{q}(t) = \sum_{j=1}^{p} \boldsymbol{q}_j = \sum_{j=1}^{p} \sum_{k=0}^{s_j - \sigma_j} C_j^{(k)} \boldsymbol{x}_j^{(k)} t^k \, \mathrm{e}^{\lambda_j t} \tag{6.2.65}$$

Von besonderem Interesse ist das Zeitverhalten der Lösungen der Dgl. (6.2.59) für $t \to \infty$. Zur Untersuchung dieses sogenannten *Stabilitätsverhaltens* gibt es eine Reihe von Methoden, auf die hier nicht eingegangen werden soll. Qualitative Aussagen lassen sich aus dem Charakter der Eigenwerte machen. Diese seien als komplex vorausgesetzt:

$$\lambda_k = \alpha_k + \mathrm{j}\beta_k$$

Man kann nun folgende Fälle unterscheiden:

1. Der Realteil von λ_k ist negativ, d. h. $\operatorname{Re}(\lambda_k) = \alpha_k < 0$. Dann wird die zu λ_k gehörige Teillösung unabhängig von der Vielfachheit der Wurzel mit wachsendem t gegen Null konvergieren, d. h., diese Lösung ist asymptotisch stabil.
2. Der Realteil von λ_k ist positiv, d. h. $\operatorname{Re}(\lambda_k) = \alpha_k > 0$. In diesem Falle wächst die e-Funktion, ebenfalls unabhängig von der Vielfachheit der Wurzel mit t über alle Grenzen, d. h. die entsprechende Teillösung ist instabil.

3. Der Realteil von λ_k ist Null, d. h. Re $(\lambda_k) = \alpha_k = 0$. Die Wurzeln sind nun rein imaginär und wegen

$$e^{j\beta_k t} = \cos \beta_k t + j \sin \beta_k t$$

bleibt die Lösung für wachsendes t stets beschränkt, sofern die Wurzel λ_k einfach bzw. die Vielfachheit der Wurzel gleich dem Rangabfall der charakteristischen Matrix ist. Ist dagegen $\sigma_k < s_k$, so wächst die Teillösung nach Gl. (6.2.64) mit t an, und sie ist nicht stabil.

Das Eigenwertproblem Gl. (6.2.61) läßt sich ohne Einsatz von Rechenautomaten auf direktem Wege höchstens für $n = 2$ mit erträglichem Aufwand lösen. Es ist deshalb naheliegend, nach Möglichkeiten zu suchen, das Eigenwertproblem (6.2.61) auf das einfacher zu lösende Eigenwertproblem (6.2.3) zurückzuführen. Eine Möglichkeit soll hier dargestellt werden:
Fügt man zur Gl. (6.2.61) noch die Identität

$$-\boldsymbol{A}\lambda\boldsymbol{x} + \boldsymbol{A}\lambda\boldsymbol{x} = \boldsymbol{0}$$

hinzu, so entsteht ein Gleichungssystem, das sich unter Verwendung von Übermatrizen auch in der Form

$$\left\{\begin{bmatrix} -\boldsymbol{A} & \boldsymbol{0} \\ \boldsymbol{0} & \boldsymbol{C} \end{bmatrix} + \lambda \begin{bmatrix} \boldsymbol{0} & \boldsymbol{A} \\ \boldsymbol{A} & \boldsymbol{B} \end{bmatrix}\right\} \cdot \begin{bmatrix} \lambda\boldsymbol{x} \\ \boldsymbol{x} \end{bmatrix} = \begin{bmatrix} \boldsymbol{0} \\ \boldsymbol{0} \end{bmatrix} \tag{6.2.66}$$

schreiben läßt. Gl. (6.2.66) stimmt formal mit Gl. (6.2.3) überein. Die Symmetrieeigenschaften der Matrizen $\boldsymbol{A}$, $\boldsymbol{B}$ und $\boldsymbol{C}$ gehen bei dieser Darstellung nicht verloren, so daß auch die Matrizen in Gl. (6.2.66) symmetrisch werden, falls es $\boldsymbol{A}$, $\boldsymbol{B}$ und $\boldsymbol{C}$ sind.

Beispiel 6.7:

Für die rotierende, biegeelastische Achse des Beispiels 6.3 sind die Eigenfrequenzen in Abhängigkeit von der Winkelgeschwindigkeit Ω zu bestimmen. Eine grafische Darstellung ist für die bezogenen Größen ω/ω^* und Ω/ω^* mit $\omega^* = \sqrt{EI/ml^3}$ vorzunehmen. Außerdem werde $R/l = 0{,}5$ angenommen.

Lösung:

Aus physikalischen Gründen werden alle Eigenwerte, wie bei den Eigenwertproblemen mit $\boldsymbol{B} = 0$, rein imaginär. Zur Lösung eignet sich deshalb der Ansatz

$$\boldsymbol{q} = \boldsymbol{x}\, e^{j\omega t}$$

Noch günstiger ist im vorliegenden Fall der Ansatz

$$\begin{bmatrix} q_1 \\ q_2 \\ q_3 \\ q_4 \end{bmatrix} = \begin{bmatrix} \sin \omega t & 0 & 0 & 0 \\ 0 & \sin \omega t & 0 & 0 \\ 0 & 0 & \cos \omega t & 0 \\ 0 & 0 & 0 & \cos \omega t \end{bmatrix} \cdot \begin{bmatrix} x_1 \\ x_2 \\ x_3 \\ x_4 \end{bmatrix}$$

Mit diesem Ansatz erhält man aus dem im Beispiel 6.3 (Abschnitt 6.1.2.) abgeleiteten Differentialgleichungssystem die Gleichungen

$$\begin{bmatrix} \dfrac{27EI}{8l^3} - m\omega^2 & \dfrac{9EI}{4l^2} & 0 & 0 \\ \dfrac{9EI}{4l^2} & \dfrac{9EI}{2l} - \dfrac{mR^2\omega^2}{4} & 0 & \dfrac{mR^2\Omega\omega}{2} \\ 0 & 0 & \dfrac{27EI}{8l^3} - m\omega^2 & -\dfrac{9EI}{4l^2} \\ 0 & \dfrac{mR^2\Omega\omega}{2} & -\dfrac{9EI}{4l^2} & \dfrac{9EI}{2l} - \dfrac{mR^2\omega^2}{4} \end{bmatrix} \cdot \begin{bmatrix} x_1 \\ x_2 \\ x_3 \\ x_4 \end{bmatrix} = \begin{bmatrix} 0 \\ 0 \\ 0 \\ 0 \end{bmatrix}$$

Subtrahiert man die dritte Gleichung von der ersten und addiert man die zweite und die vierte Gleichung, so ergibt sich

$$\begin{bmatrix} \dfrac{27EI}{8l^3} - m\omega^2 & \dfrac{9EI}{4l^2} \\ \dfrac{9EI}{4l^2} & \dfrac{9EI}{2l} - \dfrac{mR^2\omega^2}{4} + \dfrac{mR^2\Omega\omega}{2} \end{bmatrix} \cdot \begin{bmatrix} x_1 - x_3 \\ x_2 + x_4 \end{bmatrix} = \begin{bmatrix} 0 \\ 0 \end{bmatrix} \qquad (1)$$

Addiert man die erste und die dritte Gleichung und subtrahiert man die vierte Gleichung von der zweiten, so entsteht dasselbe Gleichungssystem für die Größen $x_1 + x_3$ und $x_2 - x_4$, wobei in der zweiten Gleichung das Glied $mR^2\Omega\omega/2$ ein negatives Vorzeichen hat. Ersetzt man in diesem zweiten Gleichungssystem x_1 durch $-x_1$, x_2 durch $-x_2$ und ω durch $-\omega$, so wird es mit dem ersten Gleichungssystem identisch, ohne daß sich an den Lösungsansätzen etwas ändert. Die Eigenfrequenzen, die sich aus dem Gleichungssystem ergeben, sind daher ebenfalls identisch. Die ursprünglich gekoppelten vier Gleichungen sind auf diese Weise auf zwei Systeme mit je zwei Gleichungen zurückgeführt. Zur Ermittlung der Eigenfrequenzen genügt es, im weiteren von Gl. (1) auszugehen. Setzt man die Koeffizientendeterminante des Gleichungssystems Null, weil sonst keine nichttrivialen Lösungen für den Vektor $(x_1 - x_3,\ x_2 + x_4)$ existieren, so erhält man nach einiger Rechnung eine Eigenwertgleichung vierten Grades:

$$\left(\frac{\omega}{\omega^*}\right)^4 - 2\,\frac{\Omega}{\omega^*}\left(\frac{\omega}{\omega^*}\right)^3 - \left(\frac{27}{8} + \frac{18}{R^2/l^2}\right)\left(\frac{\omega}{\omega^*}\right)^2 + \frac{27}{4}\,\frac{\Omega}{\omega^*}\,\frac{\omega}{\omega^*} + \frac{81}{2R^2/l^2} = 0$$

Mit $R/l = 0{,}5$ ergibt sich schließlich

$$\left(\frac{\omega}{\omega^*}\right)^4 - 2\,\frac{\Omega}{\omega^*}\left(\frac{\omega}{\omega^*}\right)^3 - 75{,}375\left(\frac{\omega}{\omega^*}\right)^2 + 6{,}75\,\frac{\Omega}{\omega^*}\,\frac{\omega}{\omega^*} + 162 = 0$$

In Bild 6.2.4 ist ω/ω^* in Abhängigkeit von der bezogenen Winkelgeschwindigkeit Ω/ω^* dargestellt. Man erkennt, daß zu jedem Wert von Ω vier Eigenfrequenzen ω_i gehören.

Den Bereich $\omega_i/\Omega > 0$ bezeichnet man als Gleichlaufbereich, weil dann die Winkelgeschwindigkeit Ω und die Winkelgeschwindigkeit, mit der die Biegelinie, d. h. die durchgebogene Achse, umlaufen, die gleiche Richtung haben. Entsprechend heißt der Bereich $\omega_i/\Omega < 0$ Gegenlaufbereich. Hier läuft die Biegelinie entgegengesetzt zur Winkelgeschwindigkeit Ω um. Für $\Omega/\omega = +1$ entsteht ein synchroner Gleichlauf. Der synchrone Gleichlauf ist im Hinblick auf Resonanzerscheinungen sehr gefährlich, weil hierbei keine innere Dämpfung (Werkstoffdämpfung) vorhanden ist. Beim Gegenlauf tritt eine ständige Wechselverformung der Achse auf, so daß der Einfluß der Werkstoffdämpfung auf die Resonanzamplituden wesentlich größer als bei Gleichlauf ist.

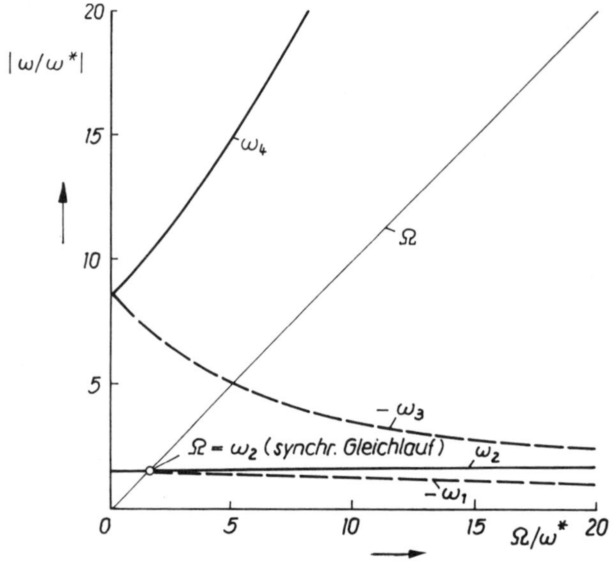

Bild 6.2.4. Eigenfrequenzen in Abhängigkeit von der Winkelgeschwindigkeit der Achse nach Beispiel 6.7

6.2.2. Anfangswertprobleme

Häufig ist der Zustand eines autonomen Schwingungssystems zu einer bestimmten Zeit $t = t_0$ (der Anfangszeit) bekannt, und es ist die Aufgabe gestellt, den Zustand des Systems zu einer Zeit $t > t_0$ zu bestimmen. Diese Aufgabe wird als Anfangswertproblem bezeichnet. Ein solches Anfangswertproblem ist auch dann zu lösen, wenn umgekehrt danach gefragt wird, welchen Anfangszustand zur Zeit t_0 ein System haben muß, um zur Zeit $t > t_0$ einen gewünschten Zustand aufzuweisen. Der Zustand eines Systems mit endlich vielen Freiheitsgraden gilt für einen Zeitpunkt t_0 als vollständig gegeben, wenn alle n verallgemeinerten Koordinaten q_i und die verallgemeinerten Geschwindigkeiten $\dot{q}_i$ zur Zeit t_0 bekannt sind. Man muß dabei jedoch immer berücksichtigen, daß Anfangswertprobleme praktisch nur für begrenzte Zeitdifferenzen $t - t_0$ lösbar sind, denn die Fehler, die durch Ungenauigkeiten sowohl des Anfangszustandes als auch der Systemparameter bedingt sind, steigen mit wachsendem t an. Dagegen kann man für die Bestimmung des Verhaltens schwach gedämpfter Schwingungssysteme sogar ohne großen Fehler die Dämpfung vernachlässigen, wenn die Zeitdifferenz auf Werte beschränkt bleibt, die klein sind, verglichen mit der kleinsten Periodendauer des Systems. Wegen der einfacheren mathematischen Gestalt des Anfangswertproblems soll deshalb auch zunächst der dämpfungsfreie Fall behandelt werden.

6.2.2.1. Entwicklung nach Eigenschwingungsformen

6.2.2.1.1. Ungedämpfte Systeme

Die Bewegungsgleichungen des Schwingungssystems seien in der Form der Gl. (6.2.1) gegeben

$$\boldsymbol{A}\ddot{\boldsymbol{q}} + \boldsymbol{C}\boldsymbol{q} = \boldsymbol{0} \tag{6.2.67}$$

Weiterhin ist der Anfangszustand gegeben durch die Anfangswerte

$$q_i(t_0) = q_{i0}, \quad \dot{q}_i(t_0) = \dot{q}_{i0} \tag{6.2.68}$$

Die Lösungen der Gl. (6.2.1) sind bereits in 6.2.1. untersucht worden. Eine den Anfangsbedingungen genügende Lösung ist i. allg. eine Linearkombination aller Lösungen nach Gl. (6.2.63) oder Gl. (6.2.65), d. h., für den Spaltenvektor der Lösungsfunktion gilt

$$\boldsymbol{q}(t) = \sum_{k=1}^{m} (a_k + b_k t)\, \boldsymbol{x}_k + \sum_{k=m+1}^{n} (a_k \cos \omega_k t + b_k \sin \omega_k t)\, \boldsymbol{x}_k \tag{6.2.69}$$

Es ist hierbei vorausgesetzt worden, daß die ersten m Eigenkreisfrequenzen Doppelwurzeln der charakteristischen Gleichung mit dem Wert Null sind und daß zu jeder Doppelwurzel genau ein Eigenvektor $\boldsymbol{x}_k$ gehört. Diese Voraussetzungen stellen für praktische Probleme keine Einschränkung dar. Zur Vereinfachung der Schreibweise sei $t_0 = 0$ gesetzt.
Man findet leicht aus Gl. (6.2.69)

$$\boldsymbol{q}_0 = \boldsymbol{q}(0) = \sum_{k=1}^{n} a_k \boldsymbol{x}_k; \quad \dot{\boldsymbol{q}}_0 = \dot{\boldsymbol{q}}(0) = \sum_{k=1}^{m} b_k \boldsymbol{x}_k + \sum_{k=m+1}^{n} b_k \omega_k \boldsymbol{x}_k \tag{6.2.70}$$

Zur Auflösung nach den noch unbekannten Koeffizienten a_k und b_k werden die Gleichungen (6.2.70) von links mit den Zeilenvektoren $\boldsymbol{y}_i^{\mathrm{T}}$ multipliziert, die mit den Eigenvektoren $\boldsymbol{x}_i$ durch die Beziehung

$$\boldsymbol{y}_i = \boldsymbol{A}\boldsymbol{x}_i \tag{6.2.71}$$

verbunden sind. Wegen der daraus folgenden Orthogonalitätsbeziehungen nach Gl. (6.2.25)

$$\boldsymbol{y}_i^{\mathrm{T}} \boldsymbol{x}_k = 0, \quad i \neq k \tag{6.2.72}$$

erhält man die gesuchten Koeffizienten zu

$$a_k = \frac{\boldsymbol{y}_k^{\mathrm{T}} \boldsymbol{q}_0}{\boldsymbol{y}_k^{\mathrm{T}} \boldsymbol{x}_k} \tag{6.2.73}$$

$$b_k = \frac{\boldsymbol{y}_k^{\mathrm{T}} \dot{\boldsymbol{q}}_0}{\boldsymbol{y}_k^{\mathrm{T}} \boldsymbol{x}_k} \quad \text{für} \quad \omega_k = 0; \quad b_k = \frac{\boldsymbol{y}_k^{\mathrm{T}} \dot{\boldsymbol{q}}_0}{\omega_k \boldsymbol{y}_k^{\mathrm{T}} \boldsymbol{x}_k} \quad \text{für} \quad \omega_k \neq 0$$

Damit ist das Anfangswertproblem für das ungedämpfte System gelöst. Es ist noch zu bemerken, daß die Vektoren $\boldsymbol{y}_k$ identisch mit den $\boldsymbol{x}_k$ werden, wenn $\boldsymbol{A}$ eine Einheitsmatrix darstellt.

Beispiel 6.8:

Zwei elastische Wellen mit der resultierenden Federsteifigkeit c mit je einer starren Scheibe werden durch eine als masselos angesehene Klauenkupplung zum Zeitpunkt $t_0 = 0$ starr gekuppelt (Bild 6.2.5). Für die Drehwinkel der Scheiben, q_1 und q_2, und die Winkelgeschwindigkeiten $\dot{q}_1$ und $\dot{q}_2$ gelten die Anfangsbedingungen

$$q_1(0) = q_2(0) = 0, \quad \dot{q}_1 = 0, \quad \dot{q}_2 = \Omega$$

Gesucht sind die Funktionen $q_1(t)$ und $q_2(t)$ für $t > 0$.

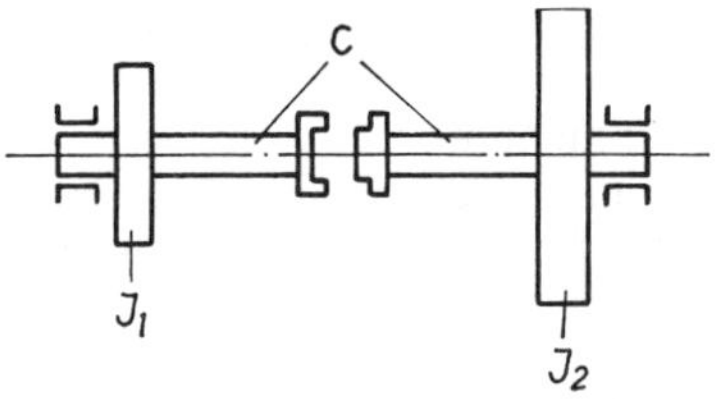

Bild 6.2.5. Schwingungssystem entsprechend Beispiel 6.8

Lösung:

Massen- und Steifigkeitsmatrix des Systems ergeben sich zu

$$\boldsymbol{A} = \begin{bmatrix} J_1 & 0 \\ 0 & J_2 \end{bmatrix}, \qquad \boldsymbol{C} = \begin{bmatrix} c & -c \\ -c & c \end{bmatrix}$$

Die Eigenkreisfrequenzen sind $\omega_1 = 0$ und $\omega_2 = \sqrt{c(J_1 + J_2)/J_1 J_2}$. Die Matrix der Eigenvektoren ist

$$\boldsymbol{X} = [\boldsymbol{x}_1, \boldsymbol{x}_2] = \begin{bmatrix} 1 & J_2 \\ 1 & -J_1 \end{bmatrix}$$

Das dazu orthogonale System der Vektoren $\boldsymbol{y}_k$ ist dann bestimmt durch

$$\boldsymbol{Y} = [\boldsymbol{y}_1, \boldsymbol{y}_2] = \boldsymbol{AX} = \begin{bmatrix} J_1 & J_1 J_2 \\ J_2 & -J_1 J_2 \end{bmatrix}$$

Aus den Anfangsbedingungen erhält man nun mit Hilfe von Gl. (6.2.73)

$$b_1 = \frac{J_2}{J_1 + J_2} \Omega; \quad b_2 = \frac{-1}{J_1 + J_2} \frac{\Omega}{\omega_2}$$

Damit ist das Bewegungsgesetz mit Gl. (6.2.69) gegeben:

$$\begin{bmatrix} q_1 \\ q_2 \end{bmatrix} = \begin{bmatrix} 1 \\ 1 \end{bmatrix} \frac{J_2}{J_1 + J_2} \Omega t - \begin{bmatrix} J_2 \\ -J_1 \end{bmatrix} \frac{1}{J_1 + J_2} \frac{\Omega}{\omega_2} \sin \omega_2 t; \quad \omega_2 = \sqrt{\frac{c(J_1 + J_2)}{J_1 J_2}}$$

6.2.2.1.2. Gedämpfte Systeme

Es werde geschwindigkeitsproportionale Dämpfung vorausgesetzt, und die Bewegungsgleichungen mögen nun die Form

$$\boldsymbol{A}\ddot{\boldsymbol{q}} + \boldsymbol{B}\dot{\boldsymbol{q}} + \boldsymbol{C}\boldsymbol{q} = \boldsymbol{0} \tag{6.2.74}$$

aufweisen. In vielen Fällen ist die Matrix $\boldsymbol{B}$ zumindest näherungsweise eine Linearkombination der Massenmatrix $\boldsymbol{A}$ und der Steifigkeitsmatrix $\boldsymbol{C}$:

$$\boldsymbol{B} = \alpha \boldsymbol{A} + \gamma \boldsymbol{C} \tag{6.2.75}$$

Das möge jetzt vorausgesetzt werden. Es sollen nun sogenannte Hauptkoordinaten $z_1, z_2, \ldots z_n$ eingeführt werden, deren Spaltenvektor mit dem Vektor der verallgemeinerten Koordinaten über die Modalmatrix in folgender Beziehung steht:

$$\boldsymbol{q} = \boldsymbol{X}\boldsymbol{z} \tag{6.2.76}$$

Setzt man diesen Ausdruck für $\boldsymbol{q}$ in Gl. (6.2.74) ein und multipliziert darüber hinaus alle Glieder der Gl. von links mit $\boldsymbol{X}^{\mathrm{T}}$, so erhält man auf Grund der Orthogonalitätsbeziehungen, Gl. (6.2.25), n entkoppelte Dgln.:

$$\ddot{z}_k + \alpha \dot{z}_k + \omega_{k0}^2(\gamma \dot{z}_k + z_k) = 0 \tag{6.2.77}$$

Das hier beschriebene Vorgehen heißt *Hauptkoordinatentransformation*. Die Werte ω_{k0} sind die Kennkreisfrequenzen. Sie sind in Gl. (6.2.77) anstelle der ω_k eingeführt worden. Jede Gl. kann nun für sich gelöst werden. Die Lösungen sind

$$\begin{aligned} z_k &= a_k + b_k\,\mathrm{e}^{-\alpha t} \quad \text{für} \quad \omega_{k0} = 0, \quad \alpha \neq 0 \\ z_k &= a_k + b_k t \qquad \text{für} \quad \omega_{k0} = 0, \quad \alpha = 0 \end{aligned} \tag{6.2.78}$$

$$z_k = \mathrm{e}^{-\delta_k t}(a_k \cos \omega_k t + b_k \sin \omega_k t) \tag{6.2.79}$$

mit

$$\delta_k = \frac{1}{2}\,(\alpha + \gamma \omega_{k0}^2), \quad \omega_k = \sqrt{\omega_{k0}^2 - \delta_k{}^2} \tag{6.2.80}$$

Damit ist die allgemeine Lösung gegeben durch

$$\begin{aligned} \boldsymbol{q}(t) &= \boldsymbol{X}\boldsymbol{z}(t) \\ &= \sum_{k=1}^{m} (a_k + b_k\,\mathrm{e}^{-\alpha t}) \cdot \boldsymbol{x}_k + \sum_{k=m+1}^{n} \mathrm{e}^{-\delta_k t}(a_k \cos \omega_k t + b \sin \omega_k t)\,\boldsymbol{x}_k \end{aligned} \tag{6.2.81}$$

$$(\omega_{10} = \cdots = \omega_{m0} = 0,\ \alpha_1 \neq 0, \ldots \alpha_m \neq 0,\ \omega_{m+1} \neq 0, \ldots \omega_n \neq 0)$$

bzw.

$$q(t) = \sum_{k=1}^{m} (a_k + b_k t) \cdot \boldsymbol{x}_k + \sum_{k=m+1}^{n} \mathrm{e}^{-\delta_k t}(a \cos \omega_k t + b \sin \omega_k t) \cdot \boldsymbol{x}_k$$

$$(\omega_{10} = \cdots = \omega_{m0} = 0,\ \alpha_1 = \cdots = \alpha_m = 0,\ \omega_{m+1} \neq 0, \ldots \omega_n \neq 0) \tag{6.2.82}$$

Mit den Anfangsbedingungen nach Gl. (6.2.73) erhält man die Bestimmungsgleichungen für die Parameter a und b bei $\omega_k = 0$, $\alpha_k \neq 0$:

$$a_k = \frac{\boldsymbol{y}_k{}^{\mathrm{T}}(\boldsymbol{q}_0 + \dot{\boldsymbol{q}}_0/\alpha)}{\boldsymbol{y}_k{}^{\mathrm{T}}\boldsymbol{x}_k}; \qquad b_k = \frac{\boldsymbol{y}_k{}^{\mathrm{T}}\dot{\boldsymbol{q}}_0/\alpha}{\boldsymbol{y}_k{}^{\mathrm{T}}\boldsymbol{x}_k} \tag{6.2.83}$$

bei $\omega_k = 0$, $\alpha_k = 0$

$$a_k = \frac{\boldsymbol{y}_k^{\mathrm{T}}\boldsymbol{q}_0}{\boldsymbol{y}_k^{\mathrm{T}}\boldsymbol{x}_k}; \quad b_k = \frac{\boldsymbol{y}_k^{\mathrm{T}}\dot{\boldsymbol{q}}_0}{\boldsymbol{y}_k^{\mathrm{T}}\boldsymbol{x}_k} \tag{6.2.84}$$

bei $\omega_k \neq 0$:

$$a_k = \frac{\boldsymbol{y}_k^{\mathrm{T}}\boldsymbol{q}_0}{\boldsymbol{y}_k^{\mathrm{T}}\boldsymbol{x}_k}; \quad b_k = \frac{\boldsymbol{y}_k^{\mathrm{T}}(\dot{\boldsymbol{q}}_0 + \delta_k\boldsymbol{q}_0)}{\omega_k\boldsymbol{y}_k^{\mathrm{T}}\boldsymbol{x}_k} \tag{6.2.85}$$

Für schwach gedämpfte Systeme ohne spezielle Dämpfungselemente ist man meistens nicht in der Lage, die Dämpfungsmatrix explizit anzugeben. Man kann dann ohne großen Fehler $\omega_k = \omega_{k0}$ setzen und schätzt δ_k auf Grund von Messungen oder Vergleichen mit ausgemessenen Schwingungssystemen ab. Für Werkstoffdämpfung ist gewöhnlich der Dämpfungswert umgekehrt proportional zur Frequenz, so daß man bei Vernachlässigung von α in den Gln. (6.2.75) und (6.2.80)

$$\delta_k \approx \frac{1}{2}\gamma\omega_k^2 = \text{konst} \cdot \omega_k \tag{6.2.86}$$

setzen kann. Das stimmt mit der Beobachtung überein, daß die Schwingungsformen mit den höheren Eigenfrequenzen schneller abklingen als die Grundschwingung. Für Schwingungssysteme mit speziellen Dämpfungselementen, deren Dämpfungswirkung durch eine Matrix $\boldsymbol{B}$ charakterisiert wird, die sich auch nicht annähernd durch eine Linearkombination von $\boldsymbol{A}$ und $\boldsymbol{C}$ darstellen läßt, versagt die oben angegebene Vorgehensweise. Man muß dann die Gl. (6.2.74) durch einen Ansatz nach Gl. (6.2.60) lösen (s. 6.2.1.5.). Bezüglich der Lösung des Anfangswertproblems muß auf weiterführende Literatur verwiesen werden.

6.2.2.2. Numerische Lösung

Zur Lösung des Anfangswertproblems durch Entwicklung der Lösungen nach Eigenvektoren, wie im vorigen Abschnitt beschrieben, wird man auf den Einsatz von Rechenautomaten zurückgreifen müssen, wenn das System mehr als 3 bis 5 Freiheitsgrade hat und keine besonderen Symmetriebeziehungen den Rechenaufwand erheblich senken. Ist in solchen Fällen das Verhalten des Systems nur für begrenzte Zeitabschnitte (als Maß dafür dient die Größe $\omega_{\max} \cdot (t - t_0)$) zu ermitteln, so kann die numerische Integration ohne vorherige Bestimmung aller Eigenvektoren zweckmäßiger sein. Dazu bietet sich wieder das Runge-Kutta-Nyström-Verfahren an, das bereits in 4.3.2. für Systeme mit endlich vielen Freiheitsgraden dargestellt wurde. Um die Gl. (6.2.67) für ungedämpfte bzw. (6.2.74) für gedämpfte Systeme nach dem Vektor $\boldsymbol{q}$ aufzulösen, ist es notwendig, die Matrix $\boldsymbol{A}$ zu invertieren. Bei sehr großen Systemen, wie sie durch Diskretisierung von Kontinua mit Hilfe der Methode der finiten Elemente entstehen, ist unter Umständen die Zahl der Freiheitsgrade wesentlich höher als die Zahl der Aufrufe der $\boldsymbol{q}$ bei der numerischen Integration. Dann vermeidet man zweckmäßig die Inversion der Matrix $\boldsymbol{A}$ und ersetzt sie durch ein effektives Verfahren zur Auflösung des Gleichungssystems

$$\boldsymbol{A}\ddot{\boldsymbol{q}} = -\boldsymbol{B}\dot{\boldsymbol{q}} - \boldsymbol{C}\boldsymbol{q}$$

(z. B. einmalige Cholesky-Zerlegung von $\boldsymbol{A}$ und jeweiliges Vorwärts- und Rückwärtseinsetzen).

6.3. Erzwungene Schwingungen

Die Untersuchung erzwungener Schwingungen in linearen Schwingungssystemen mit endlich vielen Freiheitsgraden stellt eine häufig vorkommende Aufgabe der Ingenieurtätigkeit dar. Die Ähnlichkeit des diese Schwingungen beschreibenden Differentialgleichungssystems in der Matrizenform

$$\boldsymbol{A}\ddot{\boldsymbol{q}} + \boldsymbol{B}\dot{\boldsymbol{q}} + \boldsymbol{C}\boldsymbol{q} = \boldsymbol{f}(t) \tag{6.3.1}$$

mit der Dgl. für lineare Schwingungen mit einem Freiheitsgrad, Gl. (3.1.4),

$$a\ddot{q} + b\dot{q} + cq = f(t)$$

ist nicht zufällig. So haben natürlich auch die Lösungsverfahren Gemeinsamkeiten, die eine kürzere Darstellung in diesem Abschnitt gestatten. Dennoch gibt es bei den Schwingungen mit mehreren Freiheitsgraden einige qualitative Besonderheiten, auf die noch einzugehen ist. Wegen ihrer großen praktischen Bedeutung spielen Schwingungen mit periodischer Erregung eine besondere Rolle. Sie werden in einem gesonderten Abschnitt behandelt.

6.3.1. Erzwungene Schwingungen mit periodischer Erregung

Unter Hinweis auf die Möglichkeit, jede periodische Störfunktion $\boldsymbol{f}(t)$ in Gl. (6.3.1) in eine Fourierreihe von harmonischen Funktionen zu entwickeln, genügt im folgenden eine Beschränkung auf harmonische Störfunktionen. Für nichtharmonische periodische Erregungsfunktionen werden die Reaktionen des Schwingungssystems auf jede Harmonische der Erregung gesondert ermittelt und dann addiert. Speziell sollen die Lösungen der Dgl.

$$\boldsymbol{A}\ddot{\boldsymbol{q}} + \boldsymbol{B}\dot{\boldsymbol{q}} + \boldsymbol{C}\boldsymbol{q} = \hat{\boldsymbol{f}} \sin \Omega t \tag{6.3.2}$$

untersucht werden. Hierin ist $\hat{\boldsymbol{f}}$ ein konstanter Spaltenvektor. Der Nullphasenwinkel der Erregung wurde hier zur Vereinfachung der Schreibweise zu Null gewählt. Wie bei den erzwungenen Schwingungen mit einem Freiheitsgrad sollen zunächst die harmonischen Lösungsfunktionen der Gl. (6.3.2) gesucht werden. Sie sind ein partikuläres Integral dieser Dgl. und stellen die „Dauerschwingungen" dar, die nach dem durch die Dämpfung verursachten Abklingen der Eigenschwingungen andauern, solange die Erregung wirkt.

6.3.1.1. Direkte Methode

Als direkte Methode soll der Weg bezeichnet werden, Gl. (6.3.2) durch einen Ansatz

$$\boldsymbol{q}(t) = \boldsymbol{u} \sin \Omega t + \boldsymbol{v} \cos \Omega t \tag{6.3.3}$$

zu lösen. Durch Koeffizientenvergleich erhält man ein Gleichungssystem für die Elemente der Spaltenvektoren $\boldsymbol{u}$ und $\boldsymbol{v}$. Dieses Gleichungssystem wird der besonderen Übersicht halber durch Matrizen dargestellt, deren Elemente wieder Matrizen sind (Übermatrizen).

$$\begin{bmatrix} \boldsymbol{C} - \Omega^2\boldsymbol{A} & -\Omega\boldsymbol{B} \\ \Omega\boldsymbol{B} & \boldsymbol{C} - \Omega^2\boldsymbol{A} \end{bmatrix} \cdot \begin{bmatrix} \boldsymbol{u} \\ \boldsymbol{v} \end{bmatrix} = \begin{bmatrix} \hat{\boldsymbol{f}} \\ 0 \end{bmatrix} \tag{6.3.4}$$

Die Koeffizientenmatrix dieses Gleichungssystems ist regulär, wenn die Matrizen $\boldsymbol{C} - \Omega^2\boldsymbol{A}$ oder/und $\boldsymbol{B}$ definit sind. In diesen Fällen können $\boldsymbol{u}$ und $\boldsymbol{v}$ eindeutig bestimmt werden, anderenfalls existiert mindestens eine ungedämpfte Eigenschwingungsform des Systems mit der Eigenkreisfrequenz Ω (Resonanz). Wird ein dazu gehöriger Eigenvektor mit $\boldsymbol{x}$ bezeichnet, so ist die Bedingung dafür, daß trotzdem periodische Lösungen existieren, die Orthogonalität von $\boldsymbol{x}$ und $\hat{\boldsymbol{f}}$:

$$\boldsymbol{x}^{\mathrm{T}} \cdot \hat{\boldsymbol{f}} = 0 \tag{6.3.5}$$

In solchen Fällen bleiben die Schwingungsausschläge trotz der Resonanz und der Unwirksamkeit der Dämpfung beschränkt. Diese Erscheinung wird als *Scheinresonanz* bezeichnet.

Eine weitere Erscheinung, die bei Systemen mit nur einem Freiheitsgrad nicht vorkommt, ist die *Schwingungstilgung*. Von Schwingungstilgung spricht man, wenn eine verallgemeinerte Koordinate bei einer bestimmten Erregerfrequenz identisch Null ist. Eine zusätzliche Feder-Masse-Kombination, an ein vorhandenes Schwingungssystem angebracht, bewirkt, daß eine vorbestimmte Koordinate keine Schwingungen mehr ausführt, heißt *Schwingungstilger*.

Es muß noch bemerkt werden, daß sich der Rechenaufwand wesentlich verringert, wenn die Dämpfung vernachlässigt werden darf. Anstelle von Gl. (6.3.4) ist dann

$$(\boldsymbol{C} - \Omega^2\boldsymbol{A})\,\boldsymbol{u} = \hat{\boldsymbol{f}}; \quad \boldsymbol{v} = \boldsymbol{0} \tag{6.3.6}$$

zu schreiben. Die Lösung läßt sich formal mit Hilfe der Cramerschen Formel beschreiben:

$$u_k = \Delta_k(\Omega)/\Delta;\ \Delta = |\boldsymbol{C} - \Omega^2\boldsymbol{A}| \tag{6.3.7}$$

Hierin ist Δ_k die Determinante der Matrix, die aus $\boldsymbol{C} - \Omega^2\boldsymbol{A}$ entsteht, wenn die $k$te Spalte durch $\hat{\boldsymbol{f}}$ ersetzt wird. Für das ungedämpfte System kann man an Gl. (6.3.7) folgende Sonderfälle ablesen:

1. $\Delta(\Omega) = 0$
   Der Schwinger befindet sich in Resonanz, vorausgesetzt, es trifft nicht Fall 2 zu.
2. $\Delta(\Omega) = 0$, für alle k ist $\Delta_k(\Omega) = 0$ und $\lim\limits_{\Omega' \to \Omega} \Delta_k(\Omega')/\Delta(\Omega') < \infty$:
   Trotz des verschwindenden Nenners bleiben alle Koordinaten endlich, das ist der Fall der Scheinresonanz.
3. $\Delta(\Omega) \neq 0$, für ein k ist $\Delta_k(\Omega) = 0$
   Für die $k$te Koordinate liegt Schwingungstilgung vor.

Beispiel 6.9:

Ein durch 2 Federn abgestützter starrer homogener Balken führt kleine Schwingungen um die statische Gleichgewichtslage aus. Gesucht sind die Amplituden der Koordinaten $q_1(t)$ und $q_2(t)$ in Abhängigkeit von Ω (Bild 6.3.1).

Lösung:

Weil eine Dämpfung nicht berücksichtigt wird, gilt Gl. (6.3.6). Die Beträge von u_1 und u_2 sind die gesuchten Amplituden. Positive Werte zeigen Phasengleichheit zwischen Schwingung und Erregung an, negative Werte bedeuten Gegenphasigkeit

(Phasenwinkel $= \pi$). Das Gleichungssystem (6.3.6) nimmt die Form

$$\begin{bmatrix} c - m\Omega^2/3 & -m\Omega^2/6 \\ -m\Omega^2/6 & c - m\Omega^2/3 \end{bmatrix} \begin{bmatrix} u_1 \\ u_2 \end{bmatrix} = \frac{1}{3} \hat{F} \begin{bmatrix} 2 \\ 1 \end{bmatrix}$$

an. Um eine kürzere Schreibweise zu ermöglichen, wird $\omega_0 = \sqrt{6c/m}$ eingeführt und ein Abstimmungsverhältnis $\eta = \Omega/\omega_0$ definiert. Nach Division durch c ist das Gleichungssystem wie folgt darzustellen:

$$\begin{bmatrix} 1 - 2\eta^2 & -\eta^2 \\ -\eta^2 & 1 - 2\eta^2 \end{bmatrix} \begin{bmatrix} u_1 \\ u_2 \end{bmatrix} = \frac{\hat{F}}{3c} \begin{bmatrix} 2 \\ 1 \end{bmatrix}$$

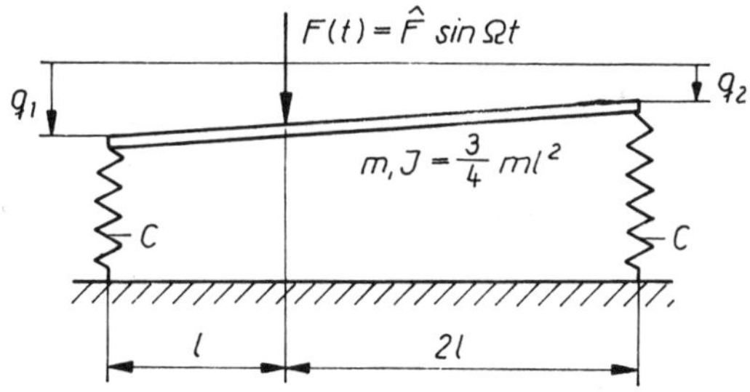

Bild 6.3.1. Schwingungssystem entsprechend Beispiel **6.9**

Die Auflösung ergibt

$$u_1 = \frac{2 - 3\eta^2}{1 - 4\eta^2 + 3\eta^4} \cdot \frac{\hat{F}}{3c}; \qquad u_2 = \frac{1}{1 - 4\eta^2 + 3\eta^4} \cdot \frac{\hat{F}}{3c}$$

Der Verlauf von u_1 und u_2 ist im Bild 6.3.2 dargestellt. An den Stellen der Eigenfrequenzen $\Omega = \omega_1 = \sqrt{2c/m}$ und $\Omega = \omega_2 = \sqrt{6c/m}$ $\left(\eta_1 = \sqrt{3}/3,\ \eta_2 = 1\right)$ haben die Kurven $u_1(\eta)$ und $u_2(\eta)$ Pole, die mit einem Vorzeichenwechsel verbunden sind. Bei $\eta = \sqrt{2/3}$ tritt für q_1 Schwingungstilgung auf.

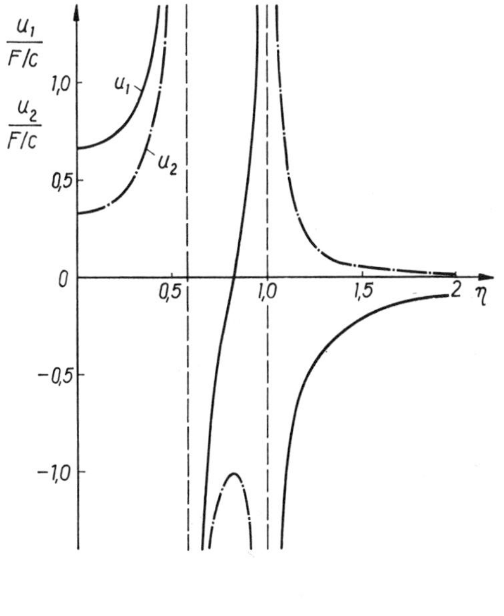

Bild 6.3.2. Vergrößerungsfunktionen $u_1(\eta)$ und $u_2(\eta)$ nach Beispiel **6.9**

Beispiel 6.10:

Für eine ungedämpfte Schwingungskette mit 3 Freiheitsgraden (Bild 6.3.3) sind die Ausschläge u_1, u_2, u_3 in Abhängigkeit von der Erregerfrequenz zu ermitteln. Für welche Kreisfrequenzen Ω liegt Scheinresonanz vor?

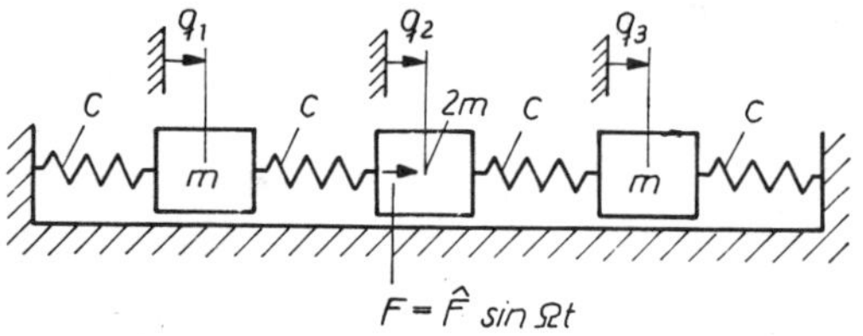

Bild 6.3.3. Schwingungskette mit drei Freiheitsgraden entsprechend Beispiel 6.10

Lösung:

Mit $\omega_0 = \sqrt{c/m}$, $\eta = \Omega/\omega_0$ nimmt das Gleichungssystem (6.3.6) die Form

$$\begin{bmatrix} 2-\eta^2 & -1 & 0 \\ -1 & 2-2\eta^2 & -1 \\ 0 & -1 & 2-\eta^2 \end{bmatrix} \cdot \begin{bmatrix} u_1 \\ u_2 \\ u_3 \end{bmatrix} = \frac{\hat{F}}{c} \cdot \begin{bmatrix} 0 \\ 1 \\ 0 \end{bmatrix}$$

an. Setzt man die Determinante der Koeffizientenmatrix Null, so erhält man die algebraische Gl.

$$\Delta = 2[(1-\eta^2)(2-\eta^2) - 1](2-\eta^2) = 0$$

mit den Wurzeln

$$\eta_1 = \sqrt{(3-\sqrt{5})/2}; \quad \eta_2 = \sqrt{2}; \quad \eta_3 = \sqrt{(3+\sqrt{5})/2}$$

Das entspricht den Eigenkreisfrequenzen

$$\omega_1 = 0{,}6180\omega_0; \quad \omega_2 = 1{,}4142\omega_0; \quad \omega_3 = 1{,}6180\omega_0$$

Die Auflösung des Gleichungssystems für $\boldsymbol{u}$ liefert

$$u_1 = u_3 = \frac{1}{\Delta}(2-\eta^2)\frac{\hat{F}}{c} = \frac{1}{2(1-3\eta^2+\eta^4)}\frac{\hat{F}}{c}$$

$$u_2 = \frac{1}{\Delta}(2-\eta^2)^2\frac{\hat{F}}{c} = \frac{2-\eta^2}{2(1-3\eta^2+\eta^4)}\frac{\hat{F}}{c}$$

Der Elementarteiler $(2-\eta^2)$ kürzt sich also aus dem Nenner heraus. Damit tritt auch bei $\eta = \sqrt{2}$, d. h. bei $\Omega = \omega_2$, keine Resonanz auf (Scheinresonanz).

Beispiel 6.11:

Für einen einfachen Einmassenschwinger mit Krafterregung (Bild 6.3.4a) soll durch eine zusätzliche Feder und Masse eine Tilgung für die Erregerfrequenz Ω erreicht werden. Gesucht sind Federsteifigkeit c_2 und Masse m_2 des Tilgers (Bild 6.3.4b) sowie der Ausschlag der Tilgermasse.

Lösung:

Das Gleichungssystem (6.3.6) lautet

$$\begin{bmatrix} c_1 + c_2 - m_1\Omega^2 & -c_2 \\ -c_2 & c_2 - m_2\Omega^2 \end{bmatrix} \cdot \begin{bmatrix} u_1 \\ u_2 \end{bmatrix} = \begin{bmatrix} \hat{F} \\ 0 \end{bmatrix}$$

Die Auflösung ergibt

$$u_1 = \hat{F} \cdot (c_2 - m_2\Omega^2)/\Delta; \quad u_2 = \hat{F}c_2/\Delta$$

$$\Delta = (c_1 + c_2 - m_1\Omega^2) \cdot (c_2 - m_2\Omega^2) - c_2^2$$

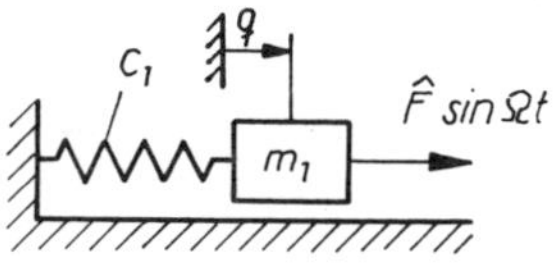

a)

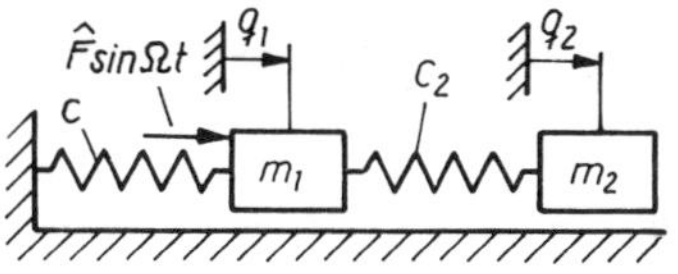

b)

Bild 6.3.4. Einmassensystem mit Krafterregung entsprechend Beispiel 6.11:
a) ohne Tilger, b) mit Tilger

Aus der Bedingung $u_1 = 0$ folgt für den Tilger die Relation $c_2/m_2 = \Omega^2$. Der Ausschlag der Masse m_2 ist $u_2 = -\hat{F}/c_2$.
Federkraft und Erregerkraft halten sich das Gleichgewicht $c_2q_2 = -\hat{F} \sin \Omega t$. Die Festigkeit der Tilgerfeder, ihr Ausschlag und/oder die Tilgermasse sind Restriktionen, die die Anwendung von Tilgern erschweren. Außerdem ist zu beachten, daß zusätzlich Resonanzen auftreten können.

6.3.1.2. Entwicklung nach Eigenschwingungsformen

Die im vorigen Abschnitt beschriebene „direkte Methode" ist nicht die einzige Möglichkeit, die Dauerschwingungen harmonisch erregter linearer Schwingungssysteme zu bestimmen. Für ungedämpfte Schwingungen, deren Dgln. sich aus Gl. (6.3.2) für $\boldsymbol{B} = \boldsymbol{0}$ ergeben,

$$\boldsymbol{A}\ddot{\boldsymbol{q}} + \boldsymbol{C}\boldsymbol{q} = \hat{\boldsymbol{f}} \sin \Omega t \tag{6.3.8}$$

ist stets eine Transformation auf Hauptkoordinaten möglich (vgl. 6.2.2.1.2.). Man setzt wieder nach Gl. (6.2.76)

$$\boldsymbol{q}(t) = \boldsymbol{X}\boldsymbol{z}(t) = \sum_{k=1}^{n} \boldsymbol{x}_k z_k(t) \tag{6.3.9}$$

Dabei wird vorausgesetzt, daß die Eigenvektoren $\boldsymbol{x}_k$, die die Modalmatrix $\boldsymbol{X} = (\boldsymbol{x}_1, \boldsymbol{x}_2, \dots \boldsymbol{x}_n)$ bilden, so normiert sind, daß

$$\boldsymbol{X}^{\mathrm{T}}\boldsymbol{A}\boldsymbol{X} = \boldsymbol{E} \tag{6.3.10}$$

ist (vgl. 6.2.1.2.). Setzt man Gl. (6.3.9) in Gl. (6.3.8) ein und multipliziert von links mit $\boldsymbol{X}^{\mathrm{T}}$, erhält man im Ergebnis n ungekoppelte Dgln.:

$$\ddot{z}_k + \omega_k^2 z_k = \boldsymbol{x}_k^{\mathrm{T}} \cdot \hat{\boldsymbol{f}} \sin \Omega t \tag{6.3.11}$$

Hierin ist ω_k die zur $k$ten Eigenschwingungsform gehörige Eigenkreisfrequenz, $\boldsymbol{x}_k$ der dazugehörige Eigenvektor. Die partikulären Lösungen von Gl. (6.3.11) sind

$$z_k(t) = \frac{1}{\omega_k^2 - \Omega^2} \boldsymbol{x}_k^{\mathrm{T}} \hat{\boldsymbol{f}} \sin \Omega t \tag{6.3.12}$$

Mit Gl. (6.3.9) folgt

$$\boldsymbol{q}(t) = \sum_{k=1}^{n} \frac{1}{\omega_k^2 - \Omega^2} \boldsymbol{x}_k \cdot \boldsymbol{x}_k^{\mathrm{T}} \cdot \hat{\boldsymbol{f}} \sin \Omega t \tag{6.3.13}$$

Dieses Ergebnis, das, wie bemerkt, für den ungedämpften Fall gilt, kann auch in Matrizenform geschrieben werden:

$$\boldsymbol{q}(t) = \boldsymbol{X} \cdot \mathbf{diag}\,(\omega_k^2 - \Omega^2)^{-1} \cdot \boldsymbol{X}^{\mathrm{T}} \cdot \hat{\boldsymbol{f}} \sin \Omega t \tag{6.3.14}$$

Auf Vereinfachungen, die sich in den Resonanzbereichen ($\Omega \approx \omega_k$) ergeben, wird weiter unten im Zusammenhang mit gedämpften Schwingungen eingegangen.

Beispiel 6.12:

Für den elastisch gestützten starren Balken nach Beispiel 6.9 (Bild 6.3.1) sind die Lösungsfunktionen der Dauerschwingungen $q_1(t)$ und $q_2(t)$ nach Gl. (6.3.14) zu bestimmen.

Lösung:

Die Eigenkreisfrequenzen des Balkens sind

$$\omega_1 = \sqrt{2c/m}, \quad \omega_2 = \sqrt{6c/m}$$

Die zugehörigen Eigenvektoren sind durch

$$\boldsymbol{x}_1^{\mathrm{T}} = [1,\ 1], \quad \boldsymbol{x}_2^{\mathrm{T}} = [1,\ -1]$$

gekennzeichnet. Die nach Gl. (6.3.10) normierte Modalmatrix $\boldsymbol{X}$ ist damit

$$\boldsymbol{X} = \frac{1}{\sqrt{m}} \begin{bmatrix} 1 & \sqrt{3} \\ 1 & -\sqrt{3} \end{bmatrix}$$

Der Vektor $\hat{\boldsymbol{f}}$ ist durch $\hat{\boldsymbol{f}}^{\mathrm{T}} = [2\hat{F}/3c,\ \hat{F}/3c]$ gegeben. Die notwendigen Matrizenoperationen sind im folgenden Schema zusammengestellt ($\Omega/\omega_2 = \eta$)

$$\begin{bmatrix} 2\hat{F}/3 \\ \hat{F}/3 \end{bmatrix} = \hat{\boldsymbol{f}}$$

$$\begin{bmatrix} \sqrt{1/m} & \sqrt{1/m} \\ \sqrt{3/m} & -\sqrt{3/m} \end{bmatrix} \begin{bmatrix} \hat{F}/\sqrt{m} \\ \hat{F}/\sqrt{3m} \end{bmatrix} = \boldsymbol{X}^{\mathrm{T}}\hat{\boldsymbol{f}}$$

$$\begin{bmatrix} m/2c(1-3\eta^2) & 0 \\ 0 & m/6c(1-\eta^2) \end{bmatrix} \begin{bmatrix} \hat{F}\sqrt{m}/2c(1-3\eta^2) \\ \hat{F}\sqrt{m}/6\sqrt{3}\,c(1-\eta)^2 \end{bmatrix} = \mathbf{diag}\,(\omega_k{}^2 - \Omega^2)^{-1}\boldsymbol{X}^{\mathrm{T}}\hat{\boldsymbol{f}}$$

$$\begin{bmatrix} \sqrt{1/m} & \sqrt{3/m} \\ \sqrt{1/m} & -\sqrt{3/m} \end{bmatrix} \begin{bmatrix} \hat{F}(2-3\eta^2)/3c(1-4\eta^2+\eta^4) \\ \hat{F}/3c(1-4\eta^2+\eta^4) \end{bmatrix} = \hat{\boldsymbol{q}} = \boldsymbol{u}$$

Wie an diesem einfachen Beispiel ersichtlich, bringt die Hauptachsentransformation beim ungedämpften Schwinger keine Vorteile gegenüber der direkten Methode. Das ändert sich jedoch grundlegend, wenn die Dämpfung berücksichtigt werden muß. Wie bereits in 6.2.2.1.2. soll auch hier vorausgesetzt werden, daß die Dämpfung zumindest näherungsweise durch die Dämpfung der Hauptkoordinaten ausgedrückt werden kann. Das bedeutet, daß

$$\boldsymbol{X}^{\mathrm{T}}\boldsymbol{B}\boldsymbol{X} = 2\,\mathbf{diag}\,(\delta_k) \tag{6.3.15}$$

ist, wenn die Eigenvektoren in der Modalmatrix so normiert sind, daß Gl. (6.3.10) gilt. Die Anwendung der Hauptkoordinatentransformation auf Gl. (6.3.2) liefert unter diesen Voraussetzungen n unabhängige Gln. für die Hauptkoordinaten:

$$\ddot{z}_k + 2\delta_k\dot{z}_k + \omega_{k0}^2 z_k = \boldsymbol{x}_k{}^{\mathrm{T}}\,\hat{\boldsymbol{f}}\,\sin\Omega t \tag{6.3.16}$$

Die Lösungen unterscheiden sich prinzipiell nicht von denen des Schwingungssystems mit einem Freiheitsgrad (vgl. 3.4.1.2.). Es empfiehlt sich jedoch, die Lösungen für die Hauptkoordinaten getrennt nach Sinus- und Kosinusanteilen aufzuschreiben. Man erhält so

$$z_k(t) = \frac{\boldsymbol{x}_k{}^{\mathrm{T}}\hat{\boldsymbol{f}}}{(\omega_{k0}^2 - \Omega^2)^2 + 4\delta_k{}^2\Omega^2}\,[(\omega_{k0}^2 - \Omega^2)\sin\Omega t - 2\delta_k\Omega\cos\Omega t)] \tag{6.3.17}$$

Zur Vereinfachung der Schreibweise sollen nun 2 Diagonalmatrizen eingeführt werden:

$$\begin{aligned} \boldsymbol{D}_1 &= \mathbf{diag}\,\frac{\omega_{k0}^2 - \Omega^2}{(\omega_{k0}^2 - \Omega^2)^2 + 4\delta_k{}^2\Omega^2} \\ \boldsymbol{D}_2 &= \mathbf{diag}\,\frac{2\delta_k\Omega}{(\omega_{k0}^2 - \Omega^2)^2 + 4\delta_k{}^2\Omega^2} \end{aligned} \tag{6.3.18}$$

Gl. (6.3.17) nimmt damit die Form

$$\boldsymbol{z} = \boldsymbol{D}_1\boldsymbol{X}^{\mathrm{T}}\hat{\boldsymbol{f}}\,\sin\Omega t - \boldsymbol{D}_2\boldsymbol{X}^{\mathrm{T}}\hat{\boldsymbol{f}}\,\cos\Omega t$$

an. Der Spaltenvektor der verallgemeinerten Koordinaten läßt jetzt die Darstellung

$$\boldsymbol{q}(t) = \boldsymbol{X}\boldsymbol{z} = \boldsymbol{X}\boldsymbol{D}_1\boldsymbol{X}^{\mathrm{T}}\hat{\boldsymbol{f}}\,\sin\Omega t - \boldsymbol{X}\boldsymbol{D}_2\boldsymbol{X}^{\mathrm{T}}\hat{\boldsymbol{f}}\,\cos\Omega t \tag{6.3.19}$$

zu.

Für eine große Zahl von Anwendungen läßt sich Gl. (6.3.19) vereinfachen. Bei schwach gedämpften Schwingungssystemen kommt es zu einer bedeutenden Erhöhung der Schwingungsausschläge, wenn die Erregerkreisfrequenz Ω in der Nähe einer der Kennkreisfrequenzen ω_{k0} liegt. Es sei dies die Kennkreisfrequenz ω_{j0}. Hat diese genügenden Abstand von den benachbarten Kreisfrequenzen $\omega_{j-1,0}$ und $\omega_{j+1,0}$, so können in den Diagonalmatrizen $\boldsymbol{D}_1$ und $\boldsymbol{D}_2$ nach Gl. (6.3.18) alle Elemente außer dem $j$ten vernachlässigt werden. Gl. (6.3.19) läßt sich dann wie folgt darstellen:

$$\boldsymbol{q}(t) = \frac{\boldsymbol{x}_j \boldsymbol{x}_j^{\mathrm{T}} \hat{\boldsymbol{f}}}{(\omega_{j0}^2 - \Omega^2)^2 + 4\delta_j^2 \Omega^2} [(\omega_{j0}^2 - \Omega^2) \sin \Omega t - 2\delta_j \Omega \cos \Omega t]$$

bzw.

$$\boldsymbol{q}(t) = \boldsymbol{x}_j \boldsymbol{x}_j^{\mathrm{T}} \hat{\boldsymbol{f}} \omega_{j0}^{-2} V(\omega_{j0}, \delta_j, \Omega) \cdot \sin(\Omega t - \psi) \tag{6.3.20}$$

Die Vergrößerungsfunktion

$$V(\omega_{j0}, \delta_j, \Omega) = [(1 - \Omega^2/\omega_{j0}{}^2)^2 + 4\delta_j{}^2/\omega_{j0}^2 \cdot \Omega^2/{}_{j0}^2\omega]^{-1/2} \tag{6.3.21}$$

entspricht der Vergrößerungsfunktion $V_1(\eta, \vartheta)$ des Schwingers mit einem Freiheitsgrad. Das gleiche gilt für den Nacheilwinkel

$$\psi = \arctan \frac{2\delta_j \Omega}{\omega_{j0}^2 - \Omega^2}, \quad 0 \leqq \psi \leqq \pi \tag{6.3.22}$$

Wie Gl. (6.3.20) zeigt, verhalten sich die Amplituden der erzwungenen Schwingungen im Resonanzbereich wie die Amplituden der entsprechenden Eigenschwingungen. Diese Eigenschaften harmonisch erregter schwach gedämpfter Schwingungssysteme mit mehreren Freiheitsgraden erlauben die Auswertung von Ortskurven wie bei den Schwingern mit einem Freiheitsgrad (s. a. 3.4.1.3.). Natürlich gilt Gleichung (6.3.20) auch für den Sonderfall der ungedämpften Schwingung.

Beispiel 6.13:

Der schwingende Balken nach Bild 6.3.1 wird durch 2 gleiche geschwindigkeitsproportionale Dämpfer mit dem Dämpfungswert b ergänzt, die parallel zu den beiden Federn wirken. Die Amplituden der Koordinate q_1 sind näherungsweise nach Gl. (6.3.20) zu bestimmen.

Zahlenwerte: $m = 1$ kg, $c = 10^4$ N/m, $b = 10$ Ns/m, $\hat{F} = 1$ N

Lösung:

Die Eigenvektoren $\boldsymbol{x}_j$ des ungedämpften Systems und $\hat{\boldsymbol{f}}$ sind bereits im Beispiel 6.9 angegeben worden. Damit ergibt sich

$$\boldsymbol{x}_1 \boldsymbol{x}_1^{\mathrm{T}} \hat{\boldsymbol{f}} = \frac{\hat{F}}{m} \begin{bmatrix} 1 \\ 1 \end{bmatrix} = \begin{bmatrix} 1 \\ 1 \end{bmatrix} \mathrm{m/s^2}, \quad \boldsymbol{x}_2 \boldsymbol{x}_2^{\mathrm{T}} \hat{\boldsymbol{f}} = \frac{\hat{F}}{m} \begin{bmatrix} 1 \\ -1 \end{bmatrix} = \begin{bmatrix} 1 \\ -1 \end{bmatrix} \mathrm{m/s^2}$$

Die Dämpfungsmatrix ist proportional zur Steifigkeitsmatrix

$$\boldsymbol{B} = \begin{bmatrix} b & 0 \\ 0 & b \end{bmatrix}$$

Damit ist nach Gl. (6.3.15)

$$\boldsymbol{X}^{\mathrm{T}}\boldsymbol{B}\boldsymbol{X} = 2b/m \cdot \begin{bmatrix} 1 & 0 \\ 0 & 3 \end{bmatrix} = 2 \begin{bmatrix} \delta_1 & 0 \\ 0 & \delta_2 \end{bmatrix}$$

auch eine Diagonalmatrix, und man erhält

$$\delta_1 = b/m = 10\ \mathrm{s}^{-1}, \quad \delta_2 = 3b/m = 30\ \mathrm{s}^{-1}$$

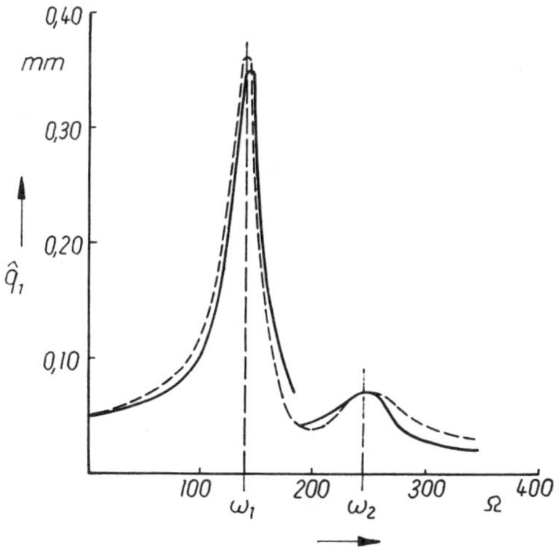

Bild 6.3.5. Amplitude $\hat{q}_1$ in Abhängigkeit von Ω nach Beispiel 6.13:
—— vereinfachte Rechnung,
------ exakte Lösung

Jetzt können die Amplituden von $q_1(t)$, genähert mit Gl. (6.3.20), bestimmt werden Sie betragen

$$\hat{q}_1 = \frac{\hat{F}/m}{\sqrt{(\omega_{10}^2 - \Omega^2)^2 + 4\delta_1{}^2\Omega^2}} \quad \text{für } \Omega \approx \omega_{10}$$

und

$$\hat{q}_2 = \frac{\hat{F}/m}{\sqrt{(\omega_{20}^2 - \Omega^2)^2 + 4\delta_2\Omega^2}} \quad \text{für } \Omega \approx \omega_{20}$$

Bild 6.3.5 zeigt mit den gegebenen Zahlenwerten die so ermittelten Amplitudenverläufe im Vergleich mit der exakten Lösung nach Gl. (6.3.19). Man sieht, daß in den beiden Resonanzbereichen gute Übereinstimmung besteht.

6.3.1.3. Gesamtlösung

In 6.3.1.1. und 6.3.1.2. wurden nur die stationären Schwingungen harmonisch erregter Schwingungssysteme behandelt. Setzt sich die Erregung aus mehreren oder unendlich vielen harmonischen Anteilen zusammen, so müssen, wie bereits erwähnt, die entsprechenden harmonischen Lösungen des Differentialgleichungssystems (6.3.2) addiert werden. Dabei sind selbstverständlich die Phasenbeziehungen der harmonischen Erregerfunktionen (in Gl. (6.3.2) wurde der Nullphasenwinkel der Erregung willkürlich zu Null gesetzt) zu beachten. Das Ergebnis sind periodische Funktionen für jede verallgemeinerte Koordinate q_k. Vom mathematischen Standpunkt aus stellt es ein partikuläres Integral der Dgln. (6.3.1):

$$\boldsymbol{A}\ddot{\boldsymbol{q}} + \boldsymbol{B}\dot{\boldsymbol{q}} + \boldsymbol{C}\dot{\boldsymbol{q}} = \boldsymbol{f}(t)$$

dar. Dieses partikuläre Integral sei durch den periodisch veränderlichen Vektor der verallgemeinerten Koordinaten $\boldsymbol{q}_{\mathrm{S}}(t)$ ausgedrückt. Wie bereits am Beispiel des Schwingers mit einem Freiheitsgrad erläutert (s. 3.4.3.), stellt sich infolge der Dämpfung ein solcher Schwingungsverlauf nach Ablauf der sogenannten Einschwingzeit unabhängig von den Anfangsbedingungen ein. Verlangt man jedoch eine Lösung, die vorgegebene Anfangsbedingungen

$$\boldsymbol{q}(0) = \boldsymbol{q}_0, \quad \dot{\boldsymbol{q}}(0) = \dot{\boldsymbol{q}}_0 \tag{6.3.23}$$

befriedigt, so ist es nötig, noch Eigenschwingungen $\boldsymbol{q}_{\mathrm{E}}(t)$ hinzuzunehmen. Diese sind Lösungen des homogenen Gleichungssystems

$$\boldsymbol{A}\ddot{\boldsymbol{q}} + \boldsymbol{B}\dot{\boldsymbol{q}} + \boldsymbol{C}\dot{\boldsymbol{q}} = \boldsymbol{0} \tag{6.3.24}$$

Ihre Anfangswerte ergeben sich aus den Bedingungen (6.3.23) für das Gesamtsystem

$$\boldsymbol{q}_{\mathrm{E}}(0) = \boldsymbol{q}_0 - \boldsymbol{q}_{\mathrm{S}}(0), \quad \dot{\boldsymbol{q}}_{\mathrm{E}}(0) = \dot{\boldsymbol{q}}_0 - \dot{\boldsymbol{q}}_{\mathrm{S}}(0) \tag{6.3.25}$$

Die Gln. (6.3.24) und (6.3.25) stellen ein Anfangswertproblem dar, auf dessen Lösung in 6.2.2. eingegangen wurde.
Am häufigsten sind natürlich solche Einschwingvorgänge zu untersuchen bei denen das Schwingungssystem aus dem Zustand der Ruhe heraus erregt wird. Wenn es — zumindest genähert — möglich ist, eine Hauptkoordinatentransformation durchzuführen und eine harmonische Erregung vorliegt, so können für die Hauptkoordinaten unmittelbar die Ergebnisse übernommen werden, die für den Schwinger mit einem Freiheitsgrad entwickelt wurden. Insbesondere kann für die Hauptkoordinaten $z_k(t)$ der Gesamtlösung mit Hilfe der Amplituden der stationären Lösungen der Hauptkoordinaten, $\hat{z}_{k\mathrm{S}}$ aus Gl. (3.4.43) folgende Abschätzung abgeleitet werden:

$$|z_k(t)| \leqq z_k' \begin{cases} = 2\hat{z}_{k\mathrm{S}} & \text{für} \quad \Omega/\omega_{k0} \leqq 1 \\ = (1 + \Omega/\omega_{0k})\,\hat{z}_{k\mathrm{S}} & \text{für} \quad \Omega/\omega_{k0} > 1 \end{cases} \tag{6.3.26}$$

Damit lassen sich auch Schranken für die Größtwerte der verallgemeinerten Koordinaten $q_j(t)$ angeben:

$$|q_j(t)| \leqq \sum_{k=1}^{n} |x_{jk}| \cdot z_k' \tag{6.3.27}$$

Hierin sind die Größen x_{ik} die Elemente der Modalmatrix $\boldsymbol{X}$.

6.3.2. Nichtperiodische Erregung

Die Bestimmung der Reaktion eines linearen Schwingungssystems mit nichtperiodischer Erregung führt auf die Lösung des Gleichungssystems (6.3.1)

$$\boldsymbol{A}\ddot{\boldsymbol{q}} + \boldsymbol{B}\dot{\boldsymbol{q}} + \boldsymbol{C}\dot{\boldsymbol{q}} = \boldsymbol{f}(t)$$

mit nichtperiodischer Vektorfunktion $\boldsymbol{f}(t)$. Alle für Schwinger mit einem Freiheitsgrad angegebenen Verfahren lassen sich auch auf Systeme mit mehreren Freiheitsgraden anwenden. Das soll im folgenden für die Lösungen mit Hilfe der Stoß- bzw. der Sprungfunktion dargestellt werden. Es muß allerdings betont werden, daß die Anwendung numerischer Methoden, z. B. des Runge-Kutta-Verfahrens für viele Fälle günstiger ist, weil sie mit wesentlich geringerem Aufwand verbunden ist.
Zur Anwendung der Einheitsstoßfunktion kann man von Gl. (3.5.24) ausgehen. Ihre Erweiterung auf Systeme mit mehreren Freiheitsgraden hat die Form

$$\boldsymbol{q}(t) = \int_0^t \boldsymbol{Q}_{\mathrm{St}}(t - t^*) \cdot \boldsymbol{f}(t^*)\,\mathrm{d}t^* \tag{6.3.28}$$

Hierin ist $\boldsymbol{q}(t)$ der Lösungsvektor, der den Anfangsbedingungen $\boldsymbol{q}(0) = \dot{\boldsymbol{q}}(0) = \boldsymbol{0}$ entspricht. Die Matrix $\boldsymbol{Q}_{\mathrm{St}}(t)$ ist quadratisch und enthält als Spaltenvektoren Lösungsvektoren der homogenen Gleichung

$$\boldsymbol{A}\ddot{\boldsymbol{q}} + \boldsymbol{B}\dot{\boldsymbol{q}} + \boldsymbol{C}\boldsymbol{q} = \boldsymbol{0}$$

Das ist gleichbedeutend mit

$$\boldsymbol{A}\ddot{\boldsymbol{Q}}_{\mathrm{St}} + \boldsymbol{B}\dot{\boldsymbol{Q}}_{\mathrm{St}} + \boldsymbol{C}\boldsymbol{Q}_{\mathrm{St}} = \boldsymbol{0} \tag{6.3.29}$$

Die Anfangsbedingungen für diese Lösungsvektoren sind durch folgende Gln. charakterisiert:

$$\boldsymbol{Q}_{\mathrm{St}}(0) = \boldsymbol{0}, \quad \boldsymbol{A}\dot{\boldsymbol{Q}}_{\mathrm{St}} = \boldsymbol{E} \tag{6.3.30}$$

Die Lösung der Matrizen-Dgl. (6.3.29) mit den Anfangsbedingungen (6.3.30) ist bei n Freiheitsgraden gleichbedeutend mit der Lösung von n Anfangswertproblemen. Da der $k$te Spaltenvektor der Matrix $\boldsymbol{Q}_{\mathrm{St}}(t)$ die Reaktion des Systems auf einen Einheitsstoß „auf die $k$te Koordinate" darstellt, kann $\boldsymbol{Q}_{\mathrm{St}}$ prinzipiell auch durch Messung bestimmt werden.
Ähnlich stellt sich die Lösung mit Hilfe der Einheitssprungfunktion dar. Die entsprechende Erweiterung von Gl. (3.5.32) ist

$$\boldsymbol{q}(t) = \int_0^t \boldsymbol{Q}_{\mathrm{Sp}}(t - t^*)\,\frac{\mathrm{d}}{\mathrm{d}t}\boldsymbol{f}(t^*)\,\mathrm{d}t^* \tag{6.3.31}$$

Die Matrix $\boldsymbol{Q}_{\mathrm{Sp}}$ muß der Dgl.

$$\boldsymbol{A}\ddot{\boldsymbol{Q}}_{\mathrm{Sp}} + \boldsymbol{B}\dot{\boldsymbol{Q}}_{\mathrm{Sp}} + \boldsymbol{C}\boldsymbol{Q}_{\mathrm{Sp}} = \boldsymbol{E} \tag{6.3.32}$$

genügen und die homogenen Anfangsbedingungen

$$\boldsymbol{Q}_{\mathrm{Sp}} = \dot{\boldsymbol{Q}}_{\mathrm{Sp}} = \boldsymbol{0} \tag{6.3.33}$$

befriedigen. Der $k$te Spaltenvektor der Matrix $\boldsymbol{Q}_{\mathrm{Sp}}$ repräsentiert die Antwort des Schwingungssystems auf einen Sprung der Erregerkraft von 0 auf 1 an der $k$ten Koordinate. Damit ist auch $\boldsymbol{Q}_{\mathrm{Sp}}$ im Prinzip durch Messung zu bestimmen.

6.3.3. Stochastische Erregung

Wenn ein lineares Schwingungssystem mit endlich vielen Freiheitsgraden durch einen stochastischen Prozeß $\boldsymbol{\varphi}(t)$ erregt wird, gilt es, die statistischen Charakteristiken der Reaktion $\boldsymbol{\xi}(t)$ des Schwingungssystems zu bestimmen. Die Differentialgleichungen sollen analog zu Gl. (6.3.1) durch

$$\boldsymbol{A}\ddot{\boldsymbol{\xi}} + \boldsymbol{B}\dot{\boldsymbol{\xi}} + \boldsymbol{C}\boldsymbol{\xi} = \boldsymbol{\varphi}(t) \tag{6.3.34}$$

mit symmetrischen Matrizen $\boldsymbol{A}$, $\boldsymbol{B}$, $\boldsymbol{C}$ beschrieben werden. Zur Charakterisierung des stationären „Vektorprozesses" $\boldsymbol{\varphi}(t)$ genügt die Angabe der Spektraldichten der einzelnen Komponenten $\varphi_1, \varphi_2, \ldots$ nicht; es müssen auch alle gegenseitigen Spektraldichten $S_{\varphi_i\varphi_j}$ gegeben sein (s. 1.4.6.). Die Gesamtheit dieser Spektraldichten möge in einer Matrix $\boldsymbol{S}_\varphi(\Omega)$ zusammengefaßt sein:

$$\boldsymbol{S}_\varphi(\Omega) = \begin{bmatrix} S_{\varphi_1\varphi_1} & S_{\varphi_1\varphi_2} & \cdots \\ S_{\varphi_2\varphi_1} & S_{\varphi_2\varphi_2} & \cdots \\ \vdots & \vdots & \end{bmatrix} \tag{6.3.35}$$

Auf die gleiche Weise wird die Spektraldichtematrix des Ausgangsprozesses $\boldsymbol{\xi}$, $\boldsymbol{S}_\xi(\Omega)$, gebildet.
In Verallgemeinerung der Beziehungen zwischen Eingangs- und Ausgangsprozeß für stationäre Schwingungen mit einem Freiheitsgrad (s. 3.6.2.) wird die Übertragungsmatrix $\boldsymbol{H}(\Omega)$ gebildet:

$$\boldsymbol{H}(\Omega) = -(\Omega^2\boldsymbol{A} + \mathrm{i}\Omega\boldsymbol{B} + \boldsymbol{C})^{-1}$$

$\boldsymbol{H}^*(\Omega) = \boldsymbol{H}(-\Omega)$ ist die dazu konjugiert komplexe Matrix. Dann besteht zwischen den Spektraldichtematrizen $\boldsymbol{S}_\xi$ und $\boldsymbol{S}_\varphi$ folgender Zusammenhang

$$\boldsymbol{S}_\xi(\Omega) = \boldsymbol{H}^*(\Omega)\, \boldsymbol{S}_\varphi(\Omega)\, \boldsymbol{H}(\Omega) \tag{6.3.36}$$

Durch Integration über $\boldsymbol{S}_\xi(\Omega)$ in den Grenzen von $-\infty$ bis $+\infty$ kann man schließlich die Kovarianzmatrix $\boldsymbol{K}_\xi$ erhalten:

$$\boldsymbol{K}_\xi = \int\limits_{-\infty}^{\infty} \boldsymbol{S}_\xi(\Omega)\, \mathrm{d}\Omega \tag{6.3.37}$$

Die Hauptdiagonale der Kovarianzmatrix wird von den Dispersionen der einzelnen Koordinaten, $\sigma^2_{\xi_1}$, $\sigma^2_{\xi_2}$, …, gebildet. Wenn man sich auf ihre Berechnung beschränkt, genügt es, nur die Hauptdiagonalelemente der Matrix $\boldsymbol{S}_\xi(\Omega)$ nach Gl. (6.3.36) zu berechnen. Es muß dazu bemerkt werden, daß das Integral in Gl. (6.3.37) nur dann existiert, wenn die Gl.

$$|\lambda^2\boldsymbol{A} + \lambda\boldsymbol{B} + \boldsymbol{C}| = 0 \tag{6.3.38}$$

nur Wurzeln λ mit negativen Realteilen hat. Das hat als notwendige Bedingung die Regularität der Matrix $\boldsymbol{C}$ zur Folge. Bei nichtregulärer Matrix $\boldsymbol{C}$ (ungefesselte Systeme) existieren sogenannte Starrkörperbewegungen mit unbegrenzten Dispersionen. Da diese Starrkörperbewegungen im allgemeinen nicht interessieren, geht man bei solchen Systemen zweckmäßigerweise auf Relativkoordinaten über. Bezüglich dieser Koordinaten ist die Steifigkeitsmatrix gewöhnlich regulär.

6.4. Aufgaben zum Abschnitt 6.

Aufgabe 6.1:

Die Bewegungsdifferentialgleichung für einen unwuchterregten Zweimassenschwinger (Ω = konst) nach Bild 6.4.1 sind mit Hilfe der Lagrangeschen Bewegungsgleichungen zweiter Art zu bestimmen. Die Koordinaten q_1 und q_2 sind so festgelegt, daß die statische Ruhelage bei $q_1 = q_2 = 0$ vorliegt.

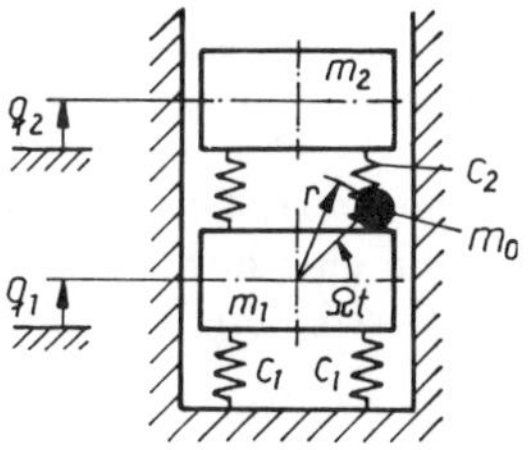

Bild 6.4.1. Unwuchterregter Zweimassenschwinger entsprechend Aufgabe 6.1

Aufgabe 6.2:

Man bestimme die Nachgiebigkeitsmatrix $\boldsymbol{H}$ und die Massenmatrix $\boldsymbol{A}$ für die Schwingungskette nach Bild 6.4.2. Wie lautet die damit gebildete Form der Bewegungsgleichungen?

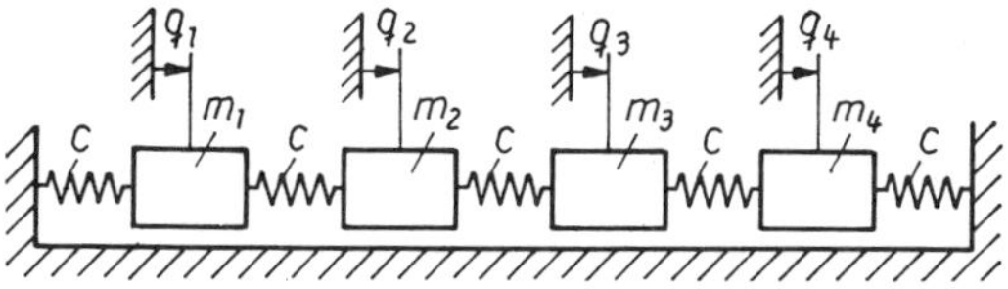

Bild 6.4.2. Schwingungskette mit vier Freiheitsgraden entsprechend Aufgabe 6.2

Aufgabe 6.3:

Die freien ebenen Schwingungen eines homogenen, beidseitig gelenkig gelagerten Balkens sollen durch ein einziges Balkenelement modelliert werden. Die Dehnung der Balkenachse soll vernachlässigt werden. Man bestimme die Bewegungsgleichungen mit den Koordinaten q_1 und q_2 als Biegewinkel an den Balkenenden.

Aufgabe 6.4:

Man bestimme die Eigenkreisfrequenzen des nach Aufgabe 6.3 bestimmten Modells und berechne den relativen Fehler gegenüber den „exakten" Werten ($\pi^2/l^2 \cdot \sqrt{EI/\varrho A}$ und $4\pi^2/l^2 \cdot \sqrt{EI/\varrho A}$).

Aufgabe 6.5:

Die erste Eigenkreisfrequenz der Schwingungskette nach Aufgabe 6.2 (Bild 6.4.2) ist mit Hilfe der charakteristischen Gleichung zu bestimmen. Man nutze dazu die Symmetrie des Schwingungssystems ($q_1 = q_4$; $q_2 = q_3$).
Zahlenwerte: $m_1 = m_4 = 1$ kg, $m_2 = m_3 = 2$ kg, $c = 100$ N/m

Aufgabe 6.6:

Für die in der vorigen Aufgabe gegebenen Zahlenwerte sind untere Schranken für die erste Eigenkreisfrequenz zu bestimmen mit Hilfe

1. der Gesamtnorm,
2. der Zeilennorm,
3. der Spaltennorm,
4. der Euklidischen Norm

der Matrix $\boldsymbol{H} \cdot \boldsymbol{A}$ (Aufgabe 6.2). Als 5. Wert ist die untere Schranke der ersten Eigenkreisfrequenz nach Gl. (6.2.54) zu bestimmen.

Aufgabe 6.7:

Die Figurenachse eines Kreisels sei in einem Fixpunkt gelenkig gelagert. Die kartesischen Koordinaten des Durchstoßpunktes der Figurenachse durch eine horizontale Ebene seien q_1, q_2. Dann gelten für kleine Auslenkungen aus der Vertikalen folgende Dgln.:

$$\ddot{q}_1 - 2a\dot{q}_2 + bq_1 = 0; \qquad \ddot{q}_2 + 2a\dot{q}_1 + bq_2 = 0$$

Gesucht sind die Eigenfrequenzen. Unter welcher Bedingung sind stationäre Schwingungen möglich?

Aufgabe 6.8:

Eine ungefesselte Schwingungskette nach Bild 6.4.3 erhält zur Zeit $t = 0$ in der Ruhelage einen Anstoß, der der mittleren Masse eine Geschwindigkeit v erteilt. Man bestimme

a) die Eigenvektoren, normiert auf $\boldsymbol{x}_j^{\mathrm{T}}\boldsymbol{x}_j = 1$,
b) die Funktionen $q_1(t)$, $q_2(t)$, $q_3(t)$ nach dem Stoß.

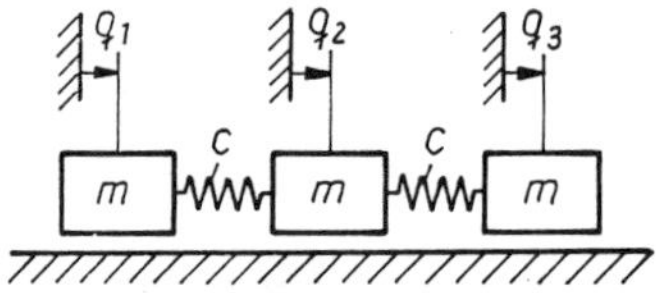

Bild 6.4.3. Ungefesselte Schwingungskette mit drei Freiheitsgraden entsprechend Aufgabe 6.3

Aufgabe 6.9:

Für welche Erregerkreisfrequenz Ω bleibt die Masse m_1 des Schwingers nach Bild 6.4.1 (Aufgabe 6.1) in Ruhe? Wie groß ist die zugehörige Amplitude der Masse m_2? Existiert eine Erregerkreisfrequenz $\Omega \neq 0$, für die $q_2 \equiv 0$ ist?

Aufgabe 6.10:

Für die Anordnung nach Bild 6.4.1 sind gegeben:

$$m_0 = 0{,}1\,\mathrm{kg}, \quad m_0 + m_1 = m_2 = 10\,\mathrm{kg}, \quad c_1 = c_2 = 1000\,\mathrm{N/m}, \quad r = 0{,}1\,\mathrm{m}$$

Aus Messungen ist die Abklingkonstante der ersten Eigenschwingung zu $\delta_1 = 0{,}05\,\mathrm{s}^{-1}$ bestimmt worden. Man bestimme

a) die erste Kennkreisfrequenz,
b) den Eigenvektor der ersten Eigenschwingungsform (genähert für den ungedämpften Fall), normiert entsprechend $\boldsymbol{x}_1^{\mathrm{T}}\boldsymbol{A}\boldsymbol{x}_1 = 1$,
c) näherungsweise die Amplituden bei $\Omega = \omega_{10}$ nach Gl. (6.3.20).

7. Schwingungen in nichtlinearen Systemen mit mehreren Freiheitsgraden

7.1. Differentialgleichungen der nichtlinearen Schwingungen

In Abschnitt 4. wurden bereits die nichtlinearen Schwingungen mit einem Freiheitsgrad behandelt. Es wurde gezeigt, daß nur in wenigen Sonderfällen exakte Lösungen möglich sind. Das gilt für nichtlineare Systeme mit mehreren Freiheitsgraden natürlich ebenfalls. Man muß sich deshalb i. allg. mit Näherungslösungen begnügen. Dabei ist zwischen numerischen und analytischen Lösungen zu unterscheiden. Numerische Lösungen sind meist unter recht allgemeinen Voraussetzungen bezüglich der nichtlinearen Glieder möglich, und es kann eine hohe Genauigkeit der Ergebnisse erreicht werden. Das gilt insbesondere für die Untersuchung von Anlauf- und Einschwingvorgängen, bei denen nur ein begrenztes und oft relativ kleines Zeitintervall zu betrachten ist. Die Bedeutung der numerischen Verfahren zur Untersuchung nichtlinearer Schwingungen ist in den letzten Jahren sehr stark gewachsen, da fast überall leistungsfähige elektronische Rechenautomaten vorhanden sind. Diese sind heute als Voraussetzung für einen effektiven Einsatz numerischer Verfahren anzusehen. Es besteht auch die Möglichkeit, das Aufstellen der Bewegungsdifferentialgleichungen, die numerisch gelöst werden sollen, ebenfalls dem Rechenautomaten zu übertragen.

Die analytischen Näherungsverfahren eignen sich besonders zur Untersuchung stationärer (periodischer) Dauerschwingungen. Sie zeichnen sich durch die relativ einfache Anwendbarkeit und dadurch aus, daß qualitative Aussagen (z. B. Einfluß der Änderung bestimmter Systemparameter) möglich sind.

Der wesentliche Nachteil dieser Verfahren besteht darin, daß hinreichend genaue Ergebnisse nur bei Schwingungssystemen erreicht werden können, die durch schwach nichtlineare Dgln. beschrieben werden. Außerdem können mit ihrer Hilfe immer nur Lösungen mit speziellen Eigenschaften, z. B. periodische Lösungen, nicht aber allgemeine Lösungen des Differentialgleichungssystems bestimmt werden.

In den folgenden Abschnitten werden nur die analytischen Näherungsverfahren behandelt. Die Anwendung der numerischen Methoden ist, wie bereits erwähnt, an das Vorhandensein einer elektronischen Rechenanlage gebunden. Da in den Rechenzentren meist sehr leistungsfähige Programme zur Lösung von Differentialgleichungssystemen vorhanden sind, erübrigt sich hier eine nähere Darlegung dieser Methoden, und es sei in diesem Zusammenhang auf die Spezialliteratur verwiesen.

Das die Schwingungen beschreibende Differentialgleichungssystem möge die allgemeine Form

$$\boldsymbol{A}\ddot{\boldsymbol{q}} = \boldsymbol{f} \tag{7.1.1}$$

mit

$$\left.\begin{aligned} \boldsymbol{q}^{\mathrm{T}} &= (q_1, q_2, \dots q_n) \\ \boldsymbol{A} &= \begin{bmatrix} a_{11} & a_{12} & \cdots & a_{1n} \\ a_{21} & a_{22} & \cdots & a_{2n} \\ \vdots & \vdots & & \\ a_{n1} & a_{n2} & \cdots & a_{nn} \end{bmatrix} \\ \text{und}\quad \boldsymbol{f} &= \begin{bmatrix} f_1(q_1, q_2, \dots q_n, \dot{q}_1, \dot{q}_2, \dots \dot{q}_n, t) \\ f_2(q_1, q_2, \dots q_n, \dot{q}_1, \dot{q}_2, \dots \dot{q}_n, t) \\ \vdots \\ f_n(q_1, q_2, \dots q_n, \dot{q}_1, \dot{q}_2, \dots \dot{q}_n, t) \end{bmatrix} \end{aligned}\right\} \tag{7.1.2}$$

haben. Die Elemente der Matrix $\boldsymbol{A}$ können von den verallgemeinerten Koordinaten q_k und der Zeit t abhängen.
Nach der Abhängigkeit der Funktion f_j von q_k, $\dot{q}_k$, t werden die Schwingungen wie folgt klassifiziert:

1. $f_j = f_j(q_1, q_2, \dots q_n, \dot{q}_1, \dot{q}_2, \dots \dot{q}_n)$:
   autonome Schwingungen

1.1. $f_j = f_j(q_1, q_2, \dots q_n)$:
   ungedämpfte freie Schwingungen

1.2. $f_j = f_j(q_1, q_2, \dots q_n, \dot{q}_1, \dot{q}_2, \dots \dot{q}_n)$:
   gedämpfte freie Schwingungen oder
   selbsterregte Schwingungen oder
   Schwingungen von Systemen mit gyroskopischen Einflüssen oder Kombinationen dieser Schwingungserscheinungen

2. $f_j = f_j(q_1, q_3, \dots q_n, \dot{q}_1, \dot{q}_2, \dots \dot{q}_n, t)$:
   heteronome Schwingungen

2.1. $f_j = f_j^{(1)}(q_1, q_2, \dots q_n, \dot{q}_1, \dot{q}_2, \dots \dot{q}_n) + f_j^{(2)}(t)$:
   erzwungene Schwingungen

2.2. Bei allgemeiner Abhängigkeit der f_j von der Zeit t:
   parametererregte Schwingungen.

Im folgenden werden die Untersuchungen auf sogenannte schwach nichtlineare Differentialgleichungen beschränkt. Wie in Abschnitt 4. sollen die nichtlinearen Glieder durch den „kleinen Parameter" $\varepsilon > 0$ gekennzeichnet werden. Ferner soll zunächst auch der Fall der Parametererregung ausgeschlossen sein. Die Elemente von $\boldsymbol{A}$ können dann nur noch von den verallgemeinerten Koordinaten q_k abhängen, was durch die Schreibweise $\boldsymbol{A}(\boldsymbol{q})$ ausgedrückt werden soll. Der Vektor $\boldsymbol{f}$ läßt sich in der Form

$$\boldsymbol{f} = \varepsilon \boldsymbol{f}_0(t) - \boldsymbol{f}_1(\boldsymbol{q}, \dot{\boldsymbol{q}}) \tag{7.1.3}$$

schreiben. Es möge nun vorausgesetzt werden, daß die Matrix $\boldsymbol{A}(\boldsymbol{q})$ wie folgt zerlegt werden kann:

$$\boldsymbol{A}(\boldsymbol{q}) = \boldsymbol{A}_0 + \varepsilon \boldsymbol{A}_1(\boldsymbol{q}) \tag{7.1.4}$$

Die Elemente von $\boldsymbol{A}_0$ sollen dabei konstant sein, der Parameter ε bei $\boldsymbol{A}_1$ kennzeichnet die nichtlinearen Glieder $\boldsymbol{A}_1(\boldsymbol{q}) \cdot \ddot{\boldsymbol{q}}$ gegenüber den linearen Gliedern $\boldsymbol{A}_0\ddot{\boldsymbol{q}}$. Die Zerlegung von $\boldsymbol{A}(\boldsymbol{q})$ entsprechend Gl. (7.1.4) ist z. B. durch Entwicklung der Elemente a_{ik} in Taylorreihen möglich. In ähnlicher Weise läßt sich auch der Vektor $\boldsymbol{f}_1$ aufspalten:

$$\boldsymbol{f}_1(\boldsymbol{q}, \dot{\boldsymbol{q}}) = -\boldsymbol{C}_0\boldsymbol{q} + \varepsilon \boldsymbol{f}_1{}^*(\boldsymbol{q}, \dot{\boldsymbol{q}}) \tag{7.1.5}$$

falls sich die Komponenten von $\boldsymbol{f}_1$ ebenfalls in Taylorreihen entwickeln lassen und $\boldsymbol{f}_1(0, 0) = 0$ gilt.
Mit den Gln. (7.1.3) bis (7.1.5) erhält man nun aus Gl. (7.1.1) die Dgl.

$$\boldsymbol{A}_0\ddot{\boldsymbol{q}} + \boldsymbol{C}_0\boldsymbol{q} = \varepsilon[\boldsymbol{f}_0(t) + \boldsymbol{f}_1{}^*(\boldsymbol{q}, \dot{\boldsymbol{q}}) - \boldsymbol{A}_1(\boldsymbol{q})\,\ddot{\boldsymbol{q}}] \tag{7.1.6}$$

Für $\varepsilon = 0$ beschreibt Gl. (7.1.6) lineare freie ungedämpfte Schwingungen in Systemen mit endlich vielen Freiheitsgraden. Ist $\varepsilon \neq 0$, so ist die rechte Seite als „kleine" Störung aufzufassen, die diese freien Schwingungen beeinflußt. Die im folgenden dargestellten Verfahren gehen deshalb davon aus, daß die Ausschläge den Eigenschwingungsformen des zugehörigen linearen Schwingungssystems proportional sind. Es zeigt sich, daß trotz dieser Vereinfachungen die sogenannten nichtlinearen Erscheinungen qualitativ richtig widergespiegelt werden. Auf die Genauigkeit hat die Größe des Parameters ε einen wesentlichen Einfluß. Die Matrizen $\boldsymbol{A}_0$ und $\boldsymbol{C}_0$ können in den meisten Fällen als symmetrisch, $\boldsymbol{A}_0$ außerdem als regulär vorausgesetzt werden. Es ist vorteilhaft, die linke Seite der Dgl. (7.1.6) entsprechend dem Vorgehen in 6.2.2. unter Verwendung von Hauptkoordinaten $\boldsymbol{z}^{\mathrm{T}} = (z_1, z_2, \ldots z_n)$ zu entkoppeln. Mit Hilfe der Modalmatrix $\boldsymbol{X}$ des Eigenwertproblems

$$(\boldsymbol{C}_0 - \omega^2\boldsymbol{A}_0)\,\boldsymbol{x} = \boldsymbol{0}$$

und des Ansatzes

$$\boldsymbol{q} = \boldsymbol{X}\boldsymbol{z}$$

erhält man aus Gl. (7.1.6) nach Multiplikation mit $\boldsymbol{X}^{\mathrm{T}}$ von links:

$$\begin{aligned} \boldsymbol{E}\ddot{\boldsymbol{z}} + \boldsymbol{\Lambda}\boldsymbol{z} &= \varepsilon\boldsymbol{X}^{\mathrm{T}} \cdot [\boldsymbol{f}_0(t) + \boldsymbol{f}_1{}^*(\boldsymbol{q}, \dot{\boldsymbol{q}}) - \boldsymbol{A}_1(\boldsymbol{q})\,\ddot{\boldsymbol{q}}] \\ &= \varepsilon\boldsymbol{g}(\boldsymbol{z}, \dot{\boldsymbol{z}}, \ddot{\boldsymbol{z}}, t) \end{aligned} \tag{7.1.7}$$

Mit

$$\begin{aligned} \boldsymbol{\Lambda} &= \mathbf{diag}\,\{\lambda_1, \lambda_2, \ldots \lambda_n\} = \mathbf{diag}\,\{\omega_{10}^2, \omega_{20}^2, \ldots \omega_{n0}^2\} \\ \boldsymbol{g} &= (g_1, g_2, \ldots g_n)^{\mathrm{T}} \end{aligned} \tag{7.1.8}$$

erhält man schließlich

$$\begin{aligned} &\ddot{z}_k + \omega_{k0}^2 z_k = \varepsilon g_k(z_1, \ldots z_n, \dot{z}_1, \ldots \dot{z}_n, \ddot{z}_1, \ldots \ddot{z}_n, t) \\ &k = 1, 2, \ldots n \end{aligned} \tag{7.1.9}$$

Beispiel 7.1:

Für den nichtlinearen Schwinger mit zwei Freiheitsgraden nach Bild 7.1.1 sind die Bewegungsgleichungen allgemein aufzustellen und dann auf die Form (7.1.9) zu bringen.
Voraussetzung: Reibungsfreie Bewegung der Masse m_1 auf der Unterlage, reibungsfreie Aufhängung des Pendels in A, für $x = 0$ sei die Feder entspannt.

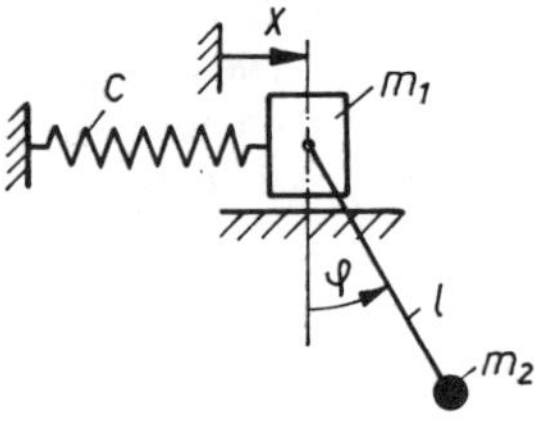

Bild 7.1.1. Nichtlinearer Schwinger mit zwei Freiheitsgraden entsprechend Beispiel 7.1

Lösung:

Mit Hilfe der Lagrangeschen Bewegungsgleichungen 2. Art findet man unter den gemachten Voraussetzungen mit $q_1 = x$, $q_2 = \varphi$ die Dgln.

$$\begin{bmatrix} (m_1 + m_2)/m_2 l & \cos\varphi \\ \cos\varphi & l \end{bmatrix} \begin{bmatrix} \ddot{x} \\ \ddot{\varphi} \end{bmatrix} = \begin{bmatrix} -c/m_2 l \cdot x + \dot{\varphi}^2 \sin\varphi \\ -g \sin\varphi \end{bmatrix}$$

Entsprechend den Gln. (7.1.4) und (7.1.5) werden folgende Zerlegungen vorgenommen:

$$\begin{bmatrix} (m_1 + m_2)/m_2 l & \cos\varphi \\ \cos\varphi & l \end{bmatrix} = \begin{bmatrix} (m_1 + m_2)/m_2 l & 1 \\ 1 & l \end{bmatrix} + \varepsilon \begin{bmatrix} 0 & (\cos\varphi - 1)/\varepsilon \\ (\cos\varphi - 1)/\varepsilon & 0 \end{bmatrix}$$

$$-g \cdot \sin\varphi = -g \cdot \varphi - g \cdot (\sin\varphi - \varphi)$$

Damit erhält man:

$$\begin{bmatrix} (m_1 + m_2)/m_2 l & 1 \\ 1 & l \end{bmatrix} \cdot \begin{bmatrix} \ddot{x} \\ \ddot{\varphi} \end{bmatrix} + \begin{bmatrix} c/m_2 l & 0 \\ 0 & g \end{bmatrix} \begin{bmatrix} x \\ \varphi \end{bmatrix} = \varepsilon \begin{bmatrix} \varepsilon^{-1} \dot{\varphi}^2 \sin\varphi - \varepsilon^{-1} (\cos\varphi - 1)\, \ddot{\varphi} \\ \varepsilon^{-1} g \cdot (\varphi - \sin\varphi) - \varepsilon^{-1} (\cos\varphi - 1)\, \ddot{x} \end{bmatrix}$$

Es möge nun $\boldsymbol{X} = (\boldsymbol{x}_1, \boldsymbol{x}_2)$, die Modalmatrix des Eigenwertproblems

$$\begin{bmatrix} [c - (m_1 + m_2)\,\omega]/m_2 l & -\omega^2 \\ -\omega^2 & g - l\omega^2 \end{bmatrix} \begin{bmatrix} x_1 \\ x_2 \end{bmatrix} = \begin{bmatrix} 0 \\ 0 \end{bmatrix}$$

sein. Dabei sind die Eigenvektoren so zu normieren, daß gilt:

$$\boldsymbol{x}_i^{\mathrm{T}} \boldsymbol{A}_0 \boldsymbol{x}_k = \delta_{ik} \equiv \begin{cases} 0 & \text{für } i \neq k \\ 1 & \text{für } i = k \end{cases}$$

mit

$$\boldsymbol{A}_0 = \begin{bmatrix} (m_1 + m_2)/m_2 l & 1 \\ 1 & l \end{bmatrix}$$

Nach Einführen der Hauptkoordinaten $\boldsymbol{z}$ durch

$$\boldsymbol{q} = \boldsymbol{X}\boldsymbol{z}$$

erhält man schließlich

$$\ddot{z}_1 + \omega_{10}{}^2 z_1 = \varepsilon g_1(z_1, z_2, \dot{z}_1, \dot{z}_2, \ddot{z}_1, \ddot{z}_2)$$
$$\ddot{z}_2 + \omega_{20}{}^2 z_2 = \varepsilon g_2(z_1, z_2, \dot{z}_1, \dot{z}_2, \ddot{z}_1, \ddot{z}_2)$$

Die ω_{k0}^2 ergeben sich als Wurzeln der charakteristischen Gleichung

$$\begin{bmatrix} [c - (m_1 + m_2)\,\omega^2]/m_2 l & -\omega^2 \\ -\omega^2 & g - l\omega^2 \end{bmatrix} = 0$$

Ferner ist:

$$\begin{aligned} \varepsilon g_1 = x_{11} \cdot \{&(x_{21}\dot{z}_1 + x_{22}\dot{z}_2)^2 \cdot \sin(x_{21}z_1 + x_{22}z_2) + [1 - \cos(x_{21}z_1 + x_{22}z_2)] \\ &\times (x_{21}\ddot{z}_1 + x_{22}\ddot{z}_2)\} + x_{21} \cdot \{g \cdot [x_{21}z_1 + x_{22}z_2 - \sin(x_{21}z_1 + x_{22}z_2)] \\ &+ [1 - \cos(x_{21}z_1 + x_{22}z_2)]\,(x_{11}\ddot{z}_1 + x_{12}\ddot{z}_2)\} \end{aligned}$$

$$\begin{aligned} \varepsilon g_2 = x_{12} \cdot \{&(x_{21}\dot{z}_1 + x_{22}\dot{z}_2)^2 \cdot \sin(x_{21}z_1 + x_{22}z_2) + [1 - \cos(x_{21}z_1 + x_{22}z_2)] \\ &\times (x_{21}\ddot{z}_1 + x_{22}\ddot{z}_2)\} + x_{22} \cdot \{g \cdot (x_{21}z_1 + x_{22}z_2 - \sin(x_{21}z_1 + x_{22}z_2)] \\ &+ [1 - \cos(x_{21}z_1 + x_{22}z_2)] \cdot (x_{21}\ddot{z}_1 + x_{22}\ddot{z}_2)\} \end{aligned}$$

Die Größen x_{k1} bzw. x_{k2} sind die Komponenten der Eigenvektoren $\boldsymbol{x}_1$ bzw. $\boldsymbol{x}_2$.

7.2. Periodische Bewegungen schwach nichtlinearer autonomer Systeme

Im weiteren wird davon ausgegangen, daß sich das Differentialgleichungssystem, das schwach nichtlineare autonome Schwingungssysteme beschreibt, auf die Form (7.1.9) bringen läßt, wobei die Zeit in den Funktionen q_k nicht explizit vorkommt:

$$\ddot{z}_k + \omega_{k0}^2 z_k = \varepsilon g_k(z_1, z_2, \dots z_n, \dot{z}_1, \dot{z}_2, \dots \dot{z}_n, \ddot{z}_1, \ddot{z}_2, \dots \ddot{z}_n) \tag{7.2.1}$$

Ferner soll angenommen werden, daß sogenannte *einfrequente Schwingungen* möglich sind.
Die Kreisfrequenzen müssen dabei der Bedingung

$$M\omega_k \neq \omega_j; \quad M = 1, 2, \dots; \quad k \neq j$$

genügen, und sie dürfen auch nicht zu eng benachbart liegen. Unter diesen Voraussetzungen kann angenommen werden, daß in erster Näherung nur Schwingungen in der $k$ten Hauptkoordinate z_k auftreten, während die Schwingungen in den anderen Koordinaten Null sind:

$$z_j = 0 \quad \text{für} \quad j \neq k$$

Das ist gleichbedeutend mit der Annahme, daß die zu ω_k gehörige Schwingung in erster Näherung die Form der $k$ten Eigenschwingung des linearen Schwingers hat.

Diese Voraussetzungen führen zu einer Entkoppelung der Dgln. (7.1.1):

$$\ddot{z}_k + \omega_{k0}^2 z_k = \varepsilon g_k(z_k, \dot{z}_k, \ddot{z}_k) \tag{7.2.2}$$

so daß die Lösung für jedes k gesondert ermittelt werden kann. Damit ist die Untersuchung einfrequenter autonomer Schwingungen in Systemen mit n Freiheitsgraden auf die Untersuchung von n Dgln. der Form (7.2.2) zurückgeführt. Die in 4.2.3. und 4.4.2. behandelten Verfahren können deshalb unmittelbar übernommen werden, sofern man sie nur als erste Näherungen betrachtet. Im folgenden sollen die entsprechenden Beziehungen für die Anwendung dieser Methoden auf Systeme mit mehreren Freiheitsgraden zusammengestellt werden.

7.2.1. Äquivalente Linearisierung

Die Dgl. (7.2.2) wird auf die äquivalente lineare Dgl.

$$\ddot{z}_k + 2\delta_k \dot{z}_k + \omega_k^2 z_k = \varkappa_k \tag{7.2.3}$$

zurückgeführt. Dazu macht man den harmonischen Lösungsansatz

$$z_k = A_k + C_k \cos(\omega_k t + \varphi_k) \tag{7.2.4}$$

entwickelt die Funktionen

$$g_k(z_k, \dot{z}_k, \ddot{z}_k) = g_k[A_k + C_k \cos(\omega_k t + \varphi_k), -\omega_k C \sin(\omega_k t + \varphi_k), -\omega_k^2 C \times \cos(\omega_k t + \varphi_k)] \tag{7.2.5}$$

in eine Fourierreihe und berücksichtigt davon nur die Glieder bis zur ersten Harmonischen:

$$g_k \approx a_{k0} + a_{k1} \cos \omega_k t + b_{k1} \sin \omega_k t$$

Geht man nun wie in 4.2.3.1. vor, so findet man die „äquivalenten Koeffizienten" $2\delta_k$, ω_k und $\varkappa_k$ aus

$$2\delta_k = \frac{\varepsilon}{\pi \omega_k C_k} \cdot \int_0^{2\pi} g_k \cdot \sin \omega_k t \, \mathrm{d}(\omega_k t)$$

$$\omega_k^2 = \omega_{k0}^2 - \frac{\varepsilon}{\pi C_k} \cdot \int_0^{2\pi} g_k \cdot \cos \omega_k t \, \mathrm{d}(\omega_k t) \tag{7.2.6}$$

$$\varkappa_k = \omega_k^2 A_k = \frac{\varepsilon \omega_k^2}{2\pi \omega_{k0}^2} \cdot \int_0^{2\pi} g_k \cdot \mathrm{d}(\omega_k t)$$

Die Funktionen g_k sind entsprechend Gl. (7.2.5) zu bilden. Wegen der Integration über eine Periode kann der Nullphasenwinkel φ_k in Gl. (7.2.6) Null gesetzt werden:

$$g_k = g_k(A_k + C_k \cos \omega_k t, -\omega_k{}^2 C_k \sin \omega_k t, -\omega_k{}^2 C_k \cos \omega_k t)$$

Die Dgl. (7.2.3) hat nur periodische Lösungen, wenn $\delta_k = 0$ ist. Wenn in der ersten der Gln. (7.2.6) das Integral nicht ebenfalls verschwindet, so ergeben sich aus der Bedingung $\delta_k = 0$ diejenigen Werte von C_k, für die periodische Schwingungen möglich sind. Die zweite Gl. liefert die dazugehörige Eigenkreisfrequenz. Bei Eigenschwingungen bleiben die Amplituden C_k willkürlich, und man erhält $\omega_k = \omega_k(C_k)$.

Beispiel 7.2:

Der Schwinger nach Bild 7.1.1 (siehe Beispiel 7.1.) führe freie Schwingungen um die statische Gleichgewichtslage $x = \varphi = 0$ aus. Man bestimme mit Hilfe der Methode der äquivalenten Linearisierung die Eigenfrequenzen in Abhängigkeit von den Amplituden der Schwingung mit $m_1 = 2m_2 = m$; $\omega_0 = \sqrt{c/m} = 10\ \mathrm{s}^{-1}$; $g/l = 10\ \mathrm{s}^{-2}$.

Lösung:

Es werden die Gln. des Beispiels 7.1 übernommen. Die Lösung des Eigenwertproblems des linearen Differentialgleichungssystems führt auf die Eigenkreisfrequenzen

$$\omega_{10} = 3{,}0784\ \mathrm{s}^{-1}, \quad \omega_{20} = 10{,}2725\ \mathrm{s}^{-1}$$

und zu den normierten Eigenvektoren

$$\boldsymbol{x}_1 = \begin{bmatrix} x_{11} \\ x_{21} \end{bmatrix} = \begin{bmatrix} 0{,}0522\, l^{1/2} \\ 0{,}9451\, l^{-1/2} \end{bmatrix}; \quad \boldsymbol{x}_2 = \begin{bmatrix} x_{12} \\ x_{22} \end{bmatrix} = \begin{bmatrix} -0{,}7052\, l^{1/2} \\ 0{,}7790\, l^{-1/2} \end{bmatrix}$$

Die Modalmatrix lautet daher

$$\boldsymbol{X} = \begin{bmatrix} x_{11} & x_{12} \\ x_{21} & x_{22} \end{bmatrix} = \begin{bmatrix} 0{,}0522\, l^{1/2} & -0{,}7052\, l^{1/2} \\ 0{,}9451\, l^{-1/2} & 0{,}7790\, l^{-1/2} \end{bmatrix}$$

Entsprechend Gl. (7.1.9) erhält man nun die im linearen Teil entkoppelten Dgln. für die Hauptkoordinaten z_1, z_2:

$$\ddot{z}_1 + \omega_{10}^2 z_1 = \varepsilon g_1(z_1, z_2, \dot{z}_1, \dot{z}_2, \ddot{z}_1, \ddot{z}_2)$$
$$\ddot{z}_2 + \omega_{20}^2 z_2 = \varepsilon g_2(z_1, z_2, \dot{z}_1, \dot{z}_2, \ddot{z}_1, \ddot{z}_2)$$

Mit der Annahme, daß bei der Bestimmung von z_k die Koordinaten z_j, $j \neq k$, in erster Näherung Null gesetzt werden können, entstehen die entkoppelten Dgln. entsprechend Gl. (7.2.2):

$$\ddot{z}_1 + \omega_{10}^2 z_1 = x_{11} x_{21}^3 (z_1 \dot{z}_1{}^2 + z_1{}^2 \ddot{z}_1) + (g x_{21}^4 - x_{11} x_{21}^5 \dot{z}_1{}^2)\, z_1{}^3/6$$
$$\ddot{z}_2 + \omega_{20}^2 z_2 = x_{12} x_{22}^3 (z_2 \dot{z}_2{}^2 + z_2{}^2 \ddot{z}_2) + (g x_{22}^4 - x_{12} x_{22}^5 \dot{z}_2{}^2)\, z_2{}^3/6$$

Die Sinus- und Kosinusfunktionen von z_1 und z_2 wurden hierin durch die ersten beiden Glieder ihrer Taylorreihenentwicklung ersetzt:

$$\sin \alpha \approx \alpha - \alpha^3/6, \quad \cos \alpha \approx 1 - \alpha^2/2$$

Die x_{ik} sind die Komponenten der normierten Eigenvektoren. Mit den Ansätzen

$$z_1 = A_1 + C_1 \cos(\omega_1 t + \varphi_1)$$
$$z_2 = A_2 + C_2 \cos(\omega_2 t + \varphi_2)$$

erhält man nun ohne weitere Vernachlässigung aus den Gln. (7.2.6) folgende Beziehungen:

$$\delta_1 = \delta_2 = 0$$
$$\omega_k{}^2 = \omega_{k0}^2 - \{(g \cdot x_{2k}^4/8 - x_{1k}x_{2k}^3\omega_k{}^2/2)\, C_k{}^2 - x_{1k}x_{2k}^5\omega_k{}^2C_k{}^4/32 + A_k{}^2[g \cdot x_{2k}^4/2 - x_{1k}x_{2k}^3\omega_k{}^2 - x_{1k}x_{2k}^5C_k{}^2\omega_k{}^2/8]\}; \quad k = 1, 2$$

Für die A_k ergeben sich jeweils drei Werte

$$A_k{}^{(1)} = 0; \qquad A_k{}^{(2)} \neq 0; \qquad A_k{}^{(3)} \neq 0$$

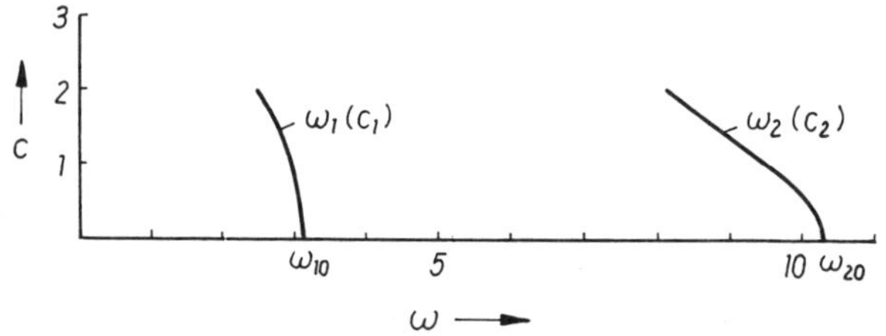

Bild 7.1.2. Abhängigkeit zwischen den Amplituden der Hauptschwingung und den zugehörigen Eigenkreisfrequenzen nach Beispiel 7.2

Zu den Werten $A_k{}^{(2)}$, $A_k{}^{(3)}$ gehören offenbar Gleichgewichtslagen des Systems, die nur für ganz bestimmte Parameter stabil sein können, z. B. das Pendel in der oberen Gleichgewichtslage. Auf diese Stabilitätsuntersuchungen kann hier nicht eingegangen werden. Im weiteren wird nur der Fall $A_k{}^{(1)} = 0$ betrachtet. Dazu erhält man für die Eigenkreisfrequenzen folgende Ausdrücke:

$$\omega_k = \sqrt{\frac{\omega_{k0}^2 - x_{2k}^4 g C_k{}^2/8}{1 - C_k{}^2(x_{1k}x_{2k}^3/2 - x_{1k}x_{2k}^5 C_k{}^2/32)}}; \qquad k = 1, 2$$

In Bild 7.1.2 sind die Abhängigkeiten $C_k = C_k(\omega_k)$, $k = 1, 2$, dargestellt. Die Näherungslösungen haben in den Hauptkoordinaten die Gestalt

$$z_k(t) = C_k(\omega_k) \cos(\omega_k t + \varphi_k)$$

Die Nullphasenwinkel φ_k bleiben willkürlich, falls keine Anfangsbedingungen vorgegeben sind.
Für die ursprünglichen Koordinaten kann näherungsweise

$$q_j = x_{jk} z_k, \quad j, k = 1, 2$$

geschrieben werden, da nach Voraussetzung in erster Näherung entweder nur z_1 oder nur z_2 ungleich Null ist.

7.2.2. Störungsrechnung

Die Darlegungen in 4.2.3.2. können im wesentlichen übernommen und auf die Dgln. (7.2.1) angewandt werden.
Die Reihenansätze

$$\begin{aligned} z_k(t) &= z_{k0}(t) + \varepsilon z_{k1}(t) + \varepsilon^2 z_{k2}(t) + \cdots = \sum_i \varepsilon^i z_{ki}(t) \\ \omega_k &= \omega_{k0} + \varepsilon\omega_{k1} + \varepsilon^2\omega_{k2} + \cdots = \sum \varepsilon^j \omega_{kj} \end{aligned} \tag{7.2.7}$$

sind für einen festen Index k zu verstehen, d. h., es wird die periodische Schwingung $z_k(t)$ gesucht, deren Kreisfrequenz ω_k in der Nähe der Kreisfrequenz ω_{k0} des linearen Schwingers liegt. Für die Hauptkoordinaten z_j, $j \neq k$, gilt entsprechend

$$z_j(t) = z_{j0}(t) + \varepsilon z_{j1}(t) + \varepsilon^2 z_{j2}(t) + \cdots = \sum_i \varepsilon^i z_{ji}(t) \tag{7.2.8}$$

Die Funktionen auf der rechten Seite von Gl. (7.2.1), deren Abhängigkeit von den Hauptkoordinaten und ihren Ableitungen im folgenden durch

$$g_k(z_i, \dot{z}_i, \ddot{z}_i), \quad k, i = 1, 2, \ldots n$$

gekennzeichnet werden sollen, mögen ebenfalls eine Entwicklung nach Potenzen von ε in der folgenden Weise zulassen:

$$\begin{aligned} g_k(z_i, \dot{z}_i, \ddot{z}_i) &= g_{k0}(z_{i0}, \dot{z}_{i0}, \ddot{z}_{i0}) + \varepsilon g_{k1}(z_{i0}, z_{i1}; \dot{z}_{i0}, \dot{z}_{i1}; \ddot{z}_{i0}, \ddot{z}_{i1}) \\ &\quad + \varepsilon^2 g_{k2}(z_{i0}, z_{i1}, z_{i2}; \dot{z}_{i0}, \dot{z}_{i1}, \dot{z}_{i2}; \ddot{z}_{i0}, \ddot{z}_{i1}, \ddot{z}_{i2}) + \ldots \end{aligned} \tag{7.2.9}$$

Für die g_j, $j \neq k$ gelten entsprechende Entwicklungen. Setzt man die Gln. (7.2.2), (7.2.8) und (7.2.9) in die Dgl. (7.2.1) ein und vergleicht die Glieder mit gleichen Potenzen von ε, so ergeben sich folgende rekursive Gleichungssysteme:

$$\left.\begin{aligned} &\ddot{z}_{k0} + \omega_k^2 z_{k0} = 0 \\ &\ddot{z}_{k1} + \omega_k^2 z_{k1} = g_{k0} + \nu_{k1} z_{k0} = R_{k1}(t) \\ &\ddot{z}_{k2} + \omega_k^2 z_{k2} = g_{k1} + \nu_{k1} z_{k1} + \nu_{k2} z_{k2} = R_{k2}(t) \\ &\vdots \\ &\ddot{z}_{km} + \omega_k^2 z_{km} = g_{k,m-1} + \sum_{i=1}^{m} \nu_{ki} z_{k,m-i} = R_{km}(t) \end{aligned}\right\} \tag{7.2.10}$$

$$\begin{aligned} &\ddot{z}_{j0} + \omega_{j0}^2 z_{j0} = 0 \\ &\ddot{z}_{j1} + \omega_{j0}^2 z_{j1} = g_{j0} \\ &\vdots \\ &\ddot{z}_{jm} + \omega_{j0}^2 z_{jm} = g_{j,m-1} \end{aligned} \tag{7.2.11}$$

Dabei wurde $\nu_{ki} = \sum_{m=0}^{i} \omega_{km}\omega_{k,i-m}$ gesetzt.

In nullter Näherung erhält man die Lösungen

$$\begin{aligned} z_{k0}(t) &= C_{k0} \cos(\omega_k t + \varphi_{k0}) \\ z_{j0}(t) &= C_{j0} \cos(\omega_{j0} t + \varphi_{j0}) \end{aligned} \tag{7.2.12}$$

Verlangt man nun, daß alle Teillösungen periodisch mit der Periode $2\pi/\omega_k$ sind, so ist das nur möglich, wenn alle $C_{j0} = 0$, $j \neq k$ sind.
Die Dgln. der ersten Näherung lauten dann:

$$\begin{aligned} \ddot{z}_{k1} + \omega_k^2 z_k &= g_{k0}[C_{k0} \cos(\omega_k t + \varphi_{k0}), -\omega_k C_k \sin(\omega_k t + \varphi_{k0}), \\ &\quad -\omega_k^2 C_{k0} \cos(\omega_k t + \varphi_{k0})] + \nu_{k1}(\omega_{k0}, \omega_{k1}) \cdot C_{k0} \cos(\omega_k t + \varphi_{k0}) \\ &= R_{k1}(t) \end{aligned} \tag{7.2.13}$$

$$\begin{aligned} \ddot{z}_{j1} + \omega_{j0}^2 z_{j1} &= g_{j0}[C_{k0} \cos(\omega_k t + \varphi_{k0}), -\omega_k C_{k0} \sin(\omega_k t + \varphi_{k0}), \\ &\quad -\omega_k^2 C_{k0} \cos(\omega_k t + \varphi_k t)] = R_{j1}(t) \end{aligned}$$

Wenn auch die Teillösungen der ersten Näherung periodisch mit $2\pi/\omega_k$ sein sollen, so dürfen auf der rechten Seite von Gl. (7.2.13) keine Glieder vorkommen, die Lösungen der homogenen Dgln.

$$\ddot{z}_{k1} + \omega_k^2 z_{k1} = 0, \quad \ddot{z}_{j1} + \omega_{j0}^2 z_{j1} = 0$$

sind. Das läßt sich z. B. durch die Forderung

$$\left.\begin{aligned} \int_0^{2\pi} R_{k1}(t) \cos \omega_k t \, \mathrm{d}(\omega_k t) &= 0 \\ \int_0^{2\pi} R_{k1}(t) \sin \omega_k t \, \mathrm{d}(\omega_k t) &= 0 \end{aligned}\right\} \tag{7.2.14}$$

erfüllen. Die Funktionen $R_{j1}(t)$ können keine Glieder enthalten, die Lösungen der entsprechenden homogenen Dgln. sind. Durch die Erfüllung der Gln. (7.2.14) ergeben sich im allgemeinen Beziehungen zwischen den Größen ω_{k1}, C_{k0} und φ_{k0}. Periodische Lösungen existieren nur, wenn sich die Gln. (7.2.14) gleichzeitig erfüllen lassen. Ist das der Fall, so ergeben sich die Lösungen der Dgln. (7.2.13) in der allgemeinen Form

$$\begin{aligned} z_{k1} &= \zeta_{k1}(C_{k0}, \varphi_{k0}, \omega_{k1}, t) + C_{k1} \cos(\omega_k t + \varphi_{k1}) \\ z_{j1} &= \zeta_{j1}(C_{k0}, \varphi_{k0}, \omega_{k1}, t), \quad j \neq k \end{aligned} \tag{7.2.15}$$

wobei die Funktionen ζ_{k1} und ζ_{j1} periodisch mit der Periode $2\pi/\omega_k$ sind.
Zur Ermittlung der periodischen Teillösungen für die zweite Näherung hat man wiederum vorher Periodizitätsbedingungen (7.2.14) für die Funktionen $R_{k2}(t)$ und $R_{j2}(t)$ zu erfüllen, wodurch sich ein Zusammenhang zwischen den Größen C_{k0}, C_{k1}, φ_{k0}, φ_{k1}, ω_{k1}, ω_{k2} ergibt. Auf diese Weise kann man theoretisch die Rechnung unbegrenzt fortsetzen, wobei jedoch der Aufwand mit jeder Näherung sehr stark anwächst.
Während in der Funktion g_{k0} wegen $z_{j0} \equiv 0$ nur die Hauptkoordinate z_{k0} und ihre Ableitungen vorkommen, erscheinen in den höheren Näherungen entsprechend Gl. (7.2.15) auch alle übrigen Hauptkoordinaten mit ihren Ableitungen.
Durch die Erfüllung der Periodizitätsbedingungen der Art (7.2.14) wird bereits über die Konstanten C_{ki}, C_{ji}, φ_{ki}, φ_{ji} weitgehend verfügt. Beliebige Anfangsbedingun-

gen können deshalb nicht mehr erfüllt werden. Der Übergang von einem Anfangszustand in den periodischen Zustand kann deshalb mit diesem Verfahren nicht untersucht werden.

Abschließend sei bemerkt, daß nach der Ermittlung der periodischen Lösungen i. allg. eine Stabilitätsuntersuchung erforderlich ist, um zu entscheiden, ob sich der gefundene Schwingungszustand auch wirklich einstellen kann oder nicht. Darauf soll hier nicht eingegangen werden (vgl. Abschnitt 10.).

7.2.3. Verfahren von Galerkin

Das in 4.2.3.3. beschriebene Galerkinsche Verfahren ist — wie bereits erwähnt — sehr vielseitig anwendbar und sehr anpassungsfähig. Es ist deshalb auch nicht auf erste Näherungen beschränkt, so daß seine Anwendung auf die Dgl. (7.2.1) bezogen wird. Es gestattet allerdings, wie die bisher behandelten Methoden, nur die Bestimmung periodischer Lösungen.

Dazu macht man den Ansatz

$$z_k(t) = \sum_{i=1}^{\infty} C_{ki}\zeta_i(t), \quad k = 1, 2, \dots n \tag{7.2.16}$$

mit den zunächst unbekannten Konstanten C_{ki} und den bekannten periodischen Funktionen $\zeta_i(t)$, die die Periode $T_k = 2\pi/\omega_k$ haben mögen:

$$\zeta_i(t + 2\pi/\omega_k) = \zeta_i(t)$$

Setzt man den Ansatz (7.2.16) in die Dgl. (7.2.1) ein, so erhält man

$$\begin{aligned} &F_k(C_{11}, C_{12}, \dots C_{1m}, C_{21}, C_{22}, \dots C_{mm}) \\ &\equiv \sum_{i=1}^{m} [C_{ki}(\ddot{\zeta}_i + \omega_{k0}\zeta_i) - \varepsilon g_k(C_{11}\zeta_1, C_{12}\zeta_2, \dots C_{mm}\zeta_m)] = 0 \end{aligned} \tag{7.2.17}$$

Gl. (7.2.17) ist natürlich im allgemeinen nicht erfüllt. Nach dem Galerkinschen Verfahren werden nun die noch freien Konstanten C_{ki} so bestimmt, daß Gl. (7.2.17) wenigstens im Mittel über eine Periode erfüllt wird. Als Gewichtsfunktionen für die Mittelbildung dienen die Ansatzfunktionen $\zeta_i(t)$. Die sogenannte Galerkinsche Vorschrift zur Bestimmung der Konstanten C_{ki} lautet demnach:

$$\int_0^{2\pi/\omega_k} F_k(C_{11}, C_{12}, \dots C_{mm})\, \zeta_i(t)\, \mathrm{d}t = 0; \; k = 1, 2, \dots n; \; i = 1, 2, \dots m \tag{7.2.18}$$

Gl. (7.2.18) ergibt $n \cdot m$ Gleichungen, aus denen die $n \cdot m$ unbekannten Konstanten bestimmt werden können.

Mit dem Ansatz (7.2.16) können im Prinzip beliebig genaue Näherungslösungen konstruiert werden, wobei es jedoch wesentlich auf die zweckmäßige Wahl der Ansatzfunktionen ankommt. Die Lösung der aus Gl. (7.2.18) entstehenden algebraischen oder transzendenten Gleichungen kann schon bei einfachen harmonischen Ansätzen eine sehr komplizierte Aufgabe sein. Eine bedeutende Vereinfachung, allerdings auch eine Einschränkung der Allgemeinheit, ergibt sich, wenn man den modifizierten

Ansatz

$$z_k = \sum_{i=1}^{m} c_i C_{ki}^* \zeta_i(t) \tag{7.2.19}$$

verwendet, wobei die Konstanten C_{ki}^* bekannte Größen sind. Für schwach nichtlineare Systeme kann man z. B. als C_{ki}^* die Komponenten der Eigenvektoren des linearisierten Systems verwenden. Wählt man speziell $C_{ki}^* = 1$, $C_{ji} = 0$ für $j \neq k$, so handelt es sich um die Eigenvektoren des im linearen Teil entkoppelten Differentialgleichungssystems (7.2.1), und die Galerkinsche Vorschrift nimmt die Form

$$\int_0^{2\pi/\omega_k} F_k(c_1, c_2, \ldots c_m, t)\, \zeta_i(t)\, \mathrm{d}t \tag{7.2.20}$$

an. Der Ansatz (7.2.19) mit $C_{ki}^* = 1$, $C_{ji} = 0$, $j \neq k$ eignet sich nur dann zur Untersuchung periodischer Schwingungen mit der Periode $2\pi/\omega_k$, wenn ω_k in der Nähe der Eigenkreisfrequenz ω_{k0} des linearen Schwingers liegt. Bei einem eingliedrigen harmonischen Ansatz ergibt die Galerkinsche Vorschrift (7.2.20) unter den genannten Voraussetzungen dieselben Ergebnisse wie die Methode der äquivalenten Linearisierung.

7.3. Nichtperiodische Bewegungen schwach nichtlinearer autonomer Systeme

Als Lösungsverfahren eignet sich das in 4.3.3. beschriebene Verfahren von Bogoljubow und Mitropolskij. Neben periodischen Lösungen können hiermit solche nichtperiodischen Lösungen der Dgl. (7.2.1) bestimmt werden, bei denen die Amplituden und Phasen zeitlich langsam veränderlich sind. Die Lösungen werden in Form asymptotischer Reihen gesucht, deren Glieder nach Potenzen von ε geordnet sind. Es sind deshalb Näherungslösungen beliebiger Ordnung in ε möglich. Hier sollen aber nur die Gleichungen für die erste Näherung explizit angegeben werden. Unter den in 7.2. gemachten Voraussetzungen wird der Ansatz so gewählt, daß die erste Näherung die Form einer Hauptschwingung des linearen Systems hat. Wegen

$$z_k = z_k(t); \quad z_j \equiv 0 \quad \text{für} \quad j \neq k \tag{7.3.1}$$

lautet der Ansatz deshalb

$$\left.\begin{aligned} z_k &= a_k(t) \cos \psi_k(t) + \sum_{i=1}^{m} \varepsilon^i \mu_{ki}(a_k, \psi_k, t) \\ z_j &= \sum_{i=1}^{m} \varepsilon^i \mu_{ji}(a_k, \psi_k, t), \quad j \neq k \end{aligned}\right\} \tag{7.3.2}$$

Die Amplituden a_k und die Phasenwinkel ψ_k sind aus den Dgln.

$$\begin{aligned} \frac{\mathrm{d}a_k}{\mathrm{d}t} &= \sum_{i=1}^{m} \varepsilon^i A_i(a_k) \\ \frac{\mathrm{d}\psi_k}{\mathrm{d}t} &= \omega_{k0} + \sum_{i=1}^{m} \varepsilon^i B_i(a_k) \end{aligned} \tag{7.3.3}$$

zu bestimmen. Die erste Näherung ist durch folgende Gl. gekennzeichnet

$$\left.\begin{aligned} z_k &= a_k(t)\cos\psi_k(t) \\ z_j &= 0, \quad j \neq k \end{aligned}\right\} \tag{7.3.4}$$

$$\begin{aligned} \frac{\mathrm{d}a_k}{\mathrm{d}t} &= \varepsilon A_1(a_k) \\ \frac{\mathrm{d}\psi_k}{\mathrm{d}t} &= \omega_{k0} + \varepsilon B_1(a_k) \end{aligned} \tag{7.3.5}$$

Die Lösung des Differentialgleichungssystems (7.2.1) ist damit in erster Näherung auf die Lösung der Dgln. (7.3.5) zurückgeführt. Die Größen $A_1(a_k)$ und $B_1(a_k)$ ergeben sich aus den Beziehungen

$$\left.\begin{aligned} A_1(a_k) &= -\frac{1}{2\pi\omega_{k0}}\int_0^{2\pi} g_k(a_k\cos\psi;\ -\omega_{k0}a_k\sin\psi_k;\ -\omega_{k0}^2 a_k\cos\psi_k)\sin\psi_k\,\mathrm{d}\psi_k \\ B_1(a_k) &= -\frac{1}{2\pi a_k\omega_{k0}}\int_0^{2\pi} g_k(a_k\cos\psi;\ -\omega_{k0}a_k\sin\psi_k;\ -\omega_{k0}^2 a_k\cos\psi_k)\cos\psi_k\,\mathrm{d}\psi_k \end{aligned}\right\} \tag{7.3.6}$$

Die Funktion g_k in Gl. (7.3.6) erhält man aus der Funktion g_k nach Gl. (7.2.2). Dabei wurde neben Gl. (7.3.4)

$$\dot{z}_k = -\omega_{k0}a_k\sin\psi_k; \quad \ddot{z}_k = -\omega_{k0}^2 a_k\cos\psi_k \tag{7.3.7}$$

verwendet.

7.4. Erzwungene Schwingungen schwach nichtlinearer Systeme bei periodischer Erregung

Es werde davon ausgegangen, daß die erzwungenen Schwingungen eines nichtlinearen Systems sich durch Dgln. der Form (7.1.9) beschreiben lassen. Von Gl. (7.2.1) unterscheiden sich diese Dgln. nur dadurch, daß in den Funktionen g_k die Zeit explizit auftritt. Entsprechend Gl. (7.1.6) kann die Zeitabhängigkeit in g_k jedoch nur durch die additiv auftretende reine Zeitfunktion zum Ausdruck kommen, da sonst eine Parametererregung vorliegen würde. Im folgenden werden ausschließlich periodische Lösungen und solche nichtperiodischen Lösungen betrachtet, bei denen sich Amplituden und Phasen zeitlich langsam verändern. Dabei gelten dieselben Voraussetzungen, die in 7.2. und 7.3. gemacht wurden. Deshalb ist es möglich, die in 4.5. beschriebenen Methoden zur Behandlung von nichtlinearen erzwungenen Schwingungen in Systemen mit einem Freiheitsgrad durch entsprechende Verallgemeinerungen auch auf Systeme mit mehreren Freiheitsgraden anzuwenden.

7.4.1. Periodische erzwungene Schwingungen

7.4.1.1. Äquivalente Linearisierung

Die äußere Erregung, die in der Dgl. (7.1.9) in den Funktionen entsprechend Gl. (7.1.6) durch $\boldsymbol{f}_0(t)$ zum Ausdruck kommt, möge periodisch mit $2\pi/\Omega$ sein. Wie bereits in 4.5.1. erwähnt, sind dann in nichtlinearen Systemen periodische Schwingungen mit der Kreisfrequenz $M/N \cdot \Omega$ möglich, wobei M, N kleine teilerfremde ganze Zahlen sind. Der wichtigste Fall periodischer Schwingungen liegt vor, wenn $M = N = 1$ ist. Es zeigt sich, daß in der ersten Näherung erzwungene Schwingungen nur für $M = N = 1$ auftreten können. Für $M \neq 1$, $N \neq 1$ sind in der ersten Näherung Schwingungen nur bei ganz bestimmten Werten der Systemparameter möglich, die unabhängig von der äußeren Erregung sind.
Harmonische Schwingungen mit der Kreisfrequenz Ω/N bezeichnet man als *subharmonisch* und solche mit der Kreisfrequenz $M\Omega$ als *superharmonisch* oder *ultraharmonisch.*
Da die Methode der äquivalenten Linearisierung nur periodische Lösungen in erster Näherung liefert, kann man nach dem in 7.2. Gesagten von den vollständig entkoppelten Dgln. (7.2.2) ausgehen, wobei jetzt aber

$$g_k = g_k(z_k, \dot{z}_k, \ddot{z}_k, t) \tag{7.4.1}$$

ist. Der Lösungsansatz

$$z_k(t) = A_k + C_k \cos\left(\frac{M}{N}\,\Omega t + \varphi_k\right) \tag{7.4.2}$$

führt die Dgln. (7.2.2) auf die äquivalenten linearen Dgln.

$$\ddot{z}_k + 2\delta_k \dot{z}_k + \left(\frac{M}{N}\,\Omega\right)^2 z_k = \varkappa_k = \left(\frac{M}{N}\,\Omega\right)^2 A_k \tag{7.4.3}$$

zurück, wenn man die „äquivalenten Koeffizienten" aus den Gln.

$$\left.\begin{aligned}
2\delta_k &= \frac{\varepsilon}{\pi \dfrac{M}{N}\,\Omega C_k} \int\limits_0^{2\pi} g_k \sin\left(\frac{M}{N}\,\Omega t + \varphi_k\right) \mathrm{d}\left(\frac{M}{N}\,\Omega t\right) \\
\left(\frac{M}{N}\,\Omega\right)^2 &= \omega_{k0}^2 - \frac{\varepsilon}{\pi C_k} \int\limits_0^{2\pi} g_k \cos\left(\frac{M}{N}\,\Omega t + \varphi_k\right) \mathrm{d}\left(\frac{M}{N}\,\Omega t\right) \\
A_k &= \frac{\varepsilon}{2\pi\omega_{k0}^2} \int\limits_0^{2\pi} g_k \,\mathrm{d}\left(\frac{M}{N}\,\Omega t\right)
\end{aligned}\right\} \tag{7.4.4}$$

bestimmt. In diesen Gln. ist

$$g_k = g_k \left[A_k + C_k \cos\left(\frac{M}{N}\,\Omega t + \varphi_k\right),\ -\frac{M}{N}\,\Omega C_k \sin\left(\frac{M}{N}\,\Omega t + \varphi_k\right), \right.$$

$$\left. -\left(\frac{M}{N}\,\Omega\right)^2 C_k \cos\left(\frac{M}{N}\,\Omega t + \varphi_k\right)\right] \tag{7.4.5}$$

Die Gleichungen (7.4.3) ergeben nur dann periodische Lösungen mit der Periode $2\pi\Big/\left(\frac{M}{N}\,\Omega\right)$, wenn $\delta_k = 0$ ist. Die Gln. (7.4.4) liefern $3n$ Gleichungen für die $3n$ Größen A_k, C_k, φ_k.

Für jeden Index k erhält man eine Näherungslösung, die die periodische erzwungene Schwingung in einer gewissen Umgebung der Stelle $\Omega = \omega_{k0}$ (es ist $M = N = 1$ zu setzen) darstellt. In dieser Umgebung schwingt das System näherungsweise in einer Form, die der $k$ten Eigenschwingung des linearen Systems entspricht.

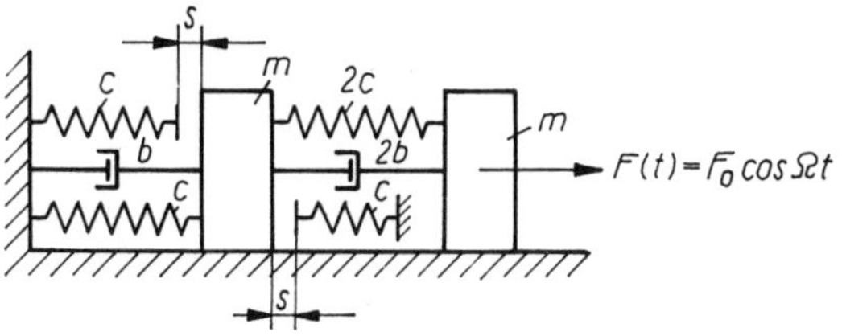

Bild 7.4.1. Nichtlinearer Schwinger mit zwei Freiheitsgraden entsprechend Beispiel 7.3

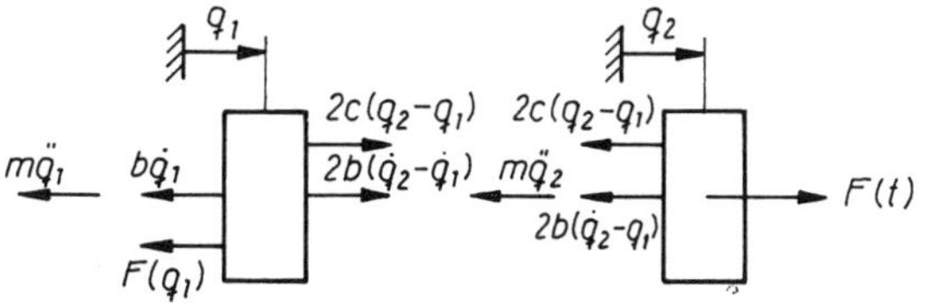

Bild 7.4.2. Kräfte an den Massen des nichtlinearen Schwingers nach Bild 7.4.1

Beispiel 7.3:

Bei einem linearen Schwinger mit zwei Freiheitsgraden werde der Ausschlag der linken Masse durch einen elastischen Anschlag begrenzt (Bild 7.4.1). Dadurch wird das System zu einem nichtlinearen Schwinger. Man bestimme mit Hilfe der äquivalenten Linearisierung den Amplituden- und Phasenfrequenzgang für das auf Hauptkoordinaten des linearen Schwingers transformierte System für den Fall $M = N = 1$.

Lösung:

In Bild 7.4.2 sind die nach dem Freischneiden an den Massen angreifenden Kräfte dargestellt, wobei die Kräfte, die auf die Bewegung keinen Einfluß haben, weggelassen wurden (eine Gleitreibung zwischen Masse und Unterlage soll nicht berücksichtigt werden).

Nach dem d'Alembertschen Prinzip erhält man folgende Bewegungsgleichungen:

$$m_1\ddot{q}_1 + b\dot{q}_1 - 2b(\dot{q}_2 - \dot{q}_1) - 2c(q_2 - q_1) + F(q_1) = 0$$
$$m_2\ddot{q}_2 + 2b(\dot{q}_2 - \dot{q}_1) + 2c(q_2 - q_1) = F(t)$$

In $F(q_1)$ sind diejenigen Federkräfte zusammengefaßt, die nur an der linken Masse angreifen.
Es ist

$$F(q_1) = \begin{cases} cq_1 & \text{für} \quad -s \leqq q_1 \leqq s \\ 2cq_1 - cs & \text{für} \quad s \leqq q_1 < \infty \\ 2cq_1 + cs & \text{für} \quad -\infty < q_1 \leqq -s \end{cases}$$

Es werde außerdem

$$F(q_1) = 2cq_1 + \varepsilon f(q_1)$$

gesetzt, wobei

$$\varepsilon f(q_1) = \begin{cases} -cq_1 & \text{für} \quad -s \leqq q_1 \leqq s \\ -cs & \text{für} \quad s \leqq q_1 < \infty \\ cs & \text{für} \quad -\infty < q_1 \leqq -s \end{cases}$$

ist. Damit lassen sich die Bewegungsgleichungen in folgender Form schreiben:

$$\ddot{q}_1 + 4\frac{c}{m}q_1 - 2\frac{c}{m}q_2 = \frac{\varepsilon}{m}\left[-f(q_1) - \frac{b}{\varepsilon}(3\dot{q}_1 - 2\dot{q}_2)\right]$$

$$\ddot{q}_2 - 2\frac{c}{m}q_1 + 2\frac{c}{m}q_2 = \frac{\varepsilon}{m}\left[\frac{F_0}{\varepsilon}\cos\Omega t - \frac{2b}{\varepsilon}(\dot{q}_2 - \dot{q}_1)\right]$$

Mit den Abkürzungen

$$\omega_0^2 = c/m, \quad 2\delta = b/m$$

erhält man schließlich in Matrizendarstellung die Gl.

$$\begin{bmatrix}1 & 0\\ 0 & 1\end{bmatrix}\cdot\begin{bmatrix}\ddot{q}_1\\ \ddot{q}_2\end{bmatrix} + 2\omega_0^2\begin{bmatrix}2 & -1\\ -1 & 1\end{bmatrix}\cdot\begin{bmatrix}q_1\\ q_2\end{bmatrix} = \varepsilon\begin{bmatrix}-f(q_1)/m & -2\delta(3\dot{q}_1 - 2\dot{q}_2)/\varepsilon\\ F_0/(\varepsilon m)\cdot\cos\Omega t & -4\delta(\dot{q}_2 - \dot{q}_1)/\varepsilon\end{bmatrix}$$

Die Lösung des Eigenwertproblems des linearen Differentialgleichungssystems ergibt die Eigenfrequenzen

$$\omega_{10} = \omega_0\sqrt{3 - \sqrt{5}} = 0{,}87403\omega_0$$

$$\omega_{20} = \omega_0\sqrt{3 + \sqrt{5}} = 2{,}28825\omega_0$$

und die normierten Eigenvektoren

$$\boldsymbol{x}_1 = \begin{bmatrix}x_{11}\\ x_{21}\end{bmatrix} = \begin{bmatrix}0{,}52573\\ 0{,}85065\end{bmatrix}, \quad \boldsymbol{x}_2 = \begin{bmatrix}x_{12}\\ x_{22}\end{bmatrix} = \begin{bmatrix}-0{,}85065\\ 0{,}52573\end{bmatrix}$$

Mit der Transformation

$$\begin{bmatrix} q_1 \\ q_2 \end{bmatrix} = \begin{bmatrix} x_{11} & x_{12} \\ x_{21} & x_{22} \end{bmatrix} \cdot \begin{bmatrix} z_1 \\ z_2 \end{bmatrix}$$

erhält man nun die auf der linken Seite entkoppelten Dgln.

$$\ddot{z}_k + \omega_{k0}^2 z_k = \varepsilon\{x_{1k}[-f(q_1)/m - 2\delta(3\dot{q}_1 - 2\dot{q}_2)/\varepsilon] + x_{2k}[F_0/(\varepsilon m) \cdot \cos \Omega t - 4\delta(\dot{q}_2 - \dot{q}_1)/\varepsilon]\}; \quad k = 1, 2 \qquad (1)$$

Setzt man in den Gln. (1) entsprechend den Festlegungen in 7.2.

$$q_j \approx x_{jk} z_k; \quad j, k = 1, 2$$

so entstehen die vollständig entkoppelten Dgln.

$$\begin{aligned} \ddot{z}_k + \omega_{k0}^2 z_k &= \varepsilon\{x_{1k} \cdot [-f(x_{1k} z_k)/m - 2\delta \cdot (3x_{1k} - 2x_{2k})\, \dot{z}_k/\varepsilon] \\ &\quad + x_{2k} \cdot [F_0/\varepsilon m \cdot \cos \Omega t - 4\delta \cdot (x_{2k} - x_{1k}) \cdot \dot{z}_k/\varepsilon]\} \\ &= \varepsilon g_k(z_k, \dot{z}_k, t) \end{aligned}$$

Mit dem Lösungsansatz (7.4.2) können nun die äquivalenten Koeffizienten nach Gl. (7.4.4) berechnet werden, wobei hier $A_k = 0$ sein muß. Wegen

$$q_1 \approx x_{1k} z_k = x_{1k} C_k \cos (\Omega t + \varphi_k) = x_{1k} C_k \cos \psi_k$$

läßt sich der Phasenwinkel ψ_{k0} berechnen, der zum Ausschlag $q_1 = s$ gehört:

$$\psi_{k0} = \arccos \left(\frac{s}{x_{1k} C_k}\right)$$

Damit gilt

$$\varepsilon f(x_{1k} C_k \cos \psi_k) = \begin{cases} -x_{1k} c C_k \cos \psi_{k0} & \text{für} \quad 0 \leqq \psi_k \leqq \psi_{k0} \\ -x_{1k} c C_k \cos \psi_k & \text{für} \quad \psi_{k0} \leqq \psi_k \leqq \pi - \psi_{k0} \\ x_{1k} c C_k \cos \psi_{k0} & \text{für} \quad \pi - \psi_{k0} \leqq \psi_k \leqq \pi \end{cases}$$

Die Integration über eine Periode der Schwingung muß bei dieser Funktion deshalb stückweise erfolgen.
Man erhält:

$$2\delta_k(C_k) = 2\left[x_{1k}^2 \left(3 - 2\,\frac{x_{2k}}{x_{1k}}\right) + 2x_{2k}^2 \left(1 - \frac{x_{1k}}{x_{2k}}\right)\right] \delta + \frac{x_{2k} F_0}{m \Omega C_k} \sin \varphi_k$$

$$\Omega^2 = \omega_{k0}^2 - \left\{2\,\frac{x_{1k}^2 c}{\pi m} \cdot \left[\arcsin \left(\frac{s}{x_{1k} C_k}\right) + \frac{s}{x_{1k} C_k} \sqrt{1 - \left(\frac{s}{x_{1k} C_k}\right)^2}\,\right] + \frac{x_{2k} F_0}{m C_k} \cos \varphi_k\right\}$$

Periodische Lösungen sind entsprechend Gl. (7.4.3) nur möglich, wenn $\delta_k(C_k) = 0$ ist.

Mit den Abkürzungen

$$\eta = \Omega/\omega_0;\ \vartheta = \delta/\omega_0;\ \vartheta_k = \delta/\omega_{k0};\ A_k = x_{1k}C_k/s$$

$$\alpha_k = 2\left[x_{1k}^2\left(3 - 2\,\frac{x_{2k}}{x_{\ k}}\right) + 2x_{2k}^2\left(1 - \frac{x_{1k}}{x_{2k}}\right)\right]$$

$$\beta_k(A_k) = 2\,\frac{x_{1k}^2\omega_0^2}{\pi\omega_{k0}^2}\left[\arcsin\,(1/A_k) + 1/A_k\cdot\sqrt{1 - 1/A_k^2}\right]$$

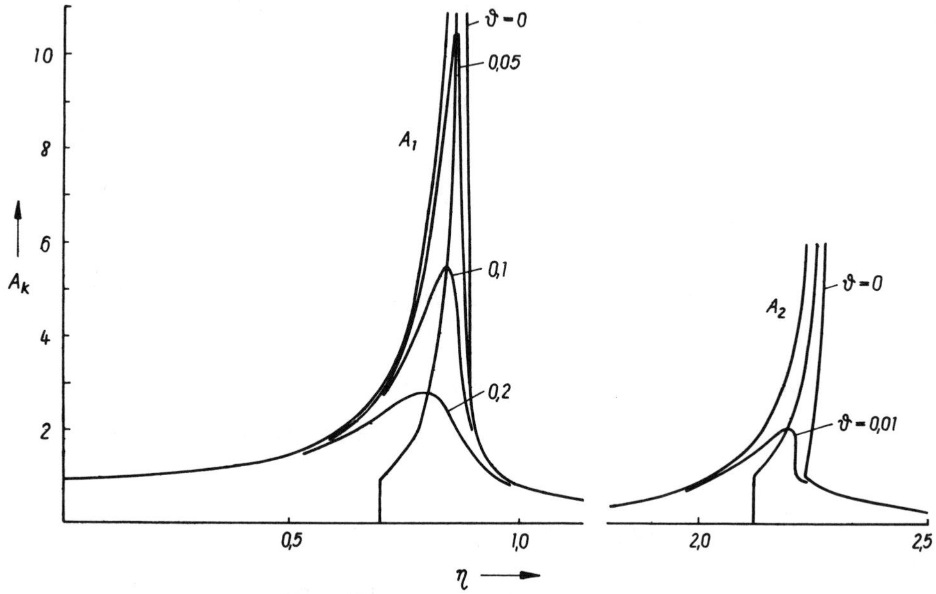

Bild 7.4.3. Amplitudenfrequenz der Schwingung nach Beispiel 7.3

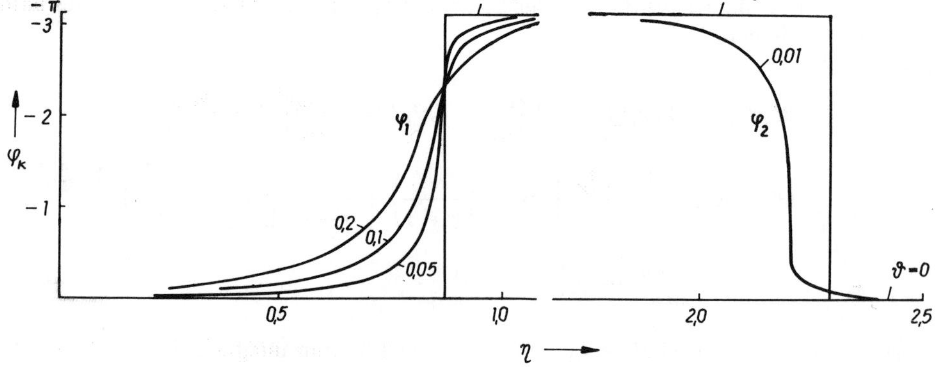

Bild 7.4.4. Phasenfrequenzgang der Schwingung nach Beispiel 7.3

erhält man die Gln.

$$\eta_{1,2}^{(k)} = \frac{\omega_{k0}}{\omega_0} \sqrt{1 - \beta_k(A_k) - \frac{1}{2}\,\alpha_k{}^2\vartheta_k{}^2 \pm \sqrt{\left[1 - \beta_k(A_k) - \frac{1}{2}\,\alpha_k{}^2\vartheta_k{}^2\right]^2 - \left(1 - \beta_k(A_k)\right)^2 + \left(\frac{x_{1k}x_{2k}\omega_0{}^2F_0}{sc\omega_{k0}^2A_k}\right)^2}}$$

und

$$\varphi_k = -\arctan \frac{\alpha_k\vartheta\eta\omega_0{}^2}{\omega_{k0}^2 \cdot [1 - \beta_k(A_k)] - \eta^2\omega_0{}^2}$$

In Bild 7.4.3 ist der Amplitudenfrequenzgang der Schwingung dargestellt. Der nichtlineare Charakter dieser Schwingung kommt für nicht zu große Werte von A_k deutlich zum Ausdruck. Mit zunehmender Größe von A_k nähert sich das System immer mehr dem linearen Schwinger mit einer zusätzlichen Feder der Steifigkeit c. Der Verlauf des Phasenwinkels ist in Bild 7.4.4 dargestellt.

7.4.1.2. Störungsrechnung

Es gelten im wesentlichen die gleichen Entwicklungen wie bei den autonomen Systemen, vgl. 7.2.2. Die Größe ω_k stellt nun aber nicht mehr eine der Eigenkreisfrequenzen, sondern diejenige Kreisfrequenz dar, mit der die periodisch erzwungene Schwingung abläuft. Es ist deshalb

$$\omega_k = \frac{M}{N}\,\Omega \tag{7.4.6}$$

zu setzen. Die Gln. (7.2.7) bis (7.2.15) gelten für einen gegebenen Index k immer nur für solche Werte von $M/N \cdot \Omega$, die in der Umgebung der Eigenkreisfrequenz ω_{k0} des linearen ungedämpften Schwingungssystems liegen. In den Funktionen g_{k0} ist bei erzwungenen Schwingungen die Zeit t explizit enthalten.

Beispiel 7.4:

Es werde der Schwinger des Beispiels 6.9 (siehe Bild 6.3.1) betrachtet, wobei jetzt die Federn eine nichtlineare Kennlinie der Gestalt

$$f(q_k) = cq_k + d \cdot q_k{}^3; \quad k = 1, 2$$

haben sollen. Man bestimme mit Hilfe der Störungsrechnung den Amplitudenfrequenzgang der Schwingung in erster Näherung für die zum linearen ungedämpften Schwinger gehörigen Hauptkoordinaten z_1, z_2.

Lösung:

Im Unterschied zum Beispiel 6.9 kann wegen der nichtlinearen Federcharakteristik beim Aufstellen der Bewegungsgleichungen nicht von der statischen Gleichgewichtslage ausgegangen werden. Die Lage $q_1 = q_2 = 0$ soll jetzt den Zustand kennzeichnen, in dem die Federn vollkommen entspannt sind. Man erhält mit Hilfe der Lagrangeschen Bewegungsgleichungen zweiter Art die folgenden Dgln:

$$\begin{bmatrix} 1 & 1/2 \\ 1/2 & 1 \end{bmatrix} \cdot \begin{bmatrix} \ddot{q}_1 \\ \ddot{q}_2 \end{bmatrix} + 3\frac{c}{m} \begin{bmatrix} 1 & 0 \\ 0 & 1 \end{bmatrix} \cdot \begin{bmatrix} q_1 \\ q_2 \end{bmatrix} = \frac{3}{m} \cdot \begin{bmatrix} mg/2 + 2/3 \cdot F(t) - d \cdot q_1{}^3 \\ mg/2 + 1/3 \cdot F(t) - d \cdot q_2{}^3 \end{bmatrix}$$

Die Lösung des linearen Problems führt auf die Eigenkreisfrequenzen

$$\omega_{10} = \omega_0/\sqrt{3}, \quad \omega_{20} = \omega_0 \quad \text{mit} \quad \omega_0 = \sqrt{6c/m}$$

und die bezüglich der Matrix

$$\boldsymbol{A}_0 = \begin{bmatrix} 1 & 1/2 \\ 1/2 & 1 \end{bmatrix}$$

normierten Eigenvektoren

$$\boldsymbol{x}_1 = \begin{bmatrix} 0{,}57735 \\ 0{,}57735 \end{bmatrix}, \quad \boldsymbol{x}_2 = \begin{bmatrix} -1 \\ 1 \end{bmatrix}$$

Mit dem Ansatz

$$\boldsymbol{q} = \boldsymbol{X} \cdot \boldsymbol{z} = [\boldsymbol{x}_1, \boldsymbol{x}_2] \cdot \boldsymbol{z}$$

erhält man die im linearen Teil entkoppelten Dgln.

$$\ddot{z}_k + \omega_{k0}^2 z_k = \frac{3}{2} g \cdot (x_{1k} + x_{2k}) - 3\frac{d}{m}(x_{1k}q_1{}^3 + x_{2k}q_2{}^3) + \frac{\hat{F}}{m}(2x_{1k} + x_{2k}) \sin \Omega t$$

In erster Näherung kann in diesen Gleichungen wieder

$$q_j \approx x_{jk} z_k$$

gesetzt werden, und man erhält schließlich

$$\begin{aligned} \ddot{z}_k + \omega_{k0}^2 z_k &= \frac{3}{2} g \cdot (x_{1k} + x_{2k}) - 3\frac{d}{m}(x_{1k}^4 + x_{2k}^4)\, z_k{}^3 + \frac{\hat{F}}{m}(2x_{1k} + x_{2k}) \sin \Omega t \\ &= \frac{3}{2} g \cdot (x_{1k} + x_{2k}) + \varepsilon g_k(z_k, t) \end{aligned}$$

Das konstante Glied auf der rechten Seite dieser Dgln. wird nicht als klein vorausgesetzt. Da entsprechend Gl. (7.2.10) die nullte Näherung die Glieder der Ordnung ε^0 enthält, lautet diese Näherung unter Berücksichtigung von Gl. (7.4.6):

$$\ddot{z}_{k0} + \Omega^2 z_{k0} = \frac{3}{2} g \cdot (x_{1k} + x_{2k})$$

Ihre allgemeine Lösung ist

$$\begin{aligned} z_{k0} &= \frac{3g}{2\Omega^2} \cdot (x_{1k} + x_{2k}) + C_k \cdot \cos(\Omega t + \varphi_{k0}) \\ &= \frac{3g}{2\omega_{k0}^2} \cdot (x_{1k} + x_{2k}) + C_k \cdot \cos(\Omega t + \varphi_{k0}) \equiv B_k + C_k \cos(\Omega t + \varphi_{k0}) \end{aligned}$$

Die Gl. der ersten Näherung hat die Gestalt

$$\ddot{z}_{k1} + \Omega^2 z_{k1} = g_{k0}(z_{k0}, t) + 2\omega_{k0}\omega_{k1}z_{k0}$$

$$= 3\,\frac{d}{m\varepsilon}\cdot(x_{1k}^4 + x_{2k}^4)\cdot[B_k + C_k\cos(\Omega t + \varphi_{k0})]^3$$

$$+ \frac{\hat{F}}{m\varepsilon}\cdot(2x_{1k} + x_{2k})\cdot\sin\Omega t + 2\omega_{k0}\omega_{k1}\cdot\bigl(B_k + C_k\cos(\Omega t + \varphi_{k0})\bigr)$$

Die Erfüllung der Periodizitätsbedingungen (7.2.14) ist gleichbedeutend mit der Forderung, daß auf der rechten Seite keine Glieder mit $\cos\Omega t$ und $\sin\Omega t$ auftreten dürfen, da diese Lösungen der homogenen Dgln. darstellen und zum Auftreten von Säkulargliedern führen würden. Mit

$$\cos^2\alpha = \frac{1}{2}(1 + \cos 2\alpha)$$

und

$$\cos^3\alpha = \frac{1}{4}(3\cos\alpha + \cos 3\alpha)$$

ergeben sich die folgenden Koeffizienten von $\cos\Omega t$ bzw. $\sin\Omega t$

$$\left\{-\frac{3d}{m\varepsilon}(x_{1k}^4 + x_{2k}^4)\cdot\left[3B_k^2C_k + \frac{3}{4}C_k^3\right] + 2\omega_{k0}\omega_{k1}C_k\right\}\cos\varphi_{k0}$$

$$\frac{\hat{F}}{m\varepsilon} + \left\{\frac{3d}{m\varepsilon}(x_{1k}^4 + x_{2k}^4)\cdot\left[3B_k^2C_k + \frac{3}{4}C_k^3\right] - 2\omega_{k0}\omega_{k1}C_k\right\}\sin\varphi_{k0}$$

Diese sind gleich Null zu setzen. Die so entstehenden Gln. haben nur dann eine Lösung, wenn $\cos\varphi_{k0} = 0$, d. h., $\varphi_{k0} = \pi/2$ bzw. $\varphi_{k0} = 3\pi/2$ ist.
Die zweite Gleichung liefert dann:

$$\omega_{k1} = \frac{3d}{2m\varepsilon\omega_{k0}}\cdot(x_{1k}^4 + x_{2k}^4)\cdot\left[3B_k^2 + \frac{3}{4}C_k^2\right] \pm \frac{\hat{F}}{2m\varepsilon\omega_{k0}C_k}$$

Wegen

$$\Omega = \omega_{k0} + \varepsilon\omega_{k1}$$

erhält man in erster Näherung

$$\Omega = \omega_{k0} + \frac{3d}{2m\omega_{k0}}\cdot(x_{1k}^4 + x_{2k}^4)\cdot\left[3B_k^2 + \frac{3}{4}C_k^2\right] \pm \frac{\hat{F}}{2m\omega_{k0}C_k}$$

Das Pluszeichen beim letzten Term auf der rechten Seite gilt für $\varphi_{k0} = \pi/2$, das Minuszeichen für $\varphi_{k0} = 3\pi/2$.
Mit den Abkürzungen

$$\eta = \frac{\Omega}{\omega_0};\quad A_k = \sqrt{\frac{d}{c}}\,C_k;\quad Q = \frac{\hat{F}}{c}\sqrt{\frac{d}{c}};\quad K = \frac{mg}{c}\sqrt{\frac{d}{c}}$$

erhält man in der Umgebung der Eigenkreisfrequenzen ω_{10} bzw. ω_{20} die dimensionslose Darstellung

$$\eta = \frac{\sqrt{3}}{3} \cdot \left[1 + \frac{1}{8}\left(\frac{3}{4} K^2 + A_1^2\right) \pm \frac{Q}{4A_1}\right]$$

$$\eta = 1 + \frac{3}{8} A_2^2 \pm \frac{Q}{12A_2}$$

Entsprechend der Bedeutung der Hauptkoordinaten stellt die erste Gl. die Resonanzkurve für die Vertikalschwingungen, die zweite Gl. für die Kippschwingungen dar. Der Einfluß der Nichtlinearität kommt in den Termen mit K^2 und A_1^2 bzw. A_2^2 zum Ausdruck.

7.4.1.3. Verfahren von Galerkin

In 7.2.3. wurde bereits hervorgehoben, daß das Verfahren von Galerkin zur Bestimmung periodischer Lösungen gut geeignet ist. Die Ansätze (7.2.16) bzw. (7.2.19) sind zur Ermittlung erzwungener periodischer Lösungen so zu wählen, daß die Funktionen $\zeta(t)$ periodisch mit der Periode $2\pi\Big/\left(\frac{M}{N}\,\Omega\right)$ sind. Außerdem ist in Gl. (7.2.17) die explizite Zeitabhängigkeit der Funktionen g_k zu beachten. Unter Beachtung dieser Unterschiede gegenüber der Untersuchung periodischer Schwingungen in autonomen Systemen gelten sämtliche Gln. von 7.2.3. auch für die erzwungenen Schwingungen.

7.4.2. Nichtperiodische erzwungene Schwingungen

Zur Untersuchung nichtperiodischer erzwungener Schwingungen bei periodischer Erregung soll hier nur das Verfahren von Bogoljubow und Mitropolski [1] beschrieben werden. Bei den folgenden Darlegungen wird auf die in 4.5.2. und 7.3. angegebenen Gln. Bezug genommen. Außerdem wird nur die erste Näherung dargestellt. In erster Näherung gilt der Ansatz (7.3.4), indem jetzt aber

$$\psi_k = \frac{M}{N}\,\Omega t + \varphi_k \tag{7.4.6}$$

zu setzen ist. Die mit der Zeit langsam veränderlichen Größen $a_k(t)$ und $\varphi_k(t)$ werden aus den Gln.

$$\begin{aligned} \frac{\mathrm{d}a_k}{\mathrm{d}t} &= \varepsilon A_1(a_k, \varphi_k) \\ \frac{\mathrm{d}\varphi_k}{\mathrm{d}t} &= \omega_{k0} - \frac{M}{N}\,\Omega + \varepsilon B_1(a_k, \varphi_k) \end{aligned} \tag{7.4.7}$$

bestimmt. Zur Berechnung der Größen $A_1(a_k, \varphi_k)$; $B_1\,(a_k, \varphi_k)$ können, wenn die Erregung periodisch ist, Beziehungen abgeleitet werden, die den Gln. (4.5.29) für Systeme mit einem Freiheitsgrad entsprechen. Das für die erste Näherung allein interessierende, von ε freie Glied der Reihe (7.2.9) hängt bei erzwungenen Schwingungen explizit von der Zeit ab, und es ist folgende Darstellung möglich:

$$g_{k0}(a_k, \psi_k, t) = \bar{g}_{k0}(a_k, \psi_k) + \bar{\bar{g}}_{k0}(t) \tag{7.4.8}$$

Die den Gln. (4.5.29) entsprechenden Beziehungen lauten mit Gl. (7.4.8)

$$\left.\begin{aligned} A_1(a_k, \varphi_k) &= -\frac{1}{2\pi\omega_{k0}} \int_0^{2\pi} \bar{g}_{k0} \sin \psi_k \, \mathrm{d}\psi_k - \frac{1}{\pi(\omega_{k0} + M\Omega)} \int_0^{2\pi} \bar{\bar{g}}_{k0}(t) \sin(M\Omega t + \varphi_k) \, \mathrm{d}(\Omega t) \\ B_1(a_k, \varphi_k) &= -\frac{1}{2\pi\omega_{k0} a_k} \int_0^{2\pi} \bar{g}_{k0} \cos \psi_k \, \mathrm{d}\psi_k - \frac{1}{\pi a_k(\omega_{k0} + M\Omega)} \int_0^{2\pi} \bar{\bar{g}}(t) \cos(M\Omega t + \varphi_k) \, \mathrm{d}(\Omega t) \end{aligned}\right. \tag{7.4.9}$$

Dabei ist

$$\bar{g}_{k0} = \bar{g}_{k0}(a_k \cos \psi_k, -\omega_{k0} a_k \sin \psi_k, -\omega_{k0}^2 a_k \cos \psi_k) \tag{7.4.10}$$

Definiert man entsprechend den Gln. (4.5.30) und (4.5.32)

$$\left.\begin{aligned} \delta_k(a_k) &= \frac{\varepsilon}{2\pi\omega_{k0} a_k} \int_0^{2\pi} \bar{g}_{k0} \sin \psi_k \, \mathrm{d}\psi_k \\ \omega_k(a_k) &= \omega_{k0} - \frac{\varepsilon}{2\pi\omega_{k0} a_k} \int_0^{2\pi} \bar{g}_{k0} \cos \psi_k \, \mathrm{d}\psi_k \end{aligned}\right\} \tag{7.4.11}$$

so kann man die Gleichungen der ersten Näherung folgendermaßen schreiben:

$$\left.\begin{aligned} z_k(t) &= a_k(t) \cdot \cos\left(\frac{M}{N} \Omega t + \varphi_k(t)\right) \\ z_j(t) &= 0, \quad j \neq k \end{aligned}\right\} \tag{7.4.12}$$

$$\left.\begin{aligned} \frac{\mathrm{d}a_k}{\mathrm{d}t} &= -\delta_k(a_k) \cdot a_k - \frac{\varepsilon}{\pi(\omega_{k0} + M\Omega)} \int_0^{2\pi} \bar{\bar{g}}_{k0}(t) \sin(M\Omega t + \varphi_k) \, \mathrm{d}(\Omega t) \\ \frac{\mathrm{d}\varphi_k}{\mathrm{d}t} &= \omega_k(a_k) - \frac{M}{N} \Omega - \frac{\varepsilon}{\pi a_k(\omega_{k0} + M\Omega)} \int_0^{2\pi} \bar{\bar{g}}_{k0}(t) \cos(M\Omega t + \varphi_k) \, \mathrm{d}(\Omega t) \end{aligned}\right\} \tag{7.4.13}$$

Die Integration der Dgln. (7.4.13), die i. allg. nur numerisch ausführbar ist, liefert die Amplituden $a_k(t)$ und die Nullphasenwinkel $\varphi_k(t)$ als langsam mit der Zeit veränderliche Funktionen. Dabei ist die Anwendung der Gln. (7.4.13) für einen beliebigen Index k nur sinnvoll, wenn $M/N \cdot \Omega$ in der Umgebung einer Eigenkreisfrequenz ω_{k0} des linearen ungedämpften Schwingers betrachtet wird. Aus den Gln. (7.4.13) ist zu ersehen, daß erzwungene Schwingungen in erster Näherung nur für $M = N = 1$ möglich sind, falls die Erregung periodisch mit $2\pi/\Omega$ erfolgt. Erzwungene Schwingungen mit $M \neq 1$ können nur dann auftreten, wenn in $\bar{\bar{g}}_{k0}(t)$ Harmonische mit der Kreisfrequenz $M\Omega$

enthalten sind. Es sei bemerkt, daß man aus Gl. (7.4.13) auch die stationären Amplituden und Phasenwinkel bestimmen kann, wenn man $da_k/dt = 0$ und $d\varphi_k/dt = 0$ setzt.
Die hier dargestellte Methode läßt sich auch auf den Fall anwenden, daß die Erregung nichtperiodisch ist. Die Gln. (7.4.13) erfahren dabei nur geringe Modifikationen. Diese Gln. lassen sich unmittelbar durch Verallgemeinerung der Gln. (4.6.5) gewinnen. Deshalb soll hier nicht noch einmal darauf eingegangen werden.

7.4.3. Sub- und ultraharmonische Schwingungen, Kombinationsfrequenzen

In 4.5. und 7.4.1. wurde bereits darauf hingewiesen, daß in nichtlinearen Systemen, die durch eine einzige harmonische Kraft mit der Kreisfrequenz Ω erregt werden, Schwingungen mit Frequenzen $M/N \cdot \Omega$ auftreten können. Ist $M = 1$ und N eine von Eins verschiedene — meist kleine — ganze Zahl, so bezeichnet man die entsprechenden Schwingungen als *Unterschwingungen* oder *subharmonische Schwingungen.* Die zu $M \neq 1$, $N = 1$ gehörigen Schwingungen heißen *Oberschwingungen* oder *ultraharmonische Schwingungen.*
Während bei linearen Systemen nur erzwungene Schwingungen mit der Kreisfrequenz Ω auftreten können und damit zu jeder Eigenfrequenz nur eine Resonanzstelle gehört, sind bei nichtlinearen Systemen weitere Resonanzen, die man als subharmonische bzw. ultraharmonische Resonanzen bezeichnet, möglich. Ist die Erregung genauso wie die Nichtlinearität und die Dämpfung klein von der Ordnung ε, so ergeben sich — wenn nur Fremderregung vorliegt — in erster Näherung keine sub- oder ultraharmonischen Schwingungen, die von der Amplitude der Erregung abhängen. Mögliche sub- oder ultraharmonische Schwingungen sind demnach ebenfalls von der Ordnung ε.
In höheren Näherungen sind — in Abhängigkeit von den Parametern des Systems — sub- und ultraharmonische Schwingungen möglich. Es ist interessant, daß unter bestimmten Voraussetzungen ein nichtlinearer Schwinger mit einem Freiheitsgrad z. B. rein subharmonische Schwingungen mit der Kreisfrequenz $\Omega/3$ exakt ausführen kann. Das soll, Magnus folgend, für den Schwinger des Beispiels 4.13 gezeigt werden. Die Dgl. lautete (die Dämpfung werde hier gleich Null gesetzt):

$$\ddot{x} + \omega_0^2 x = y\omega_0^2 \cos \Omega t - \alpha\omega_0^2 x^3$$

Es ist zu untersuchen, unter welchen Voraussetzungen das durch diese Dgl. beschriebene Schwingungssystem subharmonische Schwingungen der Form

$$x = C \cos (\Omega/3 \cdot t) \tag{7.4.14}$$

ausführen kann. Setzt man Gl. (7.4.14) in die Dgl. ein, so ergibt sich unter Verwendung trigonometrischer Umformungen

$$\cos\left(\frac{\Omega}{3}\, t\right) \cdot \left[\left(\omega_0^2 - \frac{\Omega^2}{9}\right) C + \frac{3\alpha\omega_0^2 C^3}{4}\right] + \omega_0^2 \cos \Omega t \cdot \left(\frac{\alpha C^3}{4} - y\right) = 0$$

Damit Gl. (7.4.14) eine Lösung der Dgl. ist, muß

$$C = \sqrt[3]{\frac{4y}{\alpha}}$$

und

$$\Omega = 3\omega_0 \sqrt{1 + 3/4 \cdot \alpha C^2}$$

gelten.
Für feste Werte y und α sind subharmonische Schwingungen nach Gl. (7.5.1) nur für ganz bestimmte Erregerfrequenz Ω möglich. Die Mannigfaltigkeit der Schwingungen bzw. Resonanzmöglichkeiten nimmt weiter zu, wenn auf ein nichtlineares Schwingungssystem gleichzeitig mehrere harmonische Erregungen mit unterschiedlichen Kreisfrequenzen wirken, z. B.

$$F(t) = F_1 \cos \Omega_1 t + F_2 \cos \Omega_2 t \tag{7.4.15}$$

Man zeigt mit Hilfe von Näherungsverfahren, die auch höhere Näherungen zulassen (z. B. Störungsrechnung), daß in diesem Falle Schwingungen mit folgenden Kreisfrequenzen möglich sind:

$$m\Omega_1,\, n\Omega_2,\, m\Omega_1 \pm n\Omega_2; \quad m, n, = 1, 2, 3, \ldots \tag{7.4.16}$$

Neben Schwingungen mit den Erregerfrequenzen Ω_1, Ω_2 und den Oberschwingungen $m\Omega_1$; $n\Omega_2$ (m, $n \neq 1$) können nun auch Schwingungen mit den *Kombinationsfrequenzen* $m\Omega_1 \pm n\Omega_2$ auftreten.
Hier kann auf diese Erscheinungen nicht näher eingegangen werden.

8. Parametererregte Schwingungen in Systemen mit mehreren Freiheitsgraden

In Abschnitt 5. wurden die parametererregten Schwingungen von Systemen mit einem Freiheitsgrad behandelt, und es wurde auch etwas zur Entstehung solcher Schwingungen und den dabei auftretenden Erscheinungen gesagt. Daran anknüpfend soll im folgenden ein Einblick in die Behandlung von parametererregten Schwingungen bei Systemen mit mehreren Freiheitsgraden gegeben werden. Es werden jedoch nur solche Systeme betrachtet, die auf lineare Dgln. mit periodischen Koeffizienten führen.

8.1. Lineare Systeme mit periodischen Koeffizienten

Es werde vorausgesetzt, daß sich die Dgln. der Bewegung auf die Form (7.1.9) bringen lassen. Sollen diese Bewegungsgleichungen außerdem linear sein, so müssen sich die Funktionen g_k wie folgt darstellen lassen

$$g_k(z_1, z_2, \ldots, z_n, \dot{z}_1, \dot{z}_2, \ldots, \dot{z}_n, \ddot{z}_1, \ddot{z}_2, \ldots, t)$$

$$= -\sum_{j=1}^{n} [\lambda_{kj}(t) \cdot z_j + \varkappa_{kj}(t)\, \dot{z}_j + \mu_{kj}(t)\, \ddot{z}_j] + h_k(t) \tag{8.1.1}$$

Da hier nur Parametererregung betrachtet werden soll, können im weiteren die reinen Zeitfunktionen, die eine Zwangserregung darstellen, weggelassen werden.
Die Bewegungsgleichungen haben nun die Gestalt

$$\ddot{z}_k + \omega_{k0}^2 z_k = -\varepsilon \sum_{j=1}^{n} [\lambda_{kj}(t)\, z_j + \varkappa_{kj}(t)\, \dot{z}_j + \mu_{kj}(t)\, \ddot{z}_j] \tag{8.1.2}$$

Die Zeitfunktionen $\lambda_{kj}(t)$, $\varkappa_{kj}(t)$ und $\mu_{kj}(t)$ werden als periodisch mit der gemeinsamen Periode $\tau = 2\pi/\Omega$ und als stetig vorausgesetzt. Mit dem Vektor $\boldsymbol{z}^{\mathrm{T}} = (z_1, z_2, \ldots, z_n)$ und den Matrizen

$$\boldsymbol{\Lambda} = \mathbf{diag}\,\{\omega_{10}^2, \omega_{20}^2, \ldots, \omega_{n0}^2\};\ \boldsymbol{L}(t) = (\lambda_{ij});\ \boldsymbol{K}(t) = (\varkappa_{ij});\ \boldsymbol{M}(t) = (\mu_{ij})$$

sowie der Einheitsmatrix $\boldsymbol{E}$ kann Gl. (8.1.2) als Matrizengleichung geschrieben werden:

$$[\boldsymbol{E} + \varepsilon \boldsymbol{M}(t)]\, \ddot{\boldsymbol{z}} + \varepsilon \boldsymbol{K}(t) \cdot \dot{\boldsymbol{z}} + [\boldsymbol{\Lambda} + \varepsilon \boldsymbol{L}(t)]\, \boldsymbol{z} = \boldsymbol{0} \tag{8.1.4}$$

Wie bereits in Abschnitt 5. dargestellt, interessiert man sich bei der Untersuchung von parametererregten Schwingungen vor allem für das Stabilitätsverhalten der Lösungen bei gegebenen Systemparametern, weniger für die Lösungen selbst. Die Lösungen können für gegebene Anfangsbedingungen meist nur numerisch (dabei braucht ε nicht klein zu sein) oder für $\varepsilon \ll 1$ auf analytischem Wege (z. B. mit Hilfe der Störungsrechnung) näherungsweise bestimmt werden.
Um das Verhalten der Lösungen beurteilen zu können, muß die Gestalt der Lösungen bekannt sein.
Aus der Theorie der linearen Differentialgleichungen ist bekannt, daß sich die allgemeine Lösung der Dgl. (8.1.4) aus einer Linearkombination der $2n$ linear unabhängigen Fundamentallösungen

$$\boldsymbol{z}_i^{\mathrm{T}} = (z_{1i}, z_{2i}, \ldots, z_{2n,i}) \tag{8.1.5}$$

von Gl. (8.1.4) ergibt. In Gl. (8.1.5) kennzeichnet der erste Index die Hauptkoordinate, der zweite die Fundamentallösung. Wegen der Periodizität der Koeffizienten $\lambda_{kj}(t)$, $\varkappa_{kj}(t)$ und $\mu_{kj}(t)$ mit τ stellen die Funktionen

$$z_i(t + \tau)$$

ebenfalls Lösungen der Dgl. (8.1.4) dar.
Diese Lösungen kann man — wie jede andere Lösung auch — als Linearkombination der Fundamentallösungen darstellen. Mit der von der Wahl des Fundamentalsystems abhängigen Matrix

$$\boldsymbol{B} = \begin{bmatrix} \beta_{11} & \beta_{12} & \cdots & \beta_{1,2n} \\ \beta_{21} & \beta_{22} & \cdots & \beta_{2,2n} \\ \vdots & & & \\ \beta_{2n,1} & \beta_{2n,2} & \cdots & \beta_{2n,2n} \end{bmatrix} = \text{konst} \tag{8.1.6}$$

ergibt sich

$$\boldsymbol{Z}(t + \tau) = \boldsymbol{Z}(t) \cdot \boldsymbol{B} \tag{8.1.7}$$

wobei $\boldsymbol{Z}$ die Matrix der Fundamentallösungen

$$\boldsymbol{Z} = (\boldsymbol{z}_1, \boldsymbol{z}_2, \ldots, \boldsymbol{z}_{2n}) = (z_{ki})$$

ist.
Es werde nun gefragt, ob ein solches Fundamentalsystem $\boldsymbol{U} = (\boldsymbol{u}_1, \boldsymbol{u}_2, \ldots, \boldsymbol{u}_{2n})$ existiert, für das die Beziehung (8.1.7) die einfache Form

$$\boldsymbol{U}(t + \tau) = \varrho \boldsymbol{U}(t), \quad i = 1, 2, \ldots, 2n \tag{8.1.8}$$

mit konstantem Faktor ϱ annimmt.
Zwischen dem speziellen Fundamentalsystem $\boldsymbol{u}_i(t)$ und dem allgemeinen System (8.1.5) müssen ebenfalls lineare Beziehungen bestehen:

$$\left.\begin{aligned} \boldsymbol{U}(t + \tau) &= \boldsymbol{Z}(t + \tau) \cdot \boldsymbol{\Gamma} \\ \boldsymbol{U}(t) &= \boldsymbol{Z}(t) \cdot \boldsymbol{\Gamma} \end{aligned}\right\} \tag{8.1.9}$$

mit

$$\boldsymbol{\Gamma} = \begin{bmatrix} \gamma_{11} & \gamma_{12} & \cdots & \gamma_{1,2n} \\ \gamma_{21} & \gamma_{22} & \cdots & \gamma_{2,2n} \\ \vdots & & & \\ \gamma_{2n,1} & \gamma_{2n,2} & \cdots & \gamma_{2n,2n} \end{bmatrix} = \text{konst} \tag{8.1.10}$$

Mit Gl. (8.1.9) erhält man aus Gl. (8.1.8):

$$\boldsymbol{Z}(t+\tau) \cdot \boldsymbol{\Gamma} = \varrho \boldsymbol{Z}(t) \cdot \boldsymbol{\Gamma}$$

und wegen Gl. (8.1.7):

$$\boldsymbol{Z}(t) \cdot \boldsymbol{B} \cdot \boldsymbol{\Gamma} = \varrho \boldsymbol{Z}(t) \cdot \boldsymbol{\Gamma} \tag{8.1.11}$$

Aus Gl. (8.1.9) ergibt sich, reguläre Matrix $\boldsymbol{\Gamma}$ vorausgesetzt,

$$\boldsymbol{Z}(t) = \boldsymbol{U}(t) \cdot \boldsymbol{\Gamma}^{-1}$$

und damit aus Gl. (8.1.11):

$$\boldsymbol{U} \cdot \boldsymbol{\Gamma}^{-1}(\boldsymbol{B} - \varrho \boldsymbol{E})\, \boldsymbol{\Gamma} = \boldsymbol{0}$$

Dieses homogene Gleichungssystem hat genau dann nichttriviale Lösungen $\boldsymbol{U}(t)$, wenn die Koeffizientendeterminante verschwindet:

$$\det \{\boldsymbol{\Gamma}^{-1}(\boldsymbol{B} - \varrho \boldsymbol{E})\, \boldsymbol{\Gamma}\} = \det \boldsymbol{\Gamma}^{-1} \cdot \det (\boldsymbol{B} - \varrho \boldsymbol{E}) \cdot \det \boldsymbol{\Gamma} = 0$$

Da $\boldsymbol{\Gamma}$ und $\boldsymbol{\Gamma}^{-1}$ regulär sind, folgt daraus die Forderung

$$\det (\boldsymbol{B} - \varrho \boldsymbol{E}) = 0 \tag{8.1.12}$$

Die Wurzeln der charakteristischen Gl. (8.1.12) sind unabhängig von der Wahl des Fundamentalsystems. Zur Bestimmung der Elemente β_{ik} werde ein spezielles Fundamentalsystem gewählt, das folgenden Anfangsbedingungen genügt:

$$\left.\begin{aligned} z_{ki}(0) &= \delta_{ki} \\ \dot{z}_{ki}(0) &= \delta_{k+n,i} \end{aligned}\right\} k = 1, 2, \ldots, n;\ i = 1, 2, \ldots 2n \tag{8.1.13}$$

(δ_{ki} ist das Kronecker-Symbol)
Aus Gl. (8.1.7) ergibt sich mit (8.1.13) wegen

$$\boldsymbol{Z}(\tau) = \boldsymbol{Z}(0) \cdot \boldsymbol{B};\ \dot{\boldsymbol{Z}}(\tau) = \dot{\boldsymbol{Z}}(0) \cdot \boldsymbol{B}$$

die Relation

$$\left.\begin{aligned} z_{ki}(\tau) &= \beta_{ki} \\ \dot{z}_{ki}(\tau) &= \beta_{k+n,i} \end{aligned}\right\} k = 1, 2, \ldots, n;\ i = 1, 2, \ldots, 2n \tag{8.1.14}$$

Gl. (8.1.12) kann nun in der Form

$$\begin{vmatrix} z_{11}(\tau)-\varrho & z_{12}(\tau) & \cdots & z_{1,n}(\tau) & z_{1,n+1}(\tau) & \cdots & z_{1,2n}(\tau) \\ z_{21}(\tau) & z_{22}(\tau)-\varrho & \cdots & z_{2,n}(\tau) & z_{2,n+1}(\tau) & \cdots & z_{2,2n}(\tau) \\ \vdots & \vdots & & \vdots & \vdots & & \vdots \\ z_{n,1}(\tau) & z_{n,2}(\tau) & \cdots & z_{n,n}(\tau)-\varrho & z_{n,n+1}(\tau) & \cdots & z_{n,2n}(\tau) \\ \dot{z}_{11}(\tau) & \dot{z}_{12}(\tau) & \cdots & \dot{z}_{1,n}(\tau) & \dot{z}_{1,n+1}(\tau)-\varrho & \cdots & z_{1,2n}(\tau) \\ \vdots & & & & & & \\ \dot{z}_{n,1}(\tau) & \dot{z}_{n,2}(\tau) & \cdots & \dot{z}_{n,n}(\tau) & \dot{z}_{n,n+1}(\tau) & \cdots & \dot{z}_{n,2n}(\tau)-\varrho \end{vmatrix} = 0 \qquad (8.1.15)$$

geschrieben werden.
Die Lösungen $z_{ki}(\tau)$ und $\dot{z}_{ki}(\tau)$ müssen, wie oben erwähnt, i. allg. mittels Näherungsverfahren aus der Dgl. (8.1.4) unter Berücksichtigung der Anfangsbedingungen (8.1.13) bestimmt werden. Gl. (8.1.15) führt auf ein Polynom $2n$ten Grades in ϱ

$$\varrho^{2n} + a_{2n-1}\varrho^{2n-1} + \cdots + a_1\varrho + a_0 = 0 \qquad (8.1.16)$$

mit genau $2n$ Wurzeln ϱ_i.
Nach dem Vietaschen Wurzelsatz gilt

$$\varrho_1\varrho_2 \cdots \varrho_{2n-1}\varrho_{2n} = a_0 \qquad (8.1.17)$$

Zu jeder Wurzel ϱ_i gehört eine Fundamentallösung $\boldsymbol{u}_i^{\mathrm{T}}(t) = (u_{1i}, u_{2i}, \ldots, u_{ni})$. Deren Elemente lassen sich mit Hilfe der mit τ periodischen Funktion $\varphi_{ki}(t)$ wie folgt darstellen:

$$u_{ki}(t) = \mathrm{e}^{\alpha_i t}\varphi_{ki}(t) \qquad (8.1.18)$$

Aus Gl. (8.1.8) folgt nämlich mit (8.1.18)

$$\mathrm{e}^{\alpha_i(t+\tau)}\,\varphi_{ki}(t+\tau) = \varrho_i\,\mathrm{e}^{\alpha_i t}\varphi_{ki}(t)$$

und wegen der Periodizität von φ_{ki}

$$\varrho_i = \mathrm{e}^{\alpha_i \tau} \qquad (8.1.19)$$

Die Größen

$$\alpha_i = \frac{1}{\tau}\ln \varrho_i$$

heißen *charakteristische Exponenten.* Sind sämtliche Wurzeln ϱ_i der charakteristischen Gl. (8.1.15) bzw. (8.1.16) einfach, so stellen die Lösungen (8.1.18) ein linear unabhängiges Fundamentalsystem dar, und die vollständige Lösung der Dgl. (8.1.4) erhält man als Linearkombination dieser Fundamentallösungen. In diesem Falle bestimmen die charakteristischen Exponenten, die im allgemeinen komplex sind, das Verhalten der Lösungen für unbegrenzt wachsende Werte von t.
Ist der Realteil von α_i ungleich Null, so beschreiben die Teillösungen (8.1.18) entweder angefachte oder gedämpfte Schwingungen, je nachdem, ob Re (α_i) positiv oder negativ ist.

Wegen

$$\mathrm{Re}\,(\alpha_i) = \frac{1}{\tau} \ln |\varrho_i|$$

gilt unter Berücksichtigung von Gl. (8.1.17):

$$\sum_{i=1}^{2n} \mathrm{Re}\,(\alpha_i) = \frac{1}{\tau} \ln |\varrho_1 \varrho_2 \cdots \varrho_{2n}| = \frac{1}{\tau} \ln |a_0| \tag{8.1.20}$$

Sollen die Lösungen (8.1.18) beschränkt sein, so darf keiner der Realteile der charakteristischen Exponenten größer als Null sein. Aus Gl. (8.1.20) folgt deshalb als notwendige Bedingung für die Beschränktheit der Lösung die Beziehung

$$\ln |a_0| \leqq 0$$

und damit

$$|a_0| \leqq 1 \tag{8.1.21}$$

Sind alle Realteile der charakteristischen Exponenten kleiner als Null, so bezeichnet man die Lösung als asymptotisch stabil, da für $t \to \infty$ alle Teillösungen verschwinden. Ist auch nur für eine Teillösung $\mathrm{Re}\,(\alpha_i) > 0$, so wächst diese Lösung mit $t \to \infty$ über alle Grenzen, sie ist instabil.
Ist $\mathrm{Re}\,(\alpha_i) = 0$, so ergibt sich die zugehörige Teillösung als Produkt zweier periodischer Funktionen, das nur dann ebenfalls periodisch ist, wenn die Kreisfrequenzen beider Funktionen in einem rationalen Verhältnis zueinander stehen

$$\mathrm{Im}\,(\alpha_i) = \frac{M}{N}\,\Omega; \quad M, N \text{ ganz} \tag{8.1.22}$$

Die Lösungen sind jedoch beschränkt.
Hat die charakteristische Gleichung mehrfache Wurzeln, so können neben den Lösungen (8.1.18) auch Teillösungen der Form

$$u_{ki}(t) = P_i(t)\, \mathrm{e}^{\alpha_i t}\, \varphi_{ki}(t) \tag{8.1.23}$$

auftreten.
$P_i(t)$ sind Polynome in t, deren Grad von der Vielfachheit der Wurzeln der charakteristischen Gleichung abhängt. Sofern $\mathrm{Re}\,(\alpha_i) \neq 0$ ist, ändert sich das Lösungsverhalten für $t \to \infty$ gegenüber dem Verhalten bei einfachen Wurzeln nicht. Ist jedoch $\mathrm{Re}\,(\alpha_i) = 0$, so sind die Lösungen der Form (8.1.23) unbeschränkt. Es gibt noch eine andere Möglichkeit, Aussagen über die Stabilität oder Instabilität der Lösungen der Dgl. (8.1.4) zu erhalten. Dazu muß man diese Dgl. auf analytischem Wege näherungsweise lösen und dabei die Parameter des Systems als veränderliche Größen betrachten. Die Gesamtheit dieser Parameter bildet einen Parameterraum, in dem sich Gebiete angeben lassen, in denen die Lösungen der Dgl. (8.1.4) asymptotisch stabil sind, und solche, in denen sie instabil sind. Die Stabilitätsgebiete werden im Parameterraum von den Instabilitätsgebieten durch Hyperflächen getrennt, auf denen die Lösungen periodisch oder stationär sind. Unter stationären Lösungen sind hier solche Lösungen zu verstehen, die aus periodischen Funktionen mit unterschiedlichen Perioden zusammengesetzt sind.
In praktischen Fällen ist die Kenntnis der Grenzflächen zwischen den Stabilitäts- und Instabilitätsgebieten völlig ausreichend, weil damit entschieden werden kann, für

welche Parameterkombinationen stabile bzw. instabile Lösungen vorliegen. Ob ein bestimmtes Gebiet ein Stabilitäts- oder Instabilitätsgebiet ist, kann im allgemeinen durch die Bestimmung der charakteristischen Exponenten für einen Punkt des Gebietes entschieden werden. In manchen Fällen läßt sich der Charakter des Gebietes auch aus einfachen Plausibilitätsbetrachtungen erschließen. Besonders anschaulich lassen sich die Stabilitätsgrenzen darstellen, wenn nur zwei veränderliche Parameter im System vorhanden sind (siehe Abschnitt 5.). In diesem Falle können die Parameter einem rechtwinkligen Koordinatensystem in der Ebene zugeordnet werden, in dem die Grenzflächen als ebene Kurven erscheinen.

Abschließend sei bemerkt, daß in diesem Abschnitt nur ein kleiner und sehr unvollständiger Einblick in die Probleme, die bei parametererregten Schwingungen auftreten können, gegeben werden konnte. Der an diesen Fragen interessierte Leser sei auf die weiterführende Literatur verwiesen.

9. Schwingungen von Kontinua

Unter Schwingungen von Kontinua oder Kontinuumsschwingungen versteht man im einfachsten Falle Schwingungen von elastischen Körpern mit verteilter Masse. Die mathematische Behandlung solcher Probleme führt gewöhnlich auf partielle Differentialgleichungen, für die eine geschlossene Lösung nur bei einfachen Modellen und Randbedingungen möglich ist. Deshalb gewinnen mit der zunehmenden Entwicklung der Rechentechnik mehr und mehr solche Lösungsmethoden an Bedeutung, bei denen das Problem auf dem Wege über eine Integration eines Systems gewöhnlicher Dgln. gelöst werden kann. Dazu gehören die Differenzenmethode, bei der die Differentialoperatoren der partiellen Dgln. durch Differenzenausdrücke ersetzt werden und das Ritzsche bzw. das Galerkinsche Verfahren, bei denen die unbekannten Verschiebungsfunktionen in eine Reihe von vorgegebenen Approximationsfunktionen mit noch zu bestimmenden Koeffizienten entwickelt werden. Eine sehr erfolgreiche Variante der zuletzt genannten Verfahren ist die sogenannte Finite-Elemente-Methode, bei der diese Approximationsfunktionen jeweils nur für Teilbereiche des Kontinuums — eben die finiten Elemente — ungleich Null sind.

Im Rahmen dieser Ausführungen können nur einige Standardfälle der Schwingungen von Saiten, Stäben, Balken und Platten behandelt werden. Die Einteilung geschieht hier nach der Form der partiellen Dgl., wobei auf die Aufgabenstellung (Untersuchung freier Schwingungen, erzwungener Schwingungen, Anfangswertprobleme) in unterschiedlichem Maße eingegangen wird.

9.1. Differentialgleichung 2. Ordnung — Schwingungen von Saiten und Stäben

9.1.1. Differentialgleichung der freien Schwingungen

Querschwingungen gespannter Saiten, Längsschwingungen und Torsionsschwingungen von Stäben mit konstantem Querschnitt und konstanten Materialeigenschaften lassen sich beim Fehlen äußerer Erregung durch folgende partielle Dgl. beschreiben:

$$\frac{\partial^2 u}{\partial t^2} = c^2 \cdot \frac{\partial^2 u}{\partial z^2} \tag{9.1.1}$$

Darin sind

z	die Koordinate der Achse der nichtausgelenkten Saite oder des Stabes,
t	die Zeit,
$u = u(z, t)$	die Querverschiebung v der Saite oder die Längsverschiebung w des Stabes oder der Drehwinkel φ des Stabes (Bild 9.1.1),
c	die Wellenfortpflanzungsgeschwindigkeit.

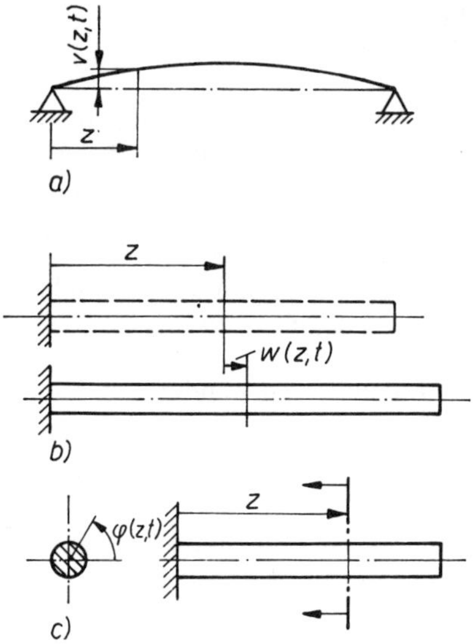

Bild 9.1.1. Schwinger mit kontinuierlicher Massenverteilung:
a) Saite, b) Stab (Längsschwingungen), c) Stab (Torsionsschwingungen)

Die Wellenfortpflanzungsgeschwindigkeit ermittelt man für Querschwingungen von Saiten aus

$$c^2 = F/(\varrho A) \qquad (9.1.2)$$

für Längsschwingungen von Stäben aus

$$c^2 = E/\varrho \qquad (9.1.3)$$

für Torsionsschwingungen von Stäben mit Kreis- oder Kreisringquerschnitt aus

$$c^2 = G/\varrho \qquad (9.1.4)$$

Hierin sind

F	die unabhängig vom Schwingungszustand als konstant vorausgesetzte Vorspannkraft der Saite,
ϱ	die Materialdichte,
A	die Querschnittsfläche,
E	der Elastizitätsmodul,
G	der Schubmodul.

Für die Lösung der Dgl. (9.1.1) sind im allgemeinen Rand- und Anfangsbedingungen notwendig, denn die Veränderliche $u = u(z, t)$ ist sowohl von einer Ortskoordinate z als auch von der Zeit abhängig. Vielfach sucht man nur periodische Lösungen, in diesem Falle kann auf Anfangsbedingungen verzichtet werden.

9.1.2. Randbedingungen

Durch die Randbedingungen werden die Funktionswerte u oder ihre Ableitungen an den Rändern des Bereiches vorgeschrieben. Für Randbedingungen gibt es mehrere Einteilungsprinzipien.
Man unterscheidet

kinematische oder dynamische Randbedingungen,
homogene oder inhomogene Randbedingungen,
skleronome oder rheonome Randbedingungen.

Kinematische Randbedingungen sind durch vorgeschriebene Verschiebungen oder Verdrehungen, *dynamische* durch vorgeschriebene Kräfte oder Momente an den Rändern bedingt. Dabei ist der Sonderfall Null eingeschlossen. *Homogene* Randbedingungen liegen vor, wenn diese für $u = 0$, $u' = 0$ erfüllt sind, anderenfalls sind sie *inhomogen*. *Skleronome* Randbedingungen sind zeitlich unveränderlich, während *rheonome* Randbedingungen sich zeitlich ändern. Im Rahmen dieses Buches kann nur auf die am häufigsten vorkommenden skleronomen, homogenen, kinematischen und dynamischen Randbedingungen eingegangen werden.
Für die partielle Dgl. 2. Ordnung sind stets 2 Randbedingungen notwendig. Bezeichnet z_R symbolisch den z-Wert am Rand, so bezeichnet

$$u(z_R, t) = 0 \tag{9.1.5}$$

die feste Einspannung der Saite oder des Stabes am Rand (kinematische Randbedingung). Ein freier Rand (fehlende Kräfte oder Momente) führt auf die dynamische Randbedingung

$$\left.\frac{\partial u}{\partial z}\right|_{z_R, t} \equiv u'(z_R, t) = 0 \tag{9.1.6}$$

Hierin ist mit dem Strich die partielle Ableitung nach z bezeichnet, während für die partielle Ableitung nach der Zeit der übergesetzte Punkt verwendet wird.

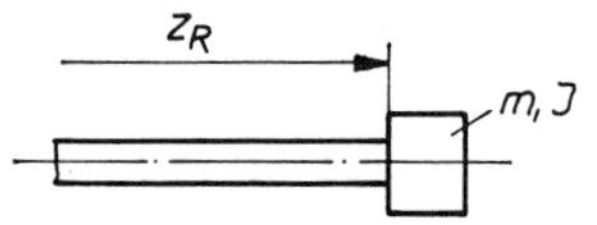

Bild 9.1.2. Stabende mit Einzelmasse

Wird ein Stab am linken oder rechten Rand mit einem sonst freien starren Körper so verbunden, daß dessen Schwerpunkt auf der verlängerten Stabachse liegt (Bild 9.1.2), so gilt folgende Randbedingung für den linken Rand

$$u'(z_R, t) - \alpha\ddot{u}(z_R, t) = 0 \tag{9.1.7}$$

oder für den rechten Rand

$$u'(z_R, t) + \alpha\ddot{u}(z_R, t) = 0 \tag{9.1.8}$$

Linker und rechter Rand sind hier durch den Richtungssinn der z-Koordinate definiert. Die Größe α ist für Stablängsschwingungen durch

$$\alpha = m/(EA) \tag{9.1.9}$$

und für Torsionsschwingungen durch

$$\alpha = J/(GI_p) \tag{9.1.10}$$

gegeben. Hierin sind

m die Masse des starren Körpers,
J sein Massenträgheitsmoment, bezogen auf die Stabachse,
A der Stabquerschnitt und
I_p sein polares Flächenträgheitsmoment.

9.1.3. Anfangsbedingungen

Anfangsbedingungen drücken den Zustand des schwingenden Gebildes zu Beginn einer Bewegung ($t = t_0$) aus. Sie haben die Form

$$\left.\begin{aligned} u(z, t_0) &= g(z) \\ \dot{u}(z, t_0) &= h(z) \end{aligned}\right\} \tag{9.1.11}$$

mit vorgeschriebenen Funktionen $g(z)$ und $h(z)$. Wie bereits bemerkt, wird auf Anfangsbedingungen verzichtet, wenn lediglich periodische Lösungen der Dgl. gesucht werden. Das ist insbesondere der Fall, wenn die Eigenfrequenzen bestimmt werden sollen, um festzustellen, ob irgendwelche Resonanzerscheinungen mit periodischen Erregungseinflüssen bekannter Frequenz zu befürchten sind.

9.1.4. D'Alembertsche Lösung

Die d'Alembertsche Lösung der Dgl. (9.1.1) ist zur Lösung des Anfangswertproblems gut geeignet, insbesondere wenn die Randbedingungen von der Art (9.1.5) oder (9.1.6) sind.
Sie hat die Form

$$u(z, t) = f_1(z - ct) + f_2(z + ct) \tag{9.1.12}$$

mit 2 Funktionen f_1 und f_2, die nicht durch die Dgl., sondern durch die Anfangsbedingungen bestimmt sind. Sie werden deshalb im allgemeinen als willkürliche Funktionen bezeichnet. Setzt man Gl. (9.1.12) in die Anfangsbedingungen (9.1.11) ein, so erhält man 2 Gleichungen für f_1 und f_2 bzw. ihre Ableitungen, deren Auflösung folgende Darstellung der d'Alembertschen Lösung erlaubt, wenn man $t_0 = 0$ setzt:

$$\left.\begin{aligned} u(z, t) &= \frac{1}{2}\left[g(z - ct) + g(z + ct) + \frac{1}{c}\int_{z-ct}^{z+ct} h(x)\,\mathrm{d}x\right] \\ \dot{u}(z, t) &= \frac{1}{2}\left[-cg'(z - ct) + cg'(z + ct) + h(z + ct) + h(z - ct)\right] \end{aligned}\right\} \tag{9.1.13}$$

Schwierigkeiten ergeben sich bei der Anwendung von Gl. (9.1.13) insofern, als die Argemente von g und h über den Definitionsbereich dieser Funktionen hinausgehen können. Um diese Schwierigkeit zu beheben, ist die Funktion fortzusetzen. Die dafür geltenden Bedingungen ergeben sich aus den Randbedingungen. Ist z. B. bei $z = z_R$ ein eingespannter Rand, so folgt aus den Gln. (9.1.5) und (9.1.13), daß eine Fortsetzung erlaubt ist, die durch

$$\left.\begin{aligned} g(z_R - x) &= -g(z_R + x) \\ h(z_R - x) &= -h(z_R + x) \end{aligned}\right\} \quad (9.1.14)$$

gekennzeichnet ist. Die Funktionen g und h setzen sich damit über den Rand punktsymmetrisch fort (Bild 9.1.3a). Ist dagegen der Rand frei, so folgt aus Gl. (9.1.6)

$$\left.\begin{aligned} g(z_R - x) &= g(z_R + x) \\ h(z_R - x) &= h(z_R + x) \end{aligned}\right\} \quad (9.1.15)$$

Die Funktionen g und h sind am freien Rand, also spiegelbildlich, fortzusetzen.

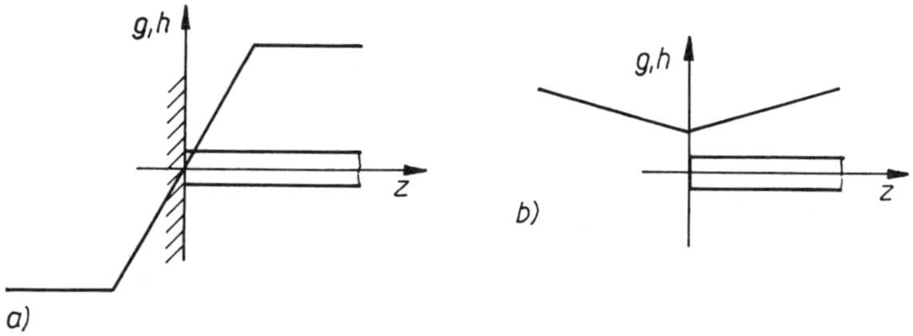

Bild 9.1.3. Fortsetzung der Lösungsfunktionen über den Definitionsbereich hinaus: a) eingespanntes Stabende, b) freies Stabende

Beispiel 9.1:

Ein Stab der Länge l ist am linken Ende ($z = 0$) eingespannt und am rechten frei. Bei $t = 0$ ist ihm eine Verschiebung eingeprägt, die durch

$$u(z, 0) = g(z) = \begin{cases} 2a \cos^2 [4\pi(1/2 - z/l)] & \text{für} \quad |1/2 - z/l| < 1/8 \\ = 0 \quad \text{für} \quad 1/8 \leqq |1/2 - z/l| \leqq 1/2 \end{cases}$$

gegeben ist (Bild 9.1.5). Die Funktion $u(z, t)$ ist anzugeben.

Bild 9.1.4. Fortsetzung der Funktion $g(z)$ nach Beispiel 9.1

Lösung:

Die Funktion $g(z)$ und ihre Fortsetzung in die Nachbarbereiche ist in Bild 9.1.4 skizziert. Die graphische Darstellung der Lösung

$$u = \frac{1}{2} [g(z - ct) + g(z + ct)]$$

zeigt, daß sich die Anfangsverschiebung in zwei Wellen teilt, die mit der Geschwindigkeit c nach links und rechts laufen und an den Enden reflektiert werden. Dabei kommt es am Einspannende zu einer Vorzeichenumkehrung (Bild 9.1.5).

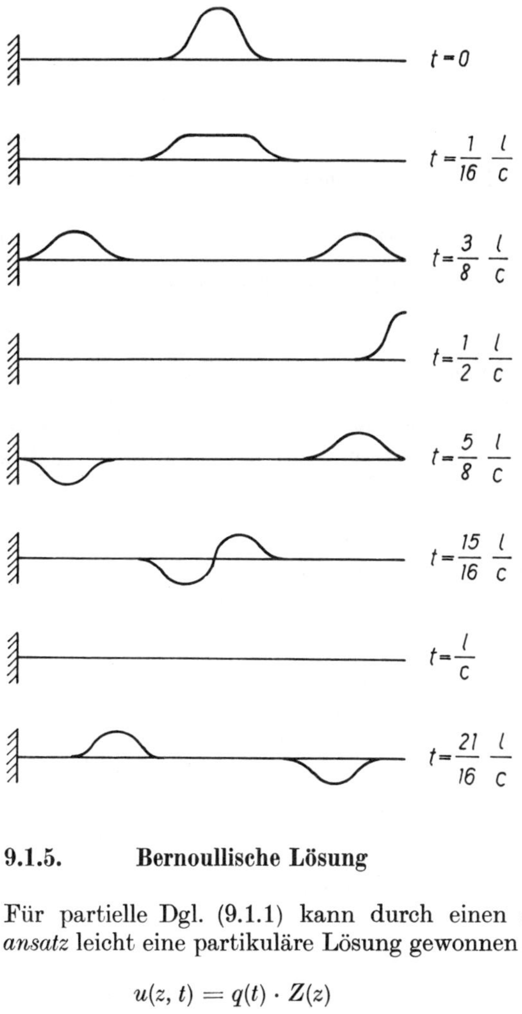

Bild 9.1.5. Längsschwingungen in einem Stab nach Beispiel 9.1

9.1.5. Bernoullische Lösung

Für partielle Dgl. (9.1.1) kann durch einen sogenannten *Bernoullischen Produktansatz* leicht eine partikuläre Lösung gewonnen werden. Man setzt

$$u(z, t) = q(t) \cdot Z(z) \tag{9.1.16}$$

und findet nach Einsetzen in die Dgl.

$$\ddot{q}(t) \cdot Z(z) = c^2 q(t)\, Z''(z)$$

Nach Division durch $q \cdot Z$ ergibt sich

$$\frac{\ddot{q}(t)}{q(t)} = c^2 \frac{Z''(z)}{Z(z)} \tag{9.1.17}$$

Weil jede Seite der Dgl. (9.1.17) Funktion einer anderen Variable ist, können beide Seiten nur gleich einer Konstanten sein. Man setzt für diese Konstante $-\omega^2$ und findet so 2 gewöhnliche Dgln.:

$$\ddot{q} + \omega^2 q = 0 \tag{9.1.18}$$

$$Z'' + \frac{\lambda^2}{l^2} Z = 0 \tag{9.1.19}$$

mit

$$\lambda^2/l^2 = \omega^2/c^2$$

bzw.

$$\omega = \lambda c/l \tag{9.1.20}$$

Gl. (9.1.18) ist die bekannte lineare Dgl. für freie ungedämpfte Schwingungen. Ihre Lösung ist

$$q(t) = A \cos \omega t + B \sin \omega t = C \sin (\omega t + \varphi) \tag{9.1.21}$$

Die allgemeine Lösung der Dgl. (9.1.19) hat prinzipiell den gleichen Aufbau:

$$Z(z) = a \cos (\lambda z/l) + b \sin (\lambda z/l) \tag{9.1.22}$$

Die Konstanten a und b sind so zu bestimmen, daß die 2 Randbedingungen befriedigt werden. Bei homogenen Randbedingungen führt das auf 2 homogene lineare Gleichungen für a und b. Ein solches Gleichungssystem hat bekanntlich nur dann nichttriviale (von Null verschiedene) Lösungen, wenn die Determinante der Koeffizientenmatrix von a und b verschwindet. Diese Bedingung führt wie bei Schwingungen mit endlich vielen Freiheitsgraden (s. 6.2.1.) auf eine charakteristische Gleichung für λ. Weil die charakteristische Gleichung jedoch transzendente Funktionen von λ enthält, gibt es jetzt unendlich viele Eigenwerte $\lambda_1, \lambda_2, \lambda_3, \ldots$ Für jedes λ_k können die Unbekannten a und b bis auf einen unbestimmten Faktor ermittelt werden. Mit Gl. (9.1.22) erhält man so unendlich viele Eigenfunktionen Z, auch Eigenschwingungsformen genannt. Andererseits gehört zu jedem λ_k über Gl. (9.1.20) eine Eigenkreisfrequenz ω_k. Bei der vorliegenden Dgl. und den hier behandelten Randbedingungen sind alle Eigenwerte nichtnegativ. Sie werden nach wachsenden Werten geordnet.

Im folgenden werden nur einige Standardfälle mit eingespannten oder freien Rändern behandelt, die die explizite Darstellung der charakteristischen Gleichung nicht erfordern. Die Stab- oder Saitenlänge ist jeweils l, die Koordinate z läuft von 0 bis l.

1. Beide Enden sind eingespannt, Randbedingungen $Z(0) = Z(l) = 0$. Ein Vergleich mit Gl. (9.1.22) zeigt, daß $a = 0$ sein muß. Durch die verbleibende Funktion $Z = b \sin (\lambda z/l)$ wird die zweite Randbedingung nur erfüllt, wenn $\lambda_k = k\pi$; $k = 1, 2, 3, \ldots$ ist. Das führt auf

$$\omega_k = k\pi c/l \tag{9.1.23}$$

und die Eigenfunktionen

$$Z_k(z) = b_k \sin (k\pi z/l) \tag{9.1.24}$$

2. Ein Ende ist eingespannt, das zweite frei. Die Randbedingungen sind $Z(0) = Z'(l) = 0$. Man findet

$$\lambda_k = (2k - 1)\, \pi/2; \qquad k = 1, 2, 3, \ldots$$

$$\omega_k = \frac{2k-1}{2} \cdot \frac{\pi c}{l} \tag{9.1.25}$$

$$Z_k = b_k \sin \left(\frac{2k-1}{2} \cdot \frac{\pi z}{l}\right) \tag{9.1.26}$$

3. Beide Enden sind frei, Randbedingungen $Z'(0) = Z'(l) = 0$. Es zeigt sich, daß $b = 0$ sein muß. Durch die verbleibende Funktion $a \cos(\lambda z/l)$ sind die Randbedingungen erfüllt für

$$\begin{aligned} \lambda_k &= k\pi; \quad k = 0, 1, 2, \dots \\ \omega_k &= k\pi c/l \end{aligned} \tag{9.1.27}$$

Die Eigenfunktionen sind

$$Z_k = a_k \cos(k\pi z/l) \tag{9.1.28}$$

Im Gegensatz zum Fall 1 (beiderseits eingespannte Enden) entspricht dem Wert $k = 0$ $(\omega_0 = 0)$ hier eine nichttriviale Eigenfunktion: $Z_0 = a_0$. Für $\omega = 0$ ist die Lösung der Dgl. (9.1.18) $q = A + Bt$. Nach dem Produktansatz ist damit auch die partikuläre Lösung für diesen Sonderfall ($a_0 = 1$ gesetzt)

$$u(z, t) = A + Bt \tag{9.1.29}$$

Das ist einfach die Verschiebung des Stabes als Ganzes ohne Verformung, die sogenannte *Starrkörperverschiebung.*

Im folgenden wird ein Beispiel vorgeführt, das die explizite Aufstellung der charakteristischen Gleichung erfordert.

Beispiel 9.2:

Eine glatte elastische Welle vom Durchmesser d mit dem Gleitmodul G und der Dichte ϱ ist drehbar frei gelagert. An ihrem linken Ende $(z = 0)$ ist eine starre Scheibe mit dem Massenträgheitsmoment J_1, am rechten Ende $(z = l)$ eine Scheibe mit dem Massenträgheitsmoment J_2 befestigt. Gesucht sind die Eigenkreisfrequenzen für die Torsionsschwingungen.
Zahlenwerte: $G = 8 \cdot 10^{10}\ \mathrm{N/m^2}$, $\varrho = 7850\ \mathrm{kg/m^3}$

$$l = 20\ \mathrm{m}, \quad J_1 = \varrho I_\mathrm{p} l, \quad J_2 = 2J_1$$

Lösung:

Die Randbedingungen sind nach Gln. (9.1.7), (9.1.8), (9.1.10), (9.1.16) und (9.1.21)

$$Z'(0) + \alpha_1\omega^2 Z(0) = 0, \quad \alpha_1 = J_1/(GI_\mathrm{p})$$

$$Z'(l) - \alpha_2\omega^2 Z'(0) = 0, \quad \alpha_2 = J_2/(GI_\mathrm{p})$$

Mit der allgemeinen Lösung nach Gl. (9.1.22) folgt daraus

$$\begin{bmatrix} \alpha_1\omega^2 & \lambda/l \\ -\lambda/l \cdot \sin\lambda - \alpha_2\omega^2 \cos\lambda & \lambda/l \cdot \cos\lambda - \alpha_2\omega^2 \sin\lambda \end{bmatrix} \begin{bmatrix} a \\ b \end{bmatrix} = \begin{bmatrix} 0 \\ 0 \end{bmatrix}$$

Die charakteristische Gl. läßt sich unter Nutzung von Gl. (9.1.20) wie folgt schreiben:

$$\frac{\lambda^2}{l^2} \cdot \left[(\alpha_1 + \alpha_2)\frac{c^2}{l}\lambda\cos\lambda - \left(\alpha_1\alpha_2\frac{c^4}{l^2}\lambda^2 - 1\right)\sin\lambda\right] = 0$$

Der Fall $\lambda = \omega = 0$ soll hier nicht interessieren. Die anderen Eigenwerte erhält man aus der transzendenten Gl.

$$\tan \lambda = \frac{(\alpha_1 + \alpha_2)\, c^2/l \cdot \lambda}{\alpha_1 \alpha_2 c^4/l^2 \cdot \lambda^2 - 1} = \frac{3\lambda}{2\lambda^2 - 1}$$

Die ersten Eigenwerte sind

$$\lambda_1 = 1{,}136; \quad \lambda_2 = 3{,}555; \quad \lambda_3 = 6{,}512; \quad \lambda_4 = 9{,}581$$

Die zugehörigen Eigenkreisfrequenzen ermitteln sich zu

$$\omega_k = \lambda_k c/l = \lambda_k/l \cdot \sqrt{G/\varrho} = \lambda_k \cdot 159{,}6\ \mathrm{s}^{-1}$$

$$\omega_1 = 181{,}3\ \mathrm{s}^{-1}; \quad \omega_2 = 567{,}4\ \mathrm{s}^{-1}; \quad \omega_3 = 1039\ \mathrm{s}^{-1}; \quad \omega_4 = 1529\ \mathrm{s}^{-1}$$

Bei Vernachlässigung der Wellenmasse, die bei den gegebenen Zahlenwerten ein Drittel des Massenträgheitsmomentes der angrenzenden Scheiben repräsentiert, ergibt sich nur eine Eigenkreisfrequenz:

$$\omega = 1{,}225 \cdot 159{,}6\ \mathrm{s}^{-1} = 195{,}5\ \mathrm{s}^{-1} = 1{,}078\,\omega_1$$

Wie bereits bemerkt, liefert der Produktansatz (9.1.16) unendlich viele partikuläre Integrale der Dgl. (9.1.1). Diese sind periodische Funktionen der Zeit, wenn man von einer möglichen Starrkörperbewegung absieht. Infolge der Linearität der Dgl. ist es erlaubt, alle diese Integrale zu einer Gesamtlösung zu addieren:

$$u(z, t) = \sum_{k=1}^{\infty} q_k(t) \cdot Z_k(z) = \sum_{k=1}^{\infty} (A_k \cos \omega_k t + B_k \sin \omega_k t) \cdot Z_k(z) \qquad (9.1.30)$$

Da die Funktionen Z_k ein vollständiges Orthogonalsystem bilden, gelingt es, auch die Anfangsbedingungen nach den Z_k zu entwickeln. Durch Koeffizientenvergleich bestimmt man dann die Konstanten A_k und B_k.

9.1.6. Erzwungene Schwingungen

Zur Untersuchung erzwungener Schwingungen muß die Dgl. (9.1.1) um ein Erregungsglied erweitert werden:

$$u - c^2 u'' = f(z, t) \qquad (9.1.31)$$

Es bedeutet bei der querschwingenden Saite:

$\varrho A \cdot f(z, t) = p(z, t)$ die auf die Längeneinheit bezogene Querbelastung,

beim längsschwingenden Stab

$\varrho A \cdot f(z, t) = p(z, t)$ die auf die Längeneinheit bezogene Längsbelastung,

beim torsionsschwingenden Stab

$\varrho I_p \cdot f(z, t) = m(z, t)$ die auf die Längeneinheit bezogene Drehmomentenbelastung.

Die folgenden Ausführungen beschränken sich auf Funktionen $f(z, t)$ mit harmonischer Zeitabhängigkeit:

$$f(z, t) = \varphi(z) \cdot \sin \Omega t \tag{9.1.32}$$

Die Entwicklung der Ortsfunktion $\varphi(z)$ nach den Eigenfunktionen der zugehörigen homogenen Dgl. ergebe

$$\varphi(z) = \sum_{k=1}^{\infty} b_k Z_k(z) \tag{9.1.33}$$

Dann findet man eine partikuläre Lösung der Dgl. (9.1.31) mit Hilfe des Ansatzes

$$u = \sum_{k=1}^{\infty} a_k Z_k(z) \cdot \sin \Omega t \tag{9.1.34}$$

Für die linke Seite von Gl. (9.1.31) erhält man unter Berücksichtigung der Gln. (9.1.19) und (9.1.20):

$$\ddot{u} - c^2 u'' = \sum_{k=1}^{\infty} (-\Omega^2 + \omega_k^2) \cdot Z_k(z) \cdot \sin \Omega t$$

Nun ist ein Koeffizientenvergleich mit der rechten Seite von Gl. (9.1.31) möglich, wobei die Gln. (9.1.32) und (9.1.33) Berücksichtigung finden:

$$a_k = \frac{b_k}{\omega_k^2 - \Omega^2} \tag{9.1.35}$$

Es seien nun alle $\omega_k \neq \Omega$. Dann ist die partikuläre Lösung gefunden:

$$u(z, t) = \sum_{k=1}^{\infty} a_k Z_k(z) \cdot \sin \Omega t = \sum_{k=1}^{\infty} \frac{b_k}{\omega_k^2 - \Omega^2} \cdot Z_k(z) \sin \Omega t \tag{9.1.36}$$

Ist ein $\omega_k = \Omega$, dann tritt Resonanz ein, die im hier vorausgesetzten dämpfungsfreien Fall zu unendlich großen Amplituden der zugehörigen Schwingungsform führt, wenn nicht $b_k = 0$ ist. Man erkennt aus Gl. (9.1.36), daß an der resultierenden Schwingungsform diejenigen Eigenfunktionen den größten Anteil haben, deren Eigenfrequenzen der Erregerfrequenz am nächsten kommen.

Beispiel 9.3:

Ein von sinusförmigem Wechselstrom (Kreisfrequenz Ω) durchflossener dünner Draht ist in einem homogenen Magnetfeld so gespannt, daß seine erste Eigenfrequenz der halben Erregerfrequenz gleich ist. Man bestimme die Funktion der Dauerschwingungen der Saite. Die Amplitude der auf die Längeneinheit bezogenen Querbelastung ist $\hat{\varphi}$.

Lösung:

Die Erregerfunktion kann mit

$$f(z, t) = \hat{\varphi} \sin \Omega t$$

angesetzt werden. Die Eigenfunktionen sind $Z_k = \sin (k\pi z/l)$. Eine Fourierentwicklung der konstanten Funktion φ im Bereich $[0, l]$ nach den Funktionen Z_k ergibt

$$\varphi = \frac{4}{\pi} \hat{\varphi} \sum_{k=1,3,5\ldots}^{\infty} \frac{\sin (k\pi z/l)}{k}$$

Mit $k = 2n + 1$, $m = 0, 1, 2, \ldots$ wird nach Gl. (9.1.36) mit $\Omega = 2\omega_1$, $\omega_k = k\omega_1$

$$u(z, t) = \frac{4\hat{p}}{\pi\omega_1^2} \sin 2\omega_1 t \cdot \sum_{n=0}^{\infty} \frac{\sin\left[(2n+1)\,\pi z/l\right]}{\left[(2n+1)^2 - 2^2\right](2n+1)}$$

Eine gute Näherung erhält man schon, wenn nur zwei Glieder der unendlichen Reihe benutzt werden:

$$u(z, t) = -\frac{4\hat{p}}{3\pi\omega_1^2} \sin 2\omega_1 t \cdot \left(\sin \frac{\pi z}{l} - \frac{1}{5} \sin \frac{3\pi z}{l}\right)$$

9.2. Balkenschwingungen

9.2.1. Differentialgleichung der freien Schwingungen

Die Biegeschwingungen von Balken werden durch eine partielle Dgl. vierter Ordnung beschrieben. Für ungedämpfte Eigenschwingungen eines Balkens mit konstantem Querschnitt hat diese die Form

$$\frac{\partial^2 v}{\partial t^2} + \frac{EI}{\varrho A} \cdot \frac{\partial^4 v}{\partial z^4} = 0 \tag{9.2.1}$$

Voraussetzung ist hier, daß x und y Hauptzentralachsen des Querschnitts sind, I ist das auf die x-Achse bezogene Flächenträgheitsmoment (Bild 9.2.1). Dabei werden

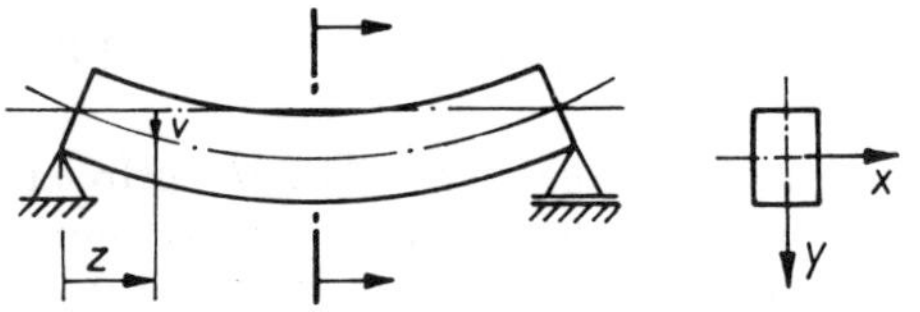

Bild 9.2.1. Zur Beschreibung der Balkenschwingungen

die Schubverformung und die Rotationsträgheit nicht berücksichtigt, das ist bei schlanken Balken üblich und zulässig.

Eine d'Alembertsche Lösung wie bei den Schwingungen von Saiten und Stäben existiert nicht, es bleibt jedoch der Bernoullische Produktansatz nach Gl. (9.1.16). Dieser führt auf die beiden gewöhnlichen Dgln.

$$\ddot{q} + \omega^2 q = 0 \tag{9.2.2}$$

und

$$Z^{(4)} - \frac{\lambda^4}{l^4} Z = 0 \tag{9.2.3}$$

mit

$$\omega = \frac{\lambda^2}{l^2} \sqrt{\frac{EI}{\varrho A}} \tag{9.2.4}$$

Die allgemeine Lösung der Dgl. (9.2.3) enthält 4 Fundamentallösungen:

$$Z = a \cos(\lambda z/l) + b \sin(\lambda z/l) + c \cosh(\lambda z/l) + d \sinh(\lambda z/l) \tag{9.2.5}$$

Zur Bestimmung der Unbekannten a, b, c, d benötigt man 4 Randbedingungen. An dieser Stelle sollen nur folgende angegeben werden:
die Einspannung (E)

$$Z(z_R) = 0, \quad Z'(z_R) = 0 \tag{9.2.6}$$

die gelenkige Lagerung (G)

$$Z(z_R) = 0, \quad Z'(z_R) = 0 \tag{9.2.7}$$

das freie Balkenende (F)

$$Z''(z_R) = 0, \quad Z'''(z_R) = 0 \tag{9.2.8}$$

Diese Randbedingungen ergeben sich aus dem Verschwinden der Verschiebung (Z), des Biegewinkels ($\arctan Z'$), des Biegemomentes ($-EIZ''$) bzw. der Querkraft ($-EIZ'''$) an den Rändern.
Durch Einsetzen der allgemeinen Lösung in die jeweils zutreffenden Randbedingungen erhält man ein homogenes Gleichungssystem für die 4 Unbekannten a, b, c, d. Durch Nullsetzen der Koeffizientendeterminante dieses Gleichungssystems entsteht die charakteristische Gleichung. Ihre Wurzeln λ werden für die Kombinationen der oben angeführten Lagerungsfälle am linken und rechten Balkenende im folgenden angegeben:

beidseitig eingespannter Balken ($E - E$)

$$\lambda_1 = 4{,}730, \quad \lambda_2 = 7{,}853; \quad \lambda_k \approx (k + 1/2)\,\pi \quad \text{für} \quad k > 2 \tag{9.2.9}$$

einseitig eingespannter, einseitig gelenkig gelagerter Balken ($E - G$)

$$\lambda_1 = 3{,}972, \quad \lambda_2 = 7{,}069; \quad \lambda_k \approx (k + 1/4)\,\pi \quad \text{für} \quad k > 2 \tag{9.2.10}$$

einseitig eingespannter, einseitig freier Balken ($E - F$)

$$\lambda_1 = 1{,}875, \quad \lambda_2 = 4{,}694; \quad \lambda_k \approx (k - 1/2)\,\pi \quad \text{für} \quad k > 2 \tag{9.2.11}$$

zweiseitig gelenkig gelagerter Balken ($G - G$)

$$\lambda_1 = 3{,}142, \quad \lambda_2 = 6{,}283, \quad \lambda_k = k\pi \tag{9.2.12}$$

Beispiel 9.4:

Ein schlanker homogener elastischer Körper mit kreisrundem Querschnitt befindet sich frei schwebend im Zustand der Schwerelosigkeit. Welche Biegeeigenfrequenzen hat er?

Lösung:

Mit den Randbedingungen (9.2.8) für $z_R = 0$ und $z_R = l$ und der allgemeinen Lösung (9.2.5) findet man folgende charakteristische Gleichung:

$$\frac{\lambda^{10}}{l^{10}} \begin{vmatrix} -1 & 0 & 1 & 0 \\ 0 & -1 & 0 & 1 \\ -\cos\lambda & -\sin\lambda & \cosh\lambda & \sinh\lambda \\ \sin\lambda & -\cos\lambda & \sinh\lambda & \cosh\lambda \end{vmatrix} = 0$$

Läßt man die Wurzel $\lambda = 0$, die der Starrkörperbewegung entspricht, außer Betracht, so erhält man durch Entwicklung der Determinante und Nutzung der Beziehungen $\cos^2 \lambda + \sin^2 \lambda = 1$, $\cosh^2 \lambda - \sinh^2 \lambda = 1$ die Eigenwertgleichung

$$\cosh \lambda \cdot \cos \lambda = 1$$

Diese hat die in Gl. (9.2.9) angegebenen Wurzeln. Damit sind nach Gl. (9.2.4) die Eigenfrequenzen zu

$$f_k = \frac{\lambda_k^2}{2\pi l^2} \sqrt{\frac{EI}{\varrho A}}$$

bestimmt.

9.2.2. Anfangswertprobleme, erzwungene Schwingungen

Die Lösung des Anfangswertproblems eines schwingenden Balkens geschieht auf eine Weise, die der Behandlung von Saiten- oder Stabschwingungen durch die Entwicklung nach Eigenfunktionen völlig analog ist. So soll der Verweis auf 9.1.5. an dieser Stelle genügen.

Bei der Berechnung erzwungener Schwingungen ist die homogene Dgl. (9.2.1) zu ersetzen durch

$$\ddot{v} + \frac{EI}{\varrho A} v^{(4)} = \frac{p(z, t)}{\varrho A} = f(z, t) \tag{9.2.13}$$

Hierin ist $p(z, t)$ die weg- und zeitabhängige Streckenlast, die in v-Richtung auf den Balken wirkt. Die Lösungsmethode unterscheidet sich prinzipiell nicht von der Lösung der Dgl. (9.1.31) für Saiten- und Stabschwingungen, so daß auch hier auf eingehendere Darlegungen verzichtet werden kann.

9.2.3. Einfaches Näherungsverfahren zur Berechnung der Eigenfrequenzen

Zur genäherten Berechnung der Eigenfrequenzen eines schwingenden Balkens mit veränderlichem Querschnitt macht man mit Vorteil von einer einfachen Variante des Ritzschen Verfahrens Gebrauch, auf die im folgenden näher eingegangen wird.

Die potentielle Energie des schwingenden Balkens läßt sich als rein quadratische Funktion der Verschiebung $v(z, t)$ ausdrücken:

$$U = U(v) = \frac{1}{2} \int_0^l EIv''^2 \, \mathrm{d}z \tag{9.2.14}$$

Das gleiche gilt für die kinetische Energie

$$T = T(\dot{v}) = \frac{1}{2} \int_0^l \varrho A \dot{v}^2 \, \mathrm{d}z + \frac{1}{2} \sum_j m_j [\dot{v}(z_j, t)]^2 + \frac{1}{2} \sum_k J_k [\dot{v}'(z_k, t)]^2 \tag{9.2.15}$$

Hierin ist berücksichtigt, daß neben der verteilten Masse des Balkens auch konzentrierte Einzelmassen und scheibenförmige starre Körper existieren, die mit der Balkenachse an den Stellen $z = z_j$ bzw. z_k fest verbunden sind.
Der Ansatz harmonischer Eigenschwingungen, gekennzeichnet durch

$$v(z, t) = Z(z) \sin(\omega t + \varphi) \tag{9.2.16}$$

läßt folgende Darstellung der Energieausdrücke zu:

$$\left.\begin{aligned} U(v) &= \sin^2(\omega t + \varphi) \cdot U(Z) \\ T(\dot{v}) &= \omega^2 \cos^2(\omega t + \varphi) \cdot T(Z) \end{aligned}\right\} \tag{9.2.17}$$

mit

$$\left.\begin{aligned} U(Z) &= \frac{1}{2} \int_0^l EI \cdot Z''^2 \, \mathrm{d}z \\ T(Z) &= \frac{1}{2} \int_0^l \varrho A Z^2 \, \mathrm{d}z + \frac{1}{2} \sum_j m_j [Z(z_j)]^2 + \frac{1}{2} \sum_k J_k [Z'(z_k)]^2 \end{aligned}\right\} \tag{9.2.18}$$

Aus dem Energieerhaltungssatz $T + U = W$ folgt mit Gl. (9.2.17)

$$T(\dot{v}) + U(v) = U(Z) = \omega^2 T(Z)$$

Hieraus ergibt sich sofort

$$\omega^2 = U(Z)/T(Z) \tag{9.2.19}$$

Man erhält also aus Gl. (9.2.19) eine Eigenkreisfrequenz ω, wenn man die Größen U und T mit einer der Eigenfunktionen Z bildet. Jedoch ist eine solche Eigenfunktion in der Regel nicht genau bekannt, so daß man sich mit einer Näherungsfunktion $u(z)$ der Eigenfunktion begnügen muß. Es gilt nun folgender Satz, der ohne Beweis angegeben werden soll:
Für jede *zulässige Funktion* $u(z)$ ist der Rayleighsche Quotient $R(u) = U(u)/T(u)$ eine obere Schranke für das Quadrat der kleinsten Eigenkreisfrequenz:

$$\omega_1^2 \leqq R(u) \equiv U(u)/T(u) \tag{9.2.20}$$

Zulässige Funktionen sind beim vorliegenden Problem solche Funktionen, die mindestens zweimal stetig differenzierbar sind und den homogenen kinematischen Randbedingungen genügen. Für Balkenschwingungen sind homogene kinematische Randbedingungen von der Art

$$\left.\begin{aligned} &u(z_\mathrm{R}) = 0; \; u'(z_\mathrm{R}) = 0 \\ \text{oder} \quad & \\ &\alpha \cdot u(z_\mathrm{R}) + \beta \cdot u'(z_\mathrm{R}) = 0 \end{aligned}\right\} \tag{9.2.21}$$

Der Rayleighsche Quotient ist eine um so bessere Näherung für ω_1, je weniger sich $u(z)$ und $Z_1(z)$ unterscheiden. Auch die zusätzliche Erfüllung der dynamischen Randbedingungen durch $u(z)$ verbessert die Näherung. Zulässige Funktionen, die sowohl die kinematischen als auch die dynamischen Randbedingungen befriedigen, heißen Vergleichsfunktionen. Die Näherung wird dagegen schlecht, wenn solche zulässigen Funktionen gewählt werden, die zusätzliche kinematische Randbedingungen der Art (9.2.21) befriedigen, die die Eigenfunktion $Z_1(z)$ nicht erfüllt, oder wenn die zulässige Funktion Eigenschaften hat, die Merkmale höherer Eigenfunktionen sind (z. B. Nullstellen).

Beispiel 9.5:

Ein Balken mit konstantem Querschnitt von der Länge l ist einseitig eingespannt und trägt am anderen Ende eine starre Scheibe mit der Masse m und dem Massenträgheitsmoment $J = mR^2/4$. Mit Hilfe des Rayleighschen Quotienten ist die erste Eigenfrequenz näherungsweise für $m = \varrho A l$ und $R = l/2$ zu bestimmen.

Lösung:

Für eine grobe Näherung genügt als zulässige Funktion $Z = z^2$. Diese erfüllt die kinematischen Randbedingungen $Z'(0) = Z(0) = 0$. Man erhält nach den Gln. (9.2.14) und (9.2.18)

$$U(Z) = \frac{1}{2} \int_0^l EI \cdot Z''^2 = 2EIl$$

$$T(Z) = \frac{1}{2} \int_0^l \varrho A Z^2 \, dz + \frac{1}{2} m \cdot [Z(l)]^2 + \frac{1}{2} J \cdot [Z'(l)]^2 = \frac{29}{40} \varrho A l^5$$

Nach Gl. (5) ergibt sich

$$\omega_1 \leqq \sqrt{\frac{U(Z)}{T(Z)}} = 1{,}661 \cdot \frac{1}{l^2} \sqrt{\frac{EI}{\varrho A}}$$

Die „exakte Lösung“ ergibt sich dagegen zu

$$\omega_1 = 1{,}475 \cdot \frac{1}{l^2} \sqrt{\frac{EI}{\varrho A}}$$

9.3. Plattenschwingungen

Die folgenden Ausführungen beschränken sich auf die einfachsten Aufgaben zur Bestimmung der Eigenfrequenzen und Eigenschwingungsformen von Platten. Sie sollten deshalb als eine Art Einführung verstanden werden und das Verständnis weiterführender Literatur oder die Benutzung von Handbüchern erleichtern.

9.3.1. Differentialgleichung und Randbedingungen

Die Differentialgleichung für freie Schwingungen hinreichend dünner Platten konstanter Dicke lautet nach der *Kirchhoffschen Theorie*:

$$N \,\Delta\Delta w + \varrho h \ddot{w} = 0 \tag{9.3.1}$$

Hierin bedeuten

$N = Eh^3/[12(1 - \nu^2)]$ die Plattensteifigkeit (E Elastizitätsmodul, ν Querdehnungszahl)

h die Plattendicke

ϱ die Dichte

w die Verschiebung der Platte senkrecht zur Plattenmittelfläche

Mit $\triangle$ ist der *Laplacesche Operator* bezeichnet. Für kartesische Koordinaten (Bild 9.3.1a) hat dieser die Form

$$\triangle = \frac{\partial^2}{\partial x^2} + \frac{\partial^2}{\partial y^2} \tag{9.3.2}$$

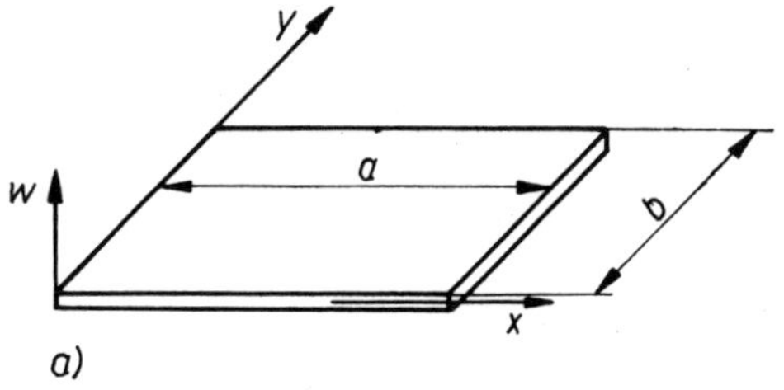

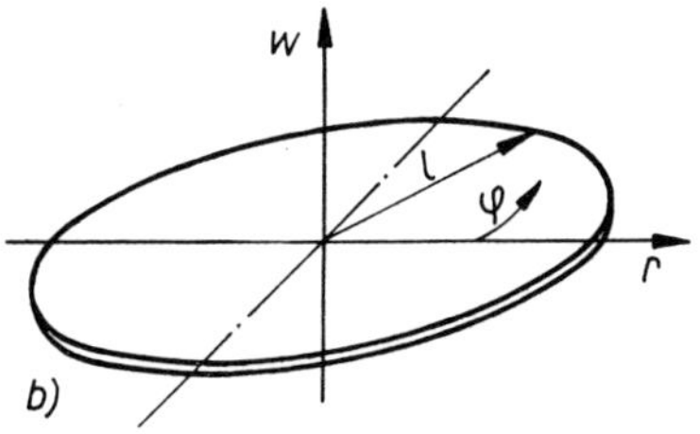

Bild 9.3.1. Zur Beschreibung von Plattenschwingungen:
a) Rechteckplatte, b) Kreisplatte

und für Polarkoordinaten (Bild 9.3.1b)

$$\triangle = \frac{\partial^2}{\partial r^2} + \frac{1}{r} \cdot \frac{\partial}{\partial r} + \frac{1}{r^2} \cdot \frac{\partial^2}{\partial \varphi^2} \tag{9.3.3}$$

Auch die Randbedingungen hängen vom gewählten Koordinatensystem ab. Bei kartesischen Koordinaten gelten an einem Rand $y = y_k =$ konst folgende Bedingungen: eingespannter Rand:

$$w(y_R) = (\partial w/\partial x)_{y_R} = 0 \tag{9.3.4}$$

gelenkig gelagerter Rand (auch als „frei aufliegend“ bezeichnet)

$$w(y_R) = (\partial^2 w/\partial y^2)_{y_R} = 0 \tag{9.3.5}$$

freier Rand

$$(\triangle w)_{y_R} = [\partial^3 w/\partial y^3 + (2 - \nu) \cdot \partial^3 w/\partial x^2\, \partial y]_{y_R} = 0 \tag{9.3.6}$$

Die Randbedingungen an einem Rand $r = r_R$ = konst können wie folgt formuliert werden, wenn zur Abkürzung $\partial w/\partial r = w_r$ und $\partial w/\partial \varphi = w_\varphi$ gesetzt wird:
eingespannter Rand

$$w(r_R) = (w_r)_{r_R} = 0 \tag{9.3.7}$$

gelenkig gelagerter Rand (auch als „frei aufliegend" bezeichnet)

$$w(r_R) = (w_{rr} + \nu r^{-1} w_r)_{r_R} \tag{9.3.8}$$

freier Rand

$$\left.\begin{aligned} &[w_{rrr} + r^{-1} w_{rr} - r^{-2} w_r + (2 - \nu)\, r^{-2} w_{r\varphi\varphi} - (1 - \nu)\, r^{-2} w_{\varphi\varphi}]_{r_R} = 0 \\ &(w_{rr} + \nu r^{-1} w_r)_{r_R} = 0 \end{aligned}\right\} \tag{9.3.9}$$

Die Lösung der Dgl. (9.3.1) erfolgt ähnlich wie bei den Stab- und Balkenschwingungen durch einen Produktansatz:

$$w(x, y, t) = q(t) \cdot W(x, y) \tag{9.3.10}$$

oder

$$w(r, \varphi, t) = q(t) \cdot W(r, \varphi)$$

Das führt auf die gewöhnliche Dgl.

$$\ddot{q} + \omega^2 q = 0 \tag{9.3.11}$$

und die partielle Dgl.

$$\triangle\triangle W - \frac{\lambda^4}{l^4} W = 0 \tag{9.3.12}$$

mit

$$\lambda^4/l^4 = \omega^2 \varrho h/N$$

bzw.

$$\omega = \frac{\lambda^2}{l^2} \sqrt{\frac{N}{\varrho h}} \tag{9.3.13}$$

Dabei ist l eine frei zu wählende Bezugslänge, die eingeführt wurde, um λ dimensionslos zu machen.
Zur Ermittlung der Eigenkreisfrequenz ω der Plattenschwingungen muß also erst das durch die partielle Dgl. (9.3.12) und die Randbedingungen dargestellte Eigenwertproblem gelöst werden. Zwei Formen sollen in den folgenden Abschnitten gesondert behandelt werden: die Rechteckplatte und die Kreisplatte.

9.3.2. Rechteckplatten

Die Dgl. der Rechteckplatte, Gl. (9.3.12), kann durch einen eingliedrigen Produktansatz

$$W(x, y) = X(x) \cdot Y(y) \tag{9.3.14}$$

immer dann gelöst werden, wenn die Platte mindestens auf zwei gegenüberliegenden Rändern gelenkig gelagert ist. Der einfachste Fall liegt vor, wenn die Platte allseitig gelenkig gelagert ist. Dann ist

$$W(x, y) = \sin(\alpha\pi x/a) \cdot \sin(\beta\pi y/b); \quad \alpha, \beta = 1, 2, \ldots \tag{9.3.15}$$

Für α oder β größer als 1 wird die durch $W(x, y)$ beschriebene Plattenmittelfläche durch *Knotenlinien* $x = ka/\alpha$ bzw. $y = kb/\beta$ geteilt. Knotenlinien verbinden Punkte, die bei der Schwingung in Ruhe bleiben. Man erkennt, daß aus den Gln. (9.3.15) und (9.3.12)

$$\lambda^4 = \pi^4 l^4 (\alpha^2/a^2 + \beta^2/b^2)^2$$

folgt. Damit sind nach Gl. (9.3.13) die Eigenkreisfrequenzen durch

$$\omega = \pi^2(\alpha^2/a^2 + \beta^2/b^2)\sqrt{N/\varrho h} \tag{9.3.16}$$

gegeben. Es ist ersichtlich, daß infolge der zweiparametrigen Abhängigkeit die Verteilung der Eigenfrequenzen qualitativ anders ist als beim schwingenden Balken. Auch können gleiche Eigenfrequenzen für völlig verschiedene Eigenschwingungsformen auftreten. Das ist z. B. bei der quadratischen Platte für $\alpha = 1$, $\beta = 7$ und $\alpha = \beta = 5$ der Fall.

Für kompliziertere Randbedingungen empfiehlt sich zur Bestimmung vornehmlich der ersten Eigenfrequenz ein Näherungsverfahren, das mit dem Rayleighschen Quotienten arbeitet. Wie bei den Balkenschwingungen dargelegt, müssen die dazu verwendeten zulässigen Funktionen $W(x, y)$ die kinematischen Randbedingungen befriedigen. Es bezeichne W_x, W_y die partiellen Ableitungen von W nach x bzw. y. Dann gilt

$$\omega_1^2 \leqq \frac{N}{\varrho h} \cdot \frac{\int\limits_0^a \int\limits_0^b \{(W_{xx} + W_{yy})^2 + 2(1-\nu)\,[W_{xy}^2 - W_{xx}W_{yy}]\}\,\mathrm{d}x\,\mathrm{d}y}{\int\limits_0^a \int\limits_0^b W^2\,\mathrm{d}x\,\mathrm{d}y} \tag{9.3.17}$$

Weitere Näherungsverfahren und Angaben zu Eigenfrequenzen und Eigenschwingungsformen bei Rechteckplatten sind z. B. unter [18] zu finden.

Beispiel 9.6:

Für eine quadratische Platte, die an den Rändern $x = 0$, $y = 0$ eingespannt und an den Rändern $x = a$, $y = a$ frei ist, ist die erste Eigenkreisfrequenz abzuschätzen.

Lösung:

Als zulässige Funktion wird $W(x, y) = x^2y^2$ gewählt. Gl. (9.3.17) ergibt

$$\omega_1^2 \leqq \frac{N}{\varrho h} \frac{\int\limits_0^a \int\limits_0^a \{(2y^2 + 2x^2)^2 + 24(1-\nu)\,x^2y^2\}\,\mathrm{d}x\,\mathrm{d}y}{\int\limits_0^a \int\limits_0^a x^4y^4\,\mathrm{d}x\,\mathrm{d}y} = \frac{5N}{9ha^4}(232 - 120\nu)$$

Für $\nu = 0{,}3$ ergibt sich

$$\omega_1 \leqq 10{,}43\sqrt{N/(\varrho h a^4)}$$

9.3.3. Kreisplatten

Es soll nur die am Rand fest eingespannte Kreisplatte näher untersucht werden. Gl. (9.3.12) läßt die Schreibweisen

$$\left(\Delta - \frac{\lambda^2}{l^2}\right)\left(\Delta + \frac{\lambda^2}{l^2}\right) W = 0$$

und

$$\left(\Delta + \frac{\lambda^2}{l^2}\right)\left(\Delta - \frac{\lambda^2}{l^2}\right) W = 0$$

zu. Als Lösungen dieser beiden Dgln. können also Funktionen gelten, die Gl.

$$\left(\Delta + \frac{\lambda^2}{l^2}\right) W = 0$$

oder

$$\left(\Delta - \frac{\lambda^2}{l^2}\right) W = 0$$

befriedigen. Beide Lösungen sollen durch Produktansätze der Art

$$W(r, \varphi) = R(r) \cdot \cos k\varphi; \quad k = 0, 1, 2, \ldots \tag{9.3.18}$$

gesucht werden. Mit Gl. (9.3.3) für den Δ-Operator erhält man, wenn ein Strich die Ableitung nach r kennzeichnet,

$$R'' + \frac{1}{r} R' - k^2 \frac{1}{r^2} R \pm \frac{\lambda^2}{l^2} R = 0 \tag{9.3.19}$$

Die Lösungen dieser Gleichungen sind als *Besselsche Funktionen* $k$ter Ordnung mit reellem bzw. imaginärem Argument bekannt:

$$\begin{aligned} R(r) &= J_k(\lambda r/l) && \text{für das obere Vorzeichen} \\ R(r) &= J_k(\mathrm{j}\lambda r/l) && \text{für das untere Vorzeichen} \end{aligned} \tag{9.3.20}$$

Die Besselfunktionen lassen folgende Reihenentwicklung zu:

$$J_k(x) = \sum_{i=0}^{\infty} \frac{(-1)^i (x/2)^{2i+k}}{i!(i+k)!} \tag{9.3.21}$$

Für die Ableitungen der Besselfunktionen gilt

$$J_k'(x) = [J_{k-1}(x) - J_{k+1}(x)]/2; \quad J_0'(x) = -J_1(x) \tag{9.3.22}$$

Die Gl. (9.3.18) ergibt mit der Lösung von Gl. (9.3.19):

$$W(r, \varphi) = [A \cdot J_k(\lambda r/l) + B \cdot J_k(\mathrm{j}\lambda r/l)] \cos k\varphi \tag{9.3.23}$$

Diese Lösung ist mit 2 linear unabhängigen Teilfunktionen (Fundamentallösungen) zwar nicht vollständig für eine Dgl. 4. Ordnung, sie reicht aber für eine volle Kreisplatte (im Gegensatz zur Kreisringplatte) aus, um die Randbedingungen zu befriedigen. Für eine am Außenrand eingespannte Platte lauten diese

$$W(l, \varphi) = 0, \quad \frac{\partial}{\partial r} W(r, \varphi)|_{r=l} = 0$$

Unter Beachtung von Gl. (9.3.22) erhält man folgendes homogene lineare Gleichungssystem für die Konstanten A und B:

$$J_k(\lambda) \cdot A + J_k(\mathrm{j}\lambda) \cdot B = 0$$

$$[J_{k-1}(\lambda) - J_{k+1}(\lambda)] \cdot A + \mathrm{i}[J_{k-1}(\mathrm{j}\lambda) - J_{k+1}(\mathrm{j}\lambda)] \cdot B = 0$$

Aus der Lösungsbedingung für dieses Gleichungssystem ergibt sich schließlich die Eigenwertgleichung:

$$J_k(\lambda) \cdot [J_{-1}(\mathrm{j}\lambda) - J_{k+1}(\mathrm{j}\lambda)] + \mathrm{j}J_k(\mathrm{j}\lambda) \cdot [J_{k-1}(\lambda) - J_{k+1}(\lambda)] = 0 \qquad (9.3.24)$$

Für das Lösen dieser transzendenten Gleichungen setzt man am besten Rechenautomaten ein, die die Reihenentwicklung nach Gl. (9.3.21) nutzen. Die Reihenglieder der Funktionen mit imaginärem Argument sind entweder alle reell (k gerade) oder alle imaginär (k ungerade), so daß die Rechnung im Bereich der reellen Zahlen erfolgen kann. Der kleinste Eigenwert ergibt sich für $k = 0$ wegen $J_{-1}(\lambda) = -J_1(\lambda)$ aus der Gl.

$$J_0(\lambda) \cdot J_1(\mathrm{j}\lambda) + \mathrm{j}J_0(\mathrm{j}\lambda) \cdot J_1(\lambda) = 0 \qquad (9.3.25)$$

zu

$$\lambda = 3{,}190$$

Damit ist nach Gl. (9.3.13) auch die Eigenkreisfrequenz gefunden:

$$\omega = 10{,}18 \cdot \frac{1}{l^2} \sqrt{\frac{N}{\varrho h}} \qquad (9.3.26)$$

Zu höheren Eigenfrequenzen gehören Eigenschwingungsformen, die entweder Knotenkreise oder Knotendurchmesser oder beide gleichzeitig aufweisen.

9.4. Aufgaben zum Abschnitt 9.

Aufgabe 9.1:

Ein Bohrgestänge mit der Länge l, konstantem Querschnitt, Elastizitätsmodul E und Dichte ϱ wird frei hängend mit konstanter Geschwindigkeit v_0 aus dem Bohrloch gezogen. Dabei blockiert plötzlich der Antrieb. Zu bestimmen ist die durch dynamische Kräfte bedingte Spannung $\sigma = Eu'$ im oberen Rohrquerschnitt im Zeitabschnitt $0 < t < 4l\sqrt{\varrho/E}$.
Der blockierte Antrieb soll als Einspannung behandelt werden. Zahlenwerte: $v_0 = 1$ m/s, $E = 2 \cdot 10^{11}$ N/m², $\varrho = 7850$ kg/m³

Aufgabe 9.2:

Ein Fundamentblock von der Masse $m_0 = 1$ t wird durch Federn abgestützt, die die Gesamtmasse $m_F = 50$ kg und eine resultierende Federsteifigkeit $c_F = 10^6$ N/m aufweisen. Die Federn sind als homogener elastischer Stab zu betrachten. Zu bestimmen sind

a) die Eigenfrequenz f_0, die man bei Vernachlässigung der Federmasse erhält,
b) die erste und zweite Eigenfrequenz f_1 und f_2 unter Berücksichtigung der Federmasse sowie die Eigenwertgleichung.

Aufgabe 9.3:

Ein homogener, an den Enden gelenkig gelagerter Balken der Länge l wird in der Mitte durch eine elastische Lagerung mit der Federsteifigkeit c gestützt. Man bestimme näherungsweise die erste Biegeeigenfrequenz unter Zugrundelegung der Eigenfunktion des Balkens ohne elastische Stütze für $c = 48 \cdot EI/l^3$.

Aufgabe 9.4:

Man löse die Aufgabe 9.3 auf „exaktem Wege" unter Nutzung der Balkensymmetrie. Die Randbedingungen in der Balkenmitte ergeben sich aus der Symmetrieforderung und der Beziehung für die Querkraft. Anzugeben sind

a) die Eigenwertgleichung,
b) die erste Eigenfrequenz.

Aufgabe 9.5:

Gegeben ist eine allseitig gelenkig gelagerte Rechteckplatte mit den Seitenlängen $a = 5$ m, $b = 3$ m, der Dicke $h = 20$ mm mit $E = 2 \cdot 10^{11}$ N/m², $\varrho = 7850$ kg/m³, $\nu = 0{,}3$.
Man gebe die ersten 6 Eigenfrequenzen an und die zugehörigen Parameter α und β (Gl. (9.3.16)).

Aufgabe 9.6:

Eine Rechteckplatte ist an den Seiten $x = \pm a/2$ gelenkig gelagert, die Ränder $y = \pm b/2$ sind frei.
Man bestimme die durch Gl. (9.3.17) bestimmte obere Schranke für die erste Eigenfrequenz mit dem Ansatz $W = \cosh(\varkappa y/b) \cdot \cos(\pi x/a)$. Für $a = b$ bestimme man $\varkappa$ so, daß die Schranke ein Minimum annimmt.

10. Stabilität einer Schwingungsbewegung

10.1. Begriff der Stabilität

In den vorangegangenen Abschnitten wurde gezeigt, wie man Lösungen für Dgln. der Bewegung finden kann. Eine besondere Rolle haben dabei — wie in der Schwingungslehre natürlich — periodische Lösungen gespielt. Die Lösung beschreibt jedoch nur die Eigenschaften des mathematischen Modelles, und es erhebt sich die Frage, inwieweit diese Lösung auch das Verhalten des realen Systems widerspiegelt. Wenn man auch voraussetzt, daß das gewählte Modell alle wesentlichen Eigenschaften des wirklichen Systems berücksichtigt, so sind doch stets Einflüsse vorhanden, die nicht erfaßt werden können. Solche Einflüsse bezeichnet man als *Störungen*. Diese Störungen können entweder als Störungen der Anfangsbedingungen oder als ständige Störungen auftreten. Störungen der Anfangsbedingungen bedeuten Abweichungen vom mathematisch erfaßten Anfangszustand, während ständige Störungen zum Ausdruck bringen, daß das Verhalten des wirklichen Systems nicht exakt durch die Dgln., die das Modell beschreiben, wiedergegeben werden. In der Realität treten gewöhnlich beide Arten von Störungen gleichzeitig auf.

Das Abweichen der Lösungen einer Bewegungsgleichung beim Auftreten von Störungen, von der sogenannten *ungestörten Lösung*, ist ein Maß ihrer Stabilität. Einen Sonderfall der Stabilität der Bewegung stellt die Stabilität der Ruhelage dar. Darauf ist schon in mehreren Abschnitten dieses Buches eingegangen worden, insbesondere bei den Darlegungen zu den singulären Punkten einer Phasenkurve (4.3.1.2.), bei den selbsterregten Schwingungen (s. 4.4.), bei den parametererregten Schwingungen (Abschnitt 5.) und bei den freien Schwingungen von Systemen (s. 6.2.1.5.).

Im vorliegenden Abschnitt wird deshalb im wesentlichen nur die Zurückführung von Problemen der Stabilität einer Bewegung auf diesen Sonderfall der Stabilität der Ruhelage behandelt und im übrigen auf die erwähnten Abschnitte und die Literatur verwiesen.

Die für technische Anwendungen wichtigste Stabilitätsdefinition ist die von Ljapunov. Sie soll im folgenden, dem Gegenstand dieses Buches entsprechend, gleich auf ein Schwingungssystem angewandt dargestellt werden. Zur leichteren Verständlichkeit werden die folgenden Ausführungen i. allg. auf Schwinger mit einem Freiheitsgrad beschränkt sein. Eine Erweiterung auf endlich oder auch unendlich viele Freiheitsgrade ist ohne weiteres möglich.

Die *Stabilitätsdefinition von Ljapunov* nimmt so folgende Form an: Die ungestörten

Lösungen $q(t) = q^*(t)$ einer Dgl.

$$\ddot{q} = g(t, q, \dot{q}) \tag{10.1.1}$$

heißen stabil, wenn sich zu jeder positiven, beliebig kleinen Schranke ε eine andere positive Schranke $\eta(\varepsilon)$ derart angeben läßt, daß für alle gestörten Lösungen $q(t)$, bei denen im Anfangszeitpunkt $t = t_0$ die Ungleichungen

$$|q(t_0) - q^*(t_0)| \leqq \eta; \quad |\dot{q}(t_0) - \dot{q}^*(t)| \leqq \omega_0\eta \tag{10.1.2}$$

gelten, für alle $t > t_0$ die Ungleichungen

$$|q(t) - q^*(t_0)| \leqq \varepsilon; \quad |\dot{q}(t) - \dot{q}^*(t)| \leqq \omega_0\varepsilon \tag{10.1.3}$$

erfüllt sind. Hierin ist ω_0 eine Konstante. Gilt darüber hinaus noch

$$\lim_{t\to\infty} |q(t) - q^*(t)| = \lim_{t\to\infty} |\dot{q}(t) - \dot{q}^*(t)| = 0 \tag{10.1.4}$$

so bezeichnet man die Lösung als *asymptotisch stabil.* Kann man dagegen prinzipiell keine Schranke $\eta(\varepsilon)$ angeben, die für jedes $\varepsilon > 0$ die Bedingungen (10.1.2) erfüllt, so ist die Lösung *instabil.*

Umgangssprachlich ausgedrückt bedeuten diese Definitionen: Eine stabile gestörte Lösung verbleibt stets „in der Nähe" der ungestörten Lösung, wenn die Anfangsstörungen (= Störungen der Anfangsbedingungen) genügend klein sind. Ist die gestörte Lösung asymptotisch stabil, so ist sie auch stabil gegen ständige Störungen. Eine instabile Lösung entfernt sich stark von der ungestörten Lösung, wie klein auch die Anfangsstörungen sein mögen.

Die Ljapunovsche Stabilitätsdefinition soll im folgenden an einem einfachen Feder-Masse-Schwinger erprobt werden. Vernachlässigt man die Dämpfung, so gilt die Dgl.

$$\ddot{x} + \omega^2 x = 0$$

mit der Lösung

$$x = \hat{x} \sin(\omega t + \varphi)$$

$$\dot{x} = \omega\hat{x} \cos(\omega t + \varphi)$$

Es möge die ungestörte Lösung durch die Parameter $\hat{x}^*$ und φ^* gekennzeichnet sein. t_0 kann ohne Einschränkung der Allgemeinheit zu Null gewählt werden. Mit $\omega = \omega_0$ nehmen die Gln. (10.1.2) und (10.1.3) die Gestalt

$$|\hat{x} \sin\varphi - \hat{x}^* \sin\varphi^*| \leqq \eta; \quad |\hat{x} \cos\varphi - \hat{x}^* \cos\varphi^*| \leqq \eta \tag{10.1.5}$$

$$|\hat{x} \sin(\omega t + \varphi) - \hat{x}^* \sin(\omega t + \varphi^*)| \leqq \varepsilon; \quad |\hat{x} \cos(\omega t + \varphi) - \hat{x}^* \cos(\omega t + \varphi)^* \leqq \varepsilon \tag{10.1.6}$$

an.

Die linken Seiten aller 4 Ungleichungen (10.1.5) und (10.1.6) haben als obere Schranke

$$\sqrt{\hat{x}^2 + \hat{x}^{*2} - 2\hat{x}\hat{x}^* \cos(\varphi - \varphi^*)}$$

Man braucht diesen Wert, der bei verschwindenden Anfangsstörungen zu Null wird, nur gleich $\varepsilon = \eta$ zu setzen, und die Stabilität der gestörten Lösung im Ljapunovschen

Sinne ist erwiesen. Dagegen sind die Lösungen nicht asymptotisch stabil. Das werden sie erst, wenn der lineare Schwinger außerdem noch gedämpft ist.
Ein Gegenbeispiel stellen die freien Schwingungen eines nichtlinearen ungedämpften Schwingers, etwa eines Pendels, dar. Weil die Eigenfrequenz von der Amplitude abhängt, führen auch beliebig kleine Abweichungen der Anfangsbedingungen nach genügend langer Zeit zu endlichen Phasen- und damit Ausschlagdifferenzen. Für genügend kleine ε gibt es keine von Null verschiedene Schranke η. Man sieht, daß Instabilität im Ljapunovschen Sinne nicht unbedingt unbegrenzt wachsende Ausschläge bedeuten muß.

10.2. Differentialgleichungen der Störungen

Nicht immer ist es möglich, das im vorigen Abschnitt angegebene Ljapunovsche Stabilitätskriterium direkt anzuwenden. Das trifft insbesondere dann zu, wenn man keine allgemeine Lösung der Dgl. (10.1.1) kennt, sondern nur die partikuläre Lösung, deren Stabilität untersucht werden soll. Es sei nun $q^*(t)$ eine solche partikuläre Lösung, die gestörte Lösung soll mit

$$q(t) = y(t) + q^*(t) \tag{10.2.1}$$

bezeichnet werden, wobei die Abweichungen $y = q - q^*$ gewöhnlich einfach als *Störungen* bezeichnet werden. Setzt man den Ansatz (10.2.1) ein in die Dgl. (10.1.1), so entsteht eine homogene Dgl. Diese Dgl. der Störungen,

$$\ddot{y} = h(t, y, \dot{y}) \tag{10.2.2}$$

hat in der Regel zeitabhängige Parameter. Wenn die ungestörte Lösung $q^*(t)$ periodisch ist, so sind auch die Parameter periodisch. Die Stabilitätsdefinition nach Ljapunov läßt sich mit Hilfe der Störungen wie folgt ausdrücken:
Die ungestörte Lösung der Dgl. (10.1.1) ist stabil, wenn sich zu jeder positiven, beliebig kleinen Schranke ε eine andere positive Schranke $\eta(\varepsilon)$ derart angeben läßt, daß für alle Störungen, bei denen zum Anfangszeitpunkt t_0 die Ungleichungen

$$|y(t_0)| < \eta, \quad |\dot{y}(t_0)| < \omega_0\eta \tag{10.2.3}$$

erfüllt sind, für alle $t > t_0$ die Ungleichungen

$$|y(t)| < \varepsilon, \quad |\dot{y}(t)| < \omega_0\varepsilon \tag{10.2.4}$$

gelten. Wenn außerdem die Bedingungen

$$\lim_{t\to\infty} y(t) = \lim_{t\to\infty} \dot{y}(t) = 0 \tag{10.2.5}$$

zutreffen, so ist die ungestörte Lösung asymptotisch stabil.
Am einfachsten kann man das Stabilitätsverhalten beurteilen, wenn es gelingt, eine allgemeine Lösung der Dgl. (10.2.2) exakt zu bestimmen. Das soll am Beispiel erzwungener Schwingungen eines linearen gedämpften Schwingers gezeigt werden. Die Differentialgleichung sei mit

$$\ddot{q} + 2\delta\dot{q} + \omega_0^2 q = a\omega_0^2 \cdot \sin \Omega t \tag{10.2.6}$$

gegeben, die Stabilität der partikulären Lösung

$$q^* = \frac{a\omega_0^2}{\sqrt{(\omega_0^2 - \Omega^2)^2 + 4\delta^2\Omega^2}} \sin(\Omega t - \psi)$$

(s. a. Abschnitt 3.) soll untersucht werden. Mit dem Ansatz (10.2.1) erhält man für die Störungen die lineare homogene Dgl.

$$\ddot{y} + 2\delta\dot{y} + \omega_0^2 y = 0 \tag{10.2.7}$$

mit der allgemeinen Lösung

$$y = A\mathrm{e}^{-\delta t}\sin(\omega t + \varphi), \quad \omega = \sqrt{\omega_0^2 - \delta^2}$$

Man wählt $\eta = \varepsilon = A$ und findet, daß die Bedingung der asymptotischen Stabilität erfüllt ist.

Leider ist die Dgl. der Störungen nur selten linear, und sie hat in der Regel auch zeitabhängige Parameter. In vielen Fällen kann man jedoch auch aus der linearisierten Dgl. der Störungen Aussagen über die Stabilität der ungestörten Lösung ableiten. Insbesondere besagt das Kriterium von Persidski, angewandt auf einen Schwinger mit einem Freiheitsgrad, daß bei hinreichender Kleinheit der nichtlinearen Glieder die ungestörten Lösungen asymptotisch stabil sind, wenn die Fundamentallösungen der linearisierten Dgl. der Störungen bei beliebigen $t > t_0$ der Ungleichung

$$|y_i(t, t_0)| < B\,\mathrm{e}^{-\alpha(t-t_0)} \tag{10.2.8}$$

mit festen Werten $B, \alpha > 0$ genügen [15]. Da man oftmals die Dämpfung in den Dgln. vernachlässigt, kann man dieses Kriterium mit guter Berechtigung auch in Anspruch nehmen, wenn nur die Bedingung

$$|y_i(t, t_0)| < B \tag{10.2.9}$$

vorliegt und alle möglichen Anfachungen berücksichtigt wurden.

Beispiel 10.1: Die nichtlineare Dgl.

$$\ddot{q} + \omega_0^2 q \cdot (1 + q^2/l^2) = a\omega_0^2 \sin 3\Omega t \tag{1}$$

läßt eine subharmonische Lösung

$$q^* = A \sin \Omega t \tag{2}$$

mit

$$A^2 = \frac{4}{3} l^2(\eta^2 - 1), \quad \eta = \Omega/\omega_0 \tag{3}$$

zu, wenn

$$a = -A^3/4l^2 \tag{4}$$

ist. Die Dgl.

$$\ddot{q} + \omega_0^2 q \cdot (1 - q^2/l^2) = a\omega_0^2 \sin 3\Omega t \tag{5}$$

hat ebenfalls eine subharmonische Lösung nach Gl. (2) mit

$$A^2 = \frac{4}{3} l^2(1 - \eta^2) \tag{6}$$

wenn

$$a = A^3/4l^2 \qquad ⑦$$

gewählt wird. Es ist festzustellen, ob die Lösung ② der Dgl. ① für $\eta_1 = 2$ und die Lösung der Dgl. ⑤ für $\eta_2 = 1/2$ stabil sind.

Lösung:

Mit dem Ansatz $q = y + q^*$ und unter Berücksichtigung der Identitäten

$$\sin^3 \alpha = \frac{3}{4} \sin \alpha - \frac{1}{4} \sin 3\alpha$$

$$\sin^2 \alpha = \frac{1}{2} (1 - \cos 2\alpha)$$

erhält man nach Streichen kleiner Glieder höherer Ordnung aus der Dgl. ① die linearisierten Dgl. der Störungen

$$\ddot{y} + 7\omega_0^2 \left(1 - \frac{6}{7} \cos 4\omega_0 t\right) y = 0 \qquad ⑧$$

Mit $\omega^* = \sqrt{7}\, \omega_0$; $\Omega^* = 4\omega_0$; $\varepsilon^* = -6/7$ ergibt sich eine Form der Mathieuschen Dgl., wie sie aus 5.3. bekannt ist:

$$\ddot{y} + \omega^{*2} (1 + \varepsilon^* \cos \Omega^* t)\, y = 0 \qquad ⑨$$

Der Punkt $\Omega^*/\omega^* = 4/\sqrt{7} = 1{,}512$; $\varepsilon^* = -6/7$ liegt außerhalb der benachbarten Instabilitätsgebiete, die von $\Omega^*/\omega^* = 2$ und 1 ausgehen. Die durch die Gln. ② bis ④ charakterisierte partikuläre Lösung der Dgl. ① mit progressiver Nichtlinearität ist also stabil.

Für die Dgl. ⑤ mit degressiver Nichtlinearität und der partikulären Lösung nach den Gln. ②, ⑥ erhält man mit $\eta_2 = 1/2$ die linearisierte Dgl. der Störungen:

$$\ddot{y} - \frac{1}{2} \omega_0^2 (1 - 3 \cos \omega_0 t)\, y = 0 \qquad ⑩$$

Der negative Mittelwert des Koeffizienten von y läßt bereits vermuten, daß hier eine Instabilität vorliegt. Da es jedoch auch in diesem Bereich ein schmales Stabilitätsgebiet gibt, empfiehlt sich eine Berechnung der Größe λ nach Gl. (5.2.6), wobei die Fundamentallösungen durch numerische Integration zu bestimmen sind. Im vorliegenden Fall ist $\lambda_2 < -38$, womit die Instabilität der subharmonischen Schwingungen für die degressive Nichtlinearität erwiesen ist.

10.3. Aufgaben zum Abschnitt 10.

Aufgabe 10.1:

Die Dgl. eines linearen „Schwingers" ohne Dämpfung und Rückstellkraft:

$$m\ddot{q} = \hat{F} \sin \Omega t$$

läßt die partikuläre Lösung

$$q^*(t) = -\hat{F}/(m\Omega^2) \cdot \sin \Omega t$$

zu. Ist diese stabil nach dem Ljapunovschen Kriterium?

Augfabe 10.2:

Ändert sich die Stabilitätsaussage zu Aufgabe 10.1, wenn noch eine geschwindigkeitsproportionale Dämpfungskraft hinzugenommen wird? Die Dgl. hat nun die Gestalt

$$m\ddot{q} + b\dot{q} = \hat{F} \cdot \sin \Omega t$$

11. Lösungen zu den Aufgaben

1.1

$$y = -v_0 t + a, \quad 0 \leqq t \leqq t_0 = a/v_0$$

$$y = -v_0 \omega^{-1} \sin[\omega(t - t_0)], \quad t_0 \leqq t \leqq t_1$$

$$\omega = \sqrt{c/(m_1 + m_2)} = 3{,}266\ \mathrm{s}^{-1}, \quad v_1\omega^{-1} = m_1/(m_1 + m_2) \cdot v_0\omega^{-1} = 0{,}4082\ \mathrm{m}$$

$$t_1 = t_0 + \pi/(2\omega) = a/v_0 + \pi/(2\omega) = 2{,}481\ \mathrm{s}$$

1.2

$$y = A\left\{\sqrt{2} \cdot \frac{4 - \pi}{4\pi} + \frac{2}{\pi}\left(\frac{\pi}{4} - \frac{1}{2}\right)\cos\omega t + \frac{2}{\pi}\right.$$

$$\left.\times \sum_{k=2}^{\infty}\left[\frac{\sin[(k+1)\pi/4]}{k+1} + \frac{\sin([k-1)\pi/4]}{k-1} - \sqrt{2}\,\frac{\sin k\pi/4}{k}\right]\cos k\omega t\right\}$$

1.3

$y/A = 1 - (x/A)^2, \quad -A \leqq x, \quad y \leqq A;$ Darstellung s. Bild 11.1

1.4

s. Bild 11.2

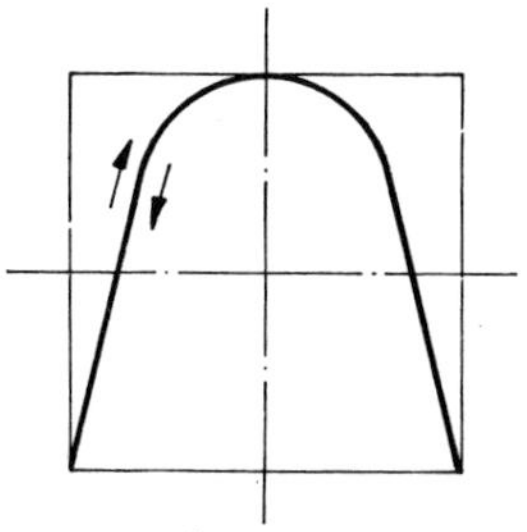

Bild 11.1. Oszillographenbild zur Aufgabe 1.3

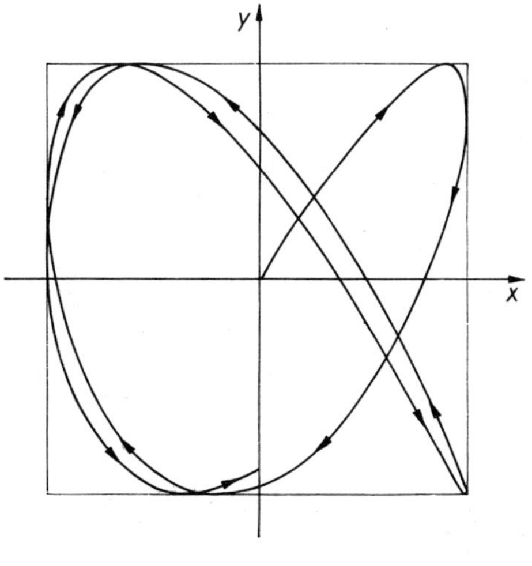

Bild 11.2. Simultane Darstellung von x und y zur Aufgabe 1.4

1.5

$$y_n = \frac{2}{\pi} + \frac{4}{\pi} \sum_{k=1}^{n} \frac{(-1)^{k+1}}{4k^2 - 1} \cos 2k\omega t$$

$$\dot{y}_n = \frac{8\omega}{\pi} \sum_{k=1}^{n} \frac{(-1)^k \cdot k}{4k^2 - 1} \sin 2k\omega t$$

Die in Bild 11.3 mit 0, 1, 2, 3 gekennzeichneten Punkte bezeichnen die Zeitpunkte $t = (0, 1, 2, 3)\,\pi/\omega$.

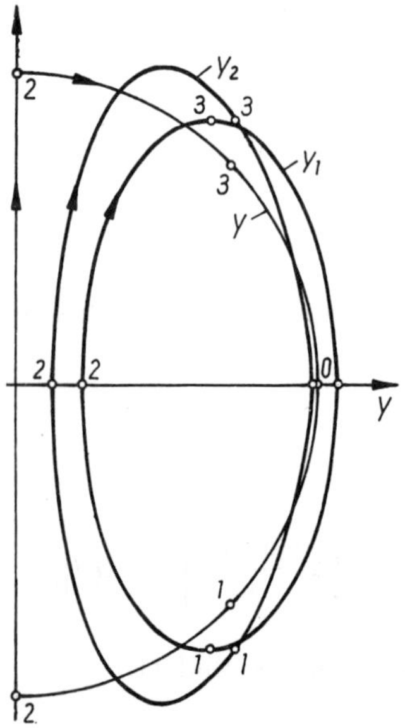

Bild 11.3. Phasenkurven zur Aufgabe 1.5

1.6

$$\bar{A}(\omega) = -\frac{\mathrm{j}}{\pi} \sin \omega t_0 = \frac{1}{\pi} \sin \omega t_0 \cdot \mathrm{e}^{-\mathrm{j}\pi/2}$$

1.7

$$\sigma = a\sqrt{2\omega_0}, \quad f_{\mathrm{m}} = \sqrt{3}\,\omega_0/6\pi$$

3.1

a) $T = \frac{1}{2} m\dot{x}^2; \quad U = \frac{1}{2} \cdot 8cx^2; \quad f = \frac{1}{\pi}\sqrt{\frac{2c}{m}}$

b) $T = \frac{1}{2} \frac{ma^2}{12} \dot{\varphi}^2; \quad U = \frac{1}{2} \cdot \frac{3}{2} ca^2\varphi^2; \quad f = \frac{3}{2\pi}\sqrt{\frac{2c}{m}}$

c) $T = \frac{1}{2} \frac{ma^2}{12} \dot{\psi}^2; \quad U = \frac{1}{2} \cdot \frac{3}{2} ca^2\psi^2; \quad f = \frac{3}{2\pi}\sqrt{\frac{2c}{m}}$

3.2

$$F = c\left[x + 2\,\frac{\sqrt{r^2 + x^2 + rx} - l}{\sqrt{r^2 + x^2 + rx}} \cdot \left(\frac{1}{2}\,r + x\right) + l - r\right]$$

$$f = \frac{1}{2\pi}\sqrt{3\left(1 - \frac{l}{2r}\right) \cdot \frac{c}{m}}$$

3.3

7,725 Hz, 6,800 Hz

3.4

$\Lambda = 0{,}2231$; $\vartheta = 0{,}03549$; $c = 4{,}905 \cdot 10^7$ N/m

$m = 77\,560$ kg; $b = 138\,400$ Ns/m

3.5

$\Omega = 125\ \mathrm{s}^{-1}$; $A = 0{,}714$ cm

3.6

a) 0,535 cm; b) 103,1 km/h; c) 0,923 cm

3.7

a) $b = 6329$ Ns/m; b) $m = 50$ kg (nach Abzug von m_0)

c) $c = 2 \cdot 10^5$ N/m

3.8

a) $v = 1{,}02$ m/s; b) 195,2 W; c) 281,3 Ns/m

3.9

a) $(1 + \eta^*)\,\hat{x}_S = \dfrac{1 + \eta^*}{\sqrt{(1 - \eta^2)^2 + 4\vartheta^2\eta^2}}\,\dfrac{F}{c}$; $\eta^* = \sup(\eta, 1)$

b) $\dfrac{\hat{F}}{\vartheta c} = \dfrac{2\hat{F}}{b\omega_0}$

3.10

s. Bild 11.4

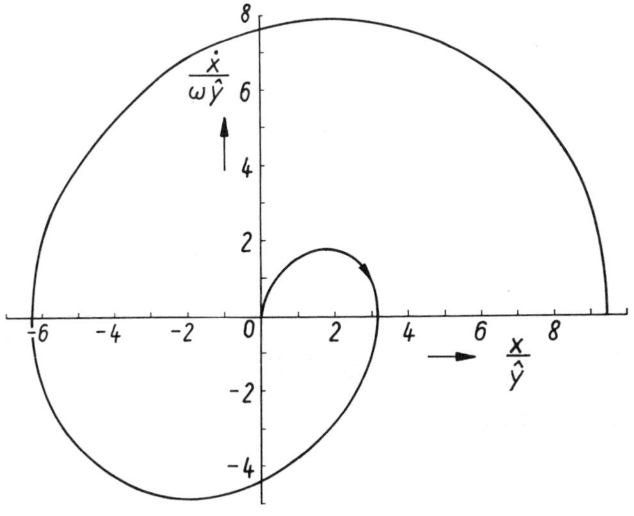

Bild 11.4. Phasenkurve der Schwingung nach Aufgabe 3.10

3.11

$$x(\tau) = \frac{q(\tau)}{\hat{F}/(m\omega_0^2\tau_0)} = \begin{cases} \tau - 2\vartheta + e^{-\vartheta\tau}\left[2\vartheta\cos\left(\sqrt{1-\vartheta^2}\,\tau\right) - \dfrac{1-2\vartheta^2}{\sqrt{1-\vartheta^2}}\sin\left(\sqrt{1-\vartheta^2}\,\tau\right)\right] \\ \text{für} \quad 0 \leqq \tau \leqq \tau_0 = \pi \\ \tau_0 + \dfrac{e^{-\vartheta(\tau-\tau_0)}}{\sqrt{1-\vartheta^2}}\left\{\left(x(\tau_0) - \tau_0\right)\cos\left[\sqrt{1-\vartheta^2}\,(\tau-\tau_0) - \Theta\right]\right. \\ \left. + \dot{x}(\tau_0)\sin\left[\sqrt{1-\vartheta^2}\,(\tau-\tau_0)\right]\right\} \quad \text{für } \tau > \tau_0 \end{cases}$$

s. Bild 11.5

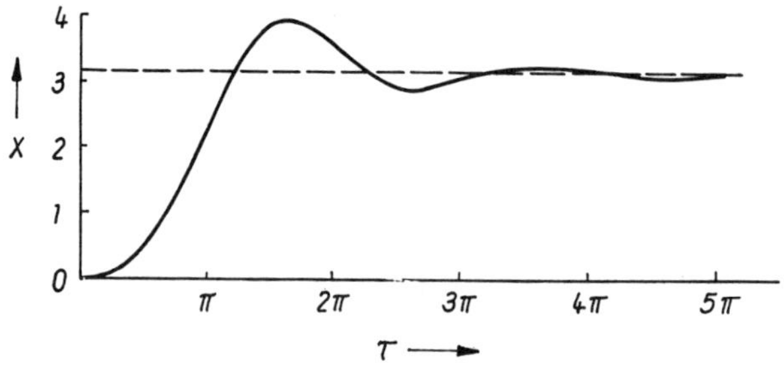

Bild 11.5. Schwingungsausschlag in Abhängigkeit von der Zeit nach Aufgabe 3.11

3.12

a) $$\frac{x(\tau)}{a_0/\omega_0^2} = \frac{e^{-\gamma\tau}}{1+\gamma^2-2\gamma\vartheta}\left\{1 - e^{-(\vartheta-\gamma)\tau}\cdot\left[\frac{\vartheta-\gamma}{\sqrt{1-\vartheta^2}}\sin\left(\sqrt{1-\vartheta^2}\,\tau\right) + \cos\left(\sqrt{1-\vartheta^2}\,\tau\right)\right]\right\}$$

s. Bild 11.6

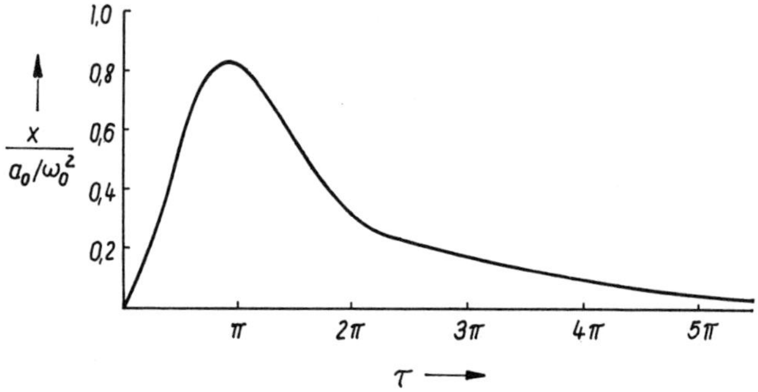

Bild 11.6. Federweg in Abhängigkeit von der Zeit zur Aufgabe 3.12

b) $\tau_0 = 2{,}872$; c) $\dfrac{x_{\max}}{a_0/\omega_0^2} = 0{,}835$

3.13

a) $K_\eta(\tau) = a^2\, e^{-\alpha v|\tau|}$; b) $S_\eta(\Omega) = \dfrac{a^2}{\pi}\cdot\dfrac{\alpha v}{\alpha^2 v^2 + \Omega^2}$

c) $$H(\Omega) = \frac{\omega_0^2 + j\cdot 2\delta\Omega}{\omega_0^2 - \Omega^2 + j\cdot 2\delta\Omega}$$

mit $\omega_0^2 = c/m = 2\cdot 10^4\ \mathrm{s}^{-2}$; $\delta = b/2m = 15\ \mathrm{s}^{-1}$

d) $\sigma_\xi = a \sqrt{\frac{\alpha v \omega_0}{\alpha^2 v^2 + \omega_0^2} \cdot \frac{1 + 4\vartheta^2}{2\vartheta}}$

mit $\vartheta = \delta/\omega_0 = 0{,}1061$

e) $v_0 = \omega_0/\alpha = 282{,}8$ m/s; $\max \sigma_\xi = \frac{a}{2} \sqrt{\frac{1 + 4\vartheta^2}{\vartheta}} = 3{,}14$ cm

f) $\sigma_\xi(v = 100$ km/s$) = 1{,}38$ cm

3.14

a) $\mu_v = \frac{F}{2m} t^2$

$\mu_v(1s) = 0{,}5$ m/s; $\mu_v(5s) = 12{,}5$ m/s; $\mu_v(25s) = 312$ m/s

b) $\sigma_v = \frac{\sigma_F}{m} \sqrt{\frac{2}{\alpha}\left[t + \frac{1}{\alpha}(\mathrm{e}^{-\alpha t} - 1)\right]}$

$\sigma_v(1s) = 0{,}0172$ m/s; $\sigma_v(5s) = 0{,}0566$ m/s

$\sigma_v(25s) = 0{,}139$ m/s

c) $\sigma_{\dot v} = \sigma_F/m = 0{,}02\,\mathrm{m/s^2}$

d) $f_\mathrm{m}(t) = \frac{1}{2\pi \sqrt{\frac{2}{\alpha}\left[t + \frac{1}{\alpha}(\mathrm{e}^{-\alpha t} - 1)\right]}}$

$f_\mathrm{m}(1s) = 0{,}186\ \mathrm{s^{-1}}$; $f_\mathrm{m}(5s) = 0{,}0563\ \mathrm{s^{-1}}$; $f_\mathrm{m}(25s) = 0{,}0230\ \mathrm{s^{-1}}$

4.1

$$T = 4 \int_0^{x_{\max}} \frac{\mathrm{d}s}{\sqrt{v_0^2 - \frac{4}{3} g s^2/l}} = \pi \sqrt{\frac{3l}{g}} = 1{,}228\ \mathrm{s}$$

Das Ergebnis ist unabhängig von m und v_0.

4.2

Exakte Lösung:

$$\frac{\omega}{\omega_0} = \frac{\pi}{2} \frac{\sqrt{1 + \varepsilon\left(\frac{a}{\omega_0}\right)^2}}{K(k)} \quad \text{mit} \quad k = \sqrt{\frac{\varepsilon\left(\frac{a}{\omega_0}\right)^2}{2\left[1 + \varepsilon\left(\frac{\omega}{\omega_0}\right)^2\right]}}$$

Für $a = 5$ cm erhält man $\omega/\omega_0 = 4{,}354$

Näherungslösung:

$$\frac{\omega}{\omega_0} = \sqrt{1 + \frac{3}{4} \varepsilon \left(\frac{a}{\omega_0}\right)^2} \quad \text{daraus folgt} \quad \omega/\omega_0 = 4{,}444$$

Der relative Fehler beträgt 2,07%.

4.3

$$T = 2\pi \sqrt{\frac{m}{c}} \left[1 + \frac{1}{\pi} \left(\sqrt{\frac{2hc}{mg}} - \arctan \sqrt{\frac{2hc}{mg}} \right) \right]$$

4.4

Gleichung der Phasenkurve:

$$\dot{x}(x) = \begin{cases} \pm \sqrt{\dfrac{2W_0}{m}} = \pm (x_{\max} - d) \sqrt{\dfrac{c_1}{m}} & \text{für} \quad |x| \leqq d \\ \pm \sqrt{\dfrac{c_1}{m} [(x_{\max} - d)^2 - (x - d)^2]} & \text{für} \quad d \leqq x \leqq x_{\max} \\ \pm \sqrt{\dfrac{c_1}{m} \left[(x_{\max} - d)^2 - \dfrac{c_2}{c_1} (x + d)^2 \right]} & \text{für} \quad x_{\min} \leqq x \leqq -d \end{cases}$$

s. Bild 11.7

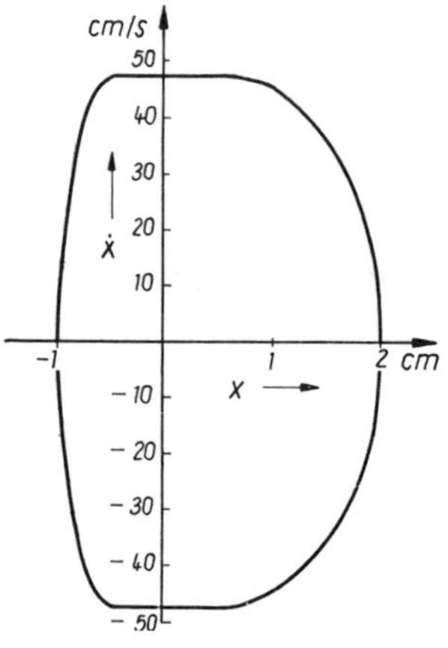

Bild 11.7. Phasenkurve des Schwingers nach Aufgabe 4.4

Periodendauer:

$$T = \left(\frac{4}{\dfrac{x_{\max}}{d} - 1} + \pi \right) \sqrt{\frac{m}{c_1}} + \pi \sqrt{\frac{m}{c_2}} = 0{,}173 \text{ s}$$

4.5

a) $T = \dfrac{2\pi}{\omega_0} \left(1 - \dfrac{2}{\pi} \arcsin \dfrac{\varepsilon}{a + \varepsilon} \right)$

b) $T = \dfrac{2\pi}{\omega_0} \bigg/ \sqrt{1 + \dfrac{4\varepsilon}{\pi a}}$

relative Fehler: $-0{,}10\%$; $-0{,}25\%$; $-0{,}51\%$; $-0{,}83\%$; $-1{,}11\%$

4.6

$$\text{a)}\ \omega_0 = \sqrt{\frac{2Ebh^3}{ml^3}}; \quad \text{b)}\ a = \frac{10\sqrt{3}}{9}\,h \approx 1{,}925h$$

$$\text{c)}\ q(t) = a \cdot \left(\frac{47}{48}\cos\omega t + \frac{1}{48}\cos 3\omega t\right)$$

4.7

$$q^2\left[1 + \left(\frac{3}{5}\,\frac{q}{h}\right)^2\right] + \frac{ml^3}{2Ebh^3}\,\dot{q}^2 = a^2\left[1 + \left(\frac{3}{5}\,\frac{q}{h}\right)^2\right]$$

4.8

$$x(t) = a\cos\omega t + \varepsilon\,\frac{a^3}{32\omega^2}\,(\cos 3\omega t - \cos\omega t) + \frac{a^5}{1024\omega^4}\,(\cos 5\omega t - \cos\omega t)$$

$$\omega = \omega_0\left[1 + \frac{3}{8}\,\varepsilon\left(\frac{a}{\omega_0}\right)^2 - \frac{21}{256}\,\varepsilon^2\left(\frac{a}{\omega_0}\right)^4\right]$$

Bei der Berechnung von ω_2 wurde $\omega \approx \omega_0$ gesetzt.

4.9

$$\text{a)}\ \ddot{q} + 4b\dot{q}\,\frac{\cos^2 q}{5 - 4\sin q} + 2\,c\sin q \cdot \frac{\sqrt{5 - 4\cos q} - 1}{\sqrt{5 - 4\cos q}} = 0$$

b) Instabiler singulärer Punkt: $q = \pi$, $\dot{q} = 0$
stabiler singulärer Punkt: $q = 0$, $\dot{q} = 0$

c) Die Phasenkurven haben die Asymptote $\dot{q} = -4\,k/5 \cdot q$ und $\dot{q} = 0$; der singuläre Punkt ist ein Knotenpunkt.

4.10

$$q(t) = a(t) \cdot \cos\omega_0 t$$

$$a(t) = \left[a_0^{-\varkappa+1} + \frac{\varepsilon}{2\pi}\,(\varkappa - 1)\,\omega_0^{\varkappa-1}t \cdot \int_0^{2\pi} |\sin\psi|^{\varkappa+1}\,d\psi\right]^{1/(-\varkappa+1)}$$

4.11

Maximale Amplitude:

$$C_{\max} = \sqrt{\frac{2(1-\vartheta^2)}{3\alpha}\left[\sqrt{1 + \frac{3\alpha y^2}{4\vartheta^2(1-\vartheta^2)^2}} - 1\right]}$$

Diese tritt auf bei

$$\eta_{\max} = \sqrt{1 - 2\vartheta^2 + \frac{1-\vartheta^2}{2}\left[\sqrt{1 + \frac{3\alpha y^2}{4\vartheta^2(1-\vartheta^2)}} - 1\right]}$$

4.12

$$\alpha A_0^3 + \frac{3}{2} A_0 \alpha C^2 + A_0 + g/\omega_0^2 = 0$$

$$C^2 \left\{\left[1 - \eta^2 + 3\alpha \left(A_0^2 + \frac{1}{4} C^2\right)\right]^2 + 4\vartheta^2\eta^2 = e^2\eta^4\right.$$

siehe Bild 11.8

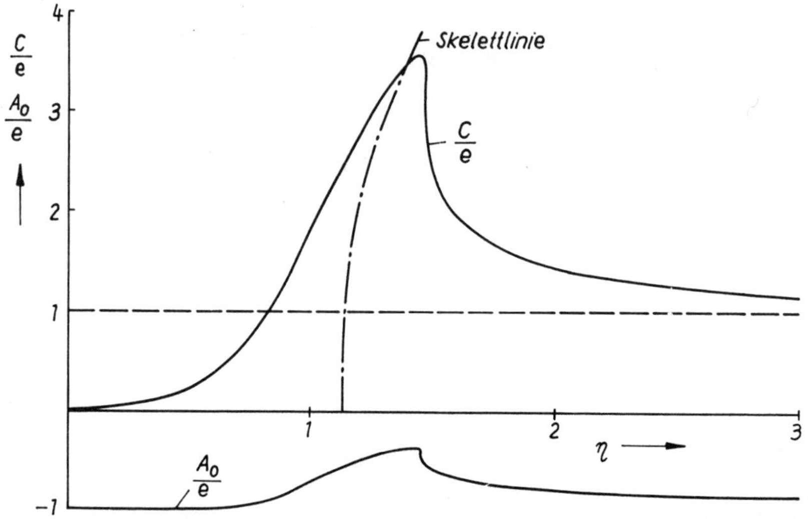

Bild 11.8. Amplitudenfrequenzgang nach Aufgabe 4.12

4.13

$$x(t) = \frac{\hat{F}}{2m\omega_0} t \sin \omega_0 t$$

4.14

Nullte Näherung: $\overset{0}{\mu}_\xi = \mu_\eta$; $\overset{0}{\sigma}_\xi = \omega_0 \sqrt{\frac{\pi S_\eta}{2\delta}}$; $\overset{0}{\sigma}_{\dot\xi} = \omega_0^2 \sqrt{\frac{\pi S_\eta}{2\delta}}$

Erste Näherung: $\overset{1}{\mu}_\xi = \mu_\eta \cdot \dfrac{1 + 2\varepsilon\mu_\eta^2}{1 + 3\varepsilon\left(\mu_\eta^2 + \overset{0}{\sigma}_\xi^2\right)}$

$$\overset{1}{\sigma}_\xi = \overset{0}{\sigma}_\xi \Big/ \sqrt{1 + 3\varepsilon\left(\overset{0}{\mu}_\eta^2 + \overset{0}{\sigma}_\xi^2\right)}, \quad \overset{1}{\sigma}_{\dot\xi} = \overset{0}{\sigma}_{\dot\xi}$$

5.1

$$\sqrt{c_T/J} = \omega_0 = 2k\pi f; \; k = 1, 2, 3, \ldots$$

Hauptinstabilitätsgebiet bei $k = 1$

6.1

$$(m_0 + m_1)\,\ddot{q}_1 + 2(c_1 + c_2)\,q_1 - 2c_2q_2 = m_0 r\Omega^2 \sin \Omega t$$

$$m_2\ddot{q}_2 - 2c_2q_1 + 2c_2q_2 = 0$$

6.2

$$H = \frac{1}{5c}\begin{bmatrix} 4 & 3 & 2 & 1 \\ 3 & 6 & 4 & 2 \\ 2 & 4 & 6 & 3 \\ 1 & 2 & 3 & 4 \end{bmatrix} \qquad A = \begin{bmatrix} m_1 & 0 & 0 & 0 \\ 0 & m_2 & 0 & 0 \\ 0 & 0 & m_3 & 0 \\ 0 & 0 & 0 & m_4 \end{bmatrix}$$

$$\boldsymbol{HA\ddot{q}} + \boldsymbol{q} = \boldsymbol{0}$$

6.3

$$\frac{\varrho A e^3}{420}\begin{bmatrix} 4 & -3 \\ -3 & 4 \end{bmatrix}\begin{bmatrix} \ddot{q}_1 \\ \ddot{q}_2 \end{bmatrix} + \frac{2EI}{l}\begin{bmatrix} 2 & 1 \\ 1 & 2 \end{bmatrix}\begin{bmatrix} q_1 \\ q_2 \end{bmatrix} = \begin{bmatrix} 0 \\ 0 \end{bmatrix}$$

6.4

$$\omega_1 = \sqrt{120}\,\frac{1}{l^2}\sqrt{\frac{EI}{\varrho A}}, \quad \text{relativer Fehler: } 11{,}0\%$$

$$\omega_2 = \sqrt{2520}\,\frac{1}{l^2}\sqrt{\frac{EI}{\varrho A}}, \quad \text{relativer Fehler: } 27{,}2\%$$

6.5

$$\omega_1 = 4{,}682\ \text{s}^{-1}$$

6.6

1. $3{,}227\ \text{s}^{-1}$; 2. $4{,}472\ \text{s}^{-1}$; 3. $4{,}082\ \text{s}^{-1}$

4. $4{,}556\ \text{s}^{-1}$; 5. $4{,}604\ \text{s}^{-1}$

6.7

$$\omega_{1,2} = \left|a \pm \sqrt{a^2 + b}\right|, \quad a^2 + b > 0$$

6.8

a) $\boldsymbol{x}_1^{\mathrm{T}} = 1/\sqrt{3} \cdot [1, 1, 1]$

$\boldsymbol{x}_2^{\mathrm{T}} = 1/\sqrt{2} \cdot [1, 0, -1]$

$\boldsymbol{x}_3^{\mathrm{T}} = 1/\sqrt{6} \cdot [1, -2, 1]$

b) $q_1 = q_3 = v\left[t/3 - \sqrt{m/27c} \cdot \sin\left(\sqrt{3c/m} \cdot t\right)\right]$

$q_2 = v\left[t/3 + 2\sqrt{m/27c} \cdot \sin\left(\sqrt{3c/m} \cdot t\right)\right]$

6.9

$\Omega = \sqrt{2c_2/m_2}$, $\hat{q}_2 = m_0 r/m_2$; nein

6.10

a) $\omega_{10} = 8{,}740\ \text{s}^{-1}$

b) $\boldsymbol{x}_1^{\mathrm{T}} = [0{,}1663;\ 0{,}2690]\ \text{kg}^{-1/2}$

c) $\hat{q}_1 = 0{,}0242\ \text{m}$; $\hat{q}_2 = 0{,}0391\ \text{m}$

9.1

$$0 < t < 2l\sqrt{\varrho/E}; \quad \sigma = -v_0\sqrt{E\varrho} = -3{,}96 \cdot 10^7 \text{ N/m}^2 = -39{,}6 \text{ N/mm}^2$$

$$2l\sqrt{\varrho/E} < t < 4l\sqrt{\varrho E}; \quad \sigma = v_0\sqrt{E\varrho} = 3{,}96 \cdot 10^7 \text{ N/m}^2 = 39{,}6 \text{ N/mm}^2$$

9.2

a) $f_0 = 5{,}033$ Hz

$f_1 = 4{,}991$ Hz; $f_2 = 71{,}067$ Hz

b) $\lambda \tan \lambda - m_F/m_0 = 0; \quad \omega^2 = \lambda^2 c_F/m_F$

9.3

$$f = \frac{\sqrt{\pi^4 + 96}}{2\pi} \cdot \frac{1}{l^2}\sqrt{\frac{EI}{\varrho A}} = \frac{2{,}213}{l^2}\sqrt{\frac{EI}{\varrho A}}$$

9.4

$$3\left(\tanh\frac{\lambda}{2} - \tan\frac{\lambda}{2}\right) - 2\left(\frac{\lambda}{2}\right)^3 = 0$$

$$f = \frac{2{,}205}{l^2}\sqrt{\frac{EI}{\varrho A}}$$

9.5

$f_1 = 7{,}25$ Hz, $\alpha = 1$, $\beta = 1$

$f_2 = 13{,}01$ Hz, $\alpha = 2$, $\beta = 1$

$f_3 = 22{,}61$ Hz, $\alpha = 3$, $\beta = 1$

$f_4 = 23{,}23$ Hz, $\alpha = 1$, $\beta = 2$

$f_5 = 29{,}01$ Hz, $\alpha = 2$, $\beta = 2$

$f_6 = 30{,}04$ Hz, $\alpha = 4$, $\beta = 1$

9.6

$$\omega_1^2 \leqq \left[\left(\frac{\pi^2}{a^2} - \frac{\varkappa^2}{b^2}\right)^2 + 4(1-\nu)\frac{\pi^2\varkappa^2}{a^2b^2} \cdot \frac{\sinh\varkappa}{\varkappa + \sinh\varkappa}\right]\frac{N}{\varrho h}$$

für $a = b$; $\nu = 0{,}3$ folgt $\omega_1^2 \leqq 93{,}23\,\dfrac{N}{\varrho h a^4}$ bei $\varkappa = 1{,}196$

10.1

Die Dgl. der Störungen ist

$\ddot{y} = 0$ mit der allgemeinen Lösung $y = A + Bt$.

Diese ist instabil im Ljapunovschen Sinne.

10.2

Die Dgl. der Störungen ist

$\ddot{y} + b/m \cdot \dot{y} = 0$ mit der allgemeinen Lösung $y = A + B\,\mathrm{e}^{-bt/m}$

Diese ist stabil im Ljapunovschen Sinne.

Literatur- und Quellenverzeichnis

Mathematische Grundlagen

Belytschko, T. (Hrsg.): Computational Methods for Transient Analysis. – Amsterdam: North-Holland, 1983

Collatz, L.: Numerische Behandlung von Differentialgleichungen. – Berlin; Göttingen; Heidelberg: Springer, 1955

Doetsch, G.: Handbuch der Laplace-Transformation (3 Bde.). – Basel: Birkhäuser, 1973

Jahnke, E.; Emde, F.: Tafeln höherer Funktionen. – Leipzig: Teubner, 1966

Malkin, J. G.: Theorie der Stabilität einer Bewegung. – Berlin: Akademie-Verl., 1959

Schwarz, H. R.; Rutishauser, H.; Stiefel, E.: Numerik symmetrischer Matrizen. – Stuttgart: Teubner, 1972

Zurmühl, R.: Matrizen. – Berlin, Springer, 1992

Zurmühl, R.: Praktische Mathematik. – Berlin: Springer, 1984

Technische Dynamik und Maschinendynamik

Fischer, U.; Stephan, W.: Prinzipien und Methoden der Dynamik. – Leipzig: Fachbuchverlag, 1972

Holzweißig, F.; Dresig, H.: Lehrbuch der Maschinendynamik. – Leipzig: Fachbuchverlag, 1992

Holzweißig, F. [u. a.]: Arbeitsbuch Maschinendynamik/Schwingungslehre. – Leipzig: Fachbuchverlag, 1987

Krämer, E.: Maschinendynamik. – Berlin: Springer, 1984

Pfeifer, F.: Einführung in die Dynamik. – Stuttgart: Teubner, 1989

Schiehlen, W.: Technische Dynamik. – Stuttgart: Teubner, 1986

Analytische Mechanik und Schwingungslehre

Bogoljubow, N. N.; Mitropolski, J. A.: Asymptotische Methoden in der Theorie der nichtlinearen Schwingungen. – Berlin: Akademie-Verlag, 1965

Forbat, N.: Analytische Mechanik der Schwingungen. – Berlin: Dt. Verl. d. Wiss., 1966

Hagedorn, P.: Nichtlineare Schwingungen. – Wiesbaden: Akademische Verlagsges., 1978

Heinrich, W.; Hennig, K.: Zufallsschwingungen mechanischer Systeme. – Berlin: Akademie-Verl., 1977

Klotter, K.: Technische Schwingungslehre. – Berlin: Springer, 1988
Kreuzer, E.: Numerische Untersuchung nichtlinearer dynamischer Systeme. – Berlin: Springer, 1987
Magnus, K.: Schwingungen. – Stuttgart: Teubner, 1986
Müller, P. C.: Stabilität und Matrizen – Matrizenverfahren in der Stabilitätstheorie linearer dynamischer Systeme. – Berlin: Springer, 1979
Müller, P. C.; Schiehlen, W. O.: Linear Vibrations. – Dordrecht: Martinus Nijhoff Publ., 1984
Schmidt, G.: Parametererregte Schwingungen. – Berlin: Dt. Verl. d. Wiss., 1975

Strukturdynamik

Bremer, H.; Pfeiffer, F.: Elastische Mehrkörpersysteme. – Stuttgart: Teubner, 1992
Gasch, R.; Knothe, K.: Strukturdynamik (2 Bde.). – Berlin: Springer, 1989
Kämmel, G.; Franeck, H.: Einführung in die Methode der finiten Elemente. – Leipzig: Fachbuchverlag, 1990
Knothe, K.; Wessels, H.: Finite Elemente – Eine Einführung für Ingenieure. – Berlin: Springer, 1992
Zienkiewicz, O. C.; Taylor, R. L.: The Finite Element Method. Volume 1: Basic, Formulation and Linear Problems. – London: MacGraw-Hill, 1989

Sachwortverzeichnis

Lehr-, Arbeits- und Nachschlagebücher für die Technische Mechanik

Taschenbuch der Technischen Mechanik

Von Dipl.-Ing. Johannes Winkler und Prof. Dr.-Ing. habil. Horst Aurich

Straff dargebotene Theorie, Hinweise für die Praxis, zahlreiche Tabellen und Übersichten sowie durchgerechnete Beispiele
6., verbesserte Auflage 1991, 480 Seiten, 320 Abbildungen, 42 Anlagen, zahlreiche Beispiele
19 cm × 12 cm, ISBN 3-343-00763-3, Broschur

Technische Mechanik

Von Prof. Dr.-Ing. habil. Hans Göldner
und Prof. Dr.-Ing. habil. Wolfgang Pfefferkorn

Das Lehrbuch für den künftigen Verfahrenstechniker
2., verbesserte Auflage 1990, 384 Seiten, 414 Abbildungen, 15 Tabellen, 23 cm × 16,5 cm, ISBN 3-343-00589-4, Festeinband

Leitfaden der Technischen Mechanik

Von Prof. Dr.-Ing. habil. Hans Göldner
und Prof. Dr.-Ing. habil. Franz Holzweißig

Statik – Festigkeitslehre – Kinematik – Dynamik in einem Buch für Studenten an Technischen Hochschulen und Fachhochschulen
11., verbesserte Auflage 1990, 667 Seiten, 602 Abbildungen, 23 cm × 16,5 cm, ISBN 3-343-00497-9, Festeinband

Lehrbuch der Maschinendynamik

Von Prof. Dr.-Ing. habil. Franz Holzweißig
und Prof. Dr.-Ing. habil. Hans Dresig

Ein maßgeschneidertes Lehr- und Arbeitsbuch mit praxisbezogenen Beispielen, 40 Aufgaben mit Lösungen und Richtwerten
3., völlig neubearbeitete Auflage 1992, 432 Seiten, 213 Abbildungen, 53 Tabellen, 23 cm × 16,5 cm, ISBN 3-343-00688-2, Festeinband